河南地球科学研究进展

2021

河　南　省　地　质　学　会　主编
河南省自然资源科学研究院　协编

中国矿业大学出版社
·徐州·

内容简介

本书收录的论文是河南省地质学会所属理事单位的地质科技人员撰写的，内容涉及地质矿产、水文地质、环境地质、工程地质、地球物理勘探、遥感地质、测试分析、测绘及信息技术等与地质学有关的几乎所有领域，信息量比较大，内容比较丰富。此外，本文集还收录了绿色矿山建设方面的论文，反映出地质工作服务社会经济发展的领域在不断拓宽。

本文集对于河南省地质工作者，尤其是广大青年地质工作者具有一定的参考价值。

图书在版编目(CIP)数据

河南地球科学研究进展. 2021 / 河南省地质学会主编. —徐州 ：中国矿业大学出版社，2021.12

ISBN 978 - 7 - 5646 - 5292 - 0

Ⅰ.①河…　Ⅱ.①河…　Ⅲ.①地球科学—文集　Ⅳ.①P-53

中国版本图书馆 CIP 数据核字(2021)第 274241 号

书　　名　河南地球科学研究进展(2021)
主　　编　河南省地质学会
协　　编　河南省自然资源科学研究院
责任编辑　姜　华
出版发行　中国矿业大学出版社有限责任公司
(江苏省徐州市解放南路　邮编 221008)
营销热线　(0516)83884103　83885105
出版服务　(0516)83995789　83884920
网　　址　http://www.cumtp.com　**E-mail**:cumtpvip@cumtp.com
印　　刷　徐州中矿大印发科技有限公司
开　　本　889 mm×1194 mm　1/16　**印张** 16.5　**字数** 466 千字
版次印次　2021 年 12 月第 1 版　2021 年 12 月第 1 次印刷
定　　价　99.00 元
(图书出现印装质量问题，本社负责调换)

《河南地球科学研究进展(2021)》

编委会名单

前　言

党的十九届五中全会通过的《中共中央关于制定国民经济和社会发展第十四个五年规划和二〇三五年远景目标的建议》，对我国全面建成小康社会、实现第一个百年奋斗目标之后，乘势而上开启全面建设社会主义现代化国家新征程、向第二个百年奋斗目标进军作出了战略部署，同时也对新时代地质工作提出了一系列更高的要求。河南省地质工作者要准确把握，坚决贯彻落实，做好新时代地质工作转型和发展，发挥地质工作在国家经济社会高质量发展中的重大作用，为实现第二个百年奋斗目标作出新的贡献。河南省地质学会作为面向全省地质行业、服务广大地质科技工作者的学术组织，为进一步加强地质各领域最新学术成果交流，探讨新时代地质工作的方向，促进新时代地质工作的转型升级，推动地质科技进步与创新，为广大地质科技工作者搭建共享知识、启迪创新、活跃交流的学术平台，于2021年9月24—26日在河南省洛阳市嵩县召开了河南省地质学会2021年学术年会。

学术年会得到河南省内地学界的广泛响应和热情支持，提交会议交流论文（或摘要）59篇。出席会议的代表来自全省教学、科研和生产部门的44个单位共135名，其中绝大多数为多年从事地质矿产勘查、工程地质、水文环境地质和物化探、遥感工作的年轻地质工作者。会议自始至终围绕“加强地学科技创新，助力河南省社会经济高质量发展”的会议主题，广开言路，热烈讨论，学术空气浓厚。与会者不仅交流了成果，明确了今后的研究目标，而且交流了学术思路，探讨了不同学科之间相互配合、相互渗透的途径与前景。学术委员会在广泛听取与会专家意见的基础上，从大会发言和提交论文中评选出35篇优秀论文，汇编成《河南地球科学研究进展》一书，以展示近年来河南省地质工作者的最新成果与进展，同时也为进一步深入开展研究提供了良好的基础。

本书收录35篇文章，“地质矿产”方面文章共8篇，其中《安棚碱矿是幔源成因的》一文是作者在学习与理解杜乐天“幔汁辐射成矿理论”的基础上，对我国特大型天然碱矿[也是世界上为数不多的盐碱矿与油（气）共生的矿床]进行系统分析研究，不仅认为形成 $NaHCO_3$ 和 Na_2CO_3 等碱矿物所需要的 Na 和 CO_2 主要来自幔源烃碱流体或幔汁，整个含碱建造包括白云岩、盐（碱）、油气（或油页岩）是在一个统一的成矿系统中完成的，而且还推断南襄盆地深部可能会有基岩油气藏！尽管这一认识还不很完善，可能会有争议，相信随着资料的不断完善和研究工作的不断深入，一定会取得更大的突破。“工程地质”方面文章最多，共11篇，本书将其单独列出；“方法技术”方面文章共

8篇,涉及地球物理勘探、遥感地质和测绘测试等领域;“生态环境”方面文章共8篇。整体上看,本书收录论文内容丰富、水平较高,科学性、实践性强。

本书的出版得到了河南省自然资源科学研究院的大力支持和协助,在此表示诚挚的感谢!由于时间仓促,水平所限,书中难免有许多不妥之处,恳请读者批评指正。

本书编委会

2021年9月

目　录

地质矿产

工程地质

方法技术

生 态 环 境

地质矿产

华北克拉通南缘熊耳山金矿田稳定同位素特征及其地质意义

张　宇[1,2]，卢欣祥[3]，何玉良[1,2]，彭　翼[1]，黄　斐[1]
（1. 河南省地质调查院，河南 郑州　450001；
2. 河南省金属矿产成矿地质过程与资源利用重点实验室，河南 郑州　450001；
3. 河南省国土资源科学研究院，河南 郑州　450001）

摘　要：本文论述的研究工作系统总结了前人对熊耳山地区金矿进行的氢氧硫同位素研究，通过对395件硫化物硫同位素和174件氢氧同位素结果的重新分析发现，硫同位素具有明显的分组效应，$\delta^{34}S$呈较大负值的金矿主要分布于拆离断层附近。氢氧同位素与硫同位素具有明显的联动效应，硫同位素呈较大负值的金矿组，氢氧同位素则显示更离散的分布特征，显示成矿流体由岩浆水和大量天水（大气降水）混合而成。硫同位素呈正值的金矿组，氢氧同位素则比较集中，显示成矿流体以岩浆水为主的特征。结合上宫金矿深部最新的勘查成果，综合表明拆离断层并不直接赋存金矿体，但是对含金流体的物理化学性质有明显控制作用，是熊耳山地区金沉淀的主要因素。

关键词：熊耳山；金矿；H—O—S同位素；拆离断层

1　引言

熊耳山金矿田位于华北板块南缘与北秦岭相接地带，属东秦岭造山带后陆逆冲断褶带[1]。矿田所在的华北板块南缘大地构造演化复杂，包括不同时代的陆内裂谷、洋陆俯冲、陆陆碰撞及板内岩石圈减薄等演化过程[2]。其中早白垩世陆内演化阶段，岩浆活动频繁，形成了众多复式岩基和大量的小斑岩体[3-5]，并伴随着大量的金矿床产出。根据河南省自然资源厅2018年储量数据库以及《河南省洛宁县上宫金矿深部普查报告（2019）》、《河南省洛宁县洛阳坤宇矿业有限公司上宫金矿区金矿资源储量核实报告（2020）》，区内共发现70处规模不等的金矿床，累计查明金金属量522 t，占河南省金金属总量的44.5%。前人对熊耳山地区金矿床已进行过大量矿床地球化学方面的研究工作，其中不乏综述性研究[6-9]，建立了相应的成矿模式。虽然已有不少学者注意到熊耳山地区金矿硫同位素具有较多负值的特征[10-14]，并将其解释为成矿过程中硫同位素分馏作用的影响，但并无进一步的讨论。本次研究工作依托"中国矿产地质志·河南卷"项目，对熊耳山地区金矿的氢、氧、硫同位素进行了全面总结，发现区内硫同位素具有明显的分组特征，并且与氢、氧同位素的变化具有较好的联动性；同时，稳定同位素的分组特征与矿床的空间分布特征存在密切关系，其具有重要的成因意义。

2　成矿地质背景

熊耳山同小秦岭和崤山一致，为早白垩世伸展穹隆，核部由中、深变质的太华杂岩和侵入其间

基金项目：中国矿产地质志项目（编号：DD20160346、DD20190379）；河南省自然资源厅2019年省财政地质勘查项目（序号44）。
作者简介：张宇，男，1986年生。博士，高级工程师，主要从事区域成矿规律研究。

的基、中、酸性岩体、岩墙构成，盖层由长城系熊耳群、高山河组和汝阳群、蓟县系官道口群、青白口系栾川群和奥陶系陶湾群等构成(图 1)。拆离断层围绕长垣状的穹隆核部发育，其主拆离面沿太华岩群与熊耳群角度不整合面发育。由于不整合面上下岩相、构造和变质程度的差异，成为构造薄弱面，在地壳伸展的初期，该构造面尚处于地壳深处，地壳浅部拆离的铲形正断层向深部产状逐渐变缓，变形逐渐由脆性向韧性转化，在该结构面附近汇聚成近水平的韧性剪切带[15]。随着伸展造山作用的进行，变质核逐渐隆起，韧性剪切带向上呈背形弯曲，埋深逐渐降低，主拆离面遇后期铲形断层叠加时，脆性断层叠加在韧性剪切带之上，成为有利的成矿空间，常形成缓倾斜的脉状矿体；主拆离面遇后期北东向走滑断层叠加时，形成熊耳山地区最有利的成矿空间，在拆离断层附近的北东向断层内形成大量陡倾的脉状金矿体。随着伸展作用的继续进行，主拆离断层经后期多次构造变动，韧性剪切带的糜棱岩常发生退变质作用，变为绿片岩带，有时还伴有零星的钴矿化。

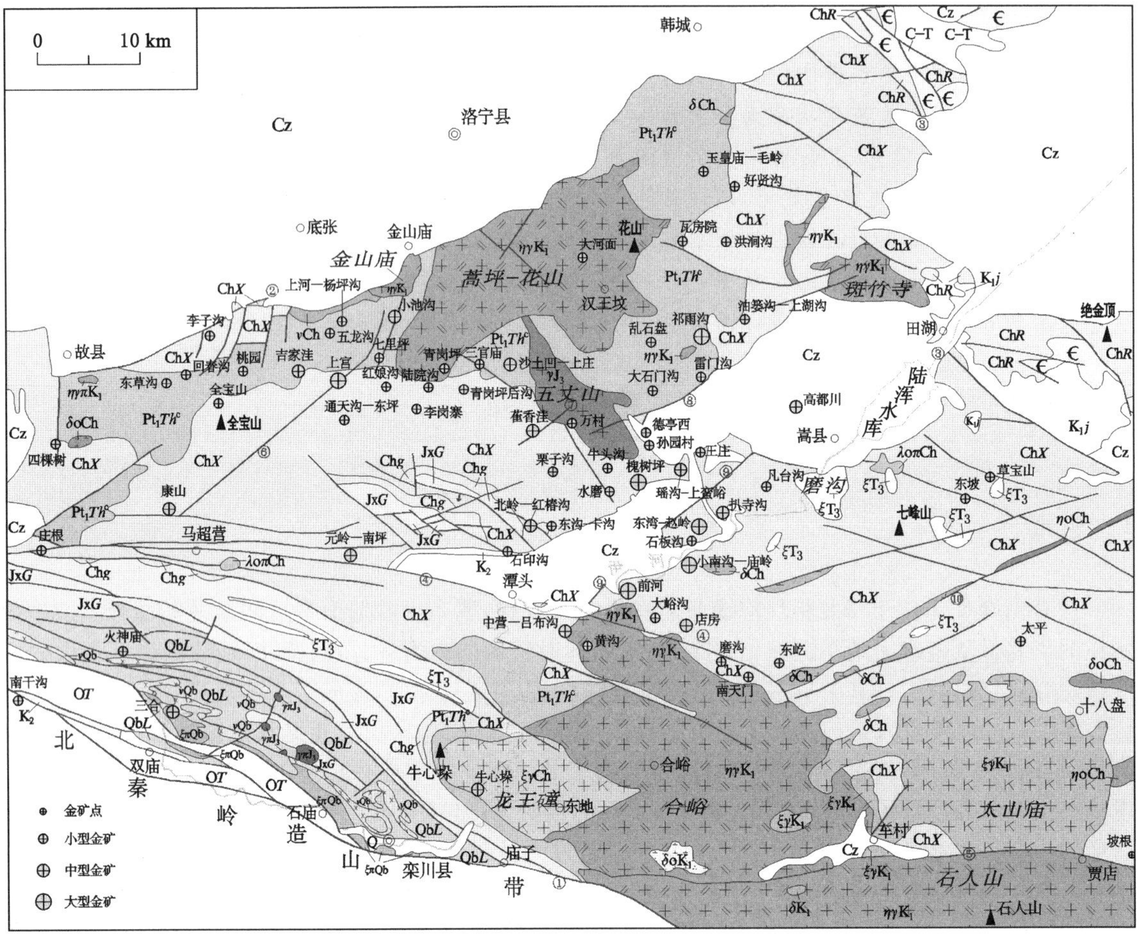

Cz—新生界；K_2—上白垩统；K_1j—下白垩统九店组；C-T—石炭系-三叠系；∈—寒武系；OT—奥陶系陶湾群；

QbL—青白口系栾川群；JxG—蓟县系官道口群；ChR—长城系汝阳群；Chg—长城系高山河组；ChX—长城系熊耳群；

Pt_1Th—古元古代太华杂岩；$\xi\gamma K_1$—早白垩世钾长花岗岩；$\eta\gamma\pi K_1$—早白垩世二长花岗斑岩；$\eta\gamma K_1$—早白垩世二长花岗岩；

$\delta o K_1$—早白垩世石英闪长岩；δK_1—早白垩世闪长岩；γJ_3—晚侏罗世花岗岩；$\gamma\pi J_3$—晚侏罗世花岗斑岩；

ξT_3—晚三叠世正长岩；$\xi\pi Qb$—青白口纪正长斑岩；νQb—青白口纪辉长岩；$\xi\gamma Ch$—长城纪钾长花岗岩；

$\lambda o\pi Ch$—长城纪石英斑岩；$\eta o Ch$—长城纪石英二长岩；$\delta o Ch$—长城纪石英闪长岩；δCh—长城纪闪长岩；νCh—长城纪辉长岩。

①—栾川断裂；②—熊耳山山前断层；③—陈宅沟-陆浑-鲁山逆断层；④—马超营断裂；

⑤—车村-下汤断层；⑥—星星阴-上宫-七里坪断层；⑦—焦园-万村逆断层；

⑧—马元-陶村-赵楼正断层；⑨—蛮峪-旧县正断层；⑩—木植街正断层。

图 1　华北陆块南缘熊耳山-外方山地区地质略图

熊耳山-外方山地区近东西向、北东向、北西向及近南北向断层发育，纵横交错，对区内的岩浆活动、矿产分布、地形地貌控制明显。本次研究工作对762条矿脉进行了产状统计(图2)，平面、法线的赤平投影图和玫瑰花图显示熊耳山地区金矿脉产状极其杂乱，但以北东向最为发育。北东向断裂为马超营断裂带北侧次级断层，是重要的控矿断层。马超营断裂带内出现大量早期的韧性变形特征，表明马超营断裂带具有深大断裂的性质，可作为成矿流体的导矿构造，流体从深部沿马超营断裂带向上运移，并在北东向次级张性断层中释放成矿物质，形成大量脉状金矿。

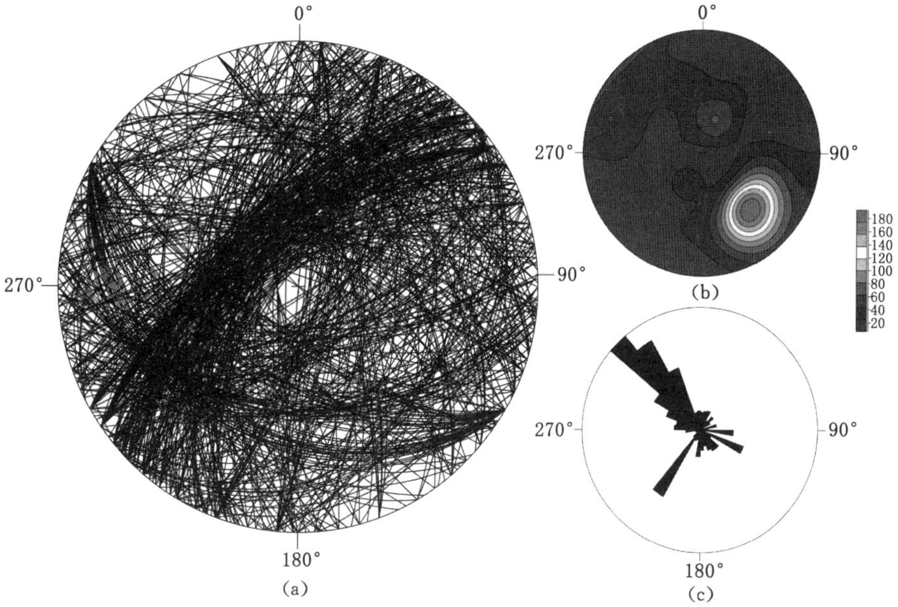

(a) 平面的赤平投影图；(b) 法线的赤平投影密度图(最大密度=193)；
(c) 玫瑰花图(分组间距=10，最优产状数量 $n=96$，总产状数量 $n=762$)

图2　河南省熊耳山地区金矿脉产状统计图

(数据利用软件 Stereo32 Version1.0.1 处理)

3　氢氧硫同位素特征

前人对熊耳山-外方山地区金矿进行了大量硫同位素测试，395件硫化物 $\delta^{34}S$ 数据显示，数据整体具有两个非常明显的峰值：$-17‰\sim-11‰$和$-3‰\sim6‰$。我们按照这两个峰值将区内金矿进行分组，获得了两组特征非常明显的数据(图3)。其中吉家洼-上宫-萑香洼-北岭-庙岭金矿组成一组，该组以出现大量 $\delta^{34}S$ 负值为特征，159件样品显示 $\delta^{34}S$ 值范围为$-24.2‰\sim6.68‰$，平均值为$-11.6‰$，峰值数据为$-17‰\sim-11‰$。硫同位素显示明显的 $\delta^{34}S$ 亏损，且并非来自生物硫，表明主成矿期流体出现明显的硫同位素的分馏，$\delta^{34}S$ 大量进入了 SO_4^{2-} 中，而使得沉淀的硫化物中 $\delta^{34}S$ 降低，反映出成矿流体从还原性向氧化性转变，代表成矿环境的突变。上宫金矿中原生蚀变带出露大量赤铁矿化，也说明成矿流体氧逸度较高。店房、槐树坪、康山、祁雨沟、前河、小池沟和元岭金矿组成另一组，该组以出现大量 $\delta^{34}S$ 正值为特征，236件样品显示 $\delta^{34}S$ 值范围为$-18.1‰\sim10.9‰$，平均值为$-0.73‰$，峰值数据为$-3‰\sim6‰$，呈塔式分布，表明硫主要来自深源岩浆，且受成矿期同位素分馏影响较小。

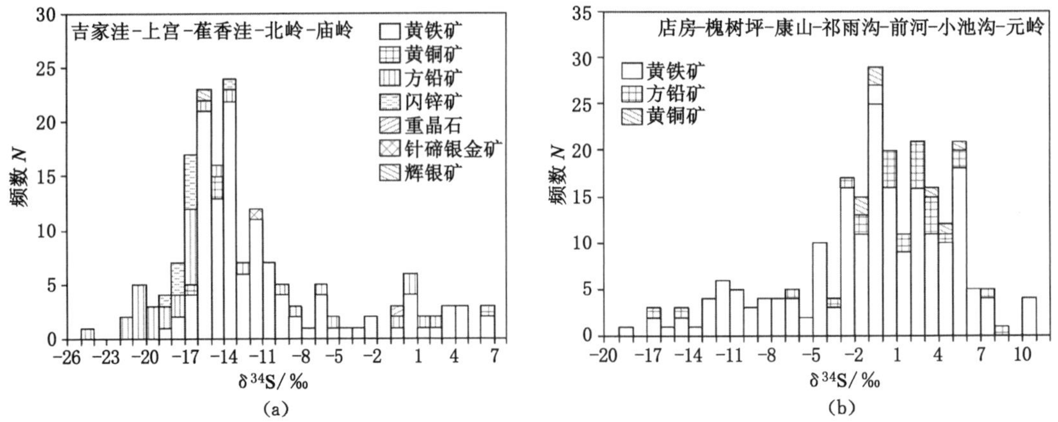

图 3　熊耳山-外方山地区金矿硫化物硫同位素直方图

(数据来源文献较多,不再一一列出)

同时,我们对以上两组金矿的氢氧同位素也进行了分组研究,发现氢氧同位素也具有明显区别。萑香洼、吉家洼、上宫和小南沟-庙岭金矿组 67 件样品显示,$\delta^{18}O$ 值为$-6.0‰$～$11.9‰$,平均值为 4.4‰,δD 值为$-113.0‰$～$-46.5‰$,平均值为$-78.4‰$。槐树坪、康山、祁雨沟和前河金矿组 107 件样品显示,$\delta^{18}O$ 值为$-3.6‰$～$9.7‰$,平均值为 4.6‰,δD 值为$-101.7‰$～$-47.3‰$,平均值为$-75.0‰$。结合 $\delta^{18}O$-δD 图解(图 4),可以明显发现前者氢氧同位素分布范围更广,显示出岩浆水和天水混合的特征,而后者范围较小,基本集中在岩浆水内和左侧狭小的范围内,显示出以岩浆水为主的特征。

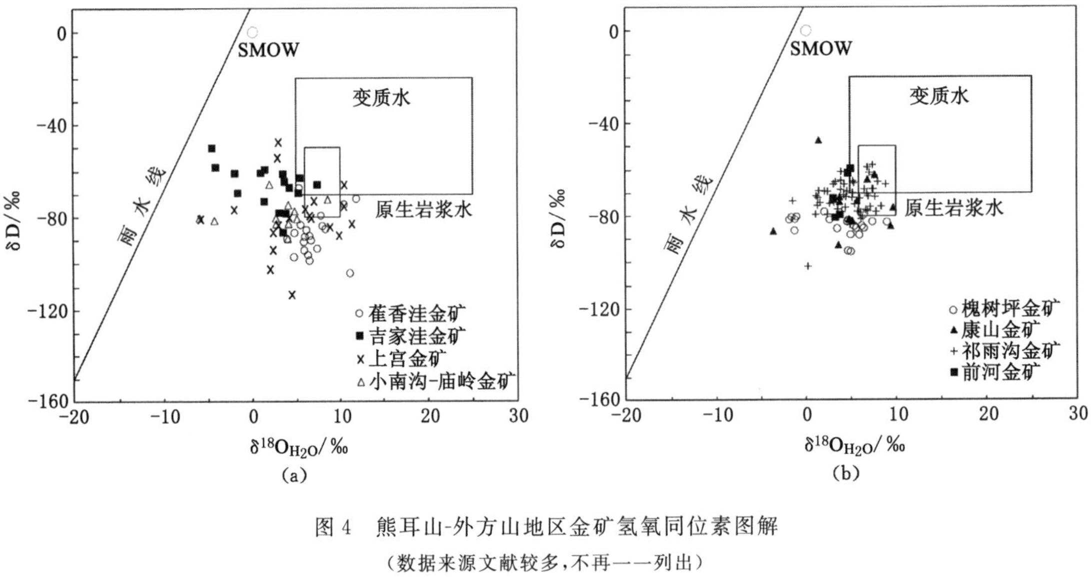

图 4　熊耳山-外方山地区金矿氢氧同位素图解

(数据来源文献较多,不再一一列出)

4　讨论

氢氧同位素与硫同位素具有明显的联动效应,硫同位素呈较大负值的金矿组,氢氧同位素则显示更离散的分布特征[图 4(a)],显示成矿流体由岩浆水和大量天水混合而成。硫同位素呈正值的金矿组,氢氧同位素则比较集中[图 4(b)],显示成矿流体以岩浆水为主的特征。从金矿的空间分布规律来看，$\delta^{34}S$ 呈较大负值的金矿组主要分布于拆离断层附近，且呈东西向展布，如上宫、吉家洼、崔香洼、北岭、庙岭金矿，而 $\delta^{34}S$ 呈正值的金矿组一般远离拆离断层，如槐树坪、康山、祁雨沟、前河等金矿。结合上宫金矿最新的勘查成果[16]，矿体穿过拆离断层面继续向太华岩群深部延伸，并未沿拆离断层延伸（图 5），从而推断：拆离断层虽然本身不作为导矿构造和控矿构造，但是由于熊耳山南坪拆离断层规模较大，浅表的流体或大气沿拆离断层下渗，造成了拆离断层内的环境与地表相近，为氧化环境，尤其是与北东向断裂交汇部位更是如此。成矿流体在深部沿拆离断层向上运移，到达构造交汇部位压力突然降低，同时受到浅表流体的混合作用，氧逸度升高，硫同位素发生强烈分馏，氢氧同位素也明显受到了天水的混合，物理化学条件的变化造成了金的巨量沉淀。

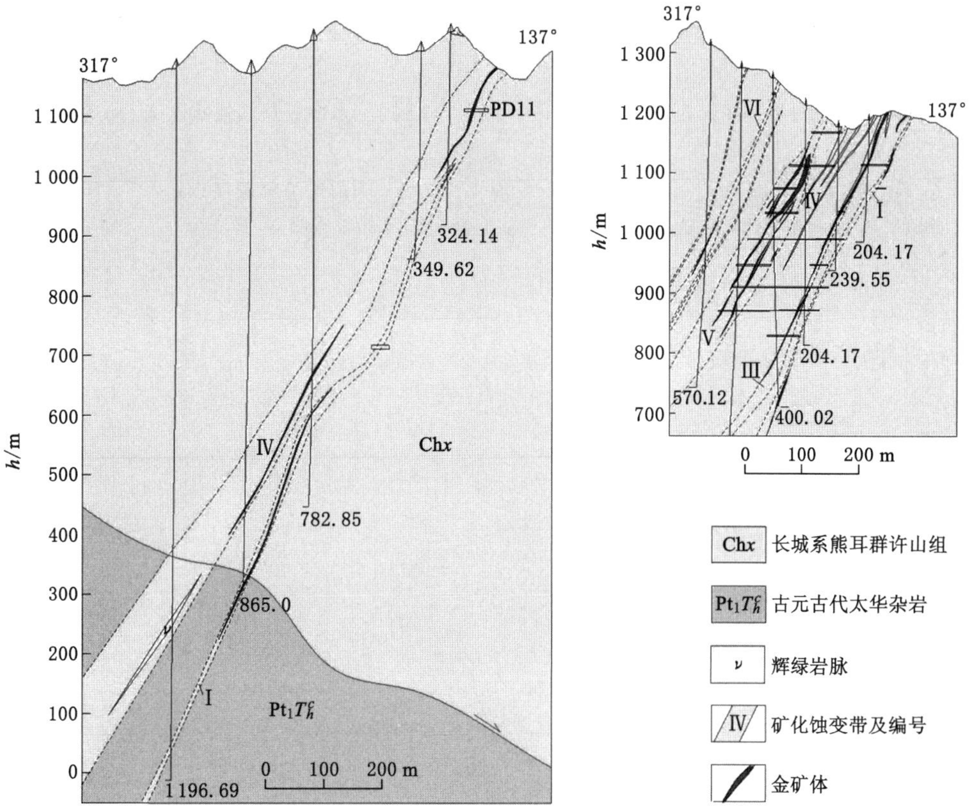

图 5 上宫矿段 15 线和 33 线地质剖面

（修改自文献[16]资料）

参 考 文 献

[1] 张国伟，郭安林，董云鹏，等. 关于秦岭造山带[J]. 地质力学学报，2019，25(5)：746-768.

[2] 贺昕宇，王长明，袁继明，等. 熊耳山-外方山矿集区中生代 Au-Mo 成矿系统[J]. 地学前缘，2019，26(5)：33-52.

[3] 王晓霞，王涛，张成立. 秦岭造山带花岗质岩浆作用与造山带演化[J]. 中国科学：地球科学，2015，45(8)：1109-1125.

[4] 雷敏. 秦岭造山带东部花岗岩成因及其与造山带构造演化的关系[D]. 北京：中国地质科学院，2010.

[5] GAO X Y，ZHAO T P，BAO Z W，et al. Petrogenesis of the Early Cretaceous intermediate and felsic intrusions at the southern margin of the North China Craton：implications for crust-mantle interaction[J]. Lithos，2014，206/207：65-78.

[6] 卢欣祥，尉向东，于在平，等. 小秦岭-熊耳山地区金矿的成矿流体特征[J]. 矿床地质，2003，22(4)：377-385.

[7] 卢欣祥，董有，尉向东，等. 小秦岭-熊耳山地区金矿成矿的临界超临界流体[J]. 黄金地质，2002(3)：1-6.

[8] 祝朝辉,尉向东,宋锋,等.豫西熊耳山多金属矿集区成矿物质来源研究:来自铅同位素的地球化学证据[J].地质论评,2014,60(6):1323-1336.

[9] 王涛,祝朝辉,刘淑霞,等.东秦岭地区中生代金钼多金属矿 C—H—O 同位素组成研究[J].地质找矿论丛,2017,32(2):180-189.

[10] 张兴康,叶会寿,张维,等.豫西熊耳山地区吉家洼金矿床成矿物质来源探讨:碳、氧、硫、铅同位素地球化学证据[J].矿床地质,2017,36(3):595-610.

[11] 张苏坤,史保堂,汪江河,等.豫西熊耳山吉家洼金矿床同位素特征与成矿模式[J].矿产勘查,2016,7(4):552-560.

[12] 胡新露,何谋春,姚书振.东秦岭上宫金矿成矿流体与成矿物质来源新认识[J].地质学报,2013,87(1):91-100.

[13] 陈衍景,唐国军,FRANCO PIRA JNO,等.东秦岭上宫金矿流体成矿作用:放射成因同位素地球化学研究[J].矿物岩石,2004,24(3):22-27.

[14] 李肖龙,申硕果,黄丹峰,等.豫西熊耳山地区北岭金矿 Pb、S 同位素特征及其地质意义[J].地质与勘探,2020,56(2):253-264.

[15] 彭恩生.蒿坪沟-铁炉坪地区银金多金属矿床成矿地质特征[J].中南矿冶学院学报,1994,25(4):427-430.

[16] 河南省地矿局第一地质矿产调查院.河南省洛宁县上宫金矿深部普查报告[R].2018.

安棚碱矿是幔源成因的

燕长海[1、2]，李肖龙[1]，马振波[1]，冯燕涛[3]

（1. 河南省金属矿产成矿地质过程与资源利用重点实验室/河南省地质调查院，河南 郑州 450001；
2. 河南省地质学会，河南 郑州 450001；3. 栾川鑫曙伟博矿业有限公司，河南 洛阳 471500）

摘　要：安棚碱矿是目前亚洲第一、世界第二大天然碱矿床，也是世界上为数不多的盐碱与油（气）共生的矿床。研究认为，安棚碱矿（含油气）的形成过程可能是：中生代末期开始，盆地深部软流圈地幔上隆，造成上地幔刚性岩石圈的张性破裂，软流层中的地幔烃碱流体通过这些张性破裂进入地壳而演化为氧型幔汁，这些氧型幔汁继续快速上升到地壳浅处，由于压力、温度骤然降低而冷却凝结，从而进一步演化为热液及热液作用，其中烃类组分或被地层捕获形成油气藏，碱类组分或上升到盆地地表，进入盆地水体，形成盐（碱）类矿床。

关键词：幔源烃碱流体；天然碱矿；油气；安棚

安棚碱矿位于南襄盆地泌阳凹陷东南部的沉降中心，是目前亚洲第一、世界第二大天然碱矿床[1-4]，同时，也是世界上为数不多的盐碱与油（气）共生的矿床[5]。几十年来，许多地质科技工作者对泌阳凹陷地质构造特征[6-7]、沉积体系[8-10]、岩相古地理[11]、地层层序[12-14]和安棚地区天然碱矿找矿预测[15]、物质成分[4]、成矿规律[16-17]、成矿物质来源[18]以及南襄盆地深部构造[19-22]等方面做过大量细致的工作，取得了丰硕的研究成果。但这些研究始终没有回答形成碱矿所需要的大量的 Na 和 CO_2 或 CO_3^{2-} 的来源，以及形成于两种完全不同气候环境条件的矿产资源——盐（碱）矿和油（气）的共生问题。

一般认为，含盐（碱）沉积是在干旱-半干旱的气候条件下卤水浓缩的产物，石油与天然气是在温暖潮湿气候条件下的水下还原环境的产物。根据气候条件，石油与天然气和含盐（碱）沉积似乎形成于截然不同的两种环境。但是泌阳凹陷油页岩为天然碱矿的直接顶底板，并与其组成多个韵律而共存，而且天然碱矿沉积在凹陷内油页岩集中且含油率比较高的部位。这些事实表明，油页岩的形成环境与盐碱矿的形成环境有一定的联系性。对此种现象，秦伟军等[5]和周珍琦等[23]认为盐（碱）、油共生的古地理和古气候条件是干旱-半干旱气候条件，封闭的水盆地环境有利于天然碱的沉积，油、碱共生的物质条件是凹陷周缘分布着的富钠岩石经风化淋滤出的 Na 以及有机物质分解出的 CO_2。实际上，以往所有认识均是将此类矿床作为“蒸发沉积矿床”对待的。但是，根据杜乐天[24-25]的幔汁 HACONS[H—氢、卤素热；A—碱金属（主要是 Na、K）族；C—碳；O—氧；N—氮；S—硫族]辐射成矿说和崔永强[26]的幔源油气理论分析，笔者认为，安棚碱矿（含油气）可能是幔源流体成因的。

南襄盆地是分布于秦岭造山带之上的构造断陷盆地，区域性栾川-方城-明港断裂、朱夏断裂和商丹断裂穿过盆地内部（图 1）。地球物理资料表明，盆地中地壳厚且含低速、高导层，在此地壳内高导层之下方 60～70 km 深处又出现一很大的低阻块体，这可能是地幔软流体的作用所致，其顶

作者简介：燕长海，男，1955 年生，河南长葛人。教授，博导，俄罗斯自然科学院外籍院士，长期从事矿床学、矿产勘查学研究工作。

部在盆地中表现为突起状[20,22,28]。泌阳凹陷受北西西向的唐河-栗园边界断裂和北东向的栗园-泌阳边界断裂联合控制,交汇在栗园以东。唐河-栗园边界断裂是西峡-桐柏-商城断裂带的继承性断裂,具有深源性,该断裂走向北西西,倾向北,延伸 33 km,自西向东断距逐渐变大,最大达 8 000 m 以上,断面倾角上陡下缓。栗园-泌阳边界断裂为盆地东缘的边界大断裂,走向由南段的北北东向转为北东东向,倾向北西,倾角上缓下陡,延伸 31 km 以上,南段的断距超过 8 000 m[17]。唐河-栗园和栗园-泌阳两断裂可能是同沉积断裂,联合控制着泌阳凹陷的沉降中心,这里不仅是白云岩和深湖相的暗色泥岩(生油岩)最发育、天然碱矿最富集的部位,而且是油气资源最丰富的地区。赵追等[29-30]研究认为,该凹陷的深凹区现今仍处于生油和油气运移的高峰期,同时还有新的油气不断注入。

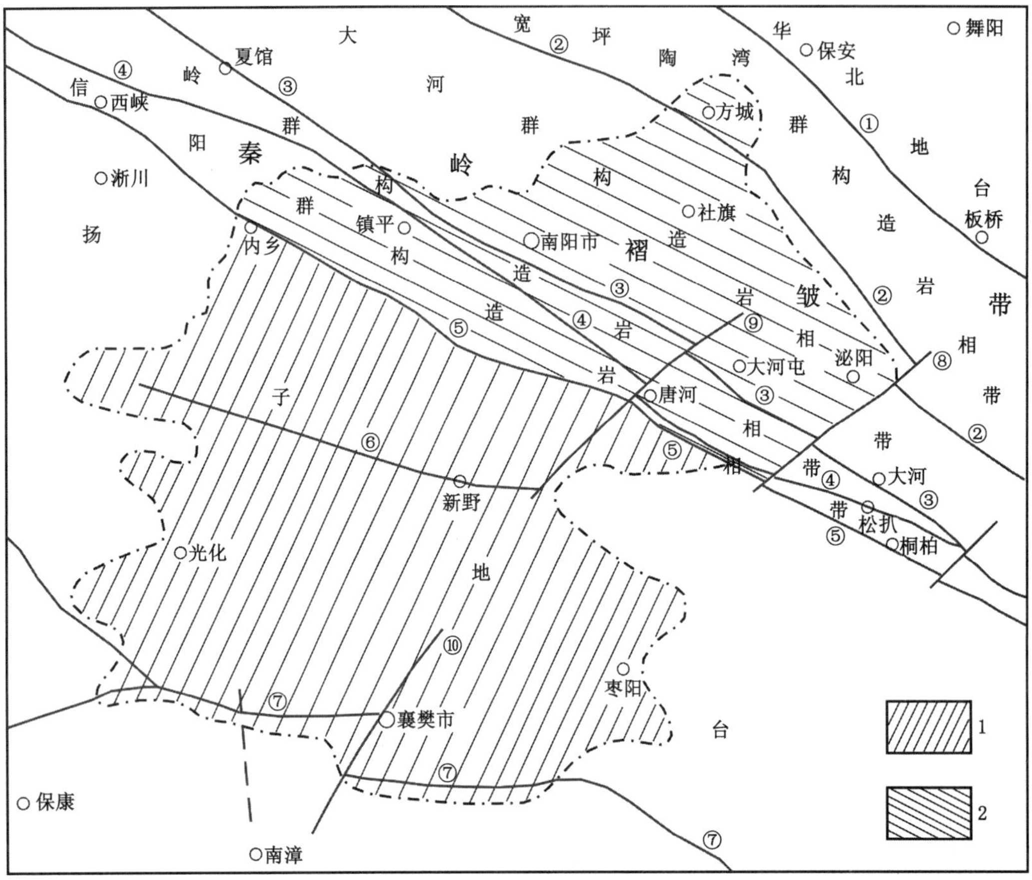

1—扬子地台基底区;2—秦岭褶皱带基底区;

①—卢氏-确山断裂;②—栾川-方城-明港断裂;③—朱阳关-夏馆-大河断裂;

④—商南-镇平-松扒断裂;⑤—丹凤-内乡-桐柏断裂;⑥—新野断裂;

⑦—襄樊-广济断裂;⑧—下二门断裂;⑨—曲洼断裂;⑩—九集断裂。

图 1 南襄盆地大地构造位置及其基底结构图[27]

含碱建造中发现大量的热液矿物和幔源物质。与吴城碱矿一样,安棚碱矿的含碱建造也是油页岩-天然碱矿-(泥质)白云岩[31-32],在核二段底部和核三段顶部的碱卤分别厚 5 m 和 6 m,两者相隔 20 m,储卤层岩性为针孔及孔洞状白云岩,卤水中除 B_2O_3 达综合利用指标外,Br、RbO 含量也比较高[31],伴生的 Li、K 可工业提取,同时,重金属元素 Pb、Mn、Cu、Ni、Cr、Fe 均高于海水数十到上千倍[17]。这些元素高浓度地出现,不可能靠岩石风化供给,只能是深部地幔来源[25]。(泥质)白云岩中含大量的铁白云石[33]。安棚碱矿的矿石矿物除重碳钠盐和少量天然碱、碳氢钠石外,还有碳钠钙石、方沸石、钠沸石、硅硼钠石、石膏、菱镁矿、磁黄铁矿、黄铁矿等[17]。这些热液矿物中的特殊高温盐类矿物硅硼钠石、碳钠钙石在现代蒸发盐湖中也未见报道，但却大量出现在南襄盆地泌阳凹陷深湖沉积环境中，与传统蒸发成盐理论相悖。笔者认为，可能是深部地幔流体上升过程中萃取易溶盐类物质在深湖环境下的海底以热卤水形式喷发沉积而成。敬国超等[34]认为，Ⅳ～Ⅸ油组中黑云母多已转变为绿泥石，斜长石一般都发生水云母绢云母化，钾长石多发生高岭石化，蚀变后的长石孔隙发育。这些现象均是碱交代作用的结果。

这里还有一些证据，据苏奥[35]研究，南襄盆地泌阳凹陷双河油田部分钻井核桃园组已钻遇沉凝灰岩（火山碎屑含量在25%～75%之间），主要由玄武岩岩屑、玻屑和斜长石晶屑组成，并认为沉凝灰岩中的火成碎屑是核桃园组沉积期湖底基性喷溢物；同时，在所研究的泌阳凹陷C2井核桃园组样品的XRD数据中也显示在高含量白云石发育的泥页岩内含有一定含量的方沸石，并认为沸石类矿物通常为深部热液喷流以及玄武岩类矿物转变形成。杨江海等[18]也认为，泌阳凹陷古近纪含碱岩系中所有的碱矿样品和白云质泥岩均显示Eu的正异常，认为是高温热液流体参与沉积的响应。

根据上述分析，笔者初步认为，安棚碱矿（含油气）的形成过程可能是：自中生代末期开始，盆地深部软流圈［当来自中、下地幔的氢型幔汁进入上地幔时，由于一路上萃取大量碱金属而演化为碱型幔汁（富碱和CO_2）或烃碱流体，对上地幔岩进行熔融、交代、富化、断键，造成上地幔溃变，形成上地幔软流圈[36-38]］地幔上隆，造成上地幔刚性岩石圈张性破裂，软流层中的地幔烃碱流体将会通过这些张性破裂进入地壳而演化为氧型幔汁（CO、CO_2、OH^-、SO_2、SO_3^{2-}、CO_3^{2-}、PO_4^{3-}、NO_3^-已能稳定出现），这些氧型幔汁继续快速上升到地壳浅处，由于压力、温度骤然降低而冷却凝结，从而进一步演化为热液及热液作用，其中烃类组分或被地层捕获形成油气藏，碱类组分（Li、Na、K、Rb、Cs）或上升到盆地地表，进入盆地水体，形成盐（碱）类矿床[26]。

通过上述分析，形成$NaHCO_3$和Na_2CO_3等碱矿物所需要的Na和CO_2主要来自幔源烃碱流体或幔汁，整个含碱建造包括白云岩、盐（碱）、油气（或油页岩）是在一个统一的成矿系统中完成的。但是，南襄盆地泌阳凹陷油气的潜力如何？盆地基底岩石中有没有天然油（气）藏？据文献记载，全球已超过30个盆地在基底的变质岩或火山岩中发现了基岩油气，全球基岩油气藏的石油储量是248×10^8 t、天然气储量是$2\ 681\times10^8$ m^3。结合区内深部地质构造特征和凹陷内的深凹陷区目前仍有新的油气注入等新信息综合分析，并根据幔源油气理论判断，笔者认为，南襄盆地深部可能会有基岩油气藏！

位于南襄盆地泌阳凹陷与吴城盆地之间的桐柏山是河南省重要的金多金属矿集区，分布着多个大、中、小型金、银、铜多金属矿床，在其中的多个矿床流体包裹体中发现幔源流体成分，如老湾金矿床的上上河矿段石英流体包裹体，不仅在其液相组分中发现K^+、Na^+、Mg^{2-}、F^-、Cl^-外，还在气相组分中发现CO_2、CO、CH_4、N_2等[39]；在银洞坡金矿床石英流体包裹体气相组分中测得少量的N_2、CH_4、H_2S和H_2等幔源物质[40]。那么，区域天然碱矿、油气和金属矿产在成因上有没有联系呢？

上述认识比较粗浅，很不成熟，有待进一步研究，同时欢迎对此感兴趣的同行参加讨论。

参考文献

[1] 李玉堂，李书进，邹克顺，等.河南省桐柏县安棚矿区碱矿初步普查地质报告[R].1986.

[2] 李功伟，曾光明，李世英，等.河南省桐柏县安棚碱矿勘探地质报告[R].1992.

[3] 易承龙，杨振军，郑双信，等.河南省桐柏县曹庄矿区天然碱矿详查报告[R].2012.

[4] 李玉堂，李书进，孟宪松，等.安棚碱矿物质成分、沉积环境及钾盐成矿研究报告[R].1989.

[5] 秦伟军，段心建.南襄盆地泌阳凹陷油、碱共生的地质条件[J].地质科学，2004，39(3)：339-345.

[6] 胡受权.南襄盆地泌阳断陷成盆机制及其成盆史[J].桂林工学院学报,1998,18(1):8-15.
[7] 钟俊义,李桂林,葛辉,等.泌阳凹陷北部斜坡带构造特征及油气圈闭有效性[J].地质找矿论丛,2003,18(3):149-154.
[8] 杨香华,孙永传,孙家振.泌阳凹陷下第三系的层序地层格架及其对边界断裂、古气候和物源的响应[J].地球科学,1994,19(5):676-684.
[9] 胡受权.泌阳断陷双河-赵凹地区下第三系核三组上段沉积微相研究[J].岩相古地理,1997(6):46-54.
[10] 李斌,孟自芳,李相博,等.泌阳凹陷下第三系构造特征与沉积体系[J].吉林大学学报(地球科学版),2005,35(3):332-339.
[11] 王启军,高品文,朱水安,等.泌阳凹陷的沉积环境与生储油性[J].地球科学,1983,8(2):135-146.
[12] 胡受权,郭文平,颜其彬,等.泌阳断陷下第三系核三上亚段层序地层学研究[J].地层学杂志,1999,23(2):115-123.
[13] 侯艳平,任建业,张青林,等.陆相裂陷盆地层序地层构成样式分析:以泌阳凹陷核三上段为例[J].地层学杂志,2005,29(1):71-77.
[14] 李海华.南襄盆地泌阳凹陷层序地层学与隐蔽油气藏研究[J].石油实验地质,2008,30(1):47-51.
[15] 漆丹志,刘兴华,孟宪松.河南安棚天然碱矿成矿地质条件及找矿方向[J].河南地质,1983(2):1-9.
[16] 陈小军,罗顺社,张建坤,等.安棚地区天然碱矿沉积特征及成因研究[J].沉积与特提斯地质,2009,29(3):42-46.
[17] 陈建立.泌阳凹陷碱矿床地质特征、成因及成矿预测:以安棚碱矿床为例[J].地质找矿论丛,2013,28(3):393-400.
[18] 杨江海,易承龙,杜远生,等.泌阳凹陷古近纪含碱岩系地球化学特征对成碱作用的指示意义[J].中国科学:地球科学,2014,44(10):2172-2184.
[19] 潘作枢,丁风仪,王宝林.南一襄盆地深部过程分析及重磁异常[J].长安大学学报(地球科学版),1986,8(1):56-63.
[20] 杨冬,王典,刘殿秘,等.南襄盆地及邻域壳幔结构地球物理特征与油气条件分析[J].世界地质,2008,27(1):48-52.
[21] 刘绍龙,刘宁,薛玉玮,等.南襄盆地深层反射地震界面剖面特征及其构造属性:以87-600反射地震剖面为例[J].河南石油,1999,13(1):5-9.
[22] 罗开平,范小林.南襄盆地岩石圈构造与盆地深部过程及油气前景[J].石油天然气学报(江汉石油学院学报),2006,28(3):167-170.
[23] 周珍琦,董清水,厚刚福,等.与盐碱矿共生的油页岩形成环境及沉积演化:以桐柏吴城盆地油页岩矿床为例[J].吉林大学学报(地球科学版),2006,36(6):1001-1005.
[24] 杜乐天.幔汁—H-A-C-O-N-S流体[J].大地构造与成矿学,1988,12(1):87-94.
[25] 杜乐天.烃碱流体地球化学原理-重论热液作用和岩浆作用[M].北京:科学出版社,1996.
[26] 崔永强.现代石油地质学:幔源油气理论[J].新疆石油地质,2018,39(2):244-250.
[27] 王定一,车自成,张树田,等.南襄盆地构造发育特征及形成机制[J].石油与天然气地质,1987,8(4):363-372.
[28] 周国藩,杨森楠.秦岭造山带的壳幔结构及其形成、演化特征[J].地质科技情报,1992,11(3):19-24.
[29] 赵追,赵全民,孙冲,等.陆相断陷湖盆的成岩圈闭:以泌阳凹陷下第三系核桃园组三段为例[J].石油与天然气地质,2001,22(2):154-157.
[30] 赵追,罗家群.南襄盆地泌阳凹陷"深盆气藏"特征及成因探讨[J].天然气地球科学,2009,20(5):790-793.
[31] 张幼勋.河南吴城天然碱矿床地质特征及成因探讨[J].化工地质,1980,2(3):66-80.
[32] 张幼勋,杨清堂,马秀莲,等.河南安棚碱矿地质特征成矿条件及勘探方向[J].纯碱工业,1983(4):1-6.
[33] 周建民.古碱矿中几种岩石矿物的地质意义[J].化工地质,1987,9(2):62-67.
[34] 敬国超,李青,董科武,等.河南双河油田核三段储层的成岩演化特点[J].武汉理工大学学报,2002,24(9):41-44.
[35] 苏奥.中国东部南襄盆地泌阳凹陷核桃园组湖相页岩的有机质富集及古气候记录[D].武汉:中国地质大学,2020.

[36] 杜乐天.氢的地球化学:幔汁氢化迁移律[J].铀矿地质,2014,30(2):65-77.
[37] 杜乐天.地球排气作用:建立整体地球科学的一条统纲[J].地学前缘,2000,7(2):381-390.
[38] 杜乐天.幔汁(HACONS流体)地球内动因探索[J].地球学报,2009,30(6):739-748.
[39] 陈加伟,孙保平,李佩,等.河南老湾金矿床成矿流体性质与同位素地球化学示踪[J].岩石矿物学杂志,2017,36(5):713-724.
[40] 曾威,段明,万多,等.河南银洞坡金矿成矿流体与矿床成因研究[J].现代地质,2016,30(4):781-791.

豫南任山铀矿地质特征及成因浅析

王瑞利
(河南省核工业地质局,河南 郑州 450044)

摘　要:任山铀矿床位于燕山晚期灵山复式花岗岩体东部,是近年新查明的花岗岩型铀矿床。铀矿体主要赋存于北东向蚀变硅化花岗碎裂岩带中,受硅化花岗碎裂岩带控制。通过对任山铀矿床地质特征、成矿物质来源等进行详细分析研究,推断该铀矿床是由热液改造叠加和后生淋积作用形成的,指出硅化带与钠长石化煌斑岩脉交汇处或附近膨大、产状变异部位等是寻找铀矿体的有利部位,而硅化带与钠长石化煌斑岩脉之间的关系对于指导灵山一带下一步铀矿勘查具有重要意义。

关键词:灵山岩体;任山铀矿;地质特征;矿床成因

前言

灵山岩体是以燕山期为主体的复式岩基,出露面积约 525.5 km^2。该岩体及附近,钼、铜、铅、锌、金、银、铀、萤石、膨润土等矿产资源丰富。20 世纪 80 年代以来,在灵山岩体及其接触带发现了众多铀矿化点和放射性异常点。21 世纪初,在任山地区进行钼铀矿普查过程中,发现有很好的铀找矿前景,通过后续工作发现一处小型铀矿床。任山铀矿位于灵山岩体东部,区内分布有大量北东向斜长煌斑岩脉和硅质碎裂岩带,由于热液改造叠加等多种成矿作用,在二者交汇部位矿体厚度大、品位高。鉴于此,通过研究其成矿机制、矿床成因,总结其成矿规律,对于提高该地区铀成矿再认识和指导寻找该类铀矿进行突破意义重大,是一种新尝试。

1　地质背景

任山铀矿位于罗山县彭新镇南,大地构造位置为东秦岭-桐柏-大别褶皱带(见图 1),区域性桐-商断裂带附近。该区地壳经长期演化,多期多阶段的构造-岩浆活动强烈,区内断裂构造发育,岩浆活动频繁,物化探异常发育,且处于放射性高场区,具有良好的成矿地质条件。

区域出露的主要地层有中元古界龟山组(Pt_2g),上古生界泥盆系南湾组(Dn),中生界白垩系陈棚组(K_1c),古近系(E)和第四系(Q)。桐-商断裂和龟-梅断裂为本区主要断裂构造,其次为晚期北北东向涩港断裂构造。

岩浆岩出露广泛,以燕山期花岗岩为主,零星出露中基性岩体。燕山晚期岩浆活动频繁,且规模巨大,大致可分为三次不同期次的侵入活动,其中以第一次侵入活动最为强烈,形成巨大岩基,后两次侵入活动规模较小,形成脉状、岩墙,少数呈岩株、岩枝状产出,与矿化关系较为密切。

基金项目:河南省地质勘查基金项目(编号:147-15)。
作者简介:王瑞利,男,1969 年生。本科学历,工程师,主要从事地质矿产资源勘查工作。

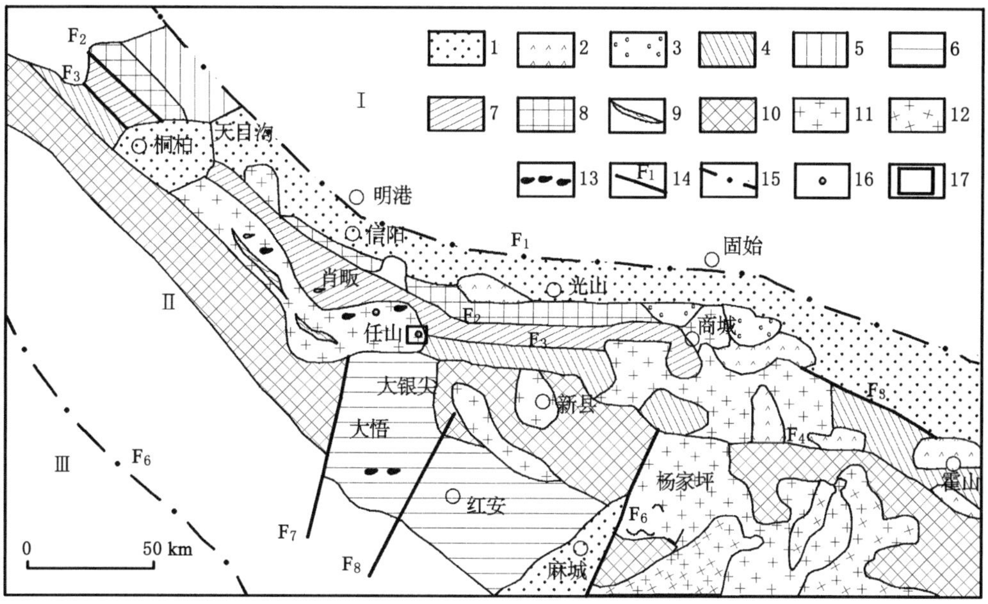

1—中新生代地层(K-E);2—白垩纪火山岩(K);3—石炭系(C);4—肖家庙岩组($Z\text{-}Qx$);
5—二郎坪群($Pt_3\text{-}Pz$);6—红安岩群(Pt_2);7—龟山岩组(Pt_2g)、南湾组(Dn);8—秦岭岩群(Pt_2qn);
9—苏家河群定远组(Pt_2d);10—桐柏-大别变质杂岩($Ar_3\text{-}Pt_1$);11—燕山期花岗岩;12—晋宁花岗岩;
13—辉绿岩;14—断裂带编号;15—大别山造山带边界;16—铀矿位置;17—任山矿区范围;
Ⅰ—华北板块;Ⅱ—大别山造山带;Ⅲ—扬子板块。

图1 任山矿区大地构造位置图

2 矿区地质特征

工作区内仅出露有新生界第四系(Q),主要为坡积物及河流冲洪积物,分布于沟谷坡地。

矿区内断裂构造非常发育,总体走向北东向。主要表现为不同程度、不同性质的碎裂蚀变岩带、角砾岩带、糜棱岩带、片理化带及后期充填的脉体,产状110°～157°∠57°～85°。地表出露长度80～650 m不等,最大长度可达2 500 m,厚度为1～10 m,局部膨大厚度达20 m,具分枝复合现象。断裂破碎带硅化、绢(水)云母化、钾长石化较强,主要金属矿化有弱的黄铁矿化、辉钼矿化、镜铁矿化等。

在斜长煌斑岩脉的上盘或硅质脉与斜长煌斑岩脉的相交复合部位,褪色现象明显,γ测量结果明显较高,存在放射性异常。

矿区内出露的岩浆岩主要为燕山晚期花岗岩-灵山复式岩体,按其侵入关系简述如下:

(1) $K_1L^1\eta\gamma$ 粗-中粒黑云母二长花岗岩

分布于矿区东部与北部的猫头寨、阴坡一带,呈岩基状产出;中部和西部出露零乱。岩石呈肉红色,粗中粒不等粒结构,粒径为2～6 mm。主要矿物有钾长石(30%～40%)、斜长石(25%～30%)、石英(25%～30%)、黑云母(3%),副矿物有磁铁矿、榍石、磷灰石等。钾长石为交代条纹长石,斜长石为更长石、中长石,黑云母大多绿泥石化。

(2) $K_1L^2\eta\gamma$ 中-细粒斑状黑云母二长花岗岩

分布于猫头寨以南一带,呈岩株状产出。岩石呈肉红色,似斑状结构、块状构造。斑晶为钾长石,粒径为2～5 mm,其他矿物包括斜长石、石英、黑云母等。其中,钾长石占30%～40%,多为条纹长石;斜长石占20%～30%,多为更长石;石英占20%～30%,它形粒状,充填于长石之间;黑云母占 3%～5%,部分绿泥石化。副矿物为磷灰石、榍石等。

(3) $K_1L^3\eta\gamma$ 细粒黑云母二长花岗岩、细粒含斑花岗岩

分布于矿区中部和东南部,西部零星出露,呈岩枝、小岩株、岩墙及岩脉状产出。岩石呈肉红色,细粒花岗结构,似斑状构造,局部具有文象结构、块状构造,粒径一般为 0.3～1 mm。主要矿物为钾长石,约占 40%;其他矿物有斜长石约占 30%,石英约占 30%,黑云母占 3%。副矿物有磷灰石、绿帘石等。

(4) 脉岩

矿区出露的脉岩主要有细粒-微细粒岩脉(ι)、斜长煌斑岩脉($\delta\chi$)及部分花岗斑岩脉($\gamma\pi$)。区内脉岩总体走向与区内构造向基本一致,呈北东向产出。以斜长煌斑岩脉出露范围最广,且主要出露于猫头寨地区,出露最大长度为 3 000 m 左右,一般为数百至 1 500 m,最宽为 10～20 m,一般为 3～5 m;倾向南东,倾角为 60°～70°;沿走向有膨胀、收缩、分枝复合及侧列现象。

3 矿体地质特征

3.1 矿(化)体特征

矿区共圈出 2 个铀矿体(Ⅰ和Ⅱ)和 5 个低品位矿体(赋存于 F_{26} 和 F_{27} 断裂带中的单工程矿体)(表 1),铀矿化异常带 5 条,以及铀异常点若干个。铀矿体主要赋存于猫头寨地段与 $\delta\chi_1$ 号钠长石化斜闪煌斑岩脉相交的硅质脉中(图 2),此外在阴坡 F_{35}、F_{38} 和劈坡石 F_{26}、F_{27} 蚀变碎裂岩带中也见次生铀矿化。

表 1 铀矿体特征一览表

序号	矿脉号	矿体号	赋存部位标高	矿体产状/(°)	矿体规模			平均品位/$\times10^{-6}$	主要控矿因素
					长度/m	沿深/m	平均厚/m		
1	$\delta\chi_1$	Ⅰ	00～03 剖面 180～139 m	135∠56～66	130	88	1.47	3 710	受 $\delta\chi_1$ 钠长石化斜长煌斑岩脉控制,铀矿化产于脉体下盘的灰黑色破碎石英脉中;与石英脉交汇部位矿化明显,可见次生铜铀云母
2		Ⅱ	04 剖面 186～112 m	132∠66	55	103	1.05	510	
3	F_{26}	Ⅰ	00 剖面 129～154.30 m	149∠67	50	52	1.22	2 710	受蚀变硅化碎裂岩带(F_{26} 断裂带)控制,铀矿化产于蚀变硅化碎裂岩带上盘
4		Ⅱ	00 剖面 166～−18 m	149∠60	50	102	0.80	300	受 F_{26} 断裂带控制,铀矿化产于蚀变硅化碎裂岩带下盘附近蚀变细粒黑云母花岗岩脉中
5	F_{27}	Ⅰ	03 剖面 134～−181 m	145∠62	47	51	0.81	380	受 F_{27} 断裂带控制,铀矿化产于蚀变花岗碎裂岩带中
6		Ⅱ	03 号剖面 −45～41 m	147∠60	50	100	1.19	310	
7		Ⅲ	03 号剖面 −55～30 m	147∠60	50	101	1.12	300	

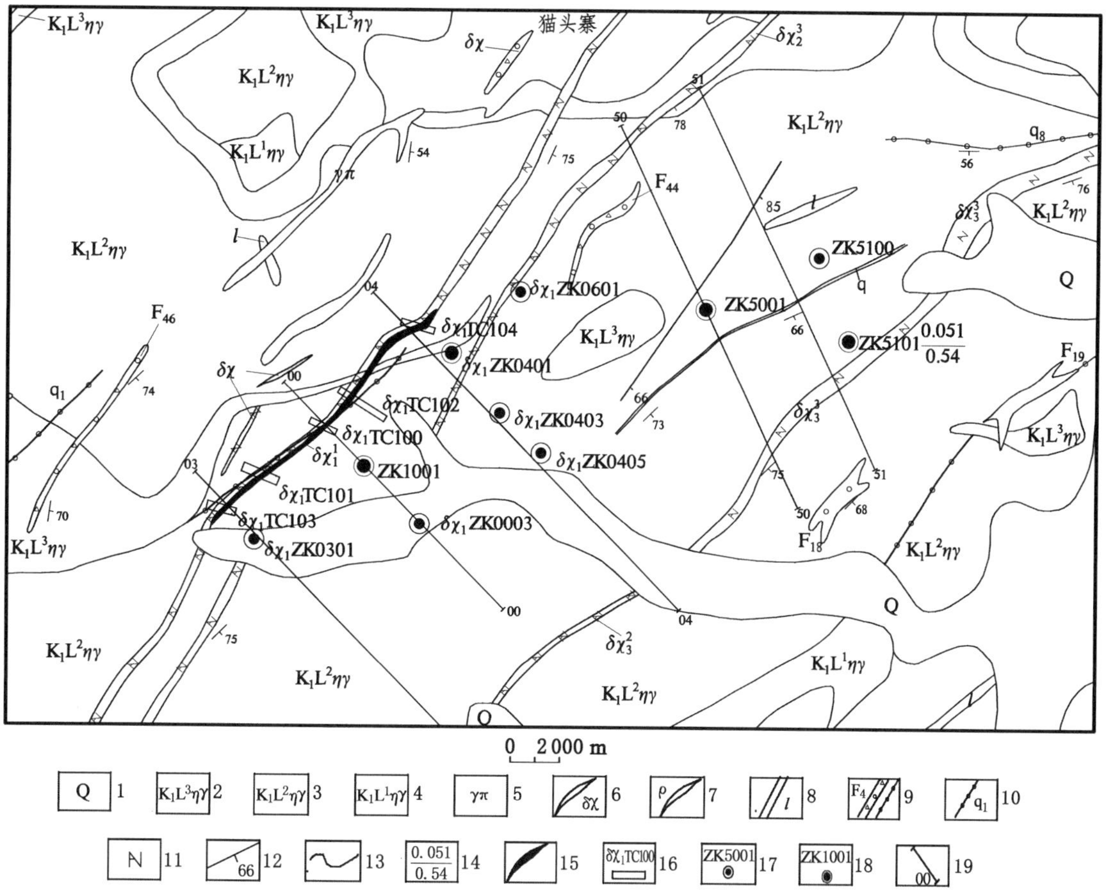

1—第四系;2—细粒黑云母花岗岩;3—中-细粒黑云母花岗岩;4—粗-中粒黑云母花岗岩;
5—花岗斑岩;6—斜长煌斑岩脉;7—伟晶岩脉;8—细晶岩脉;9—破碎蚀变带及编号;
10—白色硅质脉或硅化带及编号;11—钠长石化;12—实测构造;13—地质界线;14—铀品位及厚度;
15—铀矿体;16—探槽及编号;17—钻孔及编号;18—见矿孔及编号;19—勘查线及编号。

图 2　猫头寨地段地质略图

Ⅰ号铀矿体长 130 m,矿体厚度为 0.59～3.23 m,平均厚度为 1.63 m,厚度变化系数为 155.24%;铀品位为 0.200%～1.665%,铀平均品位为 0.379%,品位变化系数为 236.24%。在硅质脉和斜长煌斑岩交汇或者复合部位,铀品位明显变高,厚度变大,矿体产状与 $\delta\chi_1$ 号斜长煌斑岩脉产状近似一致,产状为 135°∠56°～66°。铀矿体出露标高为 180～139 m[图 3(a)]。

Ⅱ号铀矿体长 55 m,矿体厚度为 0.71～2.10 m,平均厚度为 1.41 m,厚度变化系数为 136.31%;铀品位为 0.051%～0.352%,铀平均品位为 0.277%,品位变化系数为 228.82%。矿化产于硅化碎裂岩中,由烟灰色微晶石英、玉髓充填胶结,可见次生铜铀云母,赤铁矿化较发育,铀矿化与硅化关系密切;铀矿体呈透镜状,产状为 132°∠66°。铀矿体出露标高为 186～112 m。

区内其矿物生成可分为成矿前期、成矿期和成矿后期 3 个阶段,矿化带表现出水平分带和垂直分带特征。在水平分带上,中心部位由成矿前期白色石英脉或微晶石英,成矿期含次生铀矿赤铁矿化微晶质、隐晶质石英、玉髓或硅化碎裂岩,成矿后期乳白色或半透明、梳状石英等相互叠加组成硅质脉,其两侧分别为红化、绢(水)云母化、绿泥石化和高岭土化碎裂花岗岩;在垂向分带上,地表大部分为成矿晚期或早期乳白色石英脉,局部富集萤石或已遭受剥蚀,深部为含次生铀矿赤铁矿化石英脉或碎裂岩,局部地段有含次生铀矿、黄铁矿、黑色萤石石英脉叠加。矿化标高为−45～186 m。

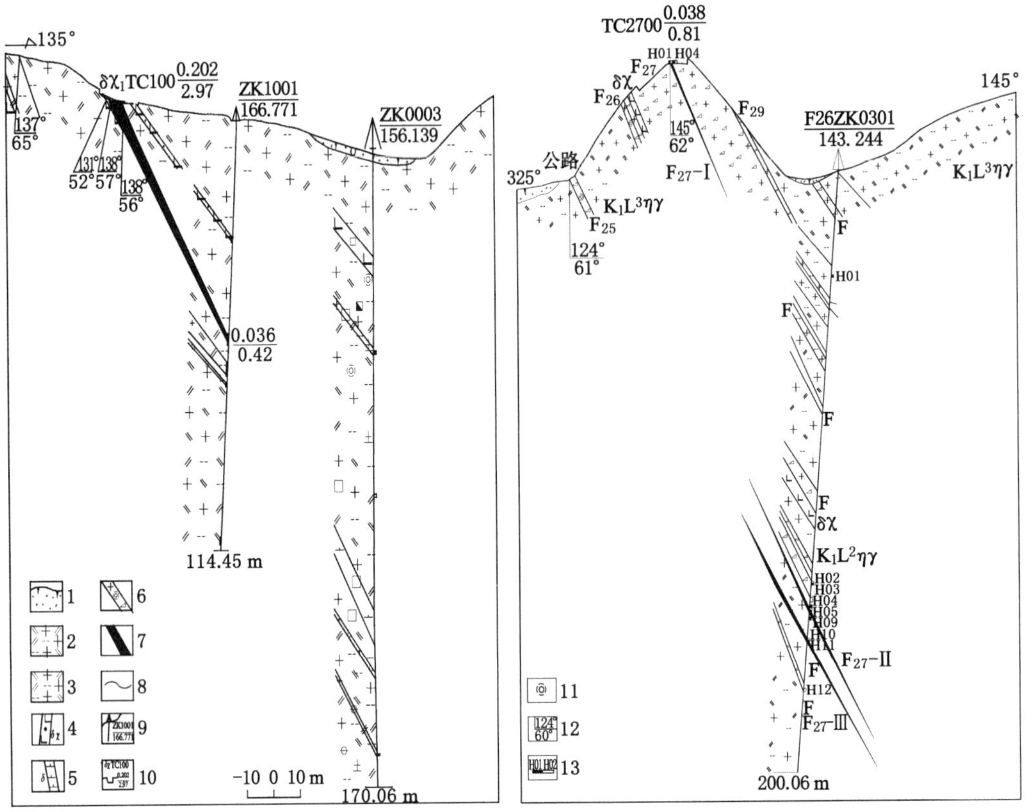

(a)　　　　　　　　(b)

1—第四系；2—细粒黑云母二长花岗岩；3—中粒黑云母二长花岗岩；4—斜长煌斑岩脉及编号；

5—闪长岩；6—硅化花岗碎裂岩；7—铀矿体；8—地质界线；9—钻孔位置(铀品位/厚度)；

10—探槽位置及编号；11—硅化；12—产状/倾向-倾角；13—取样位置及编号。

图 3　猫头寨地段 $\delta\chi_1$ 号岩脉和 F_{27} 号岩脉 00 号勘查线剖面示意图

3.2　矿石特征

矿石矿物组成比较简单，铀是唯一可利用元素。未见原生铀矿物；次生铀矿物有铜铀云母、硅钙铀矿、钙铀云母等，伴生金属矿物有黄铁矿及少量辉钼矿等；脉石矿物主要有斜长石、石英、绿泥石、绢云母、黑云母、方解石等。次生铀矿物分布在表生氧化带或有地下水活动的裂隙面上。

黄铁矿有两种，一种呈粗粒状、星点状分布或呈脉状产出分布在围岩中；另一种呈胶状、它形细粒状黄铁矿与次生铀矿物共生于石英脉、斜长煌斑岩强蚀变的碎裂岩、角砾岩、糜棱岩中，且与铀含量呈正相关。

石英按形成先后可分为成矿前期白色块状石英、晶状半透明石英，充填于主干断裂构造中，包裹有围岩角砾或残留体，往往形成山脊、陡壁地貌；成矿期杂色-烟灰色微晶石英、玉髓，脉体规模稍小，充填胶结前期石英和围岩角砾；成矿后期乳白色或半透明、梳状石英，沿构造带呈条带状充填，有时见晶洞。

脉石矿物绿泥石、绢云母、萤石等发育于断裂构造带两侧的碎裂蚀变带中，呈细脉状、球粒状、分散状。晚期萤石呈胶结物或脉状充填。从构造(脉岩)中心向两侧具对称分带现象。

矿石中 SiO_2 含量很高(表 2)，都超过 65%，属硅酸盐类矿石。铀矿化与 SiO_2 含量增高(正相关)和 FeO、MnO 含量减少(负相关)有关(表 3)，这说明铀矿化主要和灰黑色微晶石英脉关系密切；煌斑岩中铀矿化除与钾交代有关外，TiO_2 含量增高(正相关)、P_2O_5 含量减少(负相关)与铀的富集也密切相关(表 4)。

表 2 灵山岩体猫头寨地区燕山晚期侵入体岩石化学成分一览表

代号	含量/%											样品数
	SiO_2	Al_2O_3	Fe_2O_3	FeO	TiO_2	MnO	K_2O	Na_2O	MgO	CaO	P_2O_5	
$K_1L^1\eta\gamma$	74.33	12.81	0.73	1.6	0.22	0.4	4.68	3.62	0.44	0.91	0.07	24
$K_1L^2\eta\gamma$	75.85	12.62	0.61	1.31	0.14	0.03	4.58	3.56	0.41	0.61	0.05	34
$K_1L^3\eta\gamma$	77.16	11.81	0.41	1.21	0.17	0.02	4.58	3.62	0.36	0.62	0.04	9

注:表中数据引用自 1982 年核工业局从矿区采集的岩石分析结果。

表 3 灵山岩体余小湾地段矿化组合相关矩阵

	SiO_2	Al_2O_3	Fe_2O_3	FeO	MgO	CaO	Na_2O	K_2O	P_2O_5	TiO_2	MnO	U
SiO_2	1	0.127	−0.149	−0.219	−0.245	−0.148	−0.078	0.465	−0.003	−0.069	−0.435	0.415
Al_2O_3		1	0.647	0.078	0.607	−0.066	−0.094	0.500	0.736	0.807	−0.400	0.068
Fe_2O_3			1	−0.141	0.413	−0.653	−0.450	−0.239	0.718	0.865	−0.500	0.068
FeO				1	0.673	−0.106	0.269	−0.016	0.096	0.168	0.592	−0.452
MgO					1	−0.479	0.116	−0.039	0.520	0.684	0.166	−0.110
CaO						1	0.473	−0.071	−0.651	−0.716	0.316	0.142
Na_2O							1	0.193	−0.266	−0.258	0.518	0.357
K_2O								1	0.133	−0.024	−0.041	0.201
P_2O_5									1	0.887	−0.390	0.087
TiO_2										1	−0.412	0.094
MnO											1	−0.381
U												1

注:表中数据引用自 2015 年地勘基金项目岩石分析结果。

表 4 煌斑岩化学全分析样品相关矩阵

	U	SiO_2	Al_2O_3	Fe_2O_3	FeO	MgO	CaO	Na_2O	K_2O	P_2O_5	TiO_2	MnO
U	1	−0.464	0.445	0199	0.320	0.656	−0.433	−0.653	0.781	−0.678	0.728	0.555
SiO_2		1	−0.805	−0.806	−0.012	−0.607	−0.398	0.113	−0.670	−0.031	−0.825	−0.489
Al_2O_3			1	0.444	−0.425	0.204	0.298	0.067	0.469	−0.072	0.741	0.100
Fe_2O_3				1	−0.044	0.393	0.622	−0.024	0.260	0.400	0.544	0.260
FeO					1	0.763	−0.382	−0.275	0.602	−0.321	0.112	0.840
MgO						1	−0.259	−0.460	0.902	−0.454	0.476	0.926
CaO							1	0.567	−0.160	0.895	0.175	−0.174
Na_2O								1	−0.027	0.632	−0.496	−0.213
K_2O									1	−0.414	0.572	0.910
P_2O_5										1	−0.160	−0.280
Ti_2O_3											1	0.370
MnO												1

矿石均为氧化矿石。矿石主要为中粒斑状、似斑状结构,各类金属矿物主要为细粒、脉状、细脉状、隐晶质结构,次生铀及其他金属矿物呈片状、鳞片状、土状、粉末状结构,块状构造。

3.3 围岩及蚀变特征

矿体产于煌斑岩脉和硅质脉的复合部位及斜长煌斑岩的上盘,矿体的围岩主要为燕山期中-细粒黑云母花岗岩($K_1L^2\eta\gamma$)和少量的细粒黑云母花岗岩($K_1L^3\eta\gamma$)。

与煌斑岩脉型铀矿化有关的围岩蚀变主要有硅化、赤铁矿化、镜铁矿化、黄铁矿化、水云母化、绿泥石化等,与构造蚀变带型矿化关系密切的围岩蚀变主要有赤铁矿化、绢云母化、水云母化、黄铁矿化、硅化、高岭土化和碳酸盐化等。

在空间分布上,蚀变具有对称分带性:由构造(脉岩)中心向外侧依次硅化(成矿前期为白色石英脉)→赤铁矿化(微晶石英、玉髓、胶状黄铁矿)→绢(水)云母化→绿泥石化→高岭石化→碳酸盐化→正常花岗岩,其强度(特别是硅化)近构造带强、远离构造带弱。矿化期的硅化、赤铁矿(胶状黄铁矿)化蚀变作用越强,铀矿化也越富集。

4 矿床成因探讨

4.1 成因类型

矿体产于灵山复式酸性侵入体接触带中的断裂破碎带内,呈透镜状或柱状,与围岩呈突变接触关系,且大部分界线比较清楚,矿石中发育中低温热液矿物,如铜铀云母、硅钙铀矿、钙铀云母等次生铀矿,细粒状赤铁矿、胶状黄铁矿、烟灰色微晶石英、玉髓,以及紫黑色萤石、绢云母、高岭土和方解石等;铀矿物是唯一有用矿物;硅化、赤铁矿化、黄铁矿化、绢(水)云母化等热液蚀变广泛发育。据此,笔者认为该矿床成因类型为产于酸性侵入岩断裂破碎带内的中低温热液(交代、充填、后生淋积等多因素叠加的)单铀型矿床。

4.2 成矿物质来源

灵山岩体燕山晚期(早白垩世)多期次侵入形成的复式花岗岩基,是具有同熔型和Ⅰ型花岗岩地球化学特征的S型花岗岩。从表5中可以看出,各期次花岗岩及脉岩的铀含量和浸出率均很高,特别是矿区分布的$K_1L^1\eta\gamma$、$K_1L^2\eta\gamma$、$K_1L^3\eta\gamma$中铀含量达到$10.14\times10^{-6}\sim11.67\times10^{-6}$,均高于地壳丰度值$1.7\times10^{-6}$,也高于中-酸性岩浆岩平均含量为$1.8\times10^{-6}\sim3.5\times10^{-6}$。矿区内虽然未见晶质铀矿,但岩体内相邻地段晶质铀矿局部可达1 g/t,铀浸出率为18.26%~27.17%,铀含量与浸出率呈正相关。据此,笔者认为灵山岩体是形成铀矿的铀源体。

表5 灵山岩体铀含量、浸出率及其相关系数

项目名称	各期次岩(脉)体					
	$K_1L^1\eta\gamma$	$K_1L^2\eta\gamma$	$K_1L^3\eta\gamma$	$\gamma\pi$	ι	χ
样品数	30	43	19	18	7	5
铀含量/$\times10^{-6}$	11.23	11.67	10.14	9.87	22.3	5.74
浸出率/%	21.51	22.38	27.17	18.26		13.68
相关系数	0.156	0.061	0.024	0.311		0.628
钍含量/$\times10^{-6}$	32.9	25.6	50		30	
钍含量/铀含量	4.8	4.8				

4.3 矿床成因分析

矿床产于燕山晚期复式花岗岩体中，岩体本身铀含量高；成矿期流体以地幔流体为主，与少量大气成因的地下水混合构成。成矿热液中的铀、硅、镁等成矿物质组分主要来源于赋矿花岗岩。

在早白垩世区域构造应力作用下，深熔岩浆沿桐柏-商城断裂带上涌侵位，结晶分异形成了灵山早期粗-中粒黑云母二长花岗岩（$K_1L^1\eta\gamma$），本期铀含量为 11.23×10^{-6}；随着构造活动的进一步加强，剩余大量的岩浆沿断裂迅速上侵，结晶分异在外围形成灵山中-细粒斑状黑云母二长花岗岩（$K_1L^2\eta\gamma$），并且大面积吞并早期花岗岩，自交代强烈，本期铀含量为 11.67×10^{-6}（初步铀富集）；后期构造活动减弱，一部分岩浆补充侵位，形成灵山细粒黑云母二长花岗岩、细粒含斑花岗岩（$K_1L^3\eta\gamma$）。

晚白垩世大规模的拉张构造活动，在岩体接触带及内部派生出一系列如 $\delta\chi_1$、F_{26}、F_{27}等北东向的张性断裂构造。同时导致幔源流体沿桐柏-商城深大断裂上升，使早期岩体中的铀在变质作用、碱质交代作用和构造热液作用下活化进入流体中，形成富铀成矿流体。成矿流体上升到次级断裂构造的产状变异、构造交汇等有利容矿空间时，由于围压突减导致流体沸腾，溶解在热液中大量的气体和挥发组分逸出，造成成矿元素和共生元素及脉石快速沉淀，形成早期的热液脉体型铀矿化。

在后期构造运动由挤压到拉张转换过程中，含矿热液脉动性活动引起热液流体进入更为开放的张扭性断裂构造中，热液进一步演化、降温、减压，促使成矿元素不断自组沉淀，从而形成品位较高的热液型铀矿化，它们往往叠加在早期热液脉型铀矿化之上，形成品位较富的矿体，这也是富铀矿体主要赋存在北东向张扭性断裂构造带内的主要原因。成矿后的后生淋积作用，往往在氧化-还原界面附近的有利部位被还原沉淀形成铀矿次生富集带。

4.4 找矿标志

任山铀矿主要产于灵山岩体中的煌斑岩和花岗岩构造蚀变带中，其找矿标志如下：

(1) 位于燕山晚期岩体接触带，多期多阶段的张扭性断裂构造带（硅化破碎带和斜长煌斑岩脉）-岩浆活动强烈；

(2) 受构造蚀变带（岩脉）控制明显，尤其是次级裂隙密集带、构造变异及两组构造（硅质脉与斜长煌斑岩脉）交汇膨胀部位易富集成矿；

(3) 在豹皮状碎裂岩或豹皮状斑点（铁质团块）发育地段赋存矿体。

(4) 与铀矿化关系密切的中低温围岩蚀变主要有硅化、赤铁矿化、绢云母化、水云母化、黄铁矿化等，近矿围岩蚀变在水平方向具有对称分带性。

(5) 煌斑岩中铀矿化主要与钾交代有关，TiO_2 含量增高和 P_2O_5 含量减少（表 4）与铀的富集也有密切关系；煌斑岩含铁、锰、镁等物质有利铀的吸附，经碱交代、硅质热液作用后含铁质、锰质、镁质等更高，有利于成矿。

(6) 航测、伽马高异常是找矿的重要间接标志。

5 结论

(1) 任山铀矿为交点成矿，即矿体常产于斜长煌斑岩脉与硅质脉交汇部位或其附近，成矿规模与硅质脉（硅化碎裂岩带）切穿斜长煌斑岩脉规模或斜长煌斑岩脉的错距大小有一定关系。

(2) 斜长煌斑岩富含铁质、锰质和镁质，褪色蚀变发育，说明 Fe^{2+}、Mg^{2+} 会使六价铀还原沉淀，而铁、镁二价离子则与热液中的还原物质结合成浅色的铁、镁质矿物或蚀变后褪色，在斜长煌斑岩脉与硅质脉交汇部位煌斑岩边上往往容易形成富矿。

(3)蚀变硅化花岗碎裂岩带成矿规模一般小于交点成矿,而碱交代与铀矿化关系密切。

参考文献

[1] 陈化凯.信阳市柳林铀矿床地质特征及找矿方向[M]//河南地球科学通报(2018年卷).徐州:中国矿业大学出版社,2018:104-113.

[2] 戴圣潜,邓晋福,吴宗絮,等.大别造山带燕山期造山作用的岩浆岩石学证据[J].中国地质,2003,30(2):159-165.

[3] 杜乐天.中国热液铀矿基本成矿规律和一般热液成矿学[M].北京:原子能出版社,2001.

[4] 杜乐天,王玉明.华南花岗岩型、火山岩型、碳硅泥岩型、砂岩型铀矿成矿机理的统一性[J].放射性地质,1984(3):1-10.

[5] 河南省地质矿产局.河南省区域地质志[M].北京:地质出版社,1989.

[6] 河南省核工业地质局.河南省罗山县任山铀矿普查报告[R].2016.

[7] 河南省核工业地质局.信阳市灵山一带铀矿预查报告[R].2012.

[8] 李靖辉.豫南灵山岩体铀矿化特征[J].中国地质,2008,35(3):496-502.

[9] 姚书振,丁振举,周宗桂,等.秦岭造山带金属成矿系统[J].地球科学,2002,27(5):599-604.

当雄县给顶拉矿区地球化学特征及其找矿潜力分析

彭江涛[1]，谭和勇[1,2]，叶　萍[3]，苏永峰[1]，耿爱宾[1]
（1. 河南省地质调查院，河南 郑州 450001；
2. 河南省金属矿产成矿地质过程与资源利用重点实验室，河南 郑州 450001；
3. 河南省地质科学研究所，河南 郑州 450001）

摘　要：给顶拉矿区位于纳木错-嘉黎断裂带北侧，大地构造位置隶属班戈-腾冲燕山期岩浆弧带。1∶5 万水系沉积物测量结果显示，该区是 Pb、Zn、Ag 等元素的有利成矿区；在矿区开展大比例尺土壤地球化学测量，通过对区内元素空间分布特征、相关性和主要指示元素进行聚类分析，Pb、Au、Ag 等元素呈强分异，Pb、Ag 等元素在该区成矿有利度系数极高，具备较好的找矿潜力；并划分出 Pb-Ag-Sb-W-Mo、Zn-Mn、Cu-Au 等 3 类元素组合异常，通过对比分析尤卡朗铅银矿床的成矿地质特征，认为给顶拉矿区具有成为大型铅银矿床的潜力。

关键词：给顶拉矿区；尤卡朗铅银矿床；纳木错-嘉黎断裂带；班戈-腾冲燕山期岩浆弧带；成矿有利度

位于冈底斯-念青唐古拉成矿带内的卡朗-昂张铅锌银多金属成矿亚带是青藏高原重要的铅、锌、银等矿产地[1-3]。21 世纪初国内开展地质大调查以来，各地质单位在该成矿带内陆续开展了一系列的地质矿产调查工作[4-7]，发现了一大批化探异常，通过异常检查找到了尼龙玛、拉屋、亚贵拉、尤卡朗、昂张、由恰乡等铅锌银矿床（点）[8-11]。给顶拉地区化探异常是“西藏自治区当雄县拉屋-嘉黎县同德一带铜铅锌矿产资源调查评价”项目对 1∶50 万化探异常检查时首次发现的，并通过“西藏尼龙玛地区战略性矿产远景调查”项目[6]对其进行异常检查和矿化信息追索，在该区内发现数条铅银、铜矿体，但一直未实现重大找矿突破。本文通过给顶拉矿区的地球化学特征分析以及与尤卡朗铅银矿床的成矿地质特征对比研究，对后续实现找矿突破具有一定的指导意义。

1　区域地质背景

给顶拉矿区在当雄县由恰乡境内，距离那曲县尤卡朗矿区约 10 km，区域上隶属于纳木错-嘉黎断裂带北侧的昂龙岗日-班戈-腾冲燕山期岩浆弧带内，位于尤卡朗-昂张铅锌银多金属成矿亚带内（图 1）。区域地层为上石炭统-下二叠统来姑组、中-上侏罗统马里组和中侏罗统桑卡拉佣组、上白垩统竞柱山组，侵入岩主要为燕山期花岗岩，区内构造以断裂和褶皱为主，断裂与主构造带方向基本一致，以近 EW 向、NWW 向断层为主，褶皱为宽缓复式褶皱及层间褶皱为主。区内分布十多处多金属矿床（点）[6]，成矿地质条件优越。

作者简介：彭江涛，男，1983 年生。工程师，主要从事物探、化探等地质勘查工作。

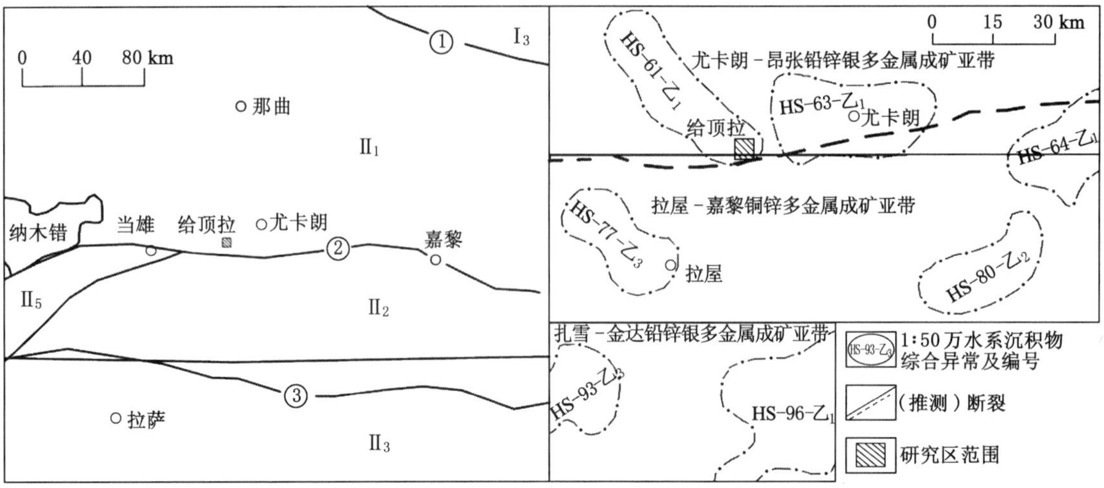

①—班公湖-怒江结合带;②—狮泉河-申扎-嘉黎结合带;③—印度河-雅鲁藏布江结合带;
Ⅰ$_3$—咖喇昆仑-南羌塘-左贡陆块;Ⅱ$_1$—昂龙岗日-班戈-腾冲燕山期岩浆弧带;
Ⅱ$_2$—隆格尔-工布江达弧背断隆带;Ⅱ$_3$—冈底斯-下察隅晚燕山期-喜马拉雅岩浆弧带;Ⅱ$_5$—日喀则弧前盆地。

图1 给顶拉地区区域构造单元图和成矿区带图

2 矿区地质概况

矿区地层主要为中侏罗统马里组,岩性为灰-浅灰色粗粒石英砂岩、长石石英砂岩、含砾砂岩,夹有粉砂岩、泥岩、灰岩等,自西向东碎屑岩粒度变细,地层倾向南东、南西,倾角较缓;矿区外围见中侏罗统桑卡拉佣组,岩性为灰黄至深灰色的泥灰岩、砾屑灰岩、泥质灰岩。见图2

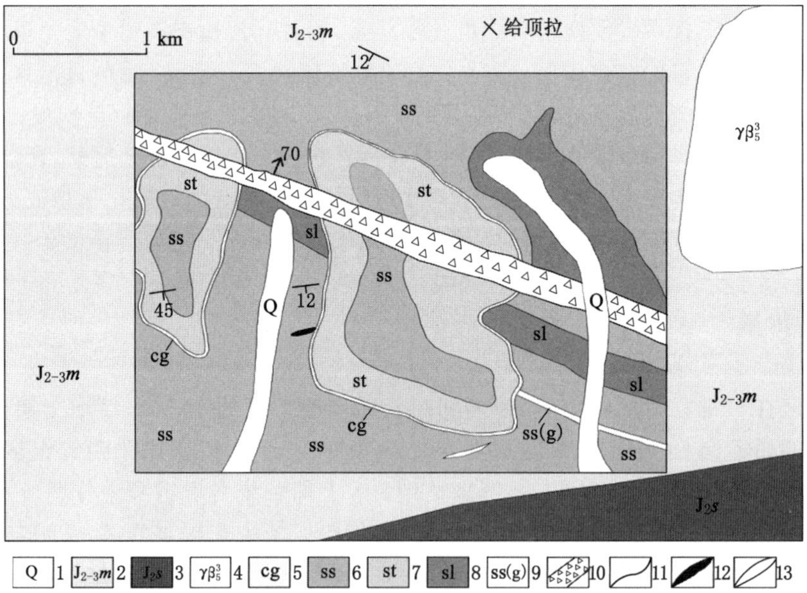

1—第四系;2—马里组;3—桑卡拉佣组;4—燕山期花岗岩;5—底砾岩;
6—石英砂岩;7—含砾粉砂岩;8—板岩;9—(硅化)石英砂岩;
10—碎裂岩;11—地质界线;12—铜矿体;13—铅银矿体。

图2 给顶拉矿区地质矿产简图

矿区内见有一条宽约几十米、走向NWW向的逆断层,断层内见硅化、褐铁矿化、孔雀石化等现象;在矿区东部见有燕山晚期的黑云母似斑状二长花岗岩(图2)。马里组中Au、Cu、Ag、Pb、Zn、W等元素具不同程度的富集、强富集趋势,形成了多个地球综合化探异常,尼龙玛地区新发现的6个铅锌多金属矿点均在该层位中,显示该地层应是非常重要的含矿层位[6,10]。

3 矿区地球化学异常

3.1 1∶5万水系沉积物地球化学综合异常

矿区内开展了1∶5万水系沉积物测量,圈定了编号为33-甲$_1$地球化学综合异常[4],异常元素以Pb、Ag、Zn为主,伴生Cu、Au、As、Sb、Cd、W、Mo、Bi。该异常东西长6～12 km,南北宽6～9 km(图3)。其中,Cu异常面积为24.35 km^2,异常值范围为50×10^{-6}～75×10^{-6},异常最大值为168.78×10^{-6},平均值为70.57×10^{-6};Pb异常面积为16.95 km^2,异常值范围为100×10^{-6}～300×10^{-6},最大值为$1\ 541.8\times10^{-6}$,平均值为129.39×10^{-6};Ag异常面积为12.46 km^2,异常值范围为1×10^{-6}～3×10^{-6},最大值为5×10^{-6};Au异常面积为6.75 km^2,异常值范围为5×10^{-9}～12×10^{-9},最大值为18×10^{-9},平均值为7.8×10^{-9};Zn异常面积为35.28 km^2,异常值范围为150×10^{-6}～241×10^{-6},最大值为722×10^{-6},平均值为215.96×10^{-6}。该综合异常面积大,异常值高,各单元素异常套合较好,具备良好的找矿前景。

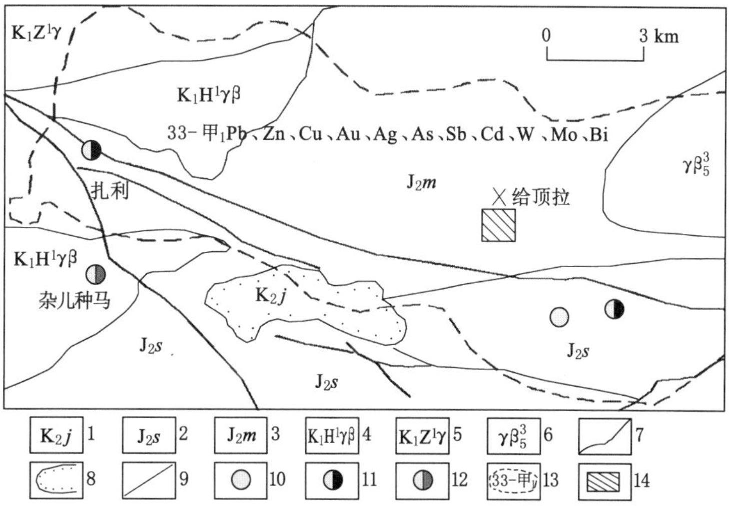

1—竞柱山组;2—桑卡拉佣组;3—马里组;4—哈日波斑状黑云母花岗岩;
5—脏白汤角闪花岗岩;6—黑云母花岗岩;7—地质界线;8—不整合界线;9—断层;
10—铜矿;11—铅锌矿;12—铜锌矿;13—1∶5万水系沉积物综合异常;14—矿区范围。

图3 给顶拉矿区1∶5万水系沉积物综合异常图

3.2 1∶1万土壤地球化学综合异常

沿矿区1∶5万水系沉积物化学异常浓集中心地段,大致垂直异常长轴方向布置多个1∶1万土壤地球化学剖面,剖面线距一般在200～400 m之间,采样点距为20～40 m。在此过程中发现矿化异常及时采集样品分析。

3.2.1 元素富集与变异特征

通过对矿区 1∶1 万土壤地球化学测量样品结果进行分析(表 1)可知,区内 Ag、Pb、Zn、As、Sb 等元素浓集克拉克值大于 2,属强富集分布,区域异常特征明显;Pb、Au、Ag 呈极强分异(变异系数大于 1.5),W、Zn、As 呈强分异(变异系数为 1～1.5),Mo 呈分异(变异系数为 0.75～1),Sb 呈不均匀分布(变异系数为 0.45～0.75),Mn、Cu 呈贫乏分布(变异系数小于 0.45)[6,12]。以上特征反映 Pb、Au、Ag、W、Zn、As 等元素在不同地区的分配呈不均衡状态,在局部区域富集甚至具备形成矿床的潜力。从地球化学异常的成矿性及可操作性出发,笔者引用元素的"成矿有利度系数"概念评价研究区元素的富集程度与成矿潜力[13]。由表 1 看出,Pb、Ag 等元素成矿有利度系数极高,表明铅、银等元素在本区极易富集成矿。

表 1 给顶拉矿区土壤样品地球化学特征参数

元素	Au	Ag	Cu	Pb	Zn	As	Sb	Mn	W	Mo
最小值	0.01	0.01	11.27	37.68	34.25	7.47	0.47	247.00	0.20	0.01
最大值	17.00	8.30	66.35	2 269.00	569.00	93.47	15.84	6 890.00	6.70	8.90
平均值	2.28	0.30	36.23	138.44	133.63	57.63	2.66	979.20	1.62	1.53
标准差	3.85	0.63	11.41	292.11	164.36	65.53	1.80	331.40	2.17	1.29
变异系数	1.69	2.11	0.32	2.11	1.23	1.14	0.68	0.34	1.34	0.84
本地区背景值	2.01	0.12	24.49	44.95	87.35	36.14	2.62	852.00	5.86	1.24
富集系数	1.13	2.50	1.48	3.08	1.53	1.59	1.01	1.15	0.28	1.23
上陆克拉克值	1.80	0.05	25.00	20.00	71.00	1.50	0.20	730.00	2.00	1.50
浓集克拉克值	1.27	6.00	1.45	6.92	1.88	38.42	13.30	1.34	0.81	1.02
成矿有利度系数	1.92	5.25	0.47	6.50	1.88	1.81	0.69	0.39	0.37	1.04

注:变异系数=标准差/平均值;富集系数=平均值/本地区背景值;成矿有利度系数=变异系数×富集系数;Au 含量为 10^{-9} 级,其余元素含量为 10^{-6} 级;本地区背景值引自文献[6]。

3.2.2 元素组合特征

利用矿区土壤样品测试数据,对区内主要异常元素进行 R 型聚类分析,在信度 95%(相关系数 0.18)的水平上,主要异常元素可分为 Pb-Ag-Sb-W-Mo、Zn-Mn、Cu-Au 等 3 组元素组合(图 4),这 3 组组合反映了中低温热液成矿作用的元素组合及分带特征。

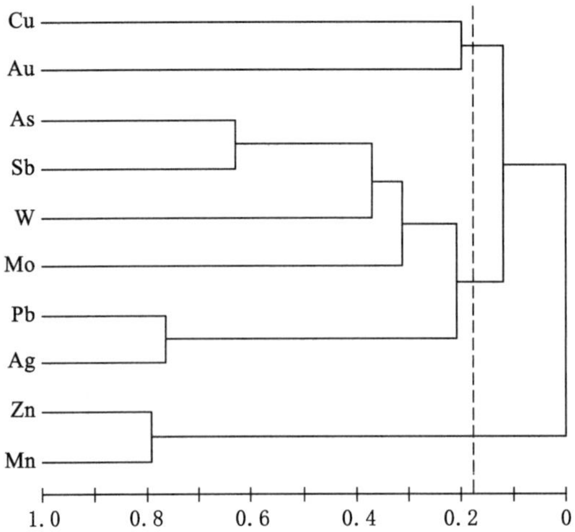

图 4 给顶拉矿区土壤测量 R 型聚类分析谱系图

根据上述元素综合分析结果并结合矿区内典型矿床类型的主要成矿元素地球化学特点，研究区内上述3组组合异常分布的规律性。

以Pb-Ag-Sb-W-Mo元素为主的异常组合为一套典型的高中温热液组合，从形成的区域地质背景分析，可能与燕山期大规模的岩浆侵入活动有关；区内的Pb、Ag异常具有明显三级浓度分带特征，表现出强度高、规模大、浓集中心明显等特点，尤其沿地层和岩浆岩的内外接触带附近往往形成规模巨大且与地层走向基本一致的地球化学异常，显示出良好的找矿潜力。

以Zn-Mn元素为主的异常组合反映了该组元素经历了多期次热液叠加作用，为一套典型的中低温热液组合。由图3可以看出，Zn元素具有强度高、规模大、分带明显的特征，具有较大的找矿前景。

以Cu-Au组合为特征的异常为一套典型的低温热液组合。Cu异常强度相对较高，但As、Sb的分异强度不大，相对于前两个元素组合的找矿前景较小。

在尼卡朗-昂张铅锌银多金属成矿亚带存在着与岩体有关的斑岩型、夕卡岩型、浅成低温热液型矿床[14]，这些矿床往往与斑岩型密不可分，形成了以斑岩型矿床为中心，以中低温热液型矿床为外围的成矿系统。由图3可知，矿区内确实存在一个高-中-低温的元素异常变化规律，应与区内大规模印支-燕山期的岩浆侵入活动有关，因此，在岩体与地层接触带附近应该是寻找Cu、Pb、Zn等矿的有利空间。

3.3 异常检查

3.3.1 异常检查方法

首先对1∶5万水系沉积物测量圈出的异常开展路线检查，调查异常是否为矿致异常，如显示为矿致异常，则继续以矿产检查路线调查、大比例尺地化剖面测量等手段对其进行异常查证工作，并对部分矿化较好地段开展槽探工作。矿产检查路线主要穿越异常浓集中心地段，在追索的过程中发现矿化异常及时采集样品分析；地化剖面以控制主成矿异常中心为目的，大致在垂直异常长轴方向布置3条以上剖面；大致了解矿区内含矿构造带、矿化带、矿体分布、控矿因素、围岩蚀变等地质要素后，用稀疏槽探工程对异常或矿化体进行揭露控制。

3.3.2 异常检查结果

根据土壤地球化学分析结果，在矿区内共圈出Pb、Ag、Zn、Au等元素的8个综合异常（图5）。

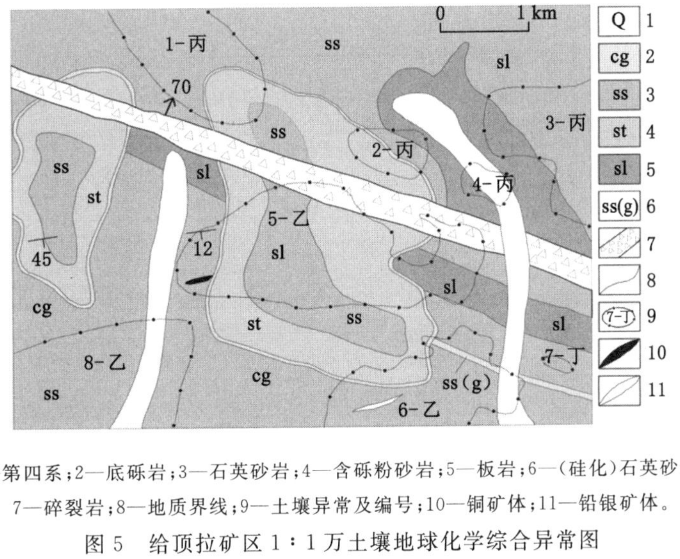

1—第四系；2—底砾岩；3—石英砂岩；4—含砾粉砂岩；5—板岩；6—（硅化）石英砂岩；7—碎裂岩；8—地质界线；9—土壤异常及编号；10—铜矿体；11—铅银矿体。

图5 给顶拉矿区1∶1万土壤地球化学综合异常图

8个综合异常中有4个Pb、Ag异常,1个Cu、Mo、Ag、Pb、异常,2个Mo、Au异常,1个As异常,由此可见区内成矿元素主要为Pb、Ag,伴生Zn、Au。经路线调查和重点异常追索,在5、6号土壤异常区内均发现了矿体,证实了该异常由矿化引起。依据异常的规模、强度及找矿意义对各异常进行找矿价值排序,其中5、6号异常尤其重要,其异常特征如下:

5号综合异常:面积为0.86 km^2,呈不规则状近东西向展布,异常为Cu、Mo、Ag、Pb、Sb、As、Au、W组合。异常强度高,规模较大,Cu异常值一般为50×10^{-6}~120×10^{-6},最高为289×10^{-6};Mo异常值一般为4×10^{-6}~12×10^{-6},最高为22×10^{-6};Ag异常值一般为3×10^{-6}~8×10^{-6},最高为13.7×10^{-6};Pb异常值一般为150×10^{-6}~500×10^{-6},最高为602×10^{-6}。经路线追索,在该异常内发现铜矿点一处,铜矿体产于粉砂质板岩中,地表断续出露,长度为50 m,厚度为0.7~2.5 m,产状170°∠12°。矿石呈浸染状、细脉状,主要金属矿物有黄铜矿、辉铜矿、孔雀石、黄铁矿等,脉石矿物有石英、长石等。经连续拣块采样分析,Cu平均品位为1.08%。

6号综合异常:面积约0.5 km^2,呈不规则状北东向展布,异常以Pb、Ag为主,伴生Cu、Au、Zn。异常强度高,规模较大,Pb异常值一般为160×10^{-6}~620×10^{-6},最高为$2\ 269\times10^{-6}$;Ag异常值一般为1×10^{-6}~5×10^{-6},最高为8.3×10^{-6};Au异常值一般为5×10^{-9}~20×10^{-9},最高为36×10^{-9};Cu异常值一般为50×10^{-6}~60×10^{-6},最高为66×10^{-6}。经路线追索和地表工程揭露,在该异常内发现铅银矿体,地表断续出露,长度为90 m,厚度为0.6~1.7 m,产状165°∠25°。矿石呈自形、半自形、它形粒状结构,浸染状、细脉状构造,主要金属矿物有方铅矿、辉银矿、黄铁矿等,脉石矿物有石英、长石等。经连续拣块采样分析,Pb品位为4.68%,Ag品位为39.88×10^{-6}。异常区内还见有零星的铅银矿滚石,综合这些信息判断该异常区内找矿潜力巨大。

矿区土壤地球化学异常特征见表2。

表2 给顶拉矿区土壤地球化学异常一览表

异常编号	异常元素组合	异常面积/km^2	异常元素强度/$\times10^{-6}$	地质背景	解释评价
8-乙	Pb、Ag、Au	0.56	Au一般3~12,最高15; Pb一般100~300,最高440; Ag一般0.5~5.0,最高8.9	出露中-上侏罗统马里组砾岩段	异常强度高,规模较大,推断异常为矿化引起
1-丙	Pb、Ag、Zn、Cu、As、Au	0.38	Pb一般120~650,最高680; Ag一般0.5~3.0,最高4.01	出露中-上侏罗统马里组砂岩段	异常强度高,规模较大,推断异常为矿化引起
3-丙	Mo、Au、Pb、Cu、Zn、As、W	0.18	Au一般5~15,最高17; Pb一般150~400,最高530; Zn一般160~300,最高336; Cu一般60~80,最高86	出露中-上侏罗统马里组砂岩段,发育东西向断裂	异常强度高,规模较小,推断异常为矿化引起
4-丙	Ag、Pb、Sb、Zn	0.08	Ag一般0.5~3.0,最高4.01; Pb一般120~650,最高680	出露中-上侏罗统马里组砂岩段	推断异常为局部矿化引起,找矿价值不大
2-丁	As	0.07	As一般60~90,最高93	出露中-上侏罗统马里组粉砂岩段	据异常特征和地质背景,找矿价值不大
7-丁	Mo、Au	0.02	Mo一般3~5,最高5; Au一般5.0~8.0,最高8.4	出露中-上侏罗统马里组砾岩段	据异常特征和地质背景,找矿价值不大

4 找矿潜力分析

4.1 有利的成矿条件

矿区位于尤卡朗-昂张铅锌银多金属矿成矿亚带内,该成矿亚带内1∶50万水系沉积物及1∶5

万水系沉积物综合化学异常众多，异常面积大，异常值高，异常元素套合较好。区域内马里组地层中以多金属为主的元素均具有不同程度的富集、强富集趋势，并形成了一系列有规模的多金属化学异常。该地层是区域内重要的含矿层位，燕山期及喜山期岩浆岩中成矿元素平均含量亦明显高于区域背景值，且区内发现的多金属矿点大多分布在该时期岩浆岩外接触带 0～4 km 范围内，构成了一个与燕山晚期中酸性侵入岩浆活动有关的完整的 W-Cu-Pb-Zn-Ag 矿床成矿系列。区内主要断裂近东西向展布；其次发育大量的近北西向的走滑断裂，这些断裂为含矿热液的运移、矿质沉积和富集提供通道及沉积场所，是区内重要的控矿构造；特别是北西向断裂与近东西向断裂的交汇处是构造充填型拉屋铜锌矿床、夕卡岩型-中低温热液型尼龙玛铅锌矿床[6]重要的赋存部位，陆续发现了昂张、尤卡朗、扎利等铅锌银矿床(点)[9-11]。

4.2 良好的地球化学异常

矿区位于编号为 33-甲$_1$ 的 1∶5 万水系沉积物地球化学综合异常内，该异常以 Pb、Ag、Zn 为主，伴生 Cu、Au、As、Sb、Cd、W、Mo、Bi。其中 Cu、Pb、Zn、Ag、Au 最高异常值分别为 168.78×10^{-6}、$1\ 200\times10^{-6}$、722×10^{-6}、5×10^{-6}、18×10^{-9}，异常强度高、规模大、浓集中心明显，异常元素套合好。1∶1 万土壤地球化学测量显示，在矿区内主要有以 Pb、Ag 等元素为主的综合化学异常，不同尺度的地球化学测量圈出的元素异常相互印证，反映出区内强烈的铅、锌、银等成矿信息。

4.3 重要找矿信息

通过对矿区开展的 1∶1 万土壤测量圈定的 5、6 号地球化学综合异常进行异常查证，发现有铜矿体和铅银矿体，矿体厚度较大，品位较高，与地球化学异常套合比较好；同时在地表见有许多矿化滚石，显示出良好的成矿前景。

4.4 与邻近的尤卡朗铅银矿床的对比

根据给顶拉矿区地球化学元素空间分布特征，其 1∶5 万水系沉积物化学异常(图 6)与尤卡朗铅银矿床的 1∶5 万水系沉积物化学异常(图 7)对照，可以看出该矿区的综合化学异常比尤卡朗矿区的规模更大、异常强度更高，表明该矿区具有很大的成矿潜力。在矿区内经过异常检查和追索，

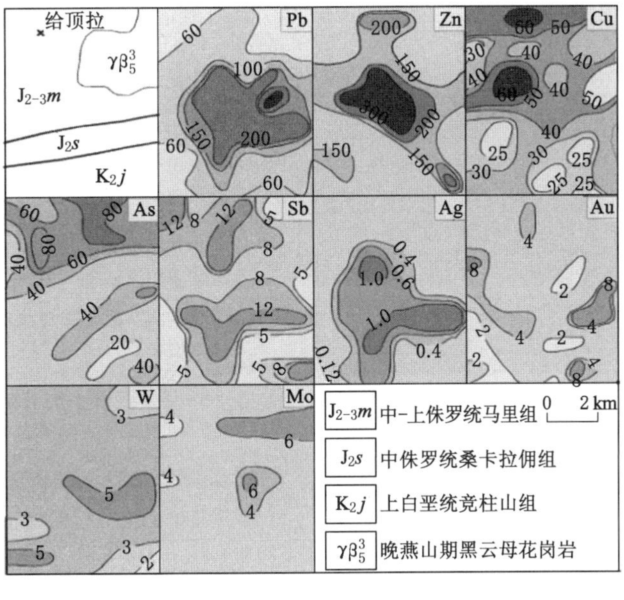

图 6 给顶拉矿区 1∶5 万水系沉积物元素化学异常剖析图

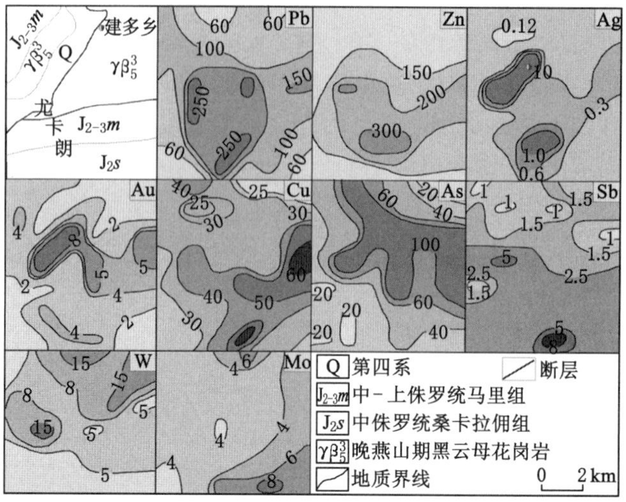

图 7　尤卡朗铅银矿床 1∶5 万水系沉积物元素化学异常剖析图

发现了铜矿体和铅银矿体，同时对比尤卡朗铅银矿床成矿地质特征[15-19]（表 3），该矿区与尤卡朗铅银矿床具有相似性，认为该矿区内存在寻找大型铅银矿的潜力。

表 3　给顶拉矿区与尤卡朗铅银矿床的地质成矿条件对比

特征	给顶拉矿区	尤卡朗铅银矿床
板块位置	班戈-腾冲岩浆弧带	班戈-腾冲岩浆弧带
动力学背景	陆陆碰撞带	陆陆碰撞带
勘查级别	预查	勘探
成矿元素	Cu、Pb、Ag	Pb、Ag
赋矿围岩	中-上侏罗统马里组细碎屑岩	中-上侏罗统马里组细碎屑岩
控矿构造	NWW 向构造	NE 向构造
围岩蚀变	硅化、褐铁矿化、黄铁矿化	硅化、铁白云石化、绢云母化、钠长石化、黄铁矿化、碳酸盐化、绿泥石化
矿体规模	铜矿体长 50 m，厚 0.7～2.5 m； 铅银矿化体长 120 m，厚 0.6～1.7 m	长 350～750 m，厚 2.05～8.43 m，延深 130～230 m
品位	Cu 1.08%，Pb 4.68%，Ag 12.88×10^{-6}	Pb 12.91%，Ag 308.28×10^{-6}
矿床规模		(333+334)类别，铅金属资源量 59.25 万 t，银金属资源量 1 416 519 kg
成矿作用	岩浆作用	岩浆作用
矿床类型	中低温热液型	中低温热液充填-交代型
矿石矿物	黄铜矿、方铅矿、闪锌矿、黄铁矿、褐铁矿等	方铅矿、闪锌矿、磁黄铁矿、菱铁矿、黄铁矿、黄铜矿、硫锑铜银矿、自然银等
脉石矿物	石英、方解石等	石英、方解石、绿泥石
成矿带	尤卡朗-昂张铅锌银多金属成矿亚带	尤卡朗-昂张铅锌银多金属成矿亚带
成矿母岩	似斑状黑云母二长花岗岩	似斑状黑云母二长花岗岩
矿体位置	马里组地层	马里组地层
矿体形态	脉状	似层状、脉状

5 结论

(1) 给顶拉矿区位于尤卡朗-昂张铅锌银多金属成矿亚带内，通过在区内开展大比例尺土壤地球测量成果分析，区内 Pb、Ag 元素变异系数为极强分异，且成矿有利度系数极高，表明该区为铅、银等元素富集成矿的有利地区。

(2) 通过对给顶拉矿区内综合化学异常的研究分析并追索验证，在矿区内发现了较好的矿化信息，同时与尤卡朗铅银矿床成矿地质条件对比，发现给顶拉矿区与尤卡朗矿区的成矿背景相似度极高，且综合地球化学异常较尤卡朗矿区更好，成矿地质条件更加优越，因此认为给顶拉矿区存在寻找大型铅银矿的潜力。

参 考 文 献

[1] 李光明，刘波，丁俊，等. 西藏冈底斯成矿带及邻区铜铁多金属矿成矿规律与成矿预测[M]. 北京：地质出版社，2011.

[2] 潘桂棠，王立全，张万平，等. 青藏高原及邻区大地构造图及说明书[M]. 北京：地质出版社，2013.

[3] 曹圣华，王卓，楼法生，等. 西藏冈底斯中部铁铜矿成矿规律及找矿远景分析[J]. 地质学报，2014，88(11)：2108-2118.

[4] 杜欣，李新法，张哨波，等. 西藏自治区当雄县拉屋-嘉黎县同德一带铜铅锌矿产资源调查评价报告[R]. 河南省地质调查院，2003.

[5] 杜欣，李新法，付少英，等. 西藏当雄-嘉黎铅锌银矿产资源调查评价报告[R]. 河南省地质调查院，2006.

[6] 刘伟，杨长青，柴建玉，等. 西藏尼龙玛地区矿产地质调查报告[R]. 河南省地质调查院，2008.

[7] 尼玛次仁，谢尧武，沙昭礼，等. 1：25 万那曲县幅区域地质调查报告[R]. 西藏自治区地质调查院，2005.

[8] 杜欣，王亚平，付少英，等. 西藏当雄县拉屋矿区铜铅锌矿普查报告[R]. 河南省地质科学研究所，2005.

[9] 付少英，靳拥护，张哨波，等. 西藏那曲县尤卡朗铅银矿床地质特征及成因分析[J]. 矿产与地质，2008，22(5)：412-417.

[10] 杨长青，刘伟，赵凤勇，等. 西藏尼龙玛地区战略性矿产远景调查主要进展及成果[J]. 中国地质调查，2014，1(2)：27-34.

[11] 岳国利，李伟，杨桂松，等. 西藏昂张铅锌矿区找矿潜力分析[M]//河南地球科学通报：2009 年卷：上册. 北京：中国大地出版社，2009：217-220.

[12] 蒋敬业. 应用地球化学[M]. 武汉：中国地质大学出版社，2006.

[13] 匡耀求. 成矿有利度估计模型简介[J]. 地质与勘探，1988，24(1)：36-37.

[14] 唐菊兴，王勤，杨欢欢，等. 西藏斑岩-矽卡岩-浅成低温热液铜多金属矿成矿作用、勘查方向与资源潜力[J]. 地球学报，2017，38(5)：571-613.

[15] 徐强. 西藏门巴-嘉黎地区尤卡朗式热液型银多金属矿资源潜力评价[R]. 成都理工学，2014.

[16] 张哨波，杜欣，张景超，等. 西藏那曲县尤卡朗铅银矿床控矿条件与矿化分布规律[J]. 华南地质与矿产，2009，25(1)：26-32.

[17] 王涛. 西藏那曲县尤卡朗铅银矿流体包裹体特征与成矿作用研究[R]. 中南大学，2010.

[18] 冯志兴，吕新彪，王涛. 西藏尤卡朗银铅矿床成矿作用初步研究[J]. 矿床地质，2011，30(3)：469-476.

[19] 侯蕊娟，杨帅. 西藏那曲县尤卡朗银铅矿床地质特征[J]. 四川地质学报，2017，37(1)：62-65.

熊耳山矿集区酸蚀变岩特征及找矿指示意义

燕长海[1,2],李肖龙[1],马振波[1],韩江伟[1],郭 波[1]

(1. 河南省地质调查院/河南省金属矿产成矿地质过程与资源利用重点实验室,河南 郑州 450001;
2. 河南省地质学会,河南 郑州 450016)

摘 要:酸蚀变岩包括岩帽或硅帽,是幔汁辐射成矿论的核心碱交代成矿作用过程[即碱交代→中性交代→酸交代(或酸蚀变)]的一个阶段产物,在空间和时间上表现为“上酸下碱”和“早碱晚酸”。熊耳山矿集区内鸡蛋坪组火山岩出露区的北架山金矿(产地)、槐树坪金矿和狮子坪金矿田等地分布有大量的酸蚀变岩,指示其深部可能存在巨大的碱交代体和碱交代岩型矿床。

关键词:酸蚀变岩;幔汁辐射成矿;碱交代岩型矿床;矿集区;熊耳山

酸蚀变岩是幔汁辐射成矿论的核心碱交代成矿作用过程的一个阶段产物。杜乐天将碱交代成矿作用分为三个演化阶段,即碱交代→中性交代→酸交代(或酸蚀变)[1-3],后两者不是独立的热液蚀变而是碱交代活动的必然后续和派生活动。碱交代主要指碱交代作用中的第一个阶段长石化;接着是中性交代,以绿泥石化、绿帘石化为代表;最后是酸交代,指各种酸酐(如 SiO_2)、各种氟化物、氯化物、各种硫化物、砷化物及硫盐、碳酸、磷酸、硼酸、硫酸以及与镁、钙、钡、锶、锰、铁等组成的盐类,还包括氢交代形成的各种黏土族矿物(高岭石、蒙脱石、水云母、地开石等)。

可见,这里的酸蚀变岩不仅包括 Sillitoe 等[4]定义的岩帽(Litho cap)或硅帽(Silica cap),而且还包括硅化带、石英脉等硅化地质体。岩帽或硅帽仅指富硅的、经受了高级泥化和泥化蚀变的斑岩型热液活动/蚀变体系的顶部,在地质环境上位于古地表和浅成中-酸性侵入体之间,在地貌上常表现为凸起块体或山丘,从而具有醒目或突出的地形特征[5]。酸蚀变岩是幔源流体在进入地壳后由于突然地减压、降温,超高压、高温、高压缩的超临界态烃碱流体超过上覆岩石的压力而急速膨胀,以及一系列氧化等化学反应释放大量能量而爆炸致碎,通过绝热膨胀吸热,温度骤然下降而冷凝为碱交代热液,宣告了热液作用的开始[6-7]。碱性热液流体在经过碱性交代和中性交代阶段之后,最终形成酸性蚀变岩。上述特征在垂向上总是表现为“上酸下碱”,在时间上表现为“早碱晚酸”。酸蚀变和碱蚀变(即碱交代)在强度规模上的这种浅深对应性,对于理解成矿机理和找矿均有很大意义。浅处的大规模酸质沉淀(矿多在其中)正是深部大规模碱交代和浸出的产物,这也是寻找超大型热液矿床在地球化学上的重要判据。超大型热液矿床产自超大型碱交代作用。

我们在实施中国地质调查局项目——河南省熊耳山-外方山地区金多金属矿整装勘查区矿产调查与找矿预测、河南栾川地区铅锌金银多金属矿整装勘查区矿产调查与找矿预测和河南省自然科学基金项目过程中,发现熊耳山矿集区内鸡蛋坪组火山岩出露区分布有大量的酸蚀变岩,如北架山金矿(产地)、槐树坪金矿和狮子坪金矿田等[8](图 1)。

基金项目:中国地质调查局项目(编号:121201004000150017-56,121201004000150017-59,121201004000160901-18,121201004000172201-18)、河南省自然科学基金项目(编号:182300410106)和国家重点研发计划项目(编号:2016YFC0600504-02)。

作者简介:燕长海,男,1955 年生,河南长葛人。教授,博导,俄罗斯自然科学院外籍院士,长期从事矿床学、矿产勘查学研究工作。

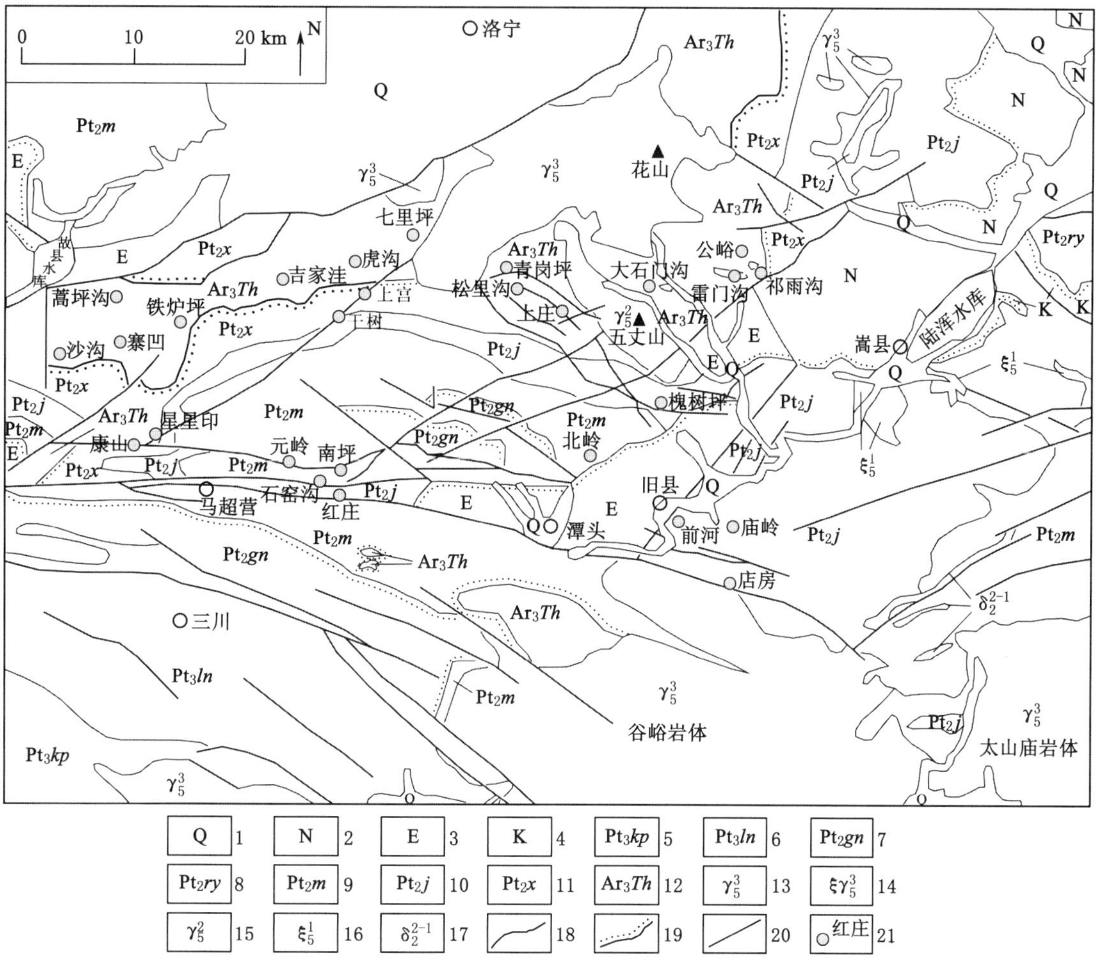

1—第四系；2—新近系；3—古近系；4—白垩系；5—宽坪群；
6—栾川群；7—官道口群；8—汝阳群；9—熊耳群马家河组；10—熊耳群鸡蛋坪组；
11—熊耳群许山组；12—太华岩群；13—白垩纪花岗岩；14—白垩纪正长花岗岩；15—侏罗纪花岗岩；
16—三叠纪正长岩；17—元古代闪长岩；18—地质界线；19—不整合界线；20—断层；21—主要矿床(点)。

图 1 熊耳山矿集区金多金属矿床(点)分布图

北架山金矿(产地)地表表现为沿北架山山脊呈椭圆形“帽状”分布的硅化带或称硅帽，硅帽中的岩石显示角砾状、蜂窝状构造，角砾成分为块状隐晶质石英，蜂窝内充填物为褐铁矿。地表已圈出 3 条钼(金)矿化体，其中 Mo 品位为 0.043%～0.204%、Au 品位为 0.167×10^{-6}～2.569×10^{-6}，关键是在深部钻孔孔深 320～337 m 处见到 Au 品位为 0.25×10^{-6}～1.18×10^{-6} 的矿化体。

槐树坪金矿区马蹄沟东侧的鸡公山南坡发现了面积达 0.3 km^2 的硅化、钾化蚀变岩，其中含少量的黄铁矿化和褐铁矿化，在面状的硅化、钾化蚀变岩之下 100 m 左右见 3 条缓倾斜的含金矿化体。梅秀杰等[9]认为，该面状蚀变岩属缓倾斜含矿构造带的外蚀变带。经地表观察，本研究认为该蚀变岩可能与邻区北架山的特征类似，也是地表显示为硅帽、深部一定范围内出现金矿，至于是脉状缓倾斜矿体还是其他类型的矿体，还需要深入研究。

狮子庙金(钼)矿田内石窑沟隐伏斑岩型钼(金)矿床南北两侧地表各形成宽约 100 m、长 6～7 km 的面状硅化、钾化蚀变带(硅帽)，普遍含金，局部可圈出石英脉型小金矿体，矿田内出露地层以鸡蛋坪组火山岩为主[10]。这种矿床类型的空间套合模式很符合 Sillitoe 等[4]给出的浅成低温热液型金矿与斑岩型铜(钼)金矿床的套叠模式。

杜乐天[6]认为，在各类热液矿床中(不论是何种元素矿床)，和成矿元素紧密共生的总有大量的游离 SiO_2(石英、玉髓、蛋白石、碧玉、燧石、硅华以及硅化蚀变)，尤其是金矿，无金不硅，无硅不碱交代。总之，现在已经有大量确切的证据表明，存在酸蚀变和碱蚀变(即交代)在强度规模上的浅深对应性，浅处的大规模的酸质沉淀(矿多在其中)正是深部大规模的碱交代浸出的产物，这也是寻找超大型热液矿床和热水沉积矿床在地球化学上的重要判据，超大型热液矿床常产自超大规模碱交代作用[7]。按照碱交代作用地球化学原理[2]，发生碱交代过程必然发生酸-碱分离，其结果是形成碱交代体在内、在下、在深部，酸体(酸性组分造成的蚀变及脉体)在外、在上、在浅部的水平分带和垂直分带。下部的碱交代体往往是重要的容矿部位，上部的酸体往往是下部碱交代体的指示。熊耳山矿集区内发育大量的硅帽或硅化带，可能指示了下部存在规模巨大的碱交代体，这也是本研究认为熊耳山矿集区内广泛存在的硅帽或硅化带对深部成矿具有指示意义的重要理论依据之一。

碱交代岩无例外地都是高温爆炸岩、碎裂岩，由于其处在地下较深部位，无法获得膨胀空间，只是形成非常发育的全岩性和体式微裂隙网。同时，碱交代岩总是排去石英，凡是含石英的岩石一经碱交代，石英多溶为孔洞，使得岩石极其松散，易吸收后来的成矿热液成为矿体定位的理想空间，形成大吨位、低品位的微细浸染型矿床[11]。可见，深部碱交代岩正是今后发现许多元素热液盲矿体的重要找矿新对象。

从深部地球物理资料分析，嵩县-栾川之间中地壳中出现了低速、高导层，电性上显示存在巨厚的低阻块体，重力异常表现为重力低，而航磁异常在区域性高背景的基础上叠加了较大范围的高值异常。周国藩等[12]认为，这里的中地壳层内存在各种断裂或韧性剪切带。笔者认为，这里是熊耳山-外方山地区幔源流体的来源通道(通达上地幔)，也是熊耳山矿集区的成矿中心；这里矿种齐全、矿床类型复杂，深部找矿潜力应非常大。

参 考 文 献

[1] 杜乐天. 碱交代成矿作用的地球化学共性和归类[J]. 矿床地质，1983，2(2)：33-41.

[2] 杜乐天. 碱交代作用地球化学原理[J]. 中国科学(B辑)，1986，16(1)：81-90.

[3] 杜乐天. 碱交代岩研究的重大成因意义[J]. 矿床地质，2002，21(增刊)：953-958.

[4] SILLITOE R H，STEELE G B，THOMPSON J F H，et al. Advanced argillic lithocaps in the Bolivian tin-silver belt[J]. Mineralium Deposita，1998，33(6)：539-546.

[5] 徐庆生，覃锋，刘阳，等. 岩帽：地质特征及找矿意义[J]. 地质与勘探，2010，46(1)：20-23.

[6] 杜乐天. 硅谜与碱盲：近代热液成矿学的两大暗区[J]. 铀矿地质，1990，6(6)：338-348.

[7] 杜乐天. 硅桥问题：兼及当代热液成矿理论的概念更新[J]. 矿床地质，1992，11(1)：13-20.

[8] 燕长海，李肖龙，韩江伟，等. 熊耳山矿集区金多金属矿成矿的几点新认识[J]. 金属矿山，2021，(5)：1-12.

[9] 梅秀杰，张参辉，杨显道，等. 豫西次级拆离断层对金矿成矿的控制作用：以河南槐树坪金矿为例[J]. 黄金科学技术，2014，22(2)：7-12.

[10] 燕建设，庞振山，岳铮生，等. 马超营断裂带构造特征及金矿成矿研究[M]. 郑州：黄河水利出版社，2005.

[11] 杜乐天. 中国热液铀矿基本成矿规律和一般热液成矿学[M]. 北京：原子能出版社，2001.

[12] 周国藩，杨森楠. 秦岭造山带的壳幔结构及其形成、演化特征[J]. 地质科技情报，1992，11(3)：19-24.

SD 法在河南王湾钼矿区瓦屋嘴矿段资源储量估算中的应用

许德忠，王文博，朱孝文，王　云

（河南省地质矿产勘查开发局第三地质矿产调查院，河南 郑州　450008）

摘　要：利用 SD 法软件对王湾钼矿区瓦屋嘴矿段 M-Ⅰ号钼矿体进行资源储量估算，并进行工程控制程度预测。组建矿区勘查数据库，由勘探线 7 条、钻探工程 40 个及单工程样品 2 296 个数据构成。根据矿体特征和勘查规范，确定为第Ⅱ勘查类型。SD 法估算结果显示，M-Ⅰ号钼矿体探明、控制、推断资源量已达中型（总矿石量 4 745 万 t，钼金属量 27 440 t，钼平均品位 0.058%）；对比 SD 法与传统垂直剖面法估算结果，两者误差为 3.76%，SD 法资源储量估算可靠性较高。本次对 M-Ⅰ号钼矿体进行了精度计算，并预测了工程控制程度，其预测结果可指导进一步生产。SD 法精度计算结果显示，欲使 M-Ⅰ号钼矿体达到“探明的”地质储量，约需在低控制程度区域加密钻孔 35 个，实时指导勘查进程。

关键词：SD 法；资源储量估算；工程控制程度预测；瓦屋嘴矿段

常用的资源储量计算方法有几何法、地质统计学法、SD 法三种。

几何法是 20 世纪苏联体系的传统、简单的几何学原理的计算方法。几何法包括地质块段法、断面法、多边形法、三角形法、算术平均法、开采块段法、等值线法等，先作图后进行计算。该方法得到广泛运用，但几何法资源储量计算人为因素影响较大[1]。

地质统计学法是 20 世纪欧美体系的概率统计数学原理的资源储量计算方法。它以地质统计学为理论基础，先计算品位后填图框，对布置的工程数量有较高的要求，适用于大型、特大型矿床[2-4]。

SD 法是 20 世纪 80 年代初由唐义、蓝运蓉等创立的以分维几何学为理论基础的一套储量估算方法。SD 法实现了矿产资源储量可靠程度定量化，并与国际接轨，为国标《固体矿产资源/储量分类》(GB/T 17766)的实施提出了实用、可操作的技术标准《固体矿产地质勘查规范总则》(GB/T 13908)。SD 法软件是国内第一个先进的储量估算软件，已通过国土资源部的评审（国土资厅函〔2001〕19 号），可以完整地进行矿产资源储量计算并编制报告，实现了“计算—审定—成图”一体化，适用于大多数矿种的多种矿床类型、多种规模、多种复杂程度的矿床，可以满足不同部门对矿区在勘查、设计、开采、管理方面的需要[5-7]。

SD 法是一种全新的资源储量估算法，是“SD 结构地质变量样条曲线断面积分计算和审定法”的简称，也称“SD 动态分维拓扑学”方法或“地质分维拓扑学”方法。它是以构建结构地质变量为基础，运用动态分维技术和 SD 样条函数工具，采用降维（拓扑）形变、搜索（积分）求解和递进逼近等原理，通过对资源储量精度的预测确定靶区，求取矿产资源储量的方法[5-7]。

基金项目：河南省两权价款地质科研项目“大别山铜钼金银铅锌成矿系统与成矿预测研究”（编号：豫国土资函〔2015〕258 号）。

作者简介：许德忠，男，1972 年生。学士，工程师，长期从事地质找矿与科研工作。

王文博，男，1988 年生。学士，工程师，长期从事地质矿产勘查教学与科研工作。

SD法不受勘查阶段、矿种、矿床类型等限制,只需有两个或两个以上工程的数据及两条以上剖面。SD法是先对大量的数据进行检查、统计、计算,快速求出数据,得出结果,然后自动生成图件,实现"计算—审定—成图"一体化,自动化程度高。SD法不仅可以计算总的资源储量,而且可以同时计算区段内任意形态和大小块段分块、框块的资源储量,包括中段、台阶等资源储量;可在不同边界品位、工业品位、可采厚度等条件下,动态地自动圈定矿体并动态地估算出经济的、边际经济的储量,以及绘制相应的动态图件;可以快速、准确地为资源性资产评估和矿业权评估提供可靠的依据,适应性强[7]。

王湾钼矿区瓦屋嘴矿段共布置勘探线7条,钻探工程40个,样品分析数据2 296个,原始资料和数据齐全,数据量较大。采用SD法进行资源储量估算可最大限度地避免再次操作数据所导致的错误,降低传统方法进行资源储量计算过程中的人为因素影响,同时SD法可以动态确定工程控制程度,用于实时指导勘查进程。

王湾钼矿区位于河南省罗山县城南约30 km,分2个矿段:瓦屋嘴矿段和姜家冲矿段。1991年,河南省地调三队对王湾矿区钼矿点进行了调查评价。2007年1月—2008年10月,河南省地矿局第三地质调查队对王湾铜多金属矿区进行了普查工作。2011年3—6月,河南省地矿局第三地质调查队在该区开展了河南省罗山县王湾铜多金属矿钼矿详查工作,提交了钼控制、推断资源量,2013年4月—2015年5月完成了钼矿体的勘探工作,控制了王湾矿区钼矿体外部形态和内部结构,提交了钼资源量。本次采用"SD法矿产资源储量计算系统(3.1.0版)",利用王湾钼矿区勘探成果,构建数据库,对瓦屋嘴矿段M-Ⅰ号钼矿体进行资源量估算。

1 地质特征

工作区位于秦岭-大别造山带大别段北秦岭构造带,构造型式复杂多样,为各类成矿物质的迁移、聚集创造了有利的矿产空间。侵入岩和火山活动强烈,变质作用普遍,为多种矿床富集成矿创造了有利的物质前提和条件。工作区位于秦岭-大别成矿省——大别Mo-Au-Ag-Cu-Pb-Zn-Fe-萤石-金红石成矿带——信阳南部Mo-Cu-Au-Pb-Zn萤石成矿亚带,发育有多处大、中型钼矿及中小型金矿等[8-11]。

1.1 地质特征

矿区分布地层主要有:古元古界秦岭岩群(Pt_1qn),岩性主要为白云斜长片麻岩等;中元古界龟山岩组下段(Pt_2g^1),岩性主要为绢云斜长片岩等;寒武系刘山岩组(ϵl),岩性主要为斜长角闪片岩等,是区内钼矿主要的含矿围岩;石炭系花园墙组(C_2h),岩性主要为黄褐色铁质绢云石英片岩;新生界第四系(Q),其物质组成为冲积、洪冲积的砂质、砾石层。区内地层走向近东西,总体倾向南,倾角为30°~50°[8-12](图1)。

矿区岩石主要有白云石英片岩、碳质绢云片岩、黑云石英片岩、角闪片岩、辉钼矿化黑云石英片岩等。

矿区内岩浆岩分别属于新元古代、晚侏罗世、早白垩世,其中又以早白垩世侵入岩分布最广,规模最大,与区内斑岩型矿化关系最为密切,是主要的控矿因素之一[13-14]。

区域总体构造特征是近东西向韧-脆性叠加构造为主的凉亭韧性剪切带,次为北东向的张性脆性断裂,与本区钼矿化关系密切[15-16]。

王湾钼矿是河南省近年来发现的中型钼矿床,为斑岩型钼矿床。根据工程控制圈出大小钼矿体10个,主要钼矿体基本特征见表1,矿体主要赋存于早白垩世马鞍山独立侵入体细粒黑云二长花岗岩($K_1m\eta\gamma$)内外接触带中。

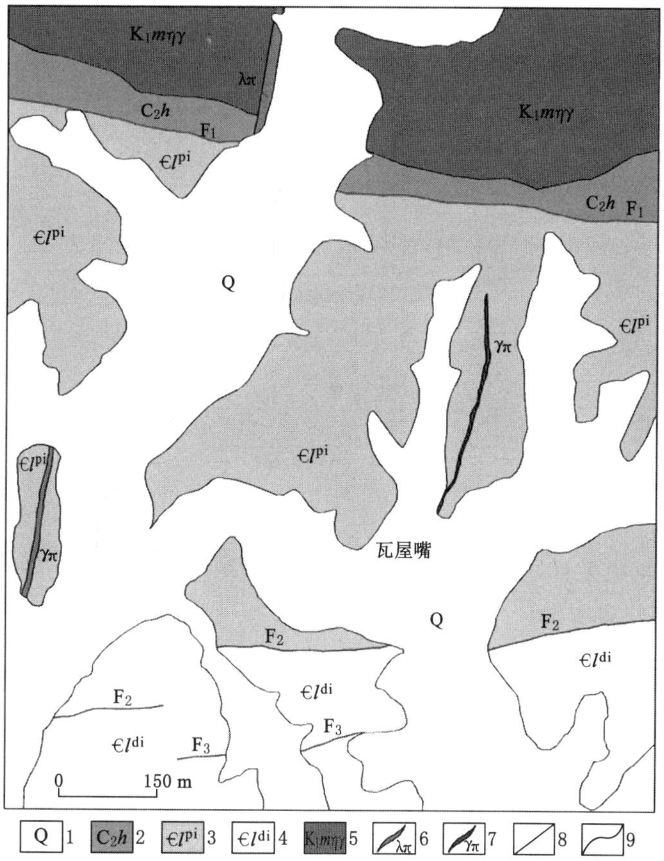

1—第四系砂砾层、亚黏土；2—石炭系花园墙组碳质绢云片岩；
3—寒武系刘山岩组斜长角闪片岩夹绢云(斜长)片岩；4—寒武系刘山岩组绢云石英(斜长)片岩夹斜长角闪片岩；
5—早白垩世马鞍山二长花岗岩；6—石英斑岩脉；7—花岗斑岩脉；8—性质不明断层；9—实测地质界线。

图 1 王湾钼矿区地质示意图

表 1 王湾矿区钼矿体特征统计表

矿体编号	矿体规模/m		厚度/m		矿体品位/%	
	长度	宽度	区间	平均	区间	平均
M-Ⅰ	720	560	3.0～250.1	99.61	0.031～0.133	0.058
M-Ⅱ	140	54	6.0～16.56	11.28	0.54～0.10	0.064
M-Ⅲ	100	48	3.0～15.0	6.0	0.064	0.064
Ⅰ	190	180	9.0～28.8	23.4	0.037～0.047	0.038
Ⅱ	265	50	3.0～6.0	3.33	0.031～0.073	0.035
Ⅲ	230	50	3.0	3.0	0.044～0.073	0.061
Ⅳ	140	100	4.93	4.93	0.070	0.070
Ⅶ	175	50	3.0～6.0	4.5	0.039～0.052	0.047

主矿体 M-Ⅰ规模最大(图 2)，由 40 个钻孔控制，分布于矿区北部 3～8 线之间。矿体西北方向边界未封闭，呈似层状，近水平，倾角 10°，中部厚度巨大。矿体东西长约 720 m，南北宽为 560 m，水平投影呈不规则五边形，投影面积为 0.42 km^2。矿体赋存标高为－140～120 m，矿体主要部位一般在 0～100 m 标高之间，其中工业矿体标高为－120～120 m。

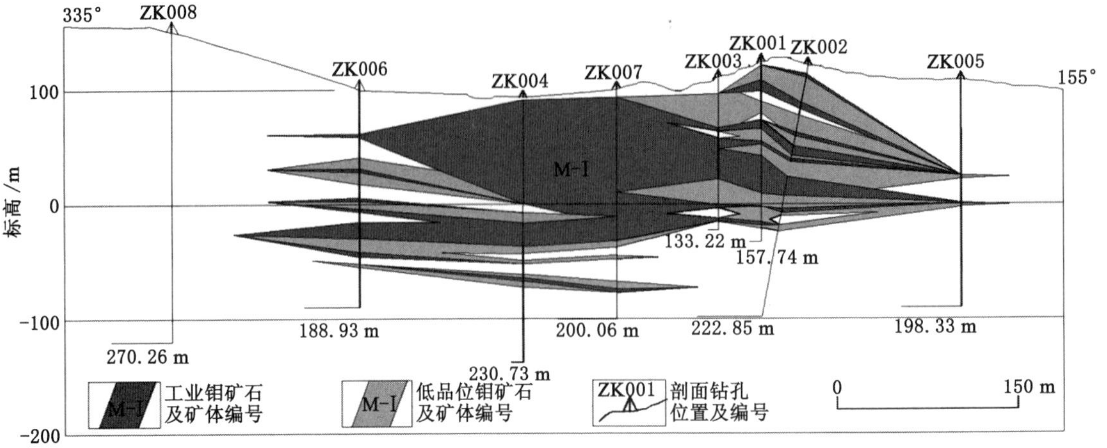

图 2　王湾钼矿区 0 线地质剖面示意图

矿体厚度在单工程见矿最厚处为 250.11 m,最薄处为 3 m;矿体平均厚度为 99.61 m,厚度变化系数为 74.98%,属较稳定型。

矿区钼矿体赋存于北部早白垩世马鞍山岩体内外接触带中,矿石为角砾状、细脉网脉状、浸染状;围岩主要为细粒黑云二长花岗岩、斜长角闪片岩、绢云斜长片岩,围岩与矿体界线不明显,属斑岩型钼矿床。

1.2　勘查类型

王湾矿区瓦屋嘴矿段钼矿床以 M-Ⅰ号钼矿体为主要勘探对象。M-Ⅰ号钼矿体长 720 m、宽 560 m,规模大,连续性好,仅在矿体边缘和底部出现低品位矿石,其规模类型系数为 0.6;矿体形态完整,呈厚层状,局部有分枝和少量夹石,其形态复杂程度中等,其类型系数为 0.4;成矿后断层、脉岩对矿体基本无破坏,构造影响程度轻微,其类型系数为 0.3;矿体厚度变化较小,厚度变化系数为 74.96%,属较稳定型,其类型系数为 0.4;矿体钼品位分布均匀,品位变化系数为 74.4%,其类型系数为 0.6。矿体五大地质因素类型系数之和为 2.3,属第Ⅱ勘查类型(偏简单)[8]。

王湾矿区瓦屋嘴矿段在 2007 年至 2015 年共布置勘探线 7 条,施工勘查工程 49 个,其中槽探工程 9 个,钻探工程 40 个。由于槽探工程样品未见矿,所以本次 M-Ⅰ号钼矿体资源量估算主要利用 40 个控矿钻探的 2 296 个样品化验结果。

2　SD 法资源储量估算

2.1　估算方案

SD 法估算方案包括定位系统、计算类型、形质方案、数据类型[5-7]。王湾矿区各计算参数的具体确定依据矿体的规模、形态、产状及勘查手段等因素,简述如下:

(1) 本矿区勘探工作提供所有钻探工程的孔口地理坐标以及勘探线的测量坐标,本次定位系统选用“地理坐标”来确定勘探线及计算点的位置。

(2) 本矿区控制矿体工程的样品数据齐全,为了能自动绘制各类地质图件,本次估算采用原始单个样品测试分析数据,计算类型为“标准型”。

(3) 本次估算以 10 m 为台阶距,各台阶框块大小为框块间距 45 m、框条间距 40 m,当最后一个框条不足 40 m 或最后一个框块不足 45 m 时,按剩余部分划分。框块位置及基点坐标由系统自动划分。

(4) 控制 M-Ⅰ号钼矿体的 40 个钻孔全部揭穿 M-Ⅰ号钼矿体底板,矿体赋存最低标高为 −140 m(ZK407),最高标高为 120 m(ZK001)。由于取样近乎垂直,矿体厚度大,估算资源量采用铅直厚度,因此将 M-Ⅰ号钼矿体 SD 法资源储量估算数据类型确定为"A 型"数据。

综上所述,本次 SD 法资源储量估算采用的估算方案是"标准型 A 型数据地理坐标框块"方案。

2.2 原始数据

2.2.1 估算单元划分

王湾钼矿区现阶段圈定 10 个钼矿体,本次只针对 M-Ⅰ号钼矿体进行 SD 法资源量估算,所以只划分 1 个计算单元 WW01(表 2)。

表 2 王湾钼矿区计算单元代码划分

矿体号	计算单元代码	计算对象	计算范围		SD 法计算方案
			勘探线	外推范围	
M-Ⅰ	WW01	钼矿	8～3	首外推 45 m,尾外推 45 m	标准 A 地理框块

2.2.2 断面线选取

按照 SD 法计算原则,选取所有控制 M-Ⅰ号钼矿体的 3,0,2,2-2,4,6、8 线共 7 条勘探线作为 SD 法计算的断面线(表 3、图 3)。断面线设置依附于工程设置,M-Ⅰ号钼矿体未设辅助断面线,其断面线利用情况如下。

表 3 王湾钼矿区[WW01]基本情况表

计算单元基本信息		第 1 线及其点名称	第 2 线及其点名称	第 3 线及其点名称	第 4 线及其点名称	第 5 线及其点名称	第 6 线及其点名称	第 7 线及其点名称
省份	河南省	3 线[共 6 个点]	0 线[共 8 个点]	2 线[共 8 个点]	2-2 线[共 7 个点]	4 线[共 9 个点]	6 线[共 5 个点]	8 线[共 3 个点]
城市	罗山县王湾	ZK303	ZK005	ZK207	KZD2-201	ZK403	ZK605	KZD801
计算单元代码	WW01	ZK302	ZK002	ZK202	ZK2-205	ZK402	ZK603	ZK801
矿区名称	钼矿区	ZK304	ZK001	ZK205	ZK2-203	ZK409	ZK601	WTD802
矿床类型	斑岩型	ZK306	ZK003	ZK201	ZK2-201	ZK407	ZK602	
矿床规模	中型	ZK305	ZK007	ZK204	ZK2-202	ZK405	ZK604	
计算类型	标准型	WTD302	ZK004	SHK203	ZK2-204	SHK406		
数据类型	A 型		ZK006	ZK206	KZD2-202	ZK401		
定位系统	地理坐标		ZK008	WTD202		ZK408		
形质方案	A 框块					ZK404		
体重值	2.690 t/m^3							
勘探线首外推距离	45 m							
勘探线尾外推距离	45 m							
计算条数	/							
勘探线是否平行	平行							
非工程信息勘查线数	7							

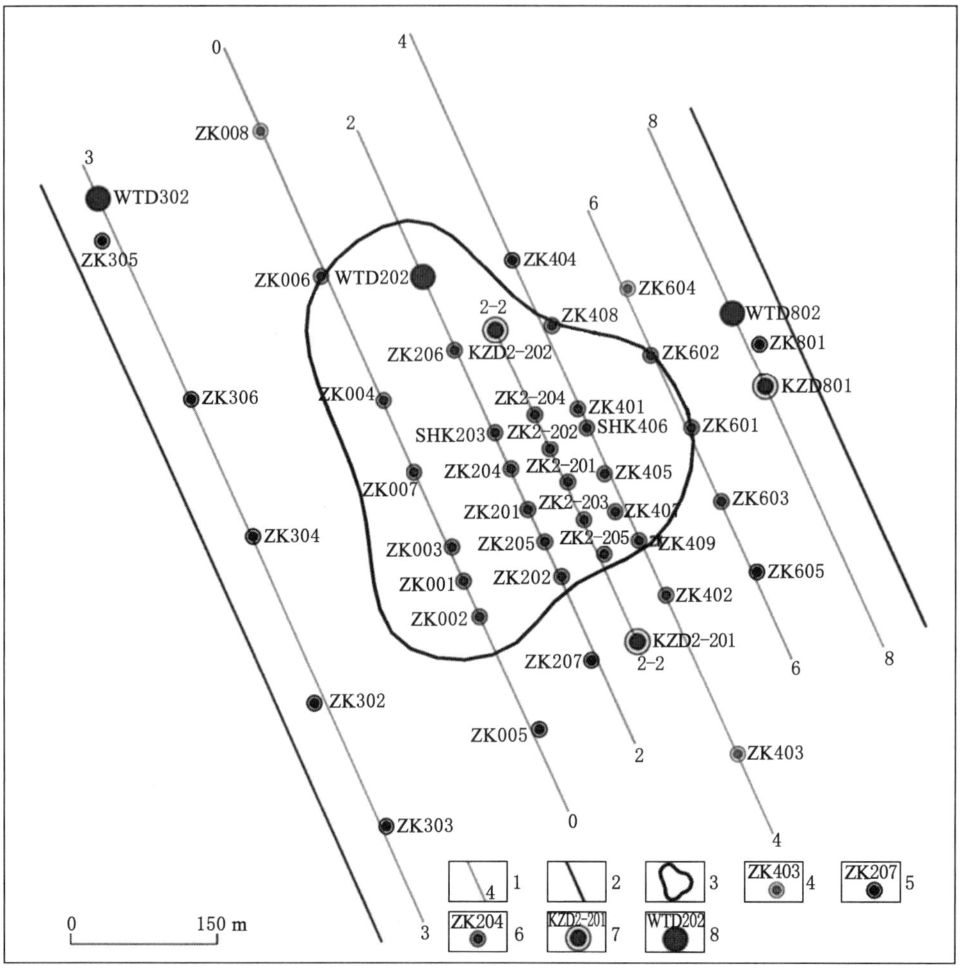

1—勘探线位置及编号；2—外推勘探线位置；3—1∶1万土壤钼异常；
4—未见矿钻孔位置及编号；5—见矿钻孔位置及编号；
6—见矿较好钻孔位置及编号；7—控制点位置及编号；8—外推点位置及编号。
图3 王湾钼矿区钻孔、外推点及控制点位置示意图

M-Ⅰ号钼矿体断面线9条：7条勘探线、2条外推线，外推间距均为45 m。46个计算点：40个钻孔、3个控制点、3个外推点(表3)。

矿体走向两端仍可外推探求推断资源量，一般按《矿产地质勘查规范 铜、铅、锌、银、镍、钼》(DZ/T 0214—2020)规定的基本勘查间距90 m放大1倍后的1/4平推计算，即45 m。按照SD法计算原则，本次计算首外推线、尾外推线外推距离均设置为45 m。

实际断面线坐标：依据勘探提供的地形测量地理坐标成果数据。

外推线：给定外推距离后，由系统自动确定其位置及坐标。

2.2.3 计算点的选取

所有符合质量要求的工程的数据和信息，均参与SD法资源量估算[17]。由于本次勘探所施工的槽探工程均未见矿，所以本次计算仅用钻探工程资料作为计算点参与计算。

本次SD法资源储量估算，除采用40个钻探工程计算点外，依据勘探线上计算点的分布及控制矿体情况，部分勘探线上设置了辅助计算点。辅助计算点有外推点和控制点2种。外推点是指当勘探线上工程揭露矿体较好而沿勘探线方向两端没有无矿工程控制时，依据地质成矿认识需要寻求一定距离的外推，设置外推点，外推点的厚度及品位是按照SD法外推点边值公式根据该剖面

线上矿体厚度及品位的自然变化规律自动求取;控制点是指矿体内部的勘探线上实际工程较少或只有一个实际工程时,依据相邻勘探线上的成矿规律及揭露矿体情况特点,选取的有矿、无矿或矿化点。本次SD法资源储量估算共选用计算点40个(图3),辅助计算点6个(外推点3个、控制点3个,这3个控制点的组织方式设置为"代替点式")[18-27]。

ZK207、ZK202、ZK409、ZK402等4孔均见矿,其中ZK409、ZK402见矿较好。在此范围内工程布置较均匀、矿体厚度大且较稳定,而且在基本工程控制间距内,按照SD法要求,需在加密线2-2线东南部设置一个控制点,控制点位置设在沿2-2线东南方向距ZK2-205钻孔45 m处(图3),点号为KZD2-201,该控制点的组织方式设置为"代替点式",用与2-2加密线相临近钻孔ZK402作为代替点。

ZK206、SHK203、ZK401、ZK408等4孔均见矿,且见矿较好。在此范围内工程布置较均匀、矿体厚度大且较稳定,而且在基本工程控制间距内,按照SD法要求,需在加密线2-2线西北部设置一个控制点,控制点位置设在沿2-2线西北方向距ZK2-204钻孔45 m处(图3),点号为KZD2-202,该控制点的组织方式设置为"代替点式",用与2-2加密线相临近钻孔ZK2-204作为代替点。

8勘探线上有效工程只有ZK801钻孔,按照国土资源部储量司编写的《矿产资源储量计算方法实用手册》中《金属、非金属矿产储量计算方法》规定的矿体圈定原则及SD法要求,在沿8勘探线东南方向距ZK801钻孔45 m处设置一个控制点,点号为KZD801,该控制点的组织方式设置为"代替点式",用相临近钻孔ZK801作为代替点。

2.2.4 原始数据导入方式

SD法软件建立了功能强大的Excel数据转换接口,勘探成果中的原始数据复制粘贴到SD法软件提供的固定Excel格式中,由软件程序自动接收和转换并进行数据检验。

2.3 估算过程及主要估算参数的取值

2.3.1 主要估算参数的取值

(1) 工业指标。本次资源储量估算采用的钼工业指标:最低工业品位为0.06%,边界品位为0.03%,夹石剔除厚度为6 m,最小可采厚度为3 m。

(2) 小体重。矿区采集钼矿石小体重样62个,均在原生矿中采集,小体重样测试结果的算术平均值为2.69 t/m^3。经过对钼矿石湿度的测定可知,小体重样湿度值为0.055%~1.37%,均小于3%,矿石体重不需要校正。

2.3.2 估算过程

(1) 矿体的圈定。在单工程中,根据样品分析结果,先按矿石边界品位指标圈定矿体边界,划分矿与非矿。凡单样品中钼品位达到边界品位的即圈为矿体。凡大于夹石剔除厚度的夹石一律剔除,小于夹石剔除厚度的夹石一并圈入矿体。SD法软件自动实现:严格按照工业指标,确定出矿域或非矿域,从而划定曲线状封闭的矿域边界。

(2) 估算。用SD法进行估算,即以"标准型A型数据地理坐标框块"方案,用单工程中的每个样品的厚度、品位求出各台阶单工程的厚度、品位,框块的Mo平均品位是用工程间边界品位搜索求得的,当框块Mo平均品位达到边界品位指标要求时,统计其量。整个过程,先计算,后成图,计算不依赖成图。

(3) 估算结果自动生成各种附表及图件。

2.4 资源储量估算结果

2.4.1 地质可靠程度

瓦屋嘴矿段对M-Ⅰ号钼矿体进行了系统的探矿工程控制。矿体四周边界按180 m×160 m

钻探工程间距进行了圈定，绝大部分钻探工程穿透矿体底界，仅 1 个钻探工程(ZK203)未穿透矿体。

矿区地质可靠程度是以矿产地质勘查规范中 SD 精度(η)为依据，$\eta \geqslant 80\%$ 划为“探明的”，$65\% > \eta \geqslant 45\%$ 划为“控制的”，$30\% > \eta \geqslant 15\%$ 划为“推断的”。对于部分框块的 SD 精度未落入上述区间的，一般按待定区间基本归属原则，归入相应的地质可靠程度等级，简单者归属高精度类，复杂者归属低精度类。依据矿体五大地质因素确定王湾矿区属于简单型，经计算矿区待定区间精度 65%～80%归属于高精度类“探明的”、30%～45%归属于“控制的”(表 4)。

表 4　地质可靠程度待定区间归属结果表

计算单元	可靠程度	待定区间	归属结果
WW01	探明-控制的	$80\% > \eta \geqslant 75\%$	探明的
		$75\% > \eta \geqslant 70\%$	探明的
		$70\% > \eta \geqslant 65\%$	探明的
	控制-推断的	$45\% > \eta \geqslant 40\%$	控制的
		$40\% > \eta \geqslant 35\%$	控制的
		$35\% > \eta \geqslant 30\%$	控制的
	推断的	$15\% > \eta \geqslant 10\%$	推断的

2.4.2　资源储量估算结果

(1) 总资源量。本次资源量估算以 10 m 为台阶距，共 31 条台阶、2 417 个见矿条框。经估算，M-Ⅰ号钼矿体总矿石量 4 745 万 t，钼金属量 27 440 t，钼平均品位为 0.058%(表 5)。

(2) 矿石分类。工业品位矿石：钼矿石量 1 704 万 t，钼金属量 13 899 t，钼平均品位为 0.082%；低品位矿石：钼矿石量 3 041 万 t，钼金属量 13 541 t，钼平均品位为 0.045%。

表 5　资源量分类结果汇总

资源量类型	矿石量/万 t	Mo 金属量/t	Mo 品位/%	厚度/m	精度/%	金属量占总金属量比例/%
探明	470	3 883	0.083	148.523	71.89	14.15
探明$_{低}$	445	2 088	0.047	152.515	71.40	7.61
控制	1 164	9 398	0.081	120.176	48.67	34.25
控制$_{低}$	2 053	9 246	0.045	137.205	42.88	33.70
推断	70	618	0.088	31.316	23.21	2.25
推断$_{低}$	543	2 207	0.041	92.772	23.51	8.04
总计	4 745	27 440	0.058	122.194	47.34	100.00

3　SD 法与传统法对比分析

3.1　估算结果

为了验证 SD 法估算结果的可靠性，本次选用垂直剖面法对 M-Ⅰ号钼矿体估算结果进行对比。SD 法和垂直剖面法估算结果的对比见表 6。

表 6　SD 法与垂直剖面法估算资源量结果对比表

矿体号	SD 法估算			垂直剖面法估算			绝对误差		相对误差	
	矿石量/万 t	钼金属量/t	钼平均品位/%	矿石量/万 t	钼金属量/t	钼平均品位/%	矿石量/万 t	钼金属量/t	矿石量/%	钼金属量/%
M-Ⅰ	4 745	27 440	0.058	4 532	28 490	0.063	213	−1 050	4.59	3.76

由表 6 可知，SD 法与垂直剖面法估算结果相差很小，故认为本次资源量估算精度较高。初步认为引起误差的原因可能为：矿区控制程度较低；采用了体积剔除法；垂直剖面法的夹石尖灭二分之一。由此可见，使用 SD 法估算资源储量更接近实际。其中 SD 法估算的控制资源量相对高于垂直剖面法，推断资源量相对低于垂直剖面法（图 4、图 5）。

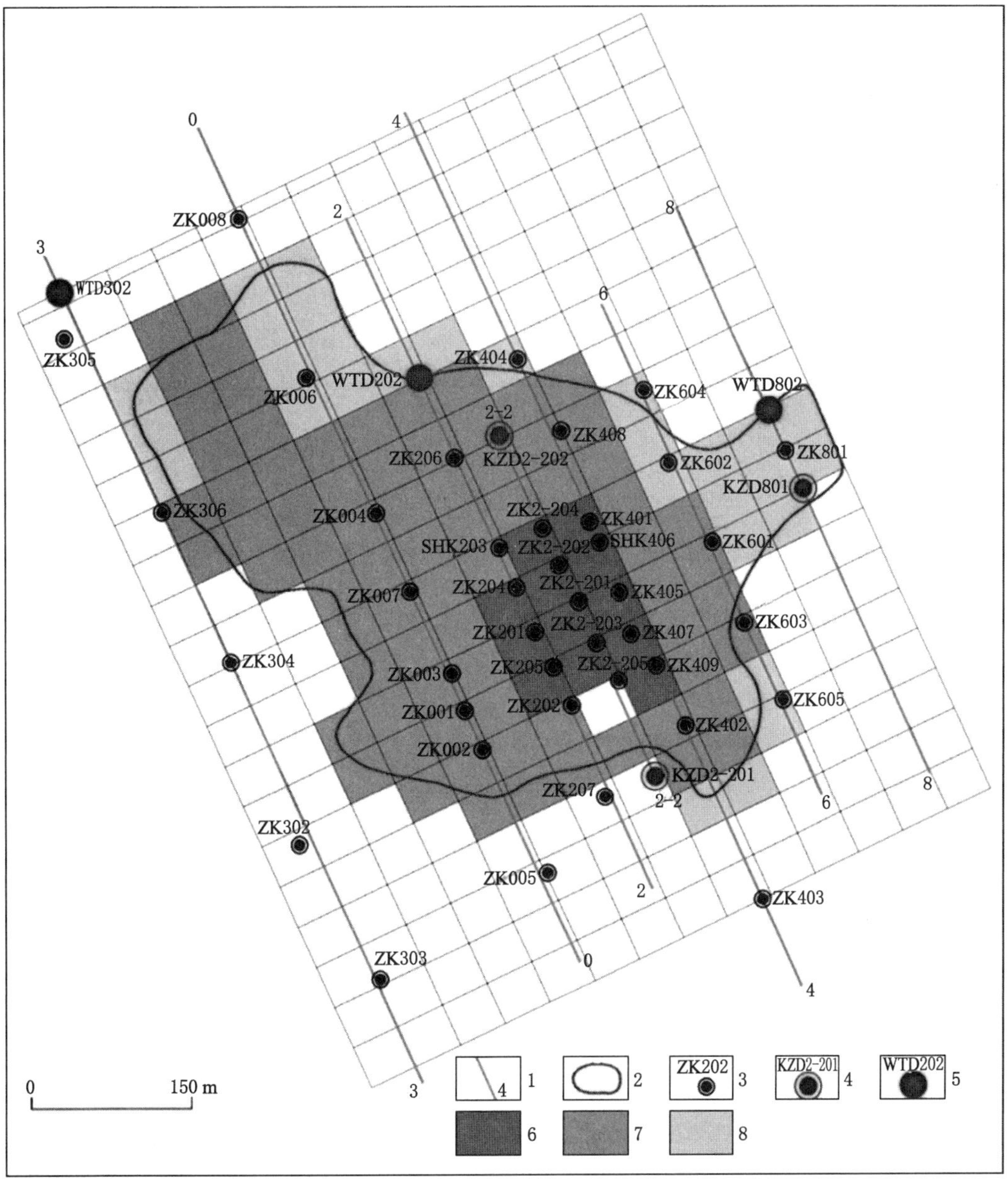

1—勘探线位置及编号；2—矿域线；3—钻孔位置及编号；4—控制点位置及编号；5—外推点位置及编号；6—探明资源量范围；7—控制资源量范围；8—推断资源量范围。

图 4　SD 法估算 M-Ⅰ号钼矿体 50 m 台阶 A 框块资源量分类示意图

SD法资源量类型归属由地质可靠程度来确定,需通过SD地质可靠程度待定区间归属专家系统进一步定量确定,该专家系统充分考虑了工程控制程度、水文、地质构造、环境及矿体变化规律等综合因素,经系统自动搜索确定的;而垂直剖面法资源量类型归属由工程间距确定。这导致两种方法估算结果在资源量类型上有所差异,如SD法估算M-Ⅰ号钼矿体50 m台阶A框块资源量分类,其控制资源量范围大于垂直剖面法控制资源量范围,其推断资源量范围小于垂直剖面法推断资源量范围(图5)。

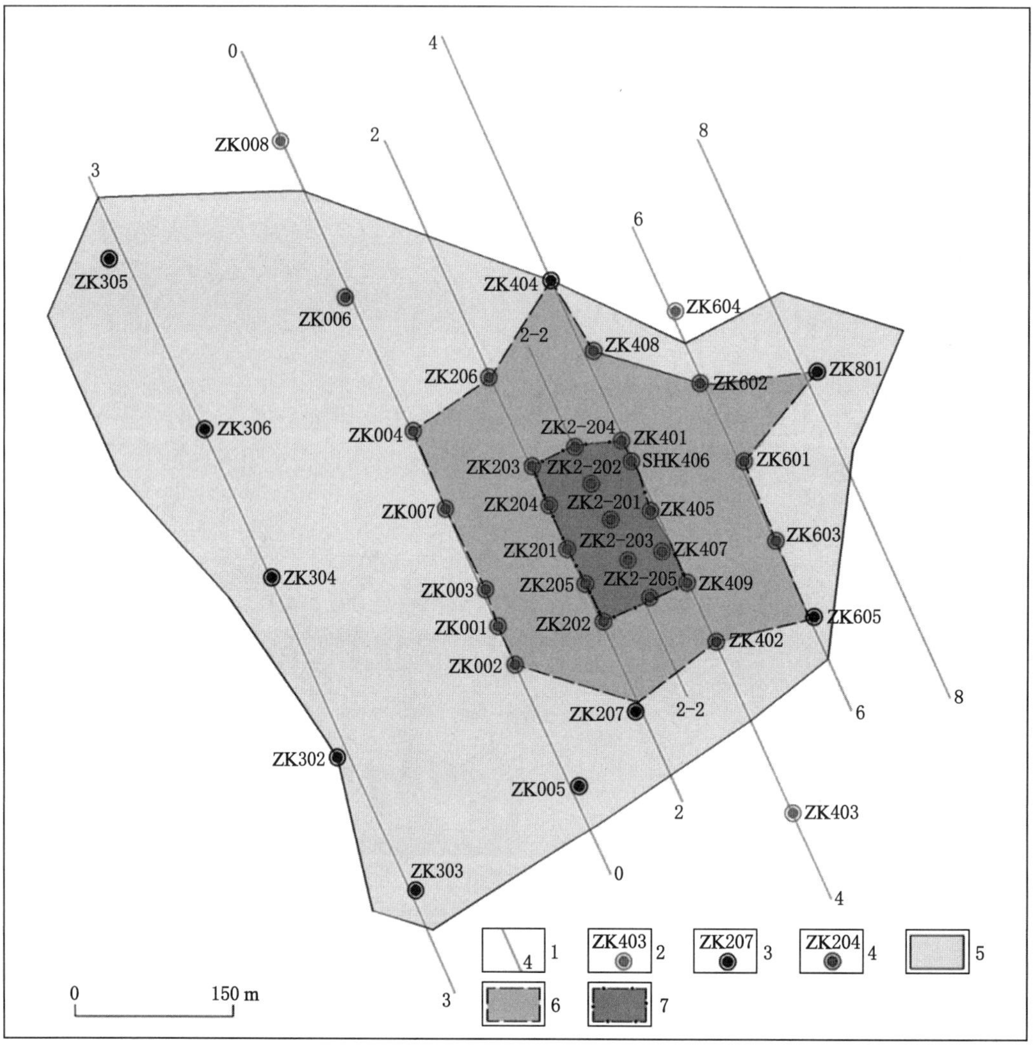

1—勘探线位置及编号;2—未见矿钻孔位置及编号;3—见矿钻孔位置及编号;4—见矿较好钻孔位置及编号;5—推断资源量范围;6—控制资源量范围;7—探明资源量范围。

图5 垂直剖面法估算M-Ⅰ号钼矿体资源量分类示意图

3.2 工程控制程度预测

工程控制程度是由SD精度(η)来认定,分为探明的、控制的、推断的3个等级区间范围。框棱(平均点距与线距乘积开方)的大小主要通过探矿工程控制程度来确定,控制矿体的工程数越多,框棱就越小,精度越高;反之,控制矿体的工程数越少,框棱就越大,精度越低。因此,通过计算精度来预测确定达到各等级可靠程度的控矿工程数量。本次对M-Ⅰ号钼矿体进行了精度计算,并预测了工程控制程度,其预测结果可进一步指导生产工作(表7)。

表 7 王湾钼矿区地质可靠程度及工程控制预测表

计算单元	预测值						当前值		
	探明的($\eta \geq 80\%$)		控制的($45\% \leq \eta < 65\%$)		推断的($15\% \leq \eta < 30\%$)		实际工程数/个	框棱/m	计算精度/%
	工程数/个	框棱/m	工程数/个	框棱/m	工程数/个	框棱/m			
WW01	75	27.49	39	109.44	/	/	40	106.93	46.5

M-Ⅰ号钼矿体由 40 个钻探工程控制,框棱为 106.93 m,η 为 46.5%,其值大于 45%,小于 80%,所以 M-Ⅰ号钼矿体已达到"控制的"而未能达到"探明的"地质可靠程度。若需更好地提高 M-Ⅰ号钼矿体的地质可靠程度,使其工程控制程度完全达到"探明的"地质可靠程度(下限 80%),那么只需在 M-Ⅰ号钼矿体范围内以 27.49 m 的框棱在工程控制程度低的区域加密施工约 35 个钻探工程,同时动态确定 η 实时指导勘查进程。

影响精度计算的因素不完全由工程控制程度来确定,工程控制程度预测只是一个预测数,当实际施工未满预测数就已经达到相应精度时,则不需再施工。

4 结论

(1) 通过 SD 法软件完成组建王湾钼矿区瓦屋嘴矿段 M-Ⅰ号钼矿体勘查数据库,由勘探线 7 条、钻探工程 40 个及 2 296 个单工程样品数据构成。估算结果显示,M-Ⅰ号钼矿体总矿石量 4 745 万 t,钼金属量 27 440 t,钼平均品位为 0.058%,资源储量达中型。

(2) 通过对比 SD 法与传统垂直剖面法的估算结果,其相对误差为 3.76%。SD 法资源储量估算可靠性较高。

(3) 以 M-Ⅰ号钼矿体为主进行了工程控制程度预测,在目前工程控制条件下,瓦屋嘴矿段 M-Ⅰ号钼矿体 40 个实际工程的框棱为 106.93 m,计算的 SD 精度为 46.5%,大于 46.5%、小于 80%,达到"控制的"地质可靠程度,未能达到"探明的"地质可靠程度。如果要进一步达到"探明的"地质可靠程度,则需在 M-Ⅰ号钼矿体范围内以 27.49 m 的框棱在工程控制程度低的区域加密施工约 35 个钻探工程。该预测结果为下一步勘查工作提供了指导意见。

参 考 文 献

[1] 马爱玲. 矿产资源储量估算方法 SD 法与传统几何法之差异[J]. 科技与企业,2011(8):22-24.
[2] 王小丹,王标,牛水源. 常用资源储量估算方法的对比分析[J]. 四川有色金属,2015(2):5-7.
[3] 汪恩满. 固体矿产资源储量评价方法研究现状[J]. 科技资讯,2009,7(30):153.
[4] 袁勇,王志龙. 储量计算克立格法与 SD 法的对比分析[J]. 内蒙古石油化工,2009,35(4):42-43.
[5] 蓝运蓉,唐义. 什么是 SD 法[J]. 地质论评,2000,46(增刊):329-336.
[6] 唐义,蓝运蓉. SD 储量计算法[M]. 北京:地质出版社,1990.
[7] 北京恩地科技发展有限责任公司. 矿产资源储量估算方法(SD 法)[Z]. 2007.
[8] 王海生,唐相伟,范晓胜,等. 河南省罗山县王湾矿区钼矿勘探报告[R]. 河南省地质矿产勘查开发局第三地质调查队,2009.
[9] 卢欣祥,罗照华,黄凡,等. 秦岭-大别山钼矿的成矿时代[J]. 矿床地质,2012,31(增刊):587-588.
[10] 杨泽强,唐相伟. 北大别山肖畈岩体地球化学特征和锆石 LA-ICP-MSU-Pb 同位素定年[J]. 地质学报,2015,89(4):692-700.
[11] 张勇. 北大别山王湾钼矿地质特征浅析[J]. 四川地质学报,2017,37(3):421-424.
[12] 刘永春,靳拥护,班宜红,等. 东秦岭-大别山钼成矿带赋矿地层分布规律[J]. 中国钼业,2007,31(1):12-17.
[13] 高阳. 大别山千鹅冲和汤家坪斑岩钼矿地质地球化学及成因研究[D]. 北京:中国地质科学院,2014.

[14] 杨泽强. 北大别山商城汤家坪富钼花岗斑岩体地球化学特征及构造环境[J]. 地质论评,2009,55(5):745-752.
[15] 贡二辰,王巧玲. 大别山钼多金属成矿带矿床地质特征及找矿方向浅析[J]. 矿产勘查,2013,4(5):503-507.
[16] 付治国,赵云雷,王靖东,等. 前寒武系对东秦岭-大别山钼成矿带成钼作用的贡献[J]. 华南地质与矿产,2007,23(4):27-34.
[17] 国土资源部矿产资源储量司. 矿产资源储量计算方法汇编[M]. 北京:地质出版社,2000.
[18] 薛明轩,孙丰月,李碧乐,等. 基于 SD 法估算东安金矿床 5 号矿体资源储量[J]. 地质与勘探,2011,47(6):1177-1184.
[19] 李石桥,郭俊华,许利文. SD 法储量计算系统在金矿勘查区中的应用:以甘肃阳山金矿为例[J]. 地质与勘探,2006,42(1):77-80.
[20] 陈国华,龚羽飞. 河南金渠金矿区采用先进的 SD 法储量计算审定方法效果显著[J]. 地质与勘探,2003,39(1):66-69.
[21] 丹增卓玛,田如燕,阿旺江村,等. SD 法在西藏贡觉县阿中 Ⅰ 号矿区的应用[J]. 科技资讯,2012,10(13):95.
[22] 杨利容. 复杂矿体结构三维建模与储量计算方法研究:以某地区铀矿床为例[D]. 成都:成都理工大学,2013.
[23] 梁红姣. 我国矿产资源储量估算方法初探[D]. 北京:中国地质大学(北京),2018.
[24] 李爱民,郭美丽,张琪彬,等. SD 法在金矿资源/储量估算中的应用:以山东省烟台市牟平区阎家疃金矿床(3)-1 号矿体为例[J]. 山东国土资源,2017,33(10):69-72.
[25] 王云,王勇,王文博,等. SD 法在河南千鹅冲钼矿床资源储量估算中的应用[J]. 地质科技情报,2019,38(1):113-120.
[26] 罗娟. 浅谈 SD 法在桐梓煤矿资源储量估算中的应用[J]. 四川地质学报,2009,29(4):488-491.
[27]王海生,张晓军,郭跃闪. 基于 SD 法的资源储量估算及工程控制程度预测:以河南陡坡钼矿区为例[J]. 矿产与地质,2019,33(5):925-932.

西藏墨竹工卡县嘎布拉铅锌矿床地质特征及找矿标志

叶 萍[1],谭和勇[2,3],彭江涛[2],苏永峰[2],耿爱宾[2]

(1. 河南省地质科学研究所,河南 郑州 450001;2. 河南省地质调查院,河南 郑州 450001;
3. 河南省金属矿产成矿地质过程与资源利用重点实验室,河南 郑州 450001)

摘 要:嘎布拉铅锌矿床位于念青唐古拉山南麓,构造单元属于隆格尔-工布江达断隆带。通过该矿区的地质、物探及化探等基础地质工作,发现1∶5万地球化学异常基本上位于燕山期二长花岗岩与来姑组三段的石英砂岩、夕卡岩接触带附近,单元素异常面积大、强度高,异常元素套合好;矿区南东部位存在激电极化强异常,极化率最高达20%,显示出在深部约400 m处存在一极化体。通过开展槽探工程,在矿区发现5条铅锌矿体,矿体长度为50~970 m,矿体厚度为1.91~3.34 m,矿床平均品位Pb 4.25%、Zn 3.60%、Ag 183.91×10^{-6},全区铅+锌潜在矿产资源为53.60万t,达到大型矿床规模;并对矿床成因和找矿标志进行了研究,这对今后的工作具有重要的指导作用。

关键词:隆格尔-工布江达断隆带;激电极化异常;矿床成因;找矿标志;嘎布拉铅锌矿床

冈底斯-念青唐古拉成矿带之扎雪-金达铅锌银多金属成矿亚带是铅、锌、银等矿产资源的重要产地[1-3]。自地质大调查以来,中国地质调查局组织各地方单位陆续在该成矿带开展了系列的地质、矿产调查工作[4-7],发现了一大批化探异常,并找到蒙亚阿、拉屋、龙玛拉、昂张、洞中拉、亚贵拉等铅、锌、银矿床[8-13]。专家学者在该成矿亚带开展了系列研究工作[14-17],为指导该地区的地质找矿工作提供了理论支撑和依据。通过"西藏尼仁多岗地质矿产调查"项目开展1∶5万水系沉积物测量时,在该地区发现甲级地球化学综合异常,对其进行异常检查和矿化信息追索后,发现数条铅银、铜矿体后确定了铅银矿区,最终发现了大型嘎布拉铅锌矿床。本文通过嘎布拉铅锌矿床的地质特征及找矿标志研究分析,为后续实现找矿突破提供一定的指导意义。

1 区域成矿背景

嘎布拉矿床所在的地区位于青藏高原中部念青唐古拉山南麓,大地构造位置处于冈瓦纳北缘晚古生代-中生代冈底斯-喜马拉雅构造区拉达克-冈底斯-拉萨-腾冲陆块上,构造单元属于隆格尔-工布江达断隆带[2](图1);矿区主要出露前奥陶系(岔萨岗、马布库、雷龙库)岩组、下石炭统诺错组、上石炭统-下二叠统来姑组、中二叠统洛巴堆组及林子宗群帕那组等地层,并有强烈的构造岩浆活动,区内圈定多个物化探异常;矿区位于扎雪-金达铅锌银多金属成矿亚带内,区内成矿地质背景优越,在该成矿带内已经发现有蒙亚阿、龙玛拉等多个大型铅锌银矿床,找矿潜力巨大。

作者简介:叶萍,女,1986年生。工程师,主要从事地质与矿产勘查工作。

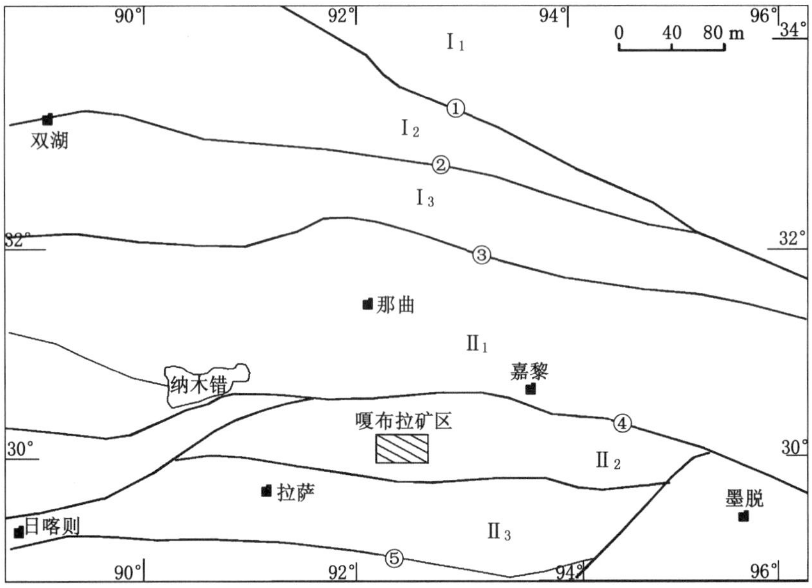

①—兰乌拉湖-北澜沧江结合带;②—龙木措-双湖-查吾拉结合带;③—班公湖-怒江结合带;

④—狮泉河-申扎-嘉黎结合带;⑤—印度河-雅鲁藏布江结合带;

Ⅰ1—昌都-芒康-思茅陆块;Ⅰ2—塔什库尔干-甜水海-北羌塘陆块;Ⅰ3—咖喇昆仑-南羌塘-左贡陆块;

Ⅱ—冈瓦纳北缘晚古生代-中生代冈底斯-喜马拉雅构造区;Ⅱ1—昂龙岗日-班戈-腾冲燕山期岩浆弧带;

Ⅱ2—隆格尔-工布江达断隆带;Ⅱ3—冈底斯-下察隅晚燕山期-喜马拉雅岩浆弧带。

图1 嘎布拉地区区域构造简图

2 矿区地质特征

2.1 矿区地质

矿区出露地层主要为上石炭统-下二叠统来姑组二、三段(C_2-P_1l^{2-3})(图2)。来姑组二段(C_2-P_1l^2)主要分布于矿区东部及东北角,在矿区出露面积较小,岩性主要为泥质板岩、粉砂质板岩、变石英砂岩等;来姑组三段(C_2-P_1l^3)是矿区内主要赋矿地层,分布于矿区中北部,总体走向北西向,该段岩性主要为变石英砂岩夹细晶灰岩、石英岩等,局部夹碳质板岩,地层总体产状160°~200°∠50°~80°。

矿区断裂发育,规模较大的有F_1、F_2两条断层。其中,F_1断层位于矿区东北部,呈北西-南东方向斜穿矿区东北角,断层北西段为来姑组第二和第三段的分界断裂,南东段近乎顺层发育于来姑组第三段;F_1断层在局部位置为石英斑岩脉所侵入,断层总体产状209°∠59°;F_1断层两侧岩石轻度破碎,断层及上下盘岩石常伴随硅化、方解石化、黄铁矿化、褐铁矿化。F_2断层主要出露于M1矿体北侧,但断层斜切M1矿体两端,断层对矿体无明显破坏作用;依据露头观察,F_2断层主要为岩性分界断裂,断层位置处岩石往往较为破碎,但断层总体上表现为张性断裂的特点,其内褐铁矿化较强;F_2断层总体走向北西-南东,倾角约55°。

矿区岩浆岩十分发育,出露于矿区中南部,占据了矿区超过一半的面积,主要为燕山期的细中粒二长花岗岩和石英斑岩。二长花岗岩在矿区中部与来姑组地层呈侵入接触关系,在岩体接触带及附近地层内发育铅锌矿体(图2)。

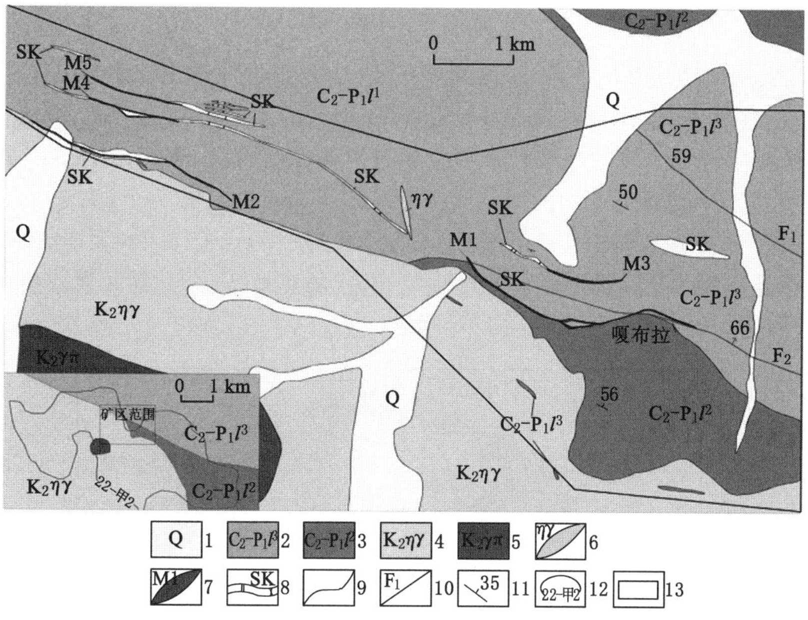

1—第四系；2—来姑组三段；3—来姑组二段；4—燕山期二长花岗岩；5—燕山期花岗斑岩；

6—二长花岗岩(脉)；7—矿体及编号；8—夕卡岩；9—地层界线；10—断层；

11—产状；12—1∶5 万水系沉积物综合异常；13—土壤测量范围。

图 2 嘎布拉矿区地质简图

2.2 地球化学特征

2.2.1 1∶5 万水系沉积物测量

矿区位于 1∶5 万水系沉积物异常编号为 22-甲 2 范围内，22-甲 2 异常范围总体上呈长轴走向南东的近似纺锤状，异常总面积约 39.7 km^2；该异常以 Pb、Zn 为主，伴有 W、Cu、Mo 等多元素异常，异常元素套合好、含量高，Pb 最高异常值为 1 198.4×10^{-6}；Cu 最高异常值为 414.75×10^{-6}；Zn 最高异常值为 1 521.6×10^{-6}；W 最高异常值为 50.33×10^{-6}(图 3)。

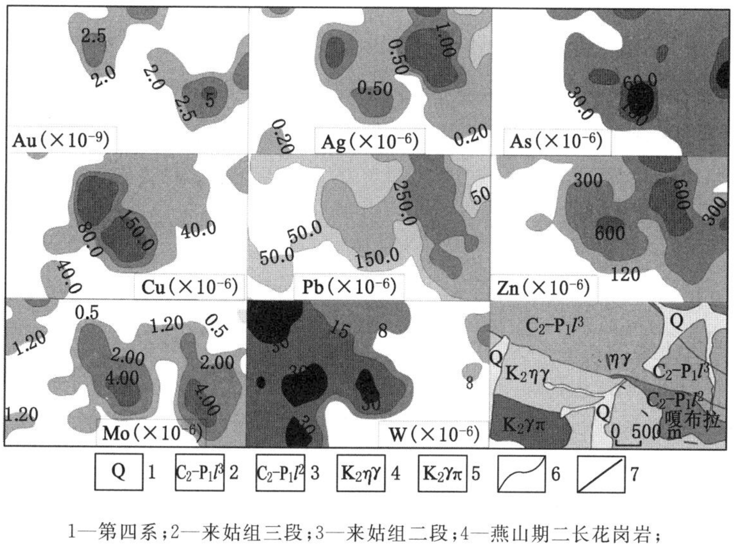

1—第四系；2—来姑组三段；3—来姑组二段；4—燕山期二长花岗岩；

5—燕山期花岗斑岩；6—地层界线；7—断层。

图 3 嘎布拉矿区 1∶5 万水系沉积物单元素异常剖析图

2.2.2 1∶1万土壤地球化学测量

在对异常区实地踏勘的基础上，对矿区开展了1∶1万土壤地球化学测量工作。土壤中元素组合以Pb、Zn为主，伴生Ag、Cu、As、W，以Pb、Zn、Ag为主的元素异常强度高、浓度分带明显，异常基本上位于二长花岗岩侵入体的外接触带上。通过对异常特征分析，Pb、Zn、Ag等元素浓集中心套合最好。Pb元素最大含量为3 910×10^{-6}，大于500×10^{-6}的点有9个，大于200×10^{-6}的点有19个；Zn元素最高含量为2 343×10^{-6}，大于1 000×10^{-6}的点有6个，大于300×10^{-6}的点有12个；Ag元素最高含量为12.9×10^{-6}，大于1.0×10^{-6}的点有20个。各元素浓集中心按照中-高-低有规律分布(图4)。

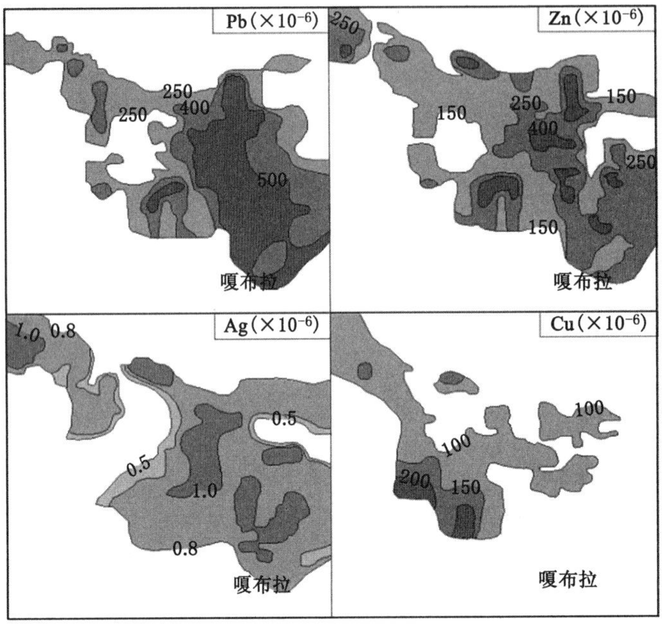

图4 嘎布拉矿区1∶1万土壤地球化学单元素异常剖析图

2.3 地球物理特征

通过1∶5万水系沉积物地球化学异常进行1∶1万土壤地球化学异常检查，围绕土壤地球化学异常和推测矿化带展开激电中梯和激电测深工作。由激电中梯测量可知，在矿区东南部位置，有大片的高极化率异常区(图5)，最高极化率达到18%；从西北向东南有一条串珠状的极化率异常带，这条异常带与地质构造走向较为接近。由于矿区含矿岩层与碳质板岩岩层互层，该极化带与碳质层基本吻合，说明激电效果明显。

为了查明激电异常随深度的变化，又在该矿区布设03～06号线的激电中梯部位布设了4条激电测深剖面(图5)，其中在03、04线的异常表现最为明显。

03号线共完成测深点6个。测深极化率拟断面图上显示，测深3号点和4号点下方都有一高极化体存在，极化率最大值有13%。极化率异常均呈近直立状，极化体为近直立板状，顶深度为50～100 m。电阻率断面图(图6)显示地表下方为低阻体，近直立构造存在。

04号线共完成测深点6个。测深极化率拟断面图上显示，测深4号点下方深约50 m处极化率有最大值20%。极化率异常呈近直立状，极化体顶部深度约400 m左右。电阻率断面图显示有近直立构造存在(图7)。

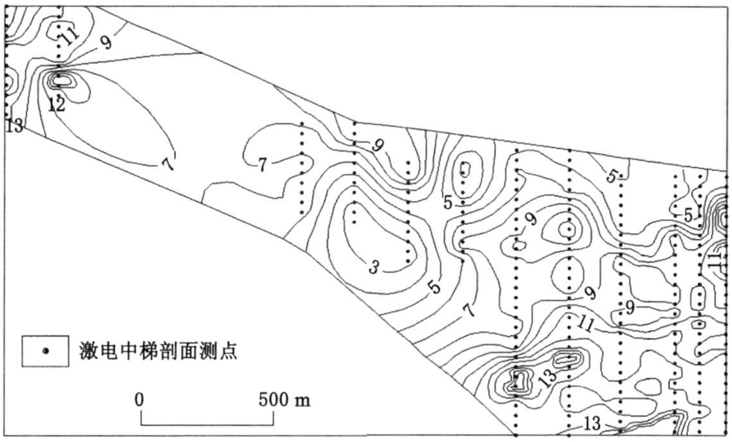

图 5　嘎布拉矿区激电中梯测量异常图

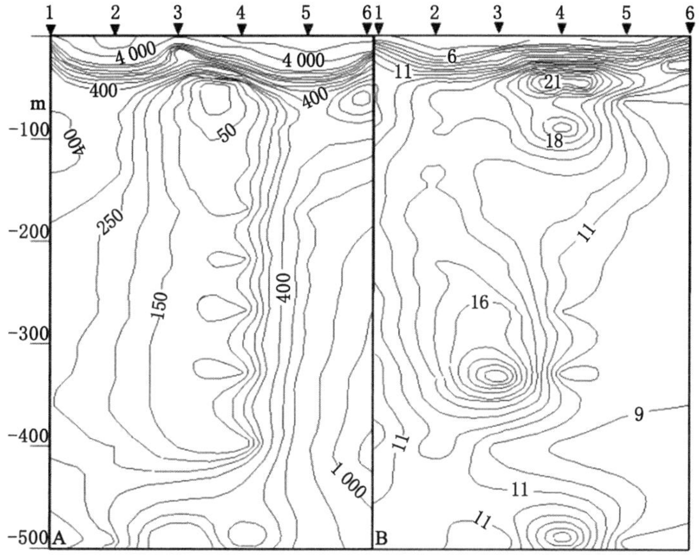

图 6　嘎布拉矿区 03 线激电测深视电阻率断面图(A)及视极化率断面图(B)

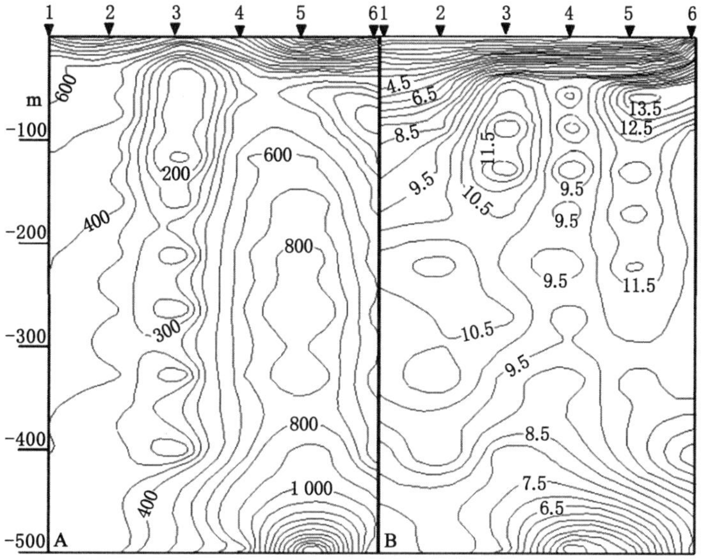

图 7　嘎布拉矿区 04 线激电测深视电阻率断面图(A)及视极化率断面图(B)

测深勘探线下方均为高极化率、低电阻率显示，分析认为，高极化主要由碳质板岩引起，低电阻主要由碳质板岩间破碎岩层含水或含矿层引起。

3 矿床地质特征

3.1 矿体特征

通过矿区地质填图、地表槽探工程揭露，在矿区内共发现 M1、M2、M3、M4、M5 等铅锌矿(化)体 5 个。矿体主要分布于矿区中(东)部，地表基本连续出露，主要产于上石统-下二叠统来姑组第三段中，局部产于花岗斑岩与围岩的接触带，总体上各矿体呈近平行展布，层状、似层状或脉状产出，走向北西-南东，倾向南西，倾角一般为 60°～70°，局部较陡在 70°以上。矿体形态较简单，沿走向、倾向连续性较好，延伸稳定，局部具膨胀收缩及分支复合。矿体长为 50～1 600 m 不等，平均厚为 1.91～9.40 m。各矿体具体描述如下。

M1 矿体位于矿区东部，地表由 M1TC0～M1TC23 等 7 个探槽控制，各工程间距为 180～350 m，矿体控制长度为 969 m，在 M1TC05 探槽中见有良好的铅锌矿体(图 8)。M1 矿体西端位于糜棱岩化二长花岗岩与碎裂变石英砂岩接触带上，沿矿体走向往东矿体主要赋存于来姑组三段砂岩与灰岩岩性转换部位的透辉石夕卡岩带内，矿体总体走向为 282°～102°，矿体产状为 170°～190°∠66°～76°，矿体厚度为 1.35～7.05 m。单工程矿体品位为：Pb 0.01%～5.89%，Zn 1.07%～4.81%；矿体平均品位为：Pb 4.73%，Zn 3.57%。

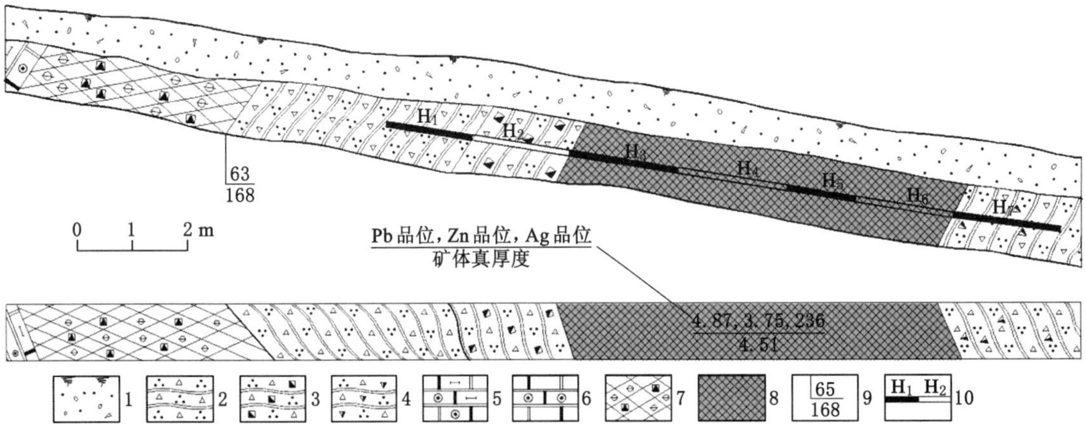

1—残坡积物；2—碎裂岩化石英岩；3—黄铁矿化碎裂岩化石英岩；4—方铅矿化碎裂岩化石英岩；5—透闪石化石榴子石化大理岩；6—石榴子石化大理岩；7—石榴子石夕卡岩；8—铅锌矿体，9—地层产状；10—探槽样及编号。

图 8 探槽 M1TC05 素描示意图

M2 矿体由 M2TC41～M2TC53 等 6 个探槽控制，各工程间距为 150～300 m，矿体控制长度为 968 m。矿体赋存于来姑组三段与燕山期花岗岩体接触带的透辉石夕卡岩中，总体呈北西-南东向展布，矿体中部位置呈近东西向展布。矿体产状为 170°～190°∠66°～76°，矿体厚度为 0.97～2.23 m。单工程矿体品位为：Pb 1.63%～6.88%，Zn 1.12%～6.88%；矿体平均品位为：Pb 4.73%，Zn 3.57%。

嘎布拉矿区的 5 个矿体具体情况见表 1。

表1 嘎布拉矿区5个铅锌矿体的基本情况

矿体编号	矿体产状	矿体厚度	控制长度/m	矿体情况
M1	170°~190°∠66°~76°	1.35~7.05 m,平均3.34 m	969	矿体西端位于糜棱岩化二长花岗岩与碎裂变石英砂岩接触带上,沿矿体走向往东矿体主要赋存于来姑组三段砂岩与灰岩岩性转换部位的透辉石夕卡岩带内。矿体呈层状,地表形态较为简单,在地表沿矿体走向方向由西向东,矿体厚度总体具有由厚到薄再到厚的变化规律,总体上地表呈舒缓波状变化,局部有分支复合现象。单工程品位:Pb 0.01%~5.89%,Zn 1.07%~4.81%;矿体平均品位为:Pb 4.73%,Zn 3.57%
M2	170°~190°∠66°~76°	0.97~2.23 m,平均1.91 m	968	矿体赋存于来姑组三段与燕山期花岗岩体接触带的透辉石夕卡岩中,总体呈北西-南东向展布,矿体中部位置呈近东西向展布。单工程品位:Pb 1.63%~6.88%,Zn 1.12%~6.88%;矿体平均品位:Pb 2.91%,Zn 3.22%
M3	147°∠58°	3.2 m	50	矿体位于矿区东南部,大部分被倒石堆覆盖。矿体赋存于褐铁矿化石英岩中,围岩主要为透辉石夕卡岩。矿体近南北向展布,矿石呈灰褐色,半自形粒状结构,浸染状构造。矿石矿物主要为方铅矿和闪锌矿,局部少量黄铜矿。矿体平均品位:Pb 0.48%,Zn 2.55%
M4	190°~215°∠75°	1.18~3.67 m,平均2.63 m	356	矿体赋存于来姑组三段变砂岩与灰岩(大理岩)之岩性转换部位,与M2矿体大致呈平行产出,二者相距约300 m。矿体呈似层状,形态较简单,中间有分支复合现象。单工程品位:Pb 1.69%~3.61%,Zn 1.06%~3.60%;矿体平均品位:Pb 2.94%,Zn 2.66%
M5	190°~215°∠75°	1.76~3.01 m,平均2.54 m	356	矿体位于M4矿体北侧,与M4矿体呈北西向平行产出,二者相距约120 m。矿体赋存于来姑组三段变砂岩与灰岩的岩性转换部位。单工程品位:Pb 2.4%~3.08%,Zn 1.62%~4.82%;矿体平均品位:Pb 2.83%,Zn 3.64%

3.2 矿石特征

矿区矿石一般均较为致密坚硬,节理裂隙不发育,矿石氧化程度不高,氧化深度较浅。按氧化程度不同,矿区内矿石可划分为氧化矿石、原生矿石两类。根据矿区工程揭露和矿体露头观察情况,区内氧化矿石主要分布在近地表,较原生矿石规模甚微(图9)。

图9 M1矿体露头致密块状矿石特征

原生矿石一般具浸染状构造、稠密浸染状构造、(致密)块状构造、斑团状构造、星点状构造等。

矿区内矿石物质组分比较简单,铅锌矿石中矿物含量一般约占22%,主要由方铅矿、闪锌矿

(铁闪锌矿)、黄铁矿、自然银等组成,黄铜矿、白铁矿和毒砂等有少量。脉石矿物含量约占78%,主要由透辉石、石榴子石、透闪石和石英等组成,其次为钠长石、绿帘石、碳酸盐等,硅灰石、斜长石、绢云母和绿泥石等有少量。次生矿物有褐铁矿、铅矾等,局部见有孔雀石。

3.3 矿化蚀变特征

矿床围岩蚀变发育,主要为夕卡岩化、硅化、大理岩化等。其中,以夕卡岩化、硅化与成矿关系最为密切。

夕卡岩化:矿区内最重要的围岩蚀变类型,夕卡岩同时也是矿体主要的赋矿围岩之一。矿区中以M1矿体围岩夕卡岩化最为发育和典型,与矿化关系最为密切。夕卡岩矿物包括透闪石、阳起石、绿帘石、绿泥石和少量石榴子石、透辉石。

硅化:矿体围岩都不同程度地发育硅化蚀变现象,其中M1、M2矿体靠近岩体,硅化蚀变较强;硅化主要发育于花岗斑岩与洛巴堆组灰岩的外接触带,并伴随夕卡岩化产生;硅化蚀变常超出矿化范围。其余3个矿体由于离岩体较远,硅化较弱。

从地表矿体的矿化蚀变特征上看,从围岩到矿体,矿化出现明显的分带性:碳质板岩→弱硅化、弱夕卡岩化钙质板岩→强硅化夕卡岩→浸染状、条带状矿体→致密块状矿体。

3.4 矿区资源量估算

通过对矿区内5条矿体铅、锌、银的资源量估算,全区探求潜在矿产资源量为:Pb 29.94万t,Zn 23.66万t,伴生Ag 1 295.31 t;矿床平均品位为:Pb 4.25%,Zn 3.60%,Ag 183.91×10^{-6}。全区铅+锌潜在矿产资源量为53.60万t,达到大型矿床规模。

4 矿床成因

矿区与蒙亚阿、龙玛拉等大型铅锌矿床处于同一成矿带,具有相同的成矿地质背景,通过分析区内矿床可知,在早白垩世时期,在班公湖-怒江特提斯洋向南、雅鲁藏布江特提斯洋向北双向俯冲的构造背景下,冈底斯弧背断隆-念青唐古拉基底片麻岩发生部分熔融,形成酸性岩浆,并沿着区域性断裂和区域性层间薄弱带缓慢上升侵位、结晶。在片麻岩部分熔融的过程中,活化了大量念青唐古拉群基底中的成矿物质,Pb、Zn等元素随着岩浆热液沿着断裂带和层间薄弱带上升,与碳酸盐岩地层发生交代作用,形成以透闪石、阳起石、绿帘石、绿泥石为主,含少量石榴子石和透辉石的夕卡岩。

随着含矿流体的运移,在岩体与地层接触带附近物理、化学条件的改变,导致流体中Pb、Zn、Ag等元素迅速卸载,就近富集形成层状或不规则状夕卡岩型矿体。

5 找矿标志

通过地质、物探、化探等综合资料,结合同一成矿带的矿床研究,建立起区内主要矿床类型的地质-地球化学多元信息找矿标志,为下一步找矿工作提供依据。

矿产露头标志:矿产检查过程中发现的各类矿化露头(原生露头与氧化露头)是找寻区内各类矿产的直接标志。

地层标志:在龙马拉-亚贵拉断凹内来姑组第三段中,灰白色条带状大理岩与黄褐色石英砂岩、灰黑色砂质板岩的转换部位为区内寻找铜、铅、锌多金属成矿的有利层位。

断裂标志:矿体与近北西向、北东向或北东向的大断裂构造关系密切,区内蒙亚阿、嘎布拉、普龙铅锌矿和哈海岗钨钼多金属矿均产生在北西向、北东向断裂带中或附近。

岩浆岩标志：岩体外接触带 0～2 km 处与夕卡岩型铜锌矿化关系密切，1～4 km 处与热液型-中低温 Cu、Pb、Zn 矿化密切相关。

围岩蚀变标志：夕卡岩化、硅化、黄铁矿化、铁帽、绢云母化、绿泥石化等现象发育地段往往是矿体在地表的直接表现形式。

地球化学标志：在岩体与地层接触带附近以及北西向、北东向和近东西向断裂两侧，多金属异常元素组合复杂，常具有明显的浓度分带和浓集中心，这些异常的浓集中心往往指示矿体出露的位置。

参考文献

[1] 李光明，刘波，丁俊，等. 西藏冈底斯成矿带及邻区铜铁多金属矿成矿规律与成矿预测[M]. 北京：地质出版社，2011.

[2] 潘桂棠. 青藏高原及邻区大地构造图及说明书[M]. 北京：地质出版社，2013.

[3] 曹圣华，王卓，楼法生，等. 西藏冈底斯中部铁铜矿成矿规律及找矿远景分析[J]. 地质学报，2014，88(11)：2108-2118.

[4] 刘品德，陈俊魁，柴建玉，等. 西藏都朗拉地区矿产地质调查报告[R]. 河南省地质调查院，2008.

[5] 尼玛次仁，谢尧武，沙昭礼，等. 1：25 万那曲县幅区域地质调查报告[R]. 西藏自治区地质调查院，2005.

[6] 侯增谦，王二七，莫宣学，等. 青藏高原碰撞造山与成矿作用[M]. 北京：地质出版社，2008.

[7] 崔晓峰，蔡志超，刘伟，等. 西藏仁多岗地区矿产地质调查报告[R]. 河南省地质调查院，2014.

[8] 程顺波，庞迎春，曹亮. 西藏蒙亚啊矽卡岩铅锌矿床的成因探讨[J]. 华南地质与矿产，2008，24(3)：50-56.

[9] 王振琦，朱秀兰，刘恒轩，等. 西藏当雄县拉屋铜铅锌矿地质特征及找矿标志[J]. 四川地质学报，2018，38(1)：70-72.

[10] 林鑫. 西藏龙玛拉铅锌矿流体包裹体特征[D]. 成都：成都理工大学，2015.

[11] 岳国利，李伟，杨桂松，等. 西藏昂张铅锌矿区找矿潜力分析[M]//河南地球科学通报：2009 年卷：上册. 北京：中国大地出版社，2009：225-228.

[12] 辛存林，都卫东，张育平，等. 西藏洞中松多铅锌多金属矿床地质特征及成因[J]. 兰州大学学报(自然科学版)，2013，49(1)：24-31.

[13] 李新法，高明，蔡志超，等. 西藏工布江达县亚贵拉铅锌银多金属详查报告[R]. 河南省地质调查院，2012.

[14] 杜欣，燕长海，陈俊魁. 西藏拉萨地块构造演化特征及成矿控制[J]. 矿床地质，2010，29(增刊)：41-42.

[15] 杜欣. 西藏念青唐古拉山地区铅锌多金属矿成因类型与成矿规律研究[D]. 北京：中国地质大学(北京)，2013.

[16] 李光明，刘波，董随亮，等. 冈底斯成矿带中段铜铁铅锌矿集区的叠合成矿作用及意义：以斯弄多铅锌矿床为例[J]. 矿床地质，2010，29(增刊)：217-218.

[17] 李汉光，葛良胜，邹依林，等. 西藏冈底斯地块中新生代中酸性侵入岩特征与构造环境[J]. 矿产与地质，2005，19(2)：107-116.

河南省新县浒湾钨矿地球化学找矿方法的应用

杨明权,张媛媛,罗齐云

(河南省地质矿产勘查开发局第三地质矿产调查院,河南 信阳 464000)

摘　要:利用 1∶1 万土壤地球化学测量方法,对河南省新县浒湾钨矿区的元素分布特征、相关性及元素异常特征进行了研究,结合全区地质背景,圈定了化探综合异常 22 处。通过钻探工程验证,发现钨矿体,证明所圈定的异常准确、有效,说明土壤地球化学测量方法适用于在河南省新县浒湾钨矿区进行找矿工作。

关键词:土壤地球化学测量;异常特征;找矿工作

河南省新县浒湾钨矿区位于河南省新县境内,面积为 13 km^2,行政区隶属新县浒湾乡。1965—1967 年,原河南省地质十队对浒湾钨矿开展了地质普查工作,在廖湾-大米尖一带发现长 310 m 的廖-1 号黑钨矿石英脉,并发现 9 条含钨矿细脉带;在鄢山一带发现钨钼矿体(脉)75 条。2005—2007 年,河南省地矿局地质调查三队开展周党幅、千斤河棚幅、泼河幅 1∶5 万战略性矿产远景调查,通过 1∶5 万水系沉积物测量,在本区圈出华湾 W 异常、大米尖 W 异常、孟老屋 W 异常等,其中孟老屋 W 异常规模大,内、中、外带发育。据此,河南省地质矿产勘查开发局 2012 年设立了“河南省新县浒湾钨矿普查”[1]项目作为豫西南整合勘查(第二批)项目。

1　区域地质特征

河南省新县浒湾钨矿区位于大别山北麓,属秦岭造山带东延部分。该区产生过多次塑性推覆和滑脱构造运动,形成了一系列不同层次、不同序列且大致相互平行的北西-近东西向断裂带。北西西向龟(山)-梅(山)断裂(GMF)、桐(柏)-商(城)断裂(TSF)及八里畈断裂(BLF)纵贯全区,控制了岩浆岩带及地层的展布。

区域构造(岩性)单元主要为大别山北麓盆地、南秦岭陆棚-陆坡带、大别高压-超高压变质杂岩带。

区域岩浆活动十分频繁,各个地质时期中几乎均见有不同程度的岩浆活动,其岩性超基性-基性-中性-酸性-碱性岩都有出露,深成岩、浅成岩、喷发岩均很发育。其中又以古生代、中生代酸性侵入岩分布最广、规模最大,与金属矿产的关系最为密切,是主要的控矿因素之一。

工作区位于秦岭-大别造山带东段,是一个以变质和变形为主体的陆内造山带,基本构造格架表现为透镜状弱应变域(造山地形地体)和线状强应变带(聚合边界断裂)相间排列,而线状强应变带控制了区域构造格架的展布,也控制了金属矿化的分布(图 1)。

基金项目:“河南省新县浒湾钨矿普查”是 2012 年度河南省地质矿产勘查开发局豫西南整合勘查项目(任务书编号:豫地矿〔2013〕02-01-09 号)。

作者简介:杨明权,男,1992 年生。助理工程师,长期从事野外地质工作。

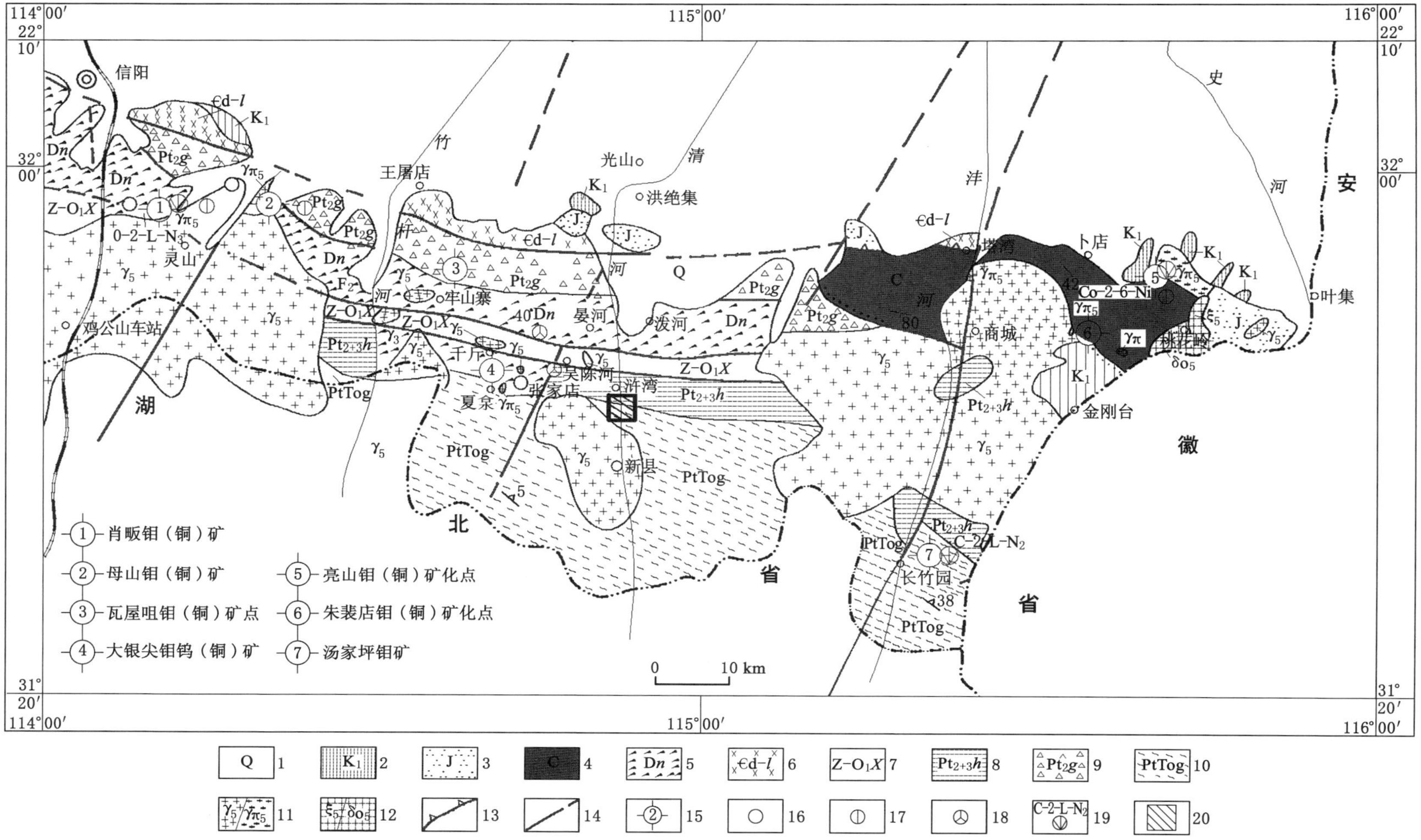

1—第四系；2—下白垩统陈棚组、金刚台组；3—侏罗系朱集组、段集组；4—石炭系杨小庄组、胡油坊组、道人冲组、杨山组、花园墙组；5—泥盆系南湾组；6—寒武系大栗树岩组、张家大庄岩组、刘山岩岩组；7—震旦系 - 下奥陶统肖家庙岩组；8—中 - 新元古界浒湾岩组；9—中元古界龟山岩组；10—元古代大别片麻杂岩；11—燕山期二长花岗岩、花岗斑岩；12—燕山期正长岩、石英闪长岩；13—飞来峰构造；14—主要断裂；15—钼矿；16—铜矿；17—铅锌矿；18—多金属矿；19—同位素年龄及编号；20—矿区位置。

图 1　大别山北麓地质构造略图

2 矿区地质特征

矿区内出露地层主要有中-新元古界浒湾岩组($Pt_{2+3}h$)、新元古代田铺序列二长花岗质片麻岩($Pt_3T^3\eta\gamma$)、新生界第四系(Q)(见图2)。

区内岩浆岩主要为晚古生代四面山含榴混合花岗岩($Pz_2\gamma$)[2-6],为一套混合岩化作用较为彻底的全熔合岩,其新成体在95%以上,主要为二长花岗质混合脉体。

区内总体构造近北西西向,有一区域性白洼韧性剪切带从北部横穿而过,次级南北向或北北东向断裂多有发育,大致形成网格状构造格局。构造断裂为矿物质的运移和积淀提供了条件。

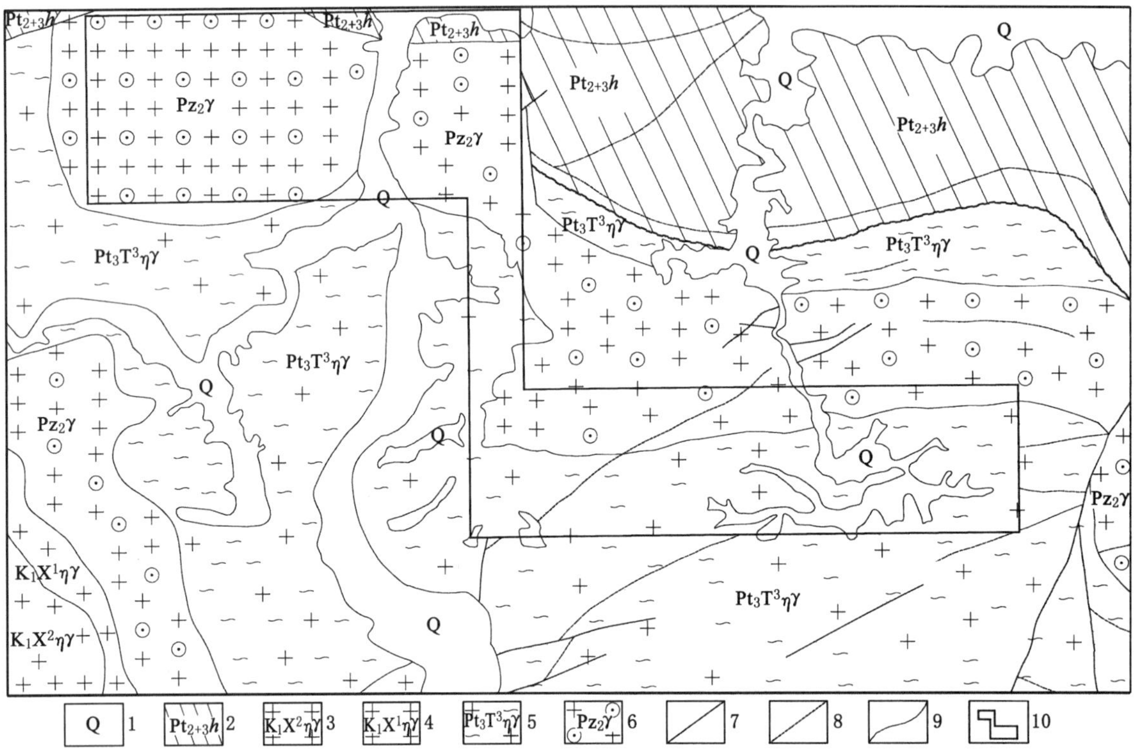

1—第四系;2—(含榴)白云斜(二)长片(麻)岩、斜长角闪片岩、浅肉红色白云钾长片岩、白云石英片岩、夹磁铁钾长石英岩、大理岩透镜体;3—中粒二长花岗岩;4—细粒二长花岗岩;5—二长花岗质片麻岩;6—海西期含榴混合花岗岩;7—断层;8—推测性质不明断层;9—地质界线;10—矿区位置。

图2 矿区地质简图

3 矿区地球化学特征

矿区各元素分布与富集具有明显的差异,总体表现如下:

(1) Ag、Pb、Zn:在各类花岗岩体和田铺序列各类片麻岩中,呈区域富集趋势,以高背景分布为主,局部富集形成地球化学异常。元素的富集主要受北东东、北东向构造控制,其浓集中心既相互叠加又相互分离,具有明显水平分带特征。主要浓集地段控制了区内Ag、Pb等多金属矿产的分布。

(2) W、Mo、Bi、Cu:在区内呈强分异型分布,变化范围大,高、中、低背景在区内均有分布。高背景区主要分布在岩体内构造带、田铺序列各类片麻岩内的小斑岩体及构造带分布区,特别是有小斑岩体出露地段、断裂构造带内,W、Mo、Bi具强烈富集形成异常及矿化,是区内找矿的有利地段。

Cu 在区内呈背景、低背景分布，无异常，高背景仅出现在 W、Mo 及 Bi 强富集的异常地段，是本区 W 成矿的伴生元素。

3.1 元素地球化学分布特征

工作区内开展 1∶1 万土壤地球化学测量，测量面积为 13 km^2，共采集土壤测量样品 4 228 件，样品加工粒级为 −10 目，分析元素为 Au、Ag、Cu、Pb、Zn、W、Mo、Sn、Bi、As、Sb。测线方向大致垂直区内地层或构造线走向，方位为 0°，基本测网网度为 100 m×40 m，即线距 100 m，点距 40 m，在 1∶5 万水系沉积物异常浓集中心、构造发育及原评价为具备重点矿化地段测网网度加密为 100 m ×20 m。采样点距为 40 m 时，在采样点前后 10 m 范围内沿测线采样，等距离采取 3～5 处的新鲜土壤组成一个样品；采样点距为 20 m 时，在采样点前后 6 m 范围内沿测线采样，等距离采取 3～5 处的新鲜土壤组成一个样品。样品采自山坡、山脊、山脚或田埂下的 B-C 层残坡积物质。

根据 1∶1 万土壤地球化学测量样品分析结果，对测区样品原始测试数据进行特异值迭代剔除处理（$\overline{X}-3S_0 \leqslant X \leqslant \overline{X}+3S_0$），统计了各元素基本地球化学参数特征值（表 1）及元素分布、分异特征（表 2）。

表 1 元素地球化学参数特征值表

元素	样品数	最大值	最小值	平均值	背景值	新县三幅 1∶5 万水系沉积物元素平均值	C_{v1}	C_{v2}	K_1
Au	4 135	1 050.0	0.7	4.1	2.7	2.47	5.64	0.51	1.66
Sn	4 135	46.74	0.01	2.18	1.75	1.72	1.06	0.68	1.27
Ag	4 135	11.00	0.011	0.11	0.08	0.063	2.51	0.38	1.75
Cu	4 135	123.0	1.9	11.4	9.9	17.88	0.70	0.43	0.64
Pb	4 135	680.4	9.4	31.8	27.9	42.34	0.74	0.29	0.75
Zn	4 135	559.6	13.3	69.6	67.4	84.39	0.42	0.34	0.82
As	4 135	13.86	0.28	3.59	3.48	2.01	0.45	0.41	1.79
Sb	4 135	7.23	0.07	0.52	0.50	0.33	0.51	0.32	1.58
Bi	4 135	17.56	0.05	0.29	0.25	0.17	1.28	0.44	1.71
W	4 135	496.0	0.49	8.45	5.19	2.34	2.39	0.52	3.61
Mo	4 135	17.37	0.35	1.34	1.09	0.82	0.85	0.36	1.63

注：元素含量单位：$w(Au)/10^{-9}$，w（其他元素）$/10^{-6}$；C_{v1} 为剔除特异值之前的变异系数；C_{v2} 为剔除特异值之后的变异系数；K_1（浓集比率）＝平均值/新县三幅 1∶5 万水系沉积物元素平均值。

表 2 元素分布、分异特征一览表

K_1	富集或贫乏强度	元素	C_{v1} 值	均匀性等级	元素
<0.8	贫乏	Pb、Cu	<0.5	均匀	As、Zn
≥0.8～1.2	背景	Zn	≥0.5～0.75	弱分异	Pb、Cu、Sb
≥1.2～1.5	高背景	Sn	≥0.75～1.0	分异	Mo
≥1.5～2.0	富集	As、Ag、Bi、Au、Mo、Sb	≥1.0～2.0	强分异	Bi、Sn
≥2.0	强富集	W	≥2.0	极强分异	Au、W、Ag

由表 2 可知，W、Au、Ag 在区内富集程度高、分异性强，为测量区主要的成矿元素。Mo 在区内富集程度高，具有一定的分异性，有富集成矿的可能性。

3.2 元素组合特征

采用R型聚类分析法对工作区内土壤元素之间的相关程度、组合关系进行研究。由图3可知,在相关系数为0.0899的水平上,区内11种元素可以划分为3类:① 金,Au在谱系图中单独存在,表明Au在测量区可能单独成矿。② 高、中、低温环境下元素组合,分为3组:一是Mo、W组合,反映高温热液环境;二是Cu、Pb、Bi、Zn组合,反映了中温热液环境;三是As、Sb组合,反映了低温热液环境。③ 亲硫元素,为Sn、Ag组合。

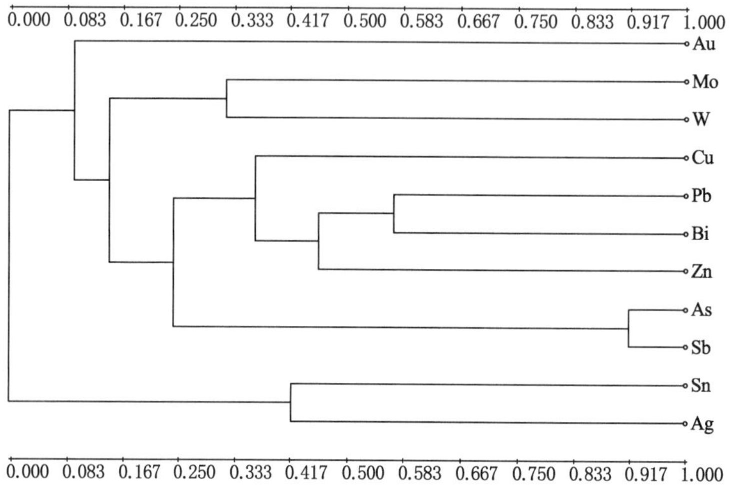

图3 土壤测量元素R型聚类分析谱系图

3.3 元素离散特征

利用全区各元素含量的原始数据集对应的变异系数(C_{v1})和通过平均值加(减)3倍方差剔除后的数据集对应的变异系数(C_{v2})之间的比值,反映各元素的相对离散程度(图4)。

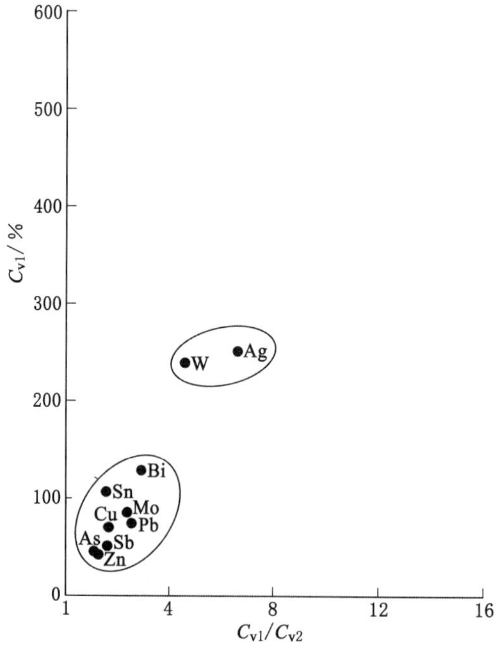

图4 土壤测量元素相对离散程度图

由图 4 可知，工作区内 Au、Ag、W 的离散程度较大，表明其高值点较多，局部富集成矿的可能性大。

综上分析，结合全区地质背景，确定区内主要成矿元素为 W、Au、Ag。

4 化学异常特征

4.1 元素地球化学异常特征

先计算出测量区元素的背景值(即剔除了特高值或特低值后的含量平均值)，再按照元素背景值加上 2～3 倍标准差(背景值对应的标准差)，计算各元素异常下限。结合区内地质背景，最终确定了各元素异常下限及浓度分带(表 3)。

表 3 测区异常下限值及浓度分带表

序号	元素	区域	异常下限	浓度分带			全区异常个数
				外带	中带	内带	
1	Ag	全区	0.18	0.18～0.36	0.36～0.72	≥0.72	129
2	As	全区	8.0	8.0～16.0	16.0～32.0	≥32.0	30
3	Au	全区	7.0	7.0～14.0	14.0～28.0	≥28.0	105
4	Bi	全区	0.6	0.6～1.2	1.2～2.4	≥2.4	52
5	Cu	全区	26.0	26.0～52.0	52.0～104.0	≥104.0	52
6	Mo	全区	2.0	2.0～4.0	4.0～8.0	≥8.0	113
7	Pb	全区	52.0	52.0～104.0	104.0～208.0	≥208.0	78
8	Sb	全区	0.9	0.9～1.8	1.8～3.6	≥3.6	35
9	Sn	全区	7.0	7.0～14.0	14.0～28.0	≥28.0	47
10	W	全区	8.0	8.0～16.0	16.0～32.0	≥32.0	116
11	Zn	全区	130.0	130.0～260.0	260.0～520.0	≥520.0	28

注：元素含量单位：$w(\text{Au})/10^{-9}$，$w(\text{其他元素})/10^{-6}$。

工作区内圈定钨异常 116 处，钨异常强度较大、面积中等，呈不规则状，在矿区北部较为集中。其中 W8 异常规模大，强度高，呈不规则状，总体呈北东向，面积为 0.86 km^2，异常峰值为 496×10^{-6}，平均值为 33.31×10^{-6}，具有 32 个浓集中心。以 $\geq32\times10^{-6}$ 为内带圈定的最大浓集中心面积为 0.064 km^2，其总面积与峰值均居测量区同类异常首位。该异常还伴生 W、Ag 等 10 种元素组合，所在位置小型断裂及岩脉较多，地质条件有利，显示较好的找矿前景。

钼异常 113 处，异常规模差异大。其中 Mo62 异常位于矿区东部，异常面积为 0.186 km^2，异常峰值为 7.97×10^{-6}，平均值为 3.28×10^{-6}。该异常面积大，虽无内带，但 NAP 值居测量区同类异常首位，所在位置断裂较为发育，且有交叉复合，地质条件有利。

金异常 105 处，面积小，集中分布于测量区中西部海西期含榴混合花岗岩体中，多呈不规则状、条带形、椭圆形。其中 Au51 异常位于四面山林场南，面积为 0.051 km^2，异常峰值为 37.2×10^{-9}，平均值为 13.12×10^{-9}，具有内、中、外带。

银异常 128 处，异常规模总体均不大，多呈圆形、椭圆形、条带形，分布于测量区北西部海西期含榴混合花岗岩体和南东部新元古代田铺序列二长花岗质片麻岩体中。其中 Ag18、Ag101 异常面积分别为 0.007 km^2、0.038 km^2，异常峰值分别为 11×10^{-6}、2.06×10^{-6}，平均值分别为 5.61×10^{-6}、0.92×10^{-6}，均具有外、中、内带。

矿区内 W、Mo、Au、Ag 异常相对较好;Sn、Bi、Cu、Pb 具有一定规模,但异常面积相对不大;Zn、As、Sb 异常面积小、强度低,多为外带。

4.2 主要综合异常特征

矿区圈定地球化学综合异常22处,其中甲类异常1个、乙类异常1个、丙类异常13个、丁类异常7个。总体来看,异常元素组合较复杂,规模较可观,部分异常元素浓集中心较好。

4.2.1 四面山钨多金属异常(AP1)

四面山钨多金属异常位于矿区西北部四面山林场一带,呈不规则面状,总体为北东走向,规模大、强度高,异常长为1.85 km,宽为0.7~1.0 km,控制面积约1.21 km^2。该综合异常规模大,元素组合复杂,异常元素以W为主,仅W8异常面积就达到0.86 km^2(表4),并套合有Au、Ag、Mo、Pb、Cu、Bi、Zn、Sn、Sb、As等10种元素组合,且各异常呈现一定的水平分带现象(图5)。W的异常峰值为496×10^{-6},达到矿化含量,平均值为33.31×10^{-6},是1∶5万新县三幅矿调区域W平均值(2.34×10^{-6})的14.23倍,显示了很强的浓集能力。区内主要出露海西期含榴混合花岗岩,东北角有少量浒湾岩组白云斜长片麻岩分布;各种裂隙脉群发育,花岗斑岩等脉体多有分布。海西期含榴混合花岗岩中W的浓集比率高,具备矿源岩特征。

表4 四面山钨多金属异常主要单元素异常特征值表

元素异常编号	异常面积/km^2	异常点数/个	异常强度		衬度	NAP	下限	浓度分带
			最高值	平均值				
W8	0.855	360	496.0	33.31	4.16	3.557	8.0	外、中、内
W23	0.017	8	26.6	16.54	2.07	0.035	8.0	外、中
Au18	0.024	11	43.3	16.45	2.35	0.06	7.0	外、中、内
Au19	0.003	2	950.0	480.45	68.64	0.21	7.0	外、中、内
Au21	0.03	8	34.7	15.18	2.17	0.07	7.0	外、中、内
Au22	0.023	10	20.5	14.03	2.00	0.05	7.0	外、中
Au40	0.027	11	18.7	13.77	1.97	0.05	7.0	外、中
Au47	0.016	3	289.0	142.57	20.37	0.33	7.0	外、中、内
Au49	0.007	3	11.0	10.13	1.45	0.01	7.0	外
Au50	0.008	3	14.2	11.00	1.57	0.01	7.0	外、中
Ag10	0.005	2	1.52	0.86	4.78	0.02	0.18	外、中、内
Ag12	0.023	10	2.54	0.65	3.61	0.08	0.18	外、中、内
Ag22	0.011	3	2.84	1.22	6.78	0.07	0.18	外、中、内
Ag26	0.017	4	0.58	0.33	1.83	0.03	0.18	外、中
Ag28	0.012	5	0.88	0.55	3.06	0.04	0.18	外、中、内
Ag45	0.014	2	2.98	2.89	16.06	0.22	0.18	外、中、内
Ag46	0.006	2	0.39	0.31	1.72	0.01	0.18	外、中
Mo1	0.014	5	9.4	6.01	3.01	0.042	2.0	外、中、内
Mo2	0.007	3	4.5	4.02	2.01	0.014	2.0	外、中
Mo5	0.036	13	13.5	4.77	2.39	0.086	2.0	外、中、内
Mo22	0.014	5	8.12	5.22	2.61	0.037	2.0	外、中、内
Mo39	0.023	8	4.4	3.34	1.67	0.038	2.0	外、中
Mo40	0.014	2	17.4	16.80	8.40	0.118	2.0	外、中、内
Pb2	0.006	2	152.0	110.05	2.12	0.013	52.0	外、中

表 4 (续)

元素异常编号	面积/km²	异常点数/个	异常强度		衬度	NAP	下限	浓度分带
			最高值	平均值				
Pb22	0.012	4	221.0	125.83	2.42	0.029	52.0	外、中、内
Pb27	0.011	6	159.0	85.93	1.65	0.018	52.0	外、中
Cu6	0.013	3	123.0	86.30	3.32	0.043	26.0	外、中、内
Bi12	0.009	2	2.17	1.73	2.88	0.026	0.6	外、中
Zn5	0.015	8	226.0	179.13	1.38	0.021	130.0	外
Sn12	0.003	1	46.7	46.70	6.67	0.020	7.0	外、中、内
Sb8	0.005	1	2.16	2.16	2.40	0.012	0.9	外、中
Sb12	0.014	6	1.52	1.17	1.30	0.018	0.9	外

注:元素含量单位:$w(Au)/10^{-9}$,w(其他元素)$/10^{-6}$。

在四面山钨多金属异常中部布设并施工了5个钻孔对异常含矿性进行验证,5个钻孔均见到含钨石英微细脉体及黑钨矿矿物颗粒。其中ZK10801、ZK10802、ZK10402钻孔在海西期四面山含榴混合花岗岩的微细裂隙中找到工业矿体,圈出了W3-1、W3-2隐伏石英脉型黑钨矿矿体2条,矿体赋存于近水平的断裂裂隙中。钻孔单工程见矿最厚3.76 m,矿体WO_3品位为0.29%。矿体受近水平裂隙构造控制,呈薄脉状近水平产出。

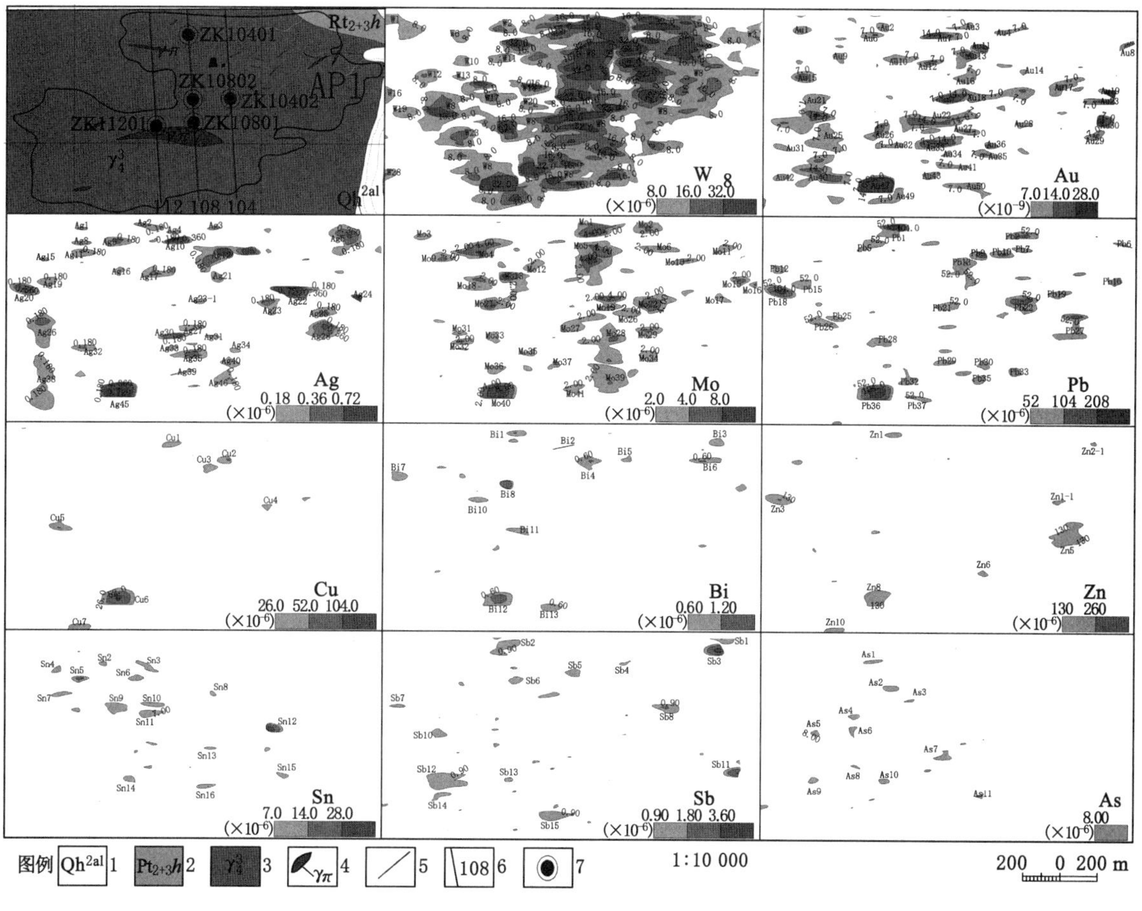

1—冲洪积相粉砂质黏土层,夹碳质淤泥层;

2—(含榴)白云斜(二)长片(麻)岩、斜长角闪片岩、浅肉红色白云钾长片岩、白云石英片岩;

3—海西期含榴混合花岗岩;4—花岗斑岩脉;5—性质不明断层;6—地质剖面位置及编号;7—钻孔。

图5 AP1综合异常剖析图

4.2.2 四面山林场南东钨多金属异常(AP6)

四面山林场南东钨多金属异常位于矿区西北部四面山林场东南侧，呈不规则状，近东西向，长为1.05 km，宽为0.10～0.36 km，面积约为0.2 km^2。异常元素以W、Au为主，伴生有Ag、Mo、Pb、Cu、Sn。W、Au异常强度高，有一定规模；Ag、Mo、Pb、Cu、Sn等异常面积小、强度低，套合于W、Au异常内。其中W32异常面积为0.144 km^2，异常峰值为98×10^{-6}，平均值为21.41×10^{-6}，衬度为2.68，具有两个浓集中心；Au51异常面积为0.051 km^2，异常峰值为37.2×10^{-9}，平均值为13.12×10^{-9}，具有外、中、内带(表5、图6)。

表5 四面山林场南东钨多金属异常特征值表

元素异常编号	异常面积/km^2	异常点数/个	异常强度		衬度	NAP	下限	浓度分带
			最高值	平均值				
W32	0.144	33	98	21.41	2.68	0.386	8.0	外、中、内
Au51	0.051	13	37.2	13.12	1.87	0.1	7.0	外、中、内
Au56	0.005	1	15.8	15.8	2.26	0.01	7.0	外、中
Au57	0.005	1	18.4	18.4	2.63	0.01	7.0	外、中
Ag48	0.008	2	0.35	0.31	1.72	0.01	0.18	外
Ag49	0.002	2	0.22	0.21	1.17	0.002	0.18	外
Ag51	0.01	3	0.39	0.29	1.61	0.02	0.18	外、中
Mo43	0.004	1	2.78	2.78	1.39	0.006	2.0	外
Sn18	0.006	1	14.1	14.1	2.01	0.012	7.0	外、中
Cu8	0.002	1	49.3	49.3	1.9	0.004	26.0	外
Pb38	0.002	2	70.4	63.25	1.22	0.002	52.0	外

注：元素含量单位：$w(Au)/10^{-9}$，w(其他元素)$/10^{-6}$。

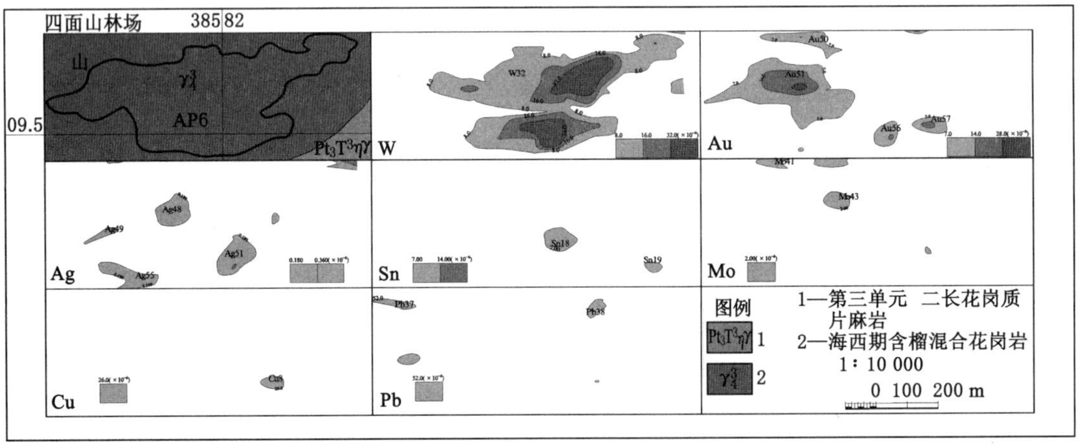

图6 AP6综合异常剖析图

5 结论

在矿区内通过1∶1万土壤地球化学测量方法，圈定了多处综合异常，其中四面山林场一带分布的不规则面状钨土壤地球化学异常范围大于1 km^2，异常区发育近水平展布的密集裂隙石英细

(微)脉群，经钻孔施工验证，发现了钨矿(化)体，表明该组裂隙石英细(微)脉群确属四面山岩体内的主要控、含矿构造，同时也反映了采用1∶1万土壤地球化学测量方法有助于在区内进行找矿工作，对寻找隐伏石英脉型黑钨矿床提供了经验，有一定的现实指导意义。

参考文献

[1] 河南省地质矿产勘查开发局第三地质矿产调查院.河南省新县浒湾钨矿普查报告[R].2017.

[2] 李肖龙，李山坡，申硕果，等.大别山北麓四面山含榴混合花岗岩地球化学特征及地质意义[J].岩石矿物学杂志，2017，36(5)：655-667.

[3] 张利，钟增球，张本仁，等.桐柏-大别造山带高压变质单元面理化(含榴)花岗岩地球化学及其对岩石成因的限制[J].地球化学，2004(3)：232-242.

[4] 杨坤光，谢建磊，刘强，等.西大别浒湾面理化含榴花岗岩变形特征与锆石SHRIMP定年[J].中国科学(D辑：地球科学)，2009，39(4)：464-473.

[5] 孙海婷，王汝成，徐士进，等.大别山东段超高压变质带中变质花岗岩的矿物化学和地球化学特征[J].高校地质学报，2002(1)：25-39.

[6] 张宏飞，钟增球，高山，等.大别山西部面理化含榴花岗岩锆石U-Pb年龄[J].科学通报，2001(10)：843-846.

工 程 地 质

Trimble DiNi03 电子水准仪在开封市地面沉降监测中的应用

刘登飞[1]，范　印[2]，乔欣欣[1]，郑光明[1]
（1. 河南省自然资源监测院/河南省地质灾害防治重点实验室，河南 郑州　450000；
2. 河南工业职业技术学院，河南 南阳　473000）

摘　要：水准测量是测定两点间高差较为直接的方法，在地面沉降监测中的应用比较广泛。电子水准仪精度高、操作方便，越来越多地应用于地面沉降监测中。在开封市地面沉降监测中，Trimble DiNi03 电子水准仪的应用使得水准测量精度得到较大幅度的提高，较好地反映了开封市地面沉降的现状。本文以开封市地面沉降监测工程为背景，介绍了 Trimble DiNi03 电子水准仪在地面沉降监测中的应用，对今后类似项目的开展具有借鉴意义。

关键词：Trimble DiNi03 电子水准仪；地面沉降监测；水准测量精度

引言

地面沉降是一种常见的地质灾害，虽然发展缓慢，但其影响范围广、防治难度大，往往对当地居民生命财产安全造成比较严重的影响。鉴于此，地面沉降的研究和防治已纳入《河南省地质灾害防治"十四五"规划》。

地面沉降的主要特征是大量地面点的高程出现沉降变化，从而引起各地面点间高差的变动。水准测量作为一种最常见、最精确的高差测量方式，在地面沉降监测中应用比较广泛。近些年来，随着水准仪的不断改造和发展，出现了电子水准仪，其精度高、作业效率高、操作便捷，在水准测量中逐渐得以普遍应用。

开封市地面沉降监测水准外业观测使用的是 Trimble DiNi03 电子水准仪，其方便易用、精确高效、观测成果良好，获取了各观测点的准确高程变化数据。

1　监测概况

开封市地面沉降监测网始建于 2012 年，主要包括高精度水准测量、地面沉降监测站监测、InSAR 地面沉降监测、地下水水位监测等监测手段。水准测量作为主要监测手段之一，历经数年的建设、维护和优化，目前组成一等水准路线 185 km、二等水准路线 250 km，覆盖了开封主要沉降范围。经过连续数年的水准测量，结合区域内的地质特征、水文信息以及已有测量成果，得出了较为可靠的开封市地面沉降现状。

作者简介：刘登飞，男，1988 年生。本科，助理工程师，主要从事地质测绘、地质灾害相关研究。

2 Trimble DiNi03 电子水准仪简介

2.1 工作原理

数字水准仪测量的基本原理，就是利用线阵探测器对条码尺图像进行探测，自动解算出视线高度和仪器至标尺的距离。在人工完成调焦和对准以后，标尺的条码影像光线到达望远镜中的分光镜，分光镜将光线分离成可见光和红外光两部分，可见光传送到十字丝分划板上成像，供测量员目视观测；红外光传送到线阵探测器上进行标尺图像探测，仪器的数据处理器对探测到的光源进行处理，即可得出视线高度和视距，并在显示窗显示。

2.2 结构组成

机械构成方面，电子水准仪分为望远镜、水准器和基座；电子仪器主机方面，电子水准仪包括望远镜系统、补偿器、分光棱镜、目镜系统、图像传感器、数据处理器及数据处理软件等。同时，必须要有对应的条码尺。不同厂家生产的条码尺条码排列顺序不同，所以使用电子水准仪时必须使用配套的条码尺，否则无法读出数据。

2.3 性能优势

2.3.1 操作高度自动化

Trimble DiNi03 电子水准仪只需人工将圆水准气泡居中粗平，仪器中的自动补偿器可自动实现精平。测量过程中，仪器可自动实时进行数据的读取、记簿、各项限差的计算以及判断是否超限，大幅降低了人工劳动强度。

2.3.2 测量过程受人工影响小

电子水准仪测出的数据可直接显示在显示屏上，消除了许多由观测者引起的不准确因素，如读数误差、报数和听记误差、记簿错误等，保证了观测成果的客观性。

2.3.3 作业效率高

相比光学水准仪，Trimble DiNi03 电子水准仪读数速度比人工读数快得多，在每个测站上，视距、后前视距差与累计差、两次高差较差等均可自动快速计算得到，并可自动判断是否超出限差。电子水准仪能够大幅提高工作效率，缩短外业作业时间，降低作业成本，具有明显的经济效益。

2.3.4 成果精度高

Trimble DiNi03 电子水准仪读数是采用大量条码分划图像处理后平均得出来的，因此削弱了标尺分划误差的影响，且仪器有进行多次读数求平均值的功能，可以削弱外界条件对测量成果的影响。此外，电子水准仪还可以在测量结束后进行整条线路的测量误差计算与限差判断，如线路后前视距累计差、高差闭合差等，避免了人工计算错误，保证了测量成果的准确度。

3 作业流程

在开封市地面沉降监测中，项目设计水准测量等级为一、二等。Trimble DiNi03 电子水准仪每千米往返水准观测精度为±0.3 mm，符合《国家一、二等水准测量规范》(GB/T 12897—2006)中对仪器的精度要求。为了使测量成果符合精度要求，需遵守以下的作业流程。

3.1 测前准备

3.1.1 仪器检定

在水准外业观测开始前，水准仪必须经过法定仪器检定机构的检定，由检定机构出具仪器检定书。外业工作必须在水准仪检定有效期内进行，否则测量成果精度难以保证。

3.1.2 外业前准备

开始水准作业前，首先要进行 i 角测定，数字水准仪整个作业期间应每天进行 i 角测定，且 i 角不应超过 15″；其次，要进行仪器预热，外业观测前 30 min，应将仪器置于露天阴影下，使仪器与外界气温趋于一致，然后进行水准仪测前预热，预热不少于 20 次单次测量。

3.2 观测过程

外业测量时严格按照规范要求对仪器限差参数进行设置，进行一、二等水准测量时，视线长度分别不得超过 30 m、50 m，前后视距差分别不得超过 1 m、1.5 m，任一站累积视距差分别不得超过 3 m、6 m，重复测量次数分别不得少于 3 次、2 次。

为了削弱仪器和尺垫下沉误差，项目采取了单路线往返观测，尽量保证同一测段的往测和返测分别在上午和下午沿同一路线进行，每站观测顺序按照以下顺序进行：往、返测奇数站照准标尺顺序为后-前-前-后，往、返测偶数站照准标尺顺序为前-后-后-前。Trimble DiNi03 电子水准仪内置自动观测程序，在开始观测前，可选择 aBFFB 观测模式，仪器即可自动提示观测者按照以上的观测顺序进行测量。

3.3 超限情况处理

测量过程中，仪器会自动记簿并计算各项限差，若有超限项，仪器将报警提示超限。

(1) 若读数偏差较大，可按“重测”键，选择“重复最后的测量”，重新读数。

(2) 若后前视距差超限，可按照后、前视距大小，前后移动脚架重新架设仪器，按“重测”键，选择“重复最后的测站”，重新测量。

(3) 在水准路线上坡路段，若坡度太大，会使视线高度过高或过低，仪器将发出报警提示。此时需重新架设仪器，缩短视线长度，保证视线高度在规范规定的范围内。

(4) 当观测条件较差，如气温过高、路面震动严重、光照较弱无法看清标尺，容易使两次所测高差较差超限，仪器将报警提示。此时可按“重测”键，选择“重复最后的测站”，重新观测。若报警提示无法消除，则需暂停测量，设置稳定的间歇点，在观测条件较好时继续观测。

4 数据处理与精度验算

4.1 数据处理

外业测量期间，每天的测量数据需要及时导入计算机，以避免数据损坏或丢失。Trimble DiNi03 电子水准仪可通过数据线与计算机进行数据传输，在计算机上安装数据处理软件，可将外业测量的原始数据文件转换为平差软件能够识别的格式，便于数据处理。

4.2 精度验算

对于每个测段，往返较差、附和线路或环线闭合差应当符合规范要求，二等不超过 $4\sqrt{L}$，一等不

超过 $1.8\sqrt{L}$(L 为水准路线总长度)。

水准网平差计算时,根据《地面沉降测量规范》(DZ/T 0154—2020)规定,每千米水准测量的偶然中误差 M_{Δ} 和每千米水准测量的全中误差 M_W 不应超过表 1 规定的数值。

表 1 水准监测网的测量精度要求 单位:mm

测量等级	一等	二等
M_{Δ} 限差≤	0.45	1.0
M_W 限差≤	1.0	2.0

每千米水准测量的偶然中误差 M_{Δ} 计算公式如下:

$$M_{\Delta}=\pm\sqrt{(\Delta\Delta/R)/(4n)} \quad (1)$$

式中,Δ 为测段往返测高差不符值,mm;R 为测段长度,km;n 为测段数。

当构成水准网的水准环超过 20 个时,每千米水准测量的全中误差 M_W 计算公式如下:

$$M_W=\pm\sqrt{(WW/F)/N} \quad (2)$$

式中,W 为经过各项改正后的水准环线闭合差,mm;F 为水准环线周长,km;N 为水准环数。

当 M_{Δ}、M_W 均符合限差要求时,说明水准外业测量数据精度符合要求,继而可进行平差运算,得出准确的高差数据。

5 结论

地面沉降监测主要是对工作区大量特征点的高程变化的精准监测,测定高差最直观、有效的手段是水准测量,因此水准测量精度的高低,直接决定着地面沉降监测精度的高低。通过 Trimble DiNi03 电子水准仪在开封市地面沉降监测中的应用,可发现其不仅可以满足一、二等水准测量的各项限差和精度要求,还极大地提高了作业效率,为今后类似项目的实施提供了参考。

参考文献

[1] 崔效文.地面沉降监测中水准测量的应用[J].资源信息与工程.2018,33(4):125-126.

[2] 尤宝平,聂群.DiNi11/12 电子水准仪及其使用[J].海洋测绘,2004,24(4):59-61.

[3] 翟翊,赵夫来,杨玉海,等.现代测量学[M].2 版.北京:测绘出版社,2016.

柴石滩水库灌区工程生态基流支洞岩溶地质勘测与选线

周延国，王勇鑫，陈朝阳
（黄河勘测规划设计研究院有限公司，河南 郑州 450003）

摘　要：柴石滩水库灌区工程总干渠1[#]隧洞施工期间遇较大规模岩溶暗河，原设计方案中与1[#]隧洞斜交的生态基流支洞穿越溶洞暗河的可能性较大，为降低生态基流支洞遇岩溶暗河的概率，有必要进行方案的专项勘测及比选论证，增选了2种方案进行勘测论证。勘测过程中采取了地质调查研究分析、勘探、物探等手段，基本查明了隧洞区的岩溶发育情况，为隧洞选线提供了地质依据。经工程实施，隧洞开挖揭露的地质条件与勘测成果基本一致，可为类似岩溶地区的工程勘测提供一些借鉴。

关键词：岩溶暗河；生态基流支洞；断层；勘测；选线

引言

柴石滩水库灌区是以柴石滩水库为水源工程的大型灌区，灌区工程是国务院确定的“十三五”期间全国172项重大水利工程之一，灌区设计灌溉面积37.81万亩（25 206.67万 m^2）。

为保证下游河道的下泄生态流量，需要设置生态基流支洞，从柴石滩灌区总干渠1[#]隧洞设支洞取水，支洞为压力洞，通过支洞将生态流量泄放到南盘江。

总干渠1[#]隧洞开挖施工过程中，在与拟建生态基流支洞交叉口附近开挖揭露了一条较大规模的岩溶暗河，给总干渠1[#]隧洞的施工处理造成较大困难。经地质调查分析，该岩溶暗河受 F_3 断层的影响，进口及出口位置基本明确，延伸约2.0 km，原生态基流支洞穿越该岩溶暗河的概率较大，如穿越溶洞暗河，将会对施工处理和工期造成较大影响。为了规避岩溶暗河，降低生态基流支洞再次遭遇溶洞暗河的可能性，经现场地质调查测绘及总干渠1[#]隧洞开挖资料分析，增选2条洞线进行专门勘测和论证比较，具体方案布置见图1。其中方案1为原设计方案，方案2和方案3为新增比选方案，方案1从总干渠 Z_1＋154.97桩号处引水，方案2和方案3从总干渠 Z_1＋672.87桩号处引水。

作者简介：周延国，男，1980年生。高级工程师，主要从事水利水电工程地质和岩土工程勘察工作。

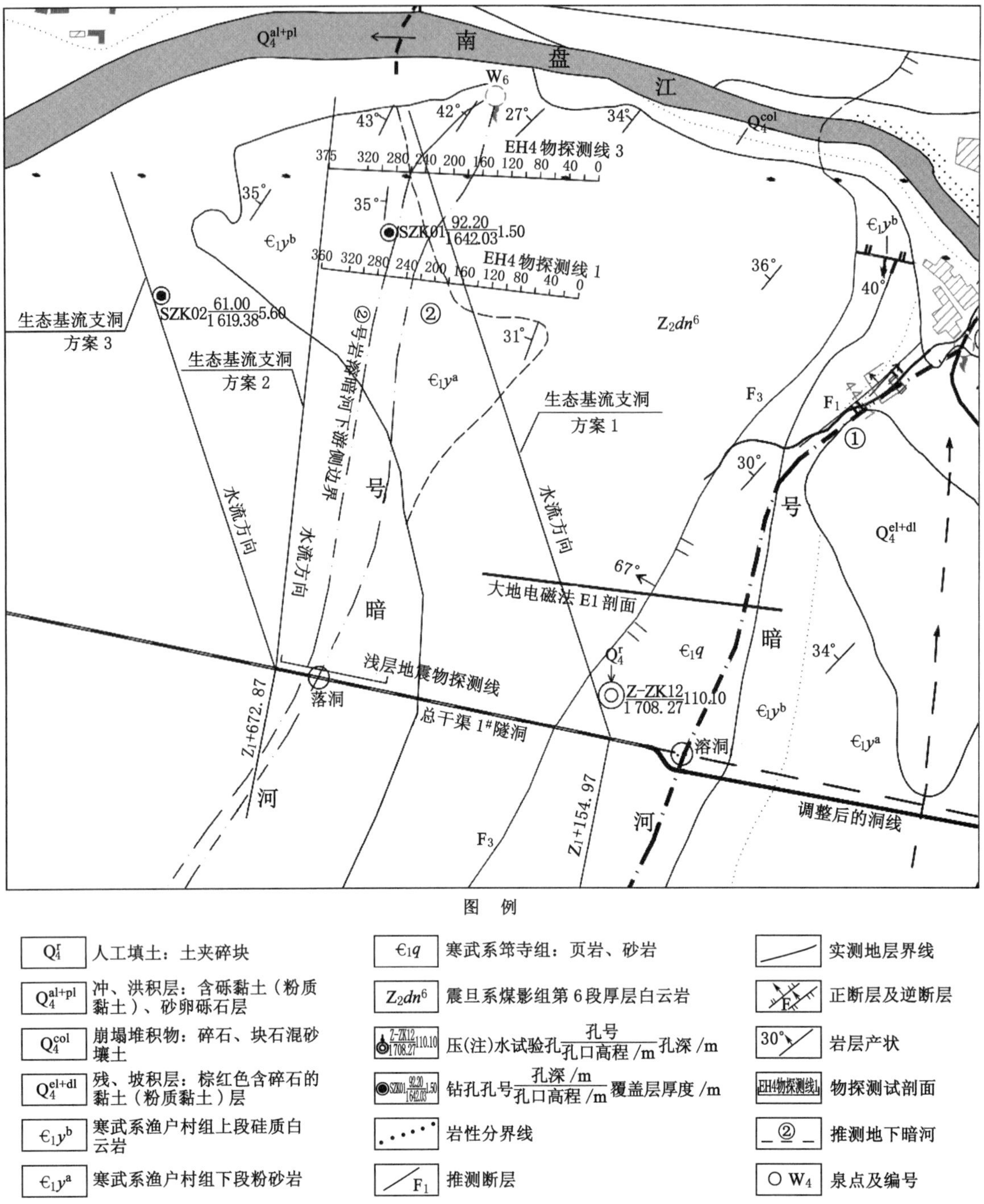

图1　柴石滩水库灌区工程生态基流支洞工程布置图

1　地质概况

1.1　区域地质概况

工程区处于滇中高原与黔中山原连接部位，呈现高原山地与小型盆地相间的地貌特征。区内出露地层众多，从元古界至新生界，除奥陶系、侏罗系和白垩系等少数地层在辖区内缺失外，其余各时代地层均有不同程度出露。

工程区位于小江断裂带东支断裂的分支断裂复合部位，以及东侧北北东向“入”字形构造带和华夏系牛头山复背斜西翼，主要的构造体系有北北东、北东向压扭性构造，北西、近东西向张性构造。工程区所处区域经历多次构造运动，地质构造十分复杂，区域构造稳定性差。

从区域构造背景条件分析，隧洞沿线属新构造运动相对稳定区域，除发育洼地、落水洞等垂向形态溶蚀现象外，尚有水平状溶洞等溶蚀现象发育。区内山顶地表多见有洼地、落水洞发育，地表水系罕见，大部分降雨渗入地下。下部南盘江岸坡地层中发育两层水平向溶洞，下层靠近河床，高程在 1 550 m 附近，距河床高度小于 5 m；上层发育高程一般在 1 600 m 左右，距河床高度为 50～70 m。岩体中存在地下水集中径流的岩溶管道，地下水多沿岩溶管道以大泉的形式向南盘江河谷排泄。

1.2 隧洞区基本地质条件

隧洞埋深一般在 50～190 m，隧洞沿线主要穿越寒武系筇竹寺组($\epsilon_1 q$)、渔户村组($\epsilon_1 y$)及震旦系灯影组第 6 段($Z_2 dn^6$)地层，岩体以微风化-新鲜状为主。寒武系筇竹寺组岩性主要为黑色页岩，属硬质岩，层间结合较好。寒武系渔户村组上段岩性以含磷硅质白云岩及泥质灰岩为主，厚度约 30 m，该层岩性坚硬，完整性较好；渔户村组下段岩性以灰绿、紫红色薄层-中厚层粉砂岩、泥质粉砂岩、页岩为主，厚度约 110 m，该层属较软岩-中硬岩，层理较发育，岩体完整性较差。震旦系灯影组第 6 段岩性为厚层块状白云岩，中细晶结构，顶部为钙质白云岩，中部夹硅质条带，岩性坚硬，但溶蚀现象较发育，沿地表常见宽大的垂向溶隙及小型溶蚀洞穴，地表的溶隙及溶蚀洞穴存在向地下延伸的可能。

隧洞沿线地层呈单斜产出，产状 280°～315°∠30°～45°，岩层走向与洞轴线方向斜交。工程区发育 F_3 断层及其破碎带，断层走向 NE10°～NE30°，倾向 280°～300°，倾角为 44°～68°，长度大于 2 km，断层破碎带宽为 5～15 m，断层带物质为角砾、糜棱岩、断层泥，局部石墨化。该断层具压扭性，为一逆断层，造成震旦系灯影组地层逆冲于寒武系渔户村组及筇竹寺组地层之上。

隧洞沿线地下水由南侧山体向南盘江河谷径流排泄，隧洞整体位于地下水位以下，滴水、流水现象普遍。隧洞出口上游发育 W_6 岩溶泉水，旱季泉流量可达 20 L/s，雨季泉水浑浊，最大泉流量可达 50 L/s。

1.3 隧洞区主要工程地质问题和解决思路

(1) 生态基流支洞穿越 F_3 断层及岩溶暗河，且地下水水位位于隧洞以上，岩溶及岩溶地下水是隧洞存在的主要地质问题。

(2) 根据总干渠 1# 隧洞的施工地质资料，分析区域 F_3 断层及其次级断层的位置及对成洞的影响，为生态基流支洞选线和设计提供依据。

2 生态基流支洞区岩溶水文地质勘测

2.1 岩溶勘测工作布置

岩溶勘测工作主要围绕选取的 3 种方案开展详细的资料分析及专项勘察。

(1) 详细分析了总干渠 1# 隧洞的施工地质资料，尤其是施工地质编录资料。

(2) 开展了地表水文及工程地质测绘工作，主要调查了 W_4、W_6 泉水的进、出口并分析了泉水可能的流线(①、②号暗河的流向)。

(3) 为了查明生态基流支洞洞线处地层岩性、地下岩溶的发育特征和规律及岩溶暗河发育情况,为工程选线提供地质支撑,尽可能避免施工过程中出现类似总干渠 1# 隧洞揭露岩溶暗河而带来施工困难,在洞线附近布置了钻孔 3 个(SZK01～SZK03),EH4 物探探测剖面 2 条,并在总干渠 1# 隧洞②号暗河附近布置浅层地震波 1 条。

2.2 岩溶勘测成果分析

(1) 地质调查研究分析,通过地表区域调查和溶洞内的探测,隧洞工程区发育 2 条岩溶暗河系统,分别命名为①号暗河(“落水洞”暗河)系统和②号暗河(“双龙洞”暗河)系统。2 条暗河呈近平行分布,走向北东,与岩层走向和区域构造线走向基本一致,暗河均沿震旦系灯影组白云岩分布(与九乡溶洞为同一套地层)。2 条暗河的进、出口较为明确,上游分别对应地表水流和落水洞,下游分别对应南盘江左岸的 2 处泉水,见图 2。其中,在①号暗河处发现有溶洞和暗河;施工过程中在②号暗河处发现有溶塌和小落洞。

通过水文地质、工程地质调查测绘,隧洞内的调查及区域构造条件的研究,岩溶暗河的发育主要与岩性、构造有关,①号暗河基本是沿区域断层 F_3 发育的,暗河的走向基本受 F_3 断层的走向控制。

(2) 根据水文地质测绘成果,W_6 泉水出口有 2 股泉水,2 股泉水相距约 5 m,在距 W_6 泉水约 2 km的西南方向发育 2 处紧挨的落水洞(相距约 10 m)。本次勘察布置的物探测线 1 和测线 3 的测试成果(图 3、图 4)显示了该区域有 2 处相邻的岩溶发育区;另外,总干渠 1# 隧洞桩号 Z_1+610 附近洞室底板下发育一落水洞,根据物探地震波法发现其下部发育岩溶空腔(图 5)。根据上述资料,认为该区域发育岩溶暗河,暂定为②号岩溶暗河;而在②号岩溶暗河上游侧,在总干渠 1# 隧洞开挖过程中揭露了另外一条岩溶暗河,暂定为①号岩溶暗河。2 条岩溶暗河的位置关系见图 2。

根据勘测成果,方案 1(原设计方案)隧洞轴线与②号岩溶暗河径流排泄路径相交叉,在隧洞施工开挖过程中可能袭夺岩溶泉水,造成隧洞涌突水,同时在遭遇岩溶暗河时,施工处理难度较大。

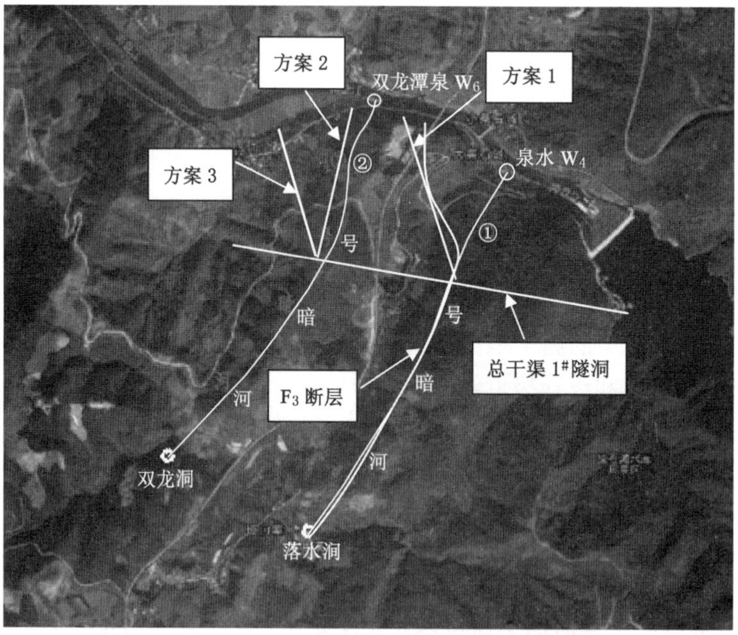

图 2　①号、②号岩溶暗河位置示意图

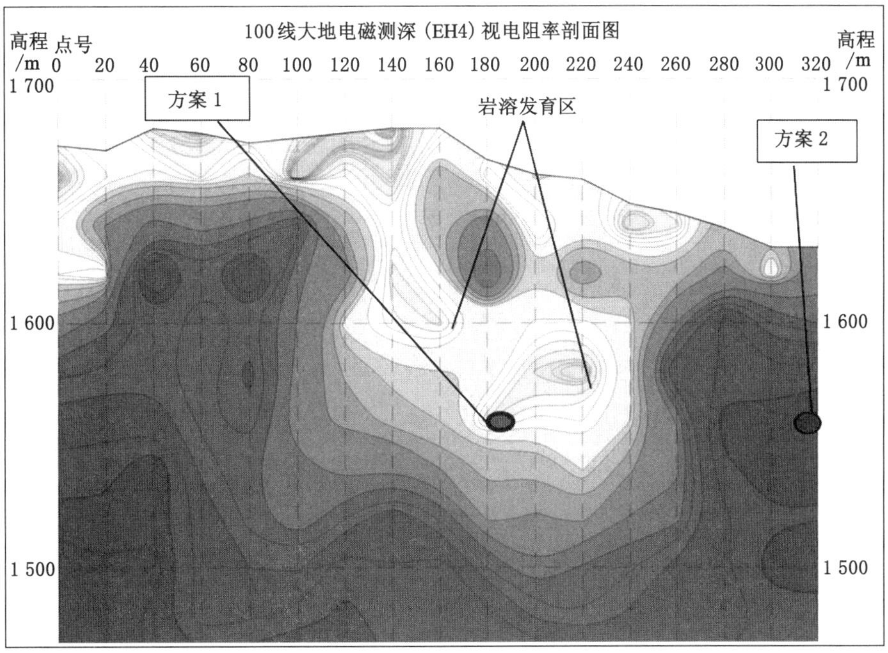

图 3 EH4 物探探测线 1 成果剖面图

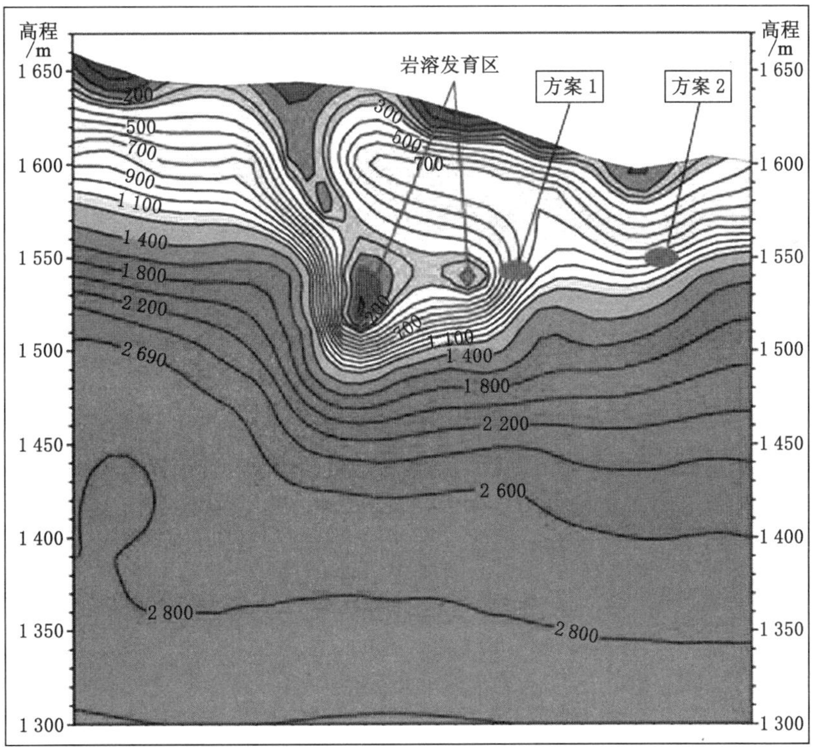

图 4 EH4 物探探测线 3 成果剖面图

方案 2、方案 3 隧洞轴线均位于岩溶暗河径流排泄路径的下游侧，未与该岩溶暗河交叉，且远离 F_3 断层，同时在补充勘探钻进过程中也未发现掉钻等异常情况，所以，在隧洞施工开挖过程中，遭遇较大岩溶暗河的可能性小。由于隧洞穿越的大部分地层仍为震旦系灯影组第 6 段，岩性为厚层块状白云岩，所以，在隧洞的施工开挖过程中，存在隧洞穿越小型溶洞或溶隙的可能，建议结合开挖情况做好现场地质超前预报,并做好隧洞内的排水应急处理措施。

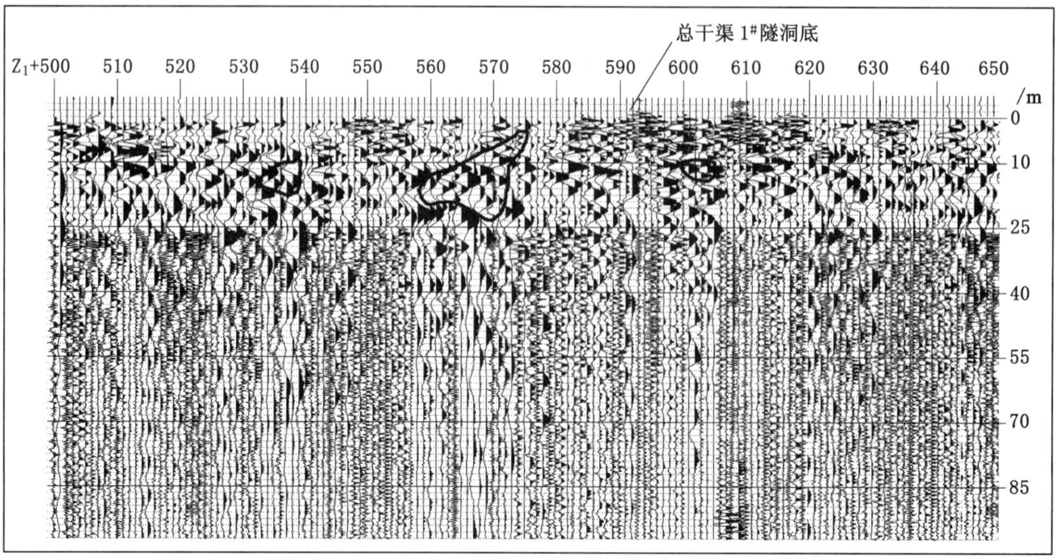

图 5 浅层地震波探测成果(总干渠 1# 隧洞桩号 Z_1+610 m 处)

3 生态基流支洞洞线选择

根据勘测成果进行地质分析,方案 1 生态基流支洞将穿越区域断层 F_3,穿越断层段围岩条件差,施工处理存在一定难度。通过专项勘察,方案 1 将穿越①号岩溶暗河。总干渠 1# 隧洞开挖揭露地下岩溶暗河,一旦隧洞穿越岩溶暗河,施工处理难度将会很大,不推荐方案 1。方案 2、方案 3 隧洞轴线均位于岩溶暗河径流排泄路径的下游侧,距离 F_3 主断层较远,受断层影响相对较小,遭遇较大岩溶暗河的可能性小,推荐方案 2、方案 3。结合生态电站设计,选择方案 2 为推荐方案。

4 实施情况

经工程实施,生态基流支洞穿越岩性主要为寒武系渔户村组、筇竹寺组及震旦系灯影组第 6 段地层,埋深一般在 30 m 以上,岩体以微风化-新鲜状为主,围岩整体稳定或基本稳定,以Ⅲ类围岩为主,局部为Ⅱ类围岩,出口段以Ⅳ类围岩为主;未遇岩溶暗河等规模较大的岩溶现象,仅局部发育溶孔、微小型溶洞和溶蚀裂隙,局部有线状流水现象,施工开挖较为顺利。专项勘测成果较为真实地反映了该区域地质条件,勘测地质分析成果与实际的地质条件基本一致,勘测成果较为可靠,可为类似岩溶地区的工程勘测提供一些借鉴。

参 考 文 献

[1] 沐红元,米健,李少飞,等.基于地下水环境影响的隧洞选线研究[J].长江科学院院报,2020,37(9):160-164.

[2] 王诚洋,王三星.论刀山隧道岩溶地质的综合勘探[C]//中国铁道学会地路专业委员会第十六届年会暨综合勘探、工程处理与测试技术交流会,1994.

[3] 王耀军,等.云南省昆明市柴石滩水库灌区工程初步设计阶段地质勘察报告[R].黄河勘测规划设计研究院有限公司,2015.

[4] 杨昌辉,刘泽成.引水隧洞岩溶勘测问题及工程处理措施浅析[J].水电勘测设计,2001(2):67-70.

贾鲁河综合治理勘察及地基处理方案分析研究

张 畅

(黄河勘测规划设计研究院有限公司,河南 郑州 450003)

摘 要:随着经济社会的发展进步,城市生态环境建设越来越受到人们的关注。如何挖掘生态环境建设中的人文因素,促进人和环境的和谐发展,成为生态环境治理的关键。郑州市贾鲁河是郑州市第一条融入人文景观底蕴的生态工程,各种艺术特色的建构筑物和服务设施层出不穷且地形复杂多样,如何进行经济、合理的可行性勘察及地基处理,是贾鲁河河道生态景观治理项目勘察分析研究的核心。本文针对该项目的勘察方案及地基处理方案进行分析研究,可供同类工程参考使用。

关键词:生态治理;勘察;地基处理;分析研究

1 项目背景

贾鲁河发源于郑州地区新密市山区圣水峪一带,由郑州市西南部蜿蜒而下,经尖岗水库、西流湖、郑州市区北部,向东经中牟至周口市入沙颍河,最后汇入淮河,全长 256 km,流域面积 5 896 km^2。贾鲁河郑州境内河段长 137 km,历史源远流长,文化底蕴深厚,是郑州人民的母亲河。近些年来,随着经济发展和人口增长,河道萎缩、功能衰退、生态恶化、文化缺失,已经严重制约了郑州市经济社会健康发展。贾鲁河综合治理是践行"五大发展"理念、打造美丽郑州的迫切需要,是建设国家中心城市和加强生态文明建设的基础工程,是全市广大人民群众的热切期盼。郑州市委、市政府提出了将贾鲁河打造成郑州市的"金腰带""绿珠链",建成安全河、景观河、生态河、幸福河和文脉河,使之成为郑州市新的名片。

2 项目概况

本文所述项目是贾鲁河综合治理工程中的生态治理工程部分,为蓝线范围外两岸生态绿化工程,绿带宽两岸各 50 m,项目范围自郑州市尖岗水库沿贾鲁河至中牟县大王庄弯道,治理段全长 96 km,涉及建构筑物及景观工程,复杂多样,种类繁多,平面布局不规则,建筑艺术及文化底蕴色彩浓厚。两岸绿化带宽各 50 m,有游客接待中心、驿站、休闲小屋、树屋、景观桥、景观挑台、景观瞭望台、折形廊架、波浪形甲板广场、景观盒子、景观塔、栈桥、景观亭、挑台、发号塔、计时塔、木栈桥、架空步栈道、木栈道、异形钢构架空平台、人形钢构桥、钢构桥、独立卫生间、垃圾中转站、人工堆山等,同时兼顾绿化工程。其中驿站又分一级驿站、二级驿站、三级驿站;景观亭又分方形景观亭、长形景观亭、圆形景观亭;卫生间有大、中、小之分,垃圾中转站也有大、小之分。建构筑物分散于 96 km 长的河道两岸。

作者简介:张畅,男,1971 年生。学士学位,正高级职称,主要从事岩土工程和水利水电工程勘察设计工作。

3 勘察方案分析研究

本项目为河道生态景观治理项目,勘察方案的布置首先是确定项目建构筑物适用规程规范的问题,即项目的性质。经项目建设管理、施工、监理、设计和勘察方共同研究,如果按房建工程,则涉及河道水文气象、防洪等问题;如果按水利工程,则涉及房建问题。经分析研究,确定为水利行业管理的市政工程。因此,勘察方案依据的主要是市政工程勘察规范,但市政工程勘察规范中没有建构筑物方面的规定,最后决定参照岩土工程勘察规范进行方案布置,兼顾满足设计需求的原则布置。

由于贾鲁河先期河道整治工程将土堆至蓝线外,且考虑贾鲁河两岸地层岩性多样、土有垂直河流的层理沉积特征、河流高水位、岸边高人工堆土的影响,勘察孔的孔距、孔深采用不低于地基复杂程度二级布置方案。勘探点性质为标准贯入试验、静力触探和取原状土孔。标贯和静力触探满足液化判别、地层划分、地基均匀性判别、地基承载力确定、压缩模量及桩基参数的综合判定要求;原状土样满足土的物理力学性质特征判定,确定各层土设计所需岩土参数。

3.1 勘探点的布置研究

各级驿站、接待中心、独立卫生间、垃圾中转站、方形景观亭、长形景观亭:沿建筑物周边或弧线布置,间距不超过 30 m,充分兼顾建筑物突出部位和拐点。

休闲小屋、树屋、景观盒子、景观塔、圆形景观亭、发号塔、计时塔:布置钻孔 1 个,静探孔 1 个,钻孔布置在形心。

挑台、景观挑台、景观瞭望台:按方格网布置,间距不超过 30 m,充分兼顾建筑物突出部位和拐点。

景观桥、栈桥、木栈桥、架空步栈道、木栈道、异形钢构架空平台、人形钢构桥、钢构桥、折形廊架:这些构筑物多呈线状分布,勘探点应沿线状延伸方向布置,间距不超过 30 m,兼顾桥墩位置,每隔 3～4 点布一横剖面,充分利用已布钻孔,每一横剖面增加 2 孔,横剖面孔间距应能控制施工图设计时的局部变更或小幅度调线;每一构筑物不少于 2 个勘探点。

波浪形甲板广场:由于面积较大,可采用钻探与洛阳铲相结合的方法布置勘探点,建议 1/3 的钻孔,2/3 的洛阳铲孔,间距以不超过 30 m 为原则。

人工堆山:该工程为消纳河道工程开挖土方,拟建设多处人工堆山,堆山高度为 16～30 m。根据设计需要,在山的长轴和短轴方向各布勘探线一条,勘探线长度大于规划堆山的 2～3 倍堆山高度,每条勘探线上勘探点间距为 75～150 m,且不宜少于 3 个勘探点,当遇到软土、软弱夹层等应适当增加勘探点。

3.2 勘探深度确定的研究

因贾鲁河河道开挖土方未经分类处理和分层压实,且堆积年限较短,未完成自重固结,不宜作为建筑物基础持力层,各建构筑物勘探点深度均从原始地面算起。

各级驿站、接待中心、独立卫生间、垃圾中转站、方形景观亭、长形景观亭:独立基础建筑孔深不小于 1.5 倍基础宽度,筏板基础建筑不小于 1 倍筏板基础宽度,条形基础不小于 3 倍基础宽度,复合地基或桩基不小于桩端以下 1.0 倍基础宽度,且基础下均不小于 15 m 及 2 倍基坑深度进行勘探。

休闲小屋、树屋、景观盒子、景观塔、圆形景观亭、发号塔、计时塔:根据荷载大小,勘探深度应大于其主要受力层深度。发号塔、计时塔采用桩基,应满足桩基变形验算需求,深度确定为 30 m;其他均为天然地基,深度为 10～15 m,能进行液化判别。

挑台、景观挑台、景观瞭望台：该类建筑一般为人员集中部位，且弯矩较大，采用复合地基或桩基的较多，孔深确定为 30～35 m。

景观桥、栈桥、木栈桥、架空步栈道、木栈道、异形钢构架空平台、人形钢构桥、钢构桥、折形廊架：该类构筑物为人员集中部位，个别为 2 层，静荷载和动荷载均较大，勘探点深度应结合所采用地基基础型式进行确定，对天然地基的勘探点深度一般应超过液化判别深度，定为 20 m，桩基的孔深确定为 30～35 m。

波浪形甲板广场：该工程类似广场，勘探点深度一般为 8 m，个别控制性孔定为 15 m。

人工堆山：钻孔深度进入原始地面以下 1～1.5 倍最大堆山高度。如高新区祥佑山，该山堆高为 28 m，堆山占地面积为 12.0×10^4 m^2，堆山坡比为 1∶3～1∶5，设计钻孔间距为 100 m，孔深为 30～50 m。

4 工程地质条件

4.1 地质构造与地震

工程区位于华北地震区许昌-淮南地震带上，属于地震活动较弱、频度较低的地区。工程区抗震设防烈度为 7 度，设计基本地震加速度值为郑州市区段 0.15g、中牟段 0.10g，设计地震分组为第二组；郑州西部场地土类别为Ⅱ类，地震动反应谱特征周期 0.40 s，北部、东部场地土类别为Ⅲ类，地震动反应谱特征周期 0.55 s。

工程区内主要地质构造为老鸦陈断裂，长约 50 km，走向 NW。该断裂北起郑州市北黄河老铁路桥，自邙山东侧通过，向南东延伸，在江山路与贾鲁河交界处穿过贾鲁河，向东南进入市区。该断裂为一东倾正断层，下部地层断距大而上部地层断距小，第四纪全新世地层未见错断，非全新世地层为活动断层。

郑州市二七区、中原区、高新区和惠济区地基土不液化，属建筑抗震一般地段；金水区、郑东新区和中牟县局部地层具有轻微液化趋势，属建筑抗震不利地段。

4.2 地形地貌

郑州地区位于华北平原西南部的边缘地带，地势西南高、东北低，具有典型的由山区向平原过渡的地形特征，地貌类型从源头至治理终点，依次为中低山、丘陵岗地、山前冲洪积平原、黄河泛滥冲积平原。

勘察区西部属山前冲洪积平原，北部及东部均为黄河泛滥冲积平原。地势从源头至郑州北部由西南向东北倾斜，郑州北至中牟段地势西北高、东南低，自西北向东南倾斜。山前冲洪积平原西段，地面高程为 110～145 m，向东北倾斜，坡度在 0.13 左右，阶地面波状起伏，冲沟发育，主要呈东南向展布，切割深度为 1.5～20.0 m；中北部地面高程为 96～120 m，阶地面较平坦，地势向东北倾斜，坡度为 0.09～0.18，发育冲沟，呈北东向展布，切割深度为 1.5～6.0 m，多被人工改造、填平为掩埋冲沟。黄河泛滥冲积平原，地面标高为 70～100 m，倾向东南，坡度为 0.017 左右，地表大部分被黄河新近沉积粉土覆盖，多分布有厚度不等的人工填土。

4.3 水文地质条件

浅层含水层是影响贾鲁河生态绿化工程的主要含水层。浅层水的补给，在台塬区、塬前冲洪积扇区以及远离黄河的平原区，以大气降水补给为主，其次是灌溉、河流、水库入渗补给。

黄河南岸贾鲁河为工程区内排泄界面。贾鲁河以北由北西向南东流，以南由南西向东北流，在贾鲁河汇合后向东南流。郑州市区因地下水大量开采形成降落漏斗,地下水流向是从漏斗周边向中心流。影响区域浅层水动态的因素较多,除平原区沿黄河地带以水文因素占主导地位外,其他大部分地区以气象因素占主导地位。枯水期地下水位下降到最低值,丰水期地下水位上升到最高值,年际变化明显。除气象、水文因素外,区域地下水位变化还受地形、埋深、饱气带岩性、灌溉等多种因素影响和控制。人为因素可以影响局部水位动态变化,近年来,由于东部大规模开发建设、西部南水北调工程投入使用以及都市、村庄拆迁,郑州出现西部地区地下水位上升、东部地区地下水位下降的趋势。

工程区内拟建建筑物场地内地下水含水层主要为粉土、粉质黏土、粉细砂,地下水类型为孔隙潜水,其补给来源主要为大气降水、农业灌溉和河水补给,排泄方式以人工开采或向贾鲁河排泄。场地内潜水主要受季节和人为活动影响,正常情况下年变化幅度为 3.0～5.0 m。根据场地内地下水分布、3～5 年内最高水位情况,结合贾鲁河设防水位及建筑物、构筑物±0.0 高程综合分析,设防水位低于场地±0.0 高程时,抗浮水位取设防水位;设防水位高于场地±0.0 高程时,抗浮水位取场地±0.0 高程。

场地内地下水对混凝土结构具微腐蚀性,在干湿交替条件下对钢筋混凝土中的钢筋具弱腐蚀性;河水对混凝土结构具微腐蚀性,在干湿交替条件下对钢筋混凝土中的钢筋具微-弱腐蚀性;土对混凝土结构具微腐蚀性,对钢筋混凝土中的钢筋具微腐蚀性。

5 地基处理方案分析研究

郑州市各区地层差别较大,金水区建构筑物较全,本文以金水区为例进行研究。

5.1 地层岩性

第①层第四纪全新世人工填土(Qh^{ml}),褐色-黄褐色,干-稍湿,松散-稍密,为新近堆积或河道开挖回填土层。第①-1 层素填土,以粉土为主,夹粉砂,多为附近河道开挖堆填土;第①-2 层杂填土,以粉土为主,夹粉砂,混杂粉质黏土团块、碎砖屑、植物根系等,多为附近河道开挖土、建筑垃圾混杂而成。

第②层第四纪全新世粉土(Qh^{al}),黄褐色,局部灰褐色,稍湿,松散-稍密,摇振反应中等,干强度低,韧性低,局部夹有粉砂、粉质黏土薄层。第②-1 层粉质黏土,黄褐色,可塑,无摇振反应,干强度中等,韧性中等,切面稍粗糙;第②-2 层粉、细砂,黄褐色,局部灰褐色,湿-饱和,稍密-中密,局部松散,矿成分主要为长石、石英,含铁质氧化物、云母片。

第③层第四纪全新世粉质黏土(Qh^{al}),黄褐色,可塑,无摇振反应,干强度中等,韧性中等,切面粗糙,含粉土夹层、透镜体。第③-1 层粉土,黄褐色,局部灰褐色,湿-饱和,稍密-中密,摇振反应中等,干强度低,韧性低,局部夹有粉砂、粉质黏土薄层。

第④层第四纪全新世粉质黏土(Qh^{l}),灰色-灰黑色,可塑,干强度中等,无摇振反应,干强度韧性中等,切面稍光滑,含铁质氧化物,偶见腐殖质、蜗牛壳碎片等,夹粉土、粉砂、细砂薄层。第④-1 层粉土,灰色-灰黑色,湿-饱和,稍密-中密,干强度韧性低;第④-2 层粉、细砂,灰色-灰黑色,湿-饱和,稍密-中密,成分主要为长石、石英、云母等,夹粉土薄层。在钢构桥 7-03# 场地中多为中砂。

第⑤层第四纪全新世粉、细砂(Qh^{al}),灰色-黄褐色,饱和,中密-密实,颗粒级配一般,成分主要为长石、石英、云母等,夹粉土薄层。第⑤-1 层粉土,灰色-黄褐色,饱和,中密-密实,干强度韧性低。

第⑥层第四纪更新世粉土(Qp^{al}),黄褐色,饱和,中密-密实,摇振反应中等,干强度低,韧性低,局部夹有粉砂、粉质黏土薄层。第⑥-1 层粉质黏土,黄褐色,可塑,无摇振反应,干强度中等,韧性中等,切面稍光滑;第⑥-2 层粉、细砂,灰色-黄褐色,饱和,中密-密实,颗粒级配一般,成分主要为长石、石英、云母等,夹粉土薄层。

5.2 堆土地基处理方案分析

由于贾鲁河河道开挖弃土堆积无序，有的高度大于 10 m 且不平整，多数建构筑物部分在原地面，部分在堆土上，而且堆土成分不纯，局部含成层碎砖和建筑垃圾等，平面上高程差较大。若不消纳土方，建构筑物基坑开挖时，基坑边坡很高，若进行支护，需进行深基坑专项论证和增加土方开挖费用，对于基坑实际开挖 1.5～2.0 m 的建构筑物，工程造价接近建构筑物造价，得不偿失。

经分析研究，优先开展人工堆山工程，将多余土方进行堆山，待建构筑物具有工作面后，同时开展建构筑物的施工工作。

各级驿站、接待中心有地下停车场，采用天然地基梁板式筏基。独立卫生间、垃圾中转站、景观亭、休闲小屋、树屋、景观盒子，采用天然地基条基或独立基础。景观塔、发号塔、计时塔，建议采用墩基础下桩基。挑台、景观挑台、景观瞭望台，采用筏板基础下桩基。景观桥、栈桥、木栈桥、架空步栈道、木栈道、折形廊架，建议采用天然地基墩基础。异形钢构架空平台、人形钢构桥、钢构桥，建议采用柱下桩基础。波浪形甲板广场，建议采用天然地基。

人工堆积祥佑山按 0.90 压实度堆填至最大堆高 28 m 时，不同工况条件下边坡稳定性安全系数均能满足要求，建议对山体边坡采取相应的防水、排水措施，减少降雨冲刷及雨水大量入渗对边坡稳定性的不利影响。景观山体山坡表层为植被绿化层，土质较疏松，在人为扰动、降雨等因素影响下，局部稍陡部位可能出现小范围浅层滑裂现象，但不影响边坡整体稳定，对局部稍陡部位可采取适当防护措施。

(1) 填土地基土承载力评价

计算不同土层的极限承载力，估算填土的极限高度。填方时，最大填土高度应小于极限高度。

地基极限承载力由下式求得：

$$f_u = \frac{1}{2} N_\gamma \xi_\gamma b \gamma + N_q \xi_q \gamma_0 d + N_c \xi_c c_k$$

极限高度由下式求得：

$$h \leqslant \frac{f_u}{\gamma K}$$

式中符号含义见 JGJ/T 72—2017 第 B.0.1 条。

经计算，采用安全系数 1.30 时，堆土极限允许高度为 22.6 m。场地内实际填土厚度大于极限允许高度，需进一步对沉降变形计算分析。

(2) 堆体地基沉降变形计算分析

① 计算模型的建立

根据祥佑山设计堆山条件，运用快速拉格朗日分析程序 FLAC3D 进行地基沉降变形分析计算。沿堆山平面占地宽度方向选取 2 条计算剖面，剖面上最大堆土高度为 28 m。计算模型取水平方向为 X 轴，竖直方向为 Y 轴，模型厚度取单位长度。计算时根据工程实际对岩土体本构模型选择常用的 Mohr-Coulomb 本构模型。

② 初始条件及边界条件

由于堆山工程设计工期较短，初始地应力场按自重应力考虑，按天然地基状态，初始孔隙水压力按静水压力分布计算，水压力场与深度成正比。计算模型位移边界条件：底部边界采用竖向、水平位移约束，上部边界为自由边界，左右两端采用水平位移约束。计算工况考虑连续施工直至堆至设计标高。计算时在坡面设计位移监测点，以便对山体地基土体变形进行跟踪分析。

③ 计算结果分析

通过计算可知，堆高 28 m 时，山体填土体最大沉降量约为 70.1 cm，且沉降位移量随着距离坡顶水平距离增大而降低，如图 1 所示。在左侧坡脚处的沉降量约为 4.7 cm，在左侧距离左侧坡脚约 37 m 时，沉降量约为 0.1 cm，随着距坡脚水平距离的增加，原地面发生隆起变形，变形量为 0.14～0.56 cm。在右侧坡脚处的沉降约为 3.8 cm，在右侧距离右侧坡脚 50 m 时，沉降约为 0.04 cm，随着距坡脚水平距离的增加，原地面发生隆起变形，变形量为 0.14～0.55 cm。地基土体的最大沉降量约为 51 cm，同样发生在最大堆高轴线上。堆山结束后，山体地基的沉降量随着土层深度的增加而逐渐减小。

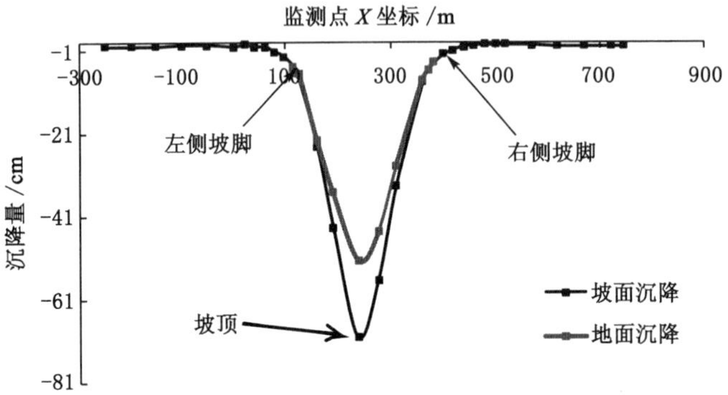

图 1　堆高 28 m 时填筑山体、地基沉降位移曲线

堆高 28 m 时，剖面上坡面及地表水平位移分布如图 2 所示，最大水平位移发生在坡脚附近轴线。左侧坡脚外围土体水平位移为 0.74～2.96 cm，右侧坡脚外围土体水平位移为 0.56～2.78 cm，且水平位移随距坡脚距离的增加有变小的趋势。

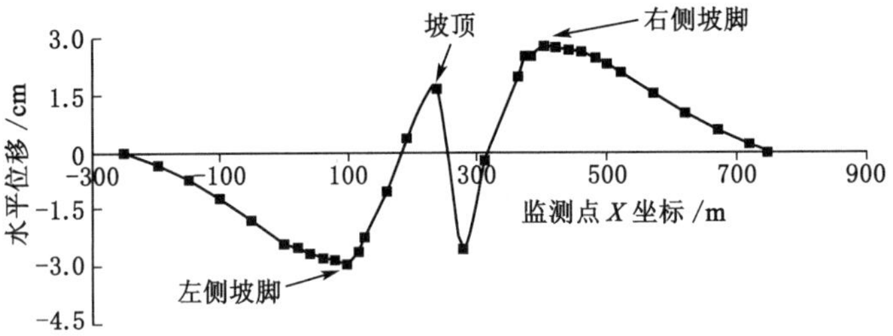

图 2　堆高 28 m 时坡面水平位移曲线

经模型分析，堆高 28 m 时，其竖向位移云图、水平位移云图及塑性分布云图见图 3～图 5。

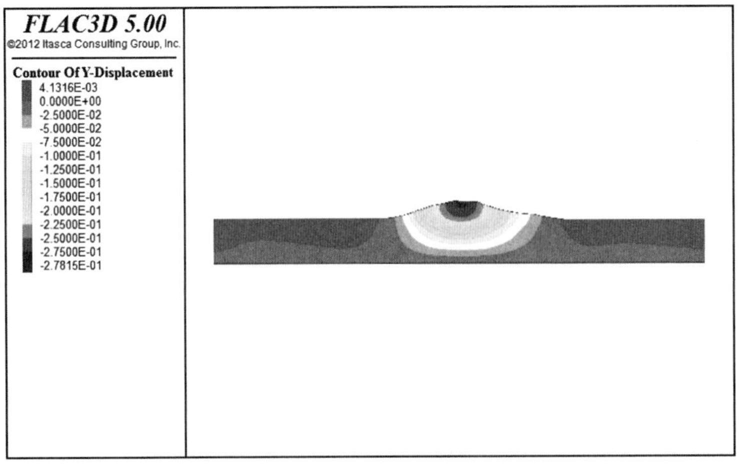

图 3　竖向位移云图

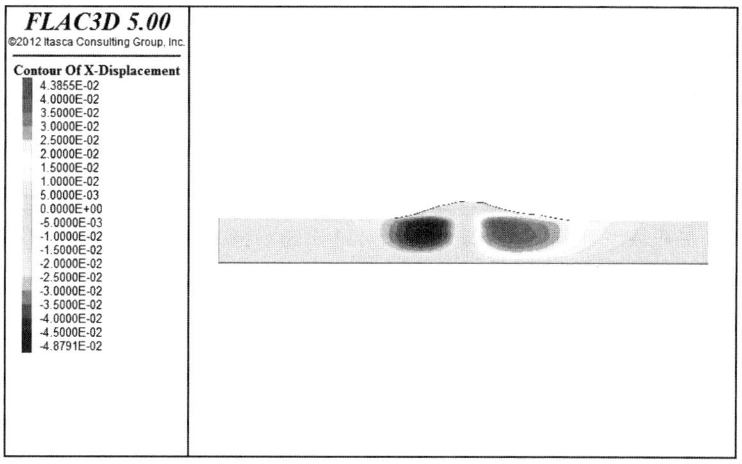

图 4　水平位移云图

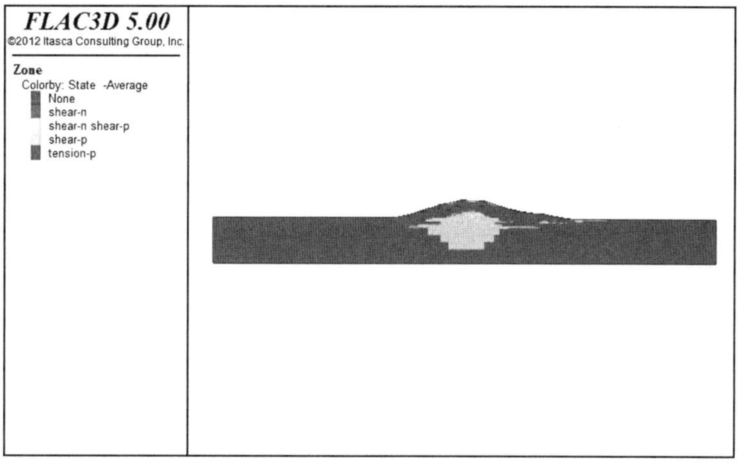

图 5　塑性区分布云图

由地基沉降变形分析可知，堆山结束后，填筑山体及地基土体均会发生一定程度的竖向及水平位移。当堆山周边有建筑物时，将会对周边建筑物产生影响。当附加变形不能满足相关行业要求时，应增加堆山距建筑物距离，且降低堆山高度和坡度。

6　结论与建议

生态治理工程中各种艺术造型的建构筑物，如平台、桥、廊、架、塔、屋、盒、山、广场等种类繁多，对地质人员来说可以用“新、奇、特”来形容。地质人员首先要弄清其结构型式，然后才能进行勘察方案布设和地基处理的分析研究。对复杂地形条件下的各种景观建构筑物，规程规范没有具体要求和直接依据，采用什么样的勘察方案和地基处理方案，既经济又满足设计需求，是地质人员需要认真分析研究的问题。

参 考 文 献

[1] 张畅，陈晓光.郑州市贾鲁河综合治理生态绿化工程建筑物、构筑物岩土工程勘察报告[R].黄河勘测规划设计研究院有限公司，2018.

[2] 中华人民共和国建设部. 岩土工程勘察规范[2009 年版]:GB 50021—2001[S],北京:中国建筑工业出版社,2009.
[3] 中华人民共和国住房和城乡建设部. 高层建筑岩土工程勘察标准:JGJ/T 72—2017[S]. 北京:中国建筑工业出版社,2017.
[4] 中华人民共和国住房和城乡建设部. 建筑地基处理技术规范:JGJ 79—2012[S]. 北京:中国建筑工业出版社,2013.
[5] 中华人民共和国住房和城乡建设部. 建筑地基基础设计规范:GB 50007—2011[S]. 北京:中国计划出版社,2012.
[6] 中华人民共和国住房和城乡建设部. 市政工程勘察规范:CJJ 56—2012[S]. 北京:中国建筑工业出版社,2013.

绵阳市引通济安深埋隧洞工程勘察

张　畅

（黄河勘测规划设计研究院有限公司，河南 郑州　450003）

摘　要：绵阳市引通济安工程是解决绵阳市北川县供水不足的重点工程，但该工程沿线地形地貌复杂，加之受汶川大地震的影响，岩层破碎，整体构造复杂，局部岩溶发育。由于引通济安工程引水隧洞埋深大，高地应力、大断裂和活断裂抗断、高地温、岩溶和地下水赋存条件是制约工程的主要问题，查清其主要工程地质问题是工程设计和施工顺利进行的关键，也是深埋隧洞引水工程勘察的重点和难点。该工程采用钻探、物探、探硐和现场大型原位试验等手段，查明了工程具有的上述主要工程地质问题。

关键词：深埋隧洞；引水工程；地质勘察

1　工程概况

汶川大地震后，绵阳市北川县城由通口河流域搬至安昌河流域。随着大量人口的迁入和北川县社会经济的快速发展，安昌河水量严重不足，解决安昌河水量不足的问题已迫在眉睫。通口河与安昌河支流苏宝河近邻，通口河水量较为丰沛，兴建引通济安工程，从通口河引水到苏宝河上游，以丰补枯，是解决安昌河流域水源不足的重要途径。根据当地自然地理条件，绵阳市政府提出从涪江支流通口河引水至安昌河支流苏宝河，通过已建水库调蓄后供下游用水，引水隧洞设计引水流量为 8.0 m^3/s，多年平均年引水量为 8 450 万 m^3；隧洞全长为 12.04 km，包括 2 段直线段，1 段转弯段；隧洞一般埋深为 200～500 m，局部大于 500 m。

2　地形地貌

北川县位于青藏高原东缘向四川盆地过渡地带，地形切割较强烈，陡峻的峡谷地貌特征明显。境内以山地为主，北西部为侵蚀构造高中山地貌，中部为侵蚀构造中山地貌，南东部主要为溶蚀山原-峡谷和峰丛-洼地等侵蚀溶蚀低中山地貌。

工程区位于北川县曲山镇、擂鼓镇，处在侵蚀构造中山的东南边缘，属龙门山前山与后山交界地带。地形变化大，整体北西高、南东低，相对高差大。沟谷切割深度一般为 300～500 m，谷坡坡度一般大于 25°，部分达 40°～50°，甚至陡立。

3　地层岩性

工程区内主要出露沉积岩地层，局部有变质岩分布，岩性以碳酸盐岩及陆源碎屑沉积岩为主。

作者简介：张畅，男，1971 年生。学士学位，正高级职称，主要从事水利水电工程勘察和岩土工程勘察工作。

震旦纪地层主要分布青林口倒转复背斜轴部,泥盆纪、石炭纪、二叠纪、三叠纪地层主要分布在背向斜两翼。

工程区内出露基岩主要为二叠纪、石炭纪、泥盆纪、志留纪、奥陶纪、寒武纪、震旦纪地层。第四纪覆盖层主要为冲洪积及残坡积层。引通济安工程隧洞总长 12.04 km,围岩为板岩、粉砂岩的洞线长 6.04 km,围岩为千枚岩、泥岩的洞线长 1.18 km,围岩为灰岩、白云岩的洞线长 4.82 km。

4 地质构造

工程区处于松潘-甘孜造山带与扬子准地台的接合部位,既是青藏高原的东界,又是现今成都盆地的西界,属松潘-甘孜造山带前缘冲断带,映秀-北川断裂带穿过工程区,形成多级次的叠加式冲断推覆构造带,区域构造稳定性差。

工程区内褶皱、断裂发育,地层比较零乱。绵阳引通济安工程引水线路的北川断裂带为逆冲断裂,地表破裂带宽为 7～9 m,地表破裂在擂鼓镇柳林村表现为垂直位错约 6 m,水平位错约 6 m。工程区岩层总体产状为 330°～350°∠35°～45°,层间挤压错动带、层间揉皱较发育。

工程区位于龙门山断裂带范围,新构造运动强烈,地震多发。根据地震动峰值加速度及相应的地震基本烈度、新构造运动强度、活动断层、地震活动情况及区域重磁异常等指标,绵阳市引通济安工程区属区域构造稳定性较差地段。

工程区超过 10％的地震动峰值加速度为 0.20g,反应谱特征周期为 0.40 s,相应地震烈度为 8 度。

5 水文地质条件

工程区内地表水系由通口河、苏宝河及山间冲沟构成。地下水主要补给来源为通口河河水、大气降水,向下游和地势低洼处渗流,以泉水和蒸发方式排泄。区内基岩以碎屑岩及变质岩为主,强风化岩体呈中等透水性,弱风化-新鲜岩体呈透水性弱-微透水,属相对隔水岩组。

工程区地形西北高、东南低,碳酸盐岩广泛分布。大致以擂鼓镇-老北川县城为界,其北、西侧为寒武纪、志留纪板岩、页岩等非可溶岩,东、东南侧为泥盆纪-三叠纪可溶性碳酸盐岩。碳酸盐岩区岩溶分布广泛,形态多样,分布标高不同又具有与地貌相适应的成层性。岩溶水主要发育于工程区东南侧碳酸盐岩地层中,地层中无稳定的隔水层分布,岩溶发育强烈、形态多样,为岩溶水提供了良好的补给、运移和赋存场所。地下水丰富,主要顺岩层走向运动,局部受断层或横张裂隙的控制做切层横向运动;地下水分布不均一,以管道状的暗河为主,排泄于低洼的沟谷河系之中。通过布置平硐,发现该区岩溶比较发育,多表现为落水洞、溶槽、溶隙等岩溶现象,岩溶水的水动力特征主要为汇流型,以泉点的形式排泄于苏宝河及通口河,水量较丰富,水文地质条件复杂。

引水隧洞主要穿越上述弱风化碎屑岩及变质岩,下游 1/3 段主要穿越碳酸岩岩溶区。

6 不良地质现象

工程区位于北川-映秀断裂带附近,构造活动强烈,受断裂影响,裂隙发育,岩体较破碎。寒武纪板岩、粉砂岩强风化带厚度一般为 5～15 m,志留纪页岩、千枚岩强风化带厚度一般为 10～30 m,泥盆纪-三叠纪灰岩强溶蚀风化带厚度一般为 3～8 m。岩体风化在断层带附近普遍加深呈深槽状。"5·12"地震后,本区距离地震震中较近,受地震影响两岸岸坡变形破坏总体较为强烈,出现了唐家山大型滑坡以及多处崩塌变形体,并导致大量岩土体松动。2008 年 9 月 24 日,北川境内普降暴雨，引发大范围泥石流灾害，造成了巨大的人员及财产损失。根据本次勘察，工程区不良地质现象主要集中于取水河段，类型主要有崩滑体及泥石流沟。

7 主要工程地质问题

7.1 高地应力问题

受青藏高原隆起导致的地壳物质沿板块边缘大规模向东、东南方向挤压的影响，龙门山构造带发生强烈的推覆逆掩作用，该区域的地应力长期积累、集中、加强，最终导致应变能突然释放发生大地震，震后地应力得到释放，但引通济安工程仍处于高应力区，且隧洞埋深较深，地应力问题值得关注。

通过在断裂带的上盘采用水压致裂法进行钻孔地应力测试，显示线路桩号 K2＋300～K4＋859、桩号 K5＋094～K6＋785、桩号 K9＋274～K10＋742 段、比较线路桩号 K1＋955～K2＋991、桩号 K9＋414～K9＋973 段埋深大于 500 m 隧洞位于高地应力区，最大主应力方向(N64°E)与推荐轴线夹角为 57°～77°，且 $S_H>S_h>S_v$(S_H 为围岩最大水平应力，S_h 为最小水平应力，S_v 为垂直应力)，以水平应力作用为主，应力状态属潜在逆断型。隧洞最大主应力介于 20～35 MPa 之间，岩石强度-应力比为 $1.3<R_b/\sigma_m<2.25$(R_b 为岩石饱和单轴抗压强度，σ_m 为最大主应力)，同时考虑地层主体属于中硬岩，且处于断层上盘，岩石完整性一般，综合判断存在中等-轻微岩爆的危险，开挖过程中可能出现洞壁岩体剥离掉块现象；志留纪软质岩区埋深大于 200 m，属中等-高地应力区，最大主应力介于 12～21 MPa 之间，岩石强度-应力比为 $1.1<R_b/\sigma_m<1.8$，开挖过程中洞壁岩体局部可能发生位移，基坑可能发生卸荷回弹，造成洞室变形。针对上述问题，在隧洞设计施工过程中，需考虑采取超前释放地应力、合适的开挖方法、适宜的支护措施等方法解决本工程线路地应力问题。

7.2 高地温问题

地壳浅部的温度在达到一定深度后会随深度的增加而增加，深度越大，温度越高。因此，需要对深埋隧道进行地温预测，在施工期间需根据预测结果采取相应措施，保证施工人员的身心健康，保证施工工期。

本次勘察在深孔 ZK12 中进行了 200 m 的地温测试。该钻孔孔口高程 873 m，岩性为粉砂岩、板岩，距引水线路轴线直线距离约 400 m，位于北川-映秀断裂的上盘侧，距主断裂带最近距离 3.7 km。

通过隧洞区不同埋深段的地温分析，发现虽然不同深度、不同部位、不同岩性的地温梯度有所变化，但根据 200 m 孔深的实测资料进行拟合分析，可以反映出工程区地温变化的趋势。该孔拟合的地温平均梯度为 3.16 ℃/100 m，稍大于正常的地温梯度 3.0 ℃/100 m，反映出工程区构造强烈、应力集中的特点。引水隧洞埋深大于 500 m，根据地温梯度公式推测隧洞内温度大于 30°，施工时应考虑采取必要降温措施。

7.3 有害气体问题

根据环境监测仪记录结果，工程区二叠系上统吴家坪组(P_2w)灰岩中发育有煤层，甲烷浓度为 0.5%～1.1%，存在浓度较低的甲烷气体。线路所通过的变质岩区及其他地层中未检测到有害气体。因此，隧洞开挖通过该段地层时，应取必要的通风和监测预警措施。

7.4 岩溶及地下水问题

引水线路一部分位于碳酸盐岩地层中,岩溶现象多见。本次勘察在引水线路区及其周边发现多处溶洞(落水洞),以苏宝河-擂鼓镇为界,其西南侧工程区范围内岩溶发育程度较低,未见落水洞及泉点,地表溶蚀现象较少;其东侧在盖头山-西南水泥厂一带岩溶发育,落水洞密集且规模较大,地下水埋深大。落水洞发育区域距线路距离近,存在岩溶突水问题。因此,设计和施工时应采取必要的工程防护措施。

工程区岩层总体产状为 330°～350°∠35°～45°,层间挤压错动带、层间揉皱较发育,局部岩层倾向 50°～70°,同时沿北川-映秀断裂发育多条北东-南西向次级断裂,区内断裂多属裂隙性中等透水至强透水断裂带,仅局部属相对隔水至弱透水断裂带,属于导水构造。因此,隧洞开挖会对隧洞上方居民生产生活用水及环境水现状造成影响。

7.5 抗断问题

引水线路在南段穿越北川-映秀断裂,该断裂为全新世活动断裂,将对引水线路产生重要影响。据 2008 年地震科考资料和现场考察,引水线路南段与汶川地震的地表破裂约成 80°相交,引水线路附近的地表破裂宽度为 7～9 m,最大位错值为垂直 6±1 m、水平 6±1 m,地表破裂直接穿越引水线路的位置在麻柳湾村西侧的山脊附近。根据《绵阳市引通济安工程场地地震安全性评价报告》,北川-映秀断裂未来可能发生的最大突发位错量为 5.84±0.12 m。由于汶川地震离逝时间仅 13 年,而北川-映秀断裂发生 8 级左右大地震的平均复发间隔在 2 000～4 000 年,故未来百年内发生 5.84±0.12 m 突发位错量的可能性极低。

在《绵阳市引通济安工程场地地震安全性评价报告》中,根据相关研究类比,推测未来百年内北川-映秀断裂的蠕滑量为 25 mm;考虑到北川-映秀断裂为全新世活动断裂,以及工程区 20 多年的 GPS 观测数据表明本段断层运动速率为 1～2 mm/a,据此计算未来百年内位错量为 10～20 cm;而汶川地震时,地表破裂最大位错值为垂直 6 m、水平 6 m,北川-映秀断裂的强震复发间隔为 2 000～4 000 年,按此计算平均年水平位错量为 2.85～3.35 mm,未来百年内位错量为 28.5～35 cm。从安全角度考虑,建议百年位错量取最大值(28.5～35 cm)为抗断设计变形量参考值,采取“超挖设计”等相应的抗断措施处理断层蠕动位错;在极端地震情况下,断层位错超出参考值,引水隧洞遭地震破坏,可利用预留检修口的方式尽快修复破坏部位,隧洞出口及部分施工支洞可以兼作备用检修通道,确保隧洞受震破坏后就近抢修。

8 结论与建议

绵阳市引通济安工程深埋隧洞地形地貌复杂,受汶川大地震的影响,岩层破碎,南部岩溶发育,整体构造复杂,隧洞埋深大,通过合理布置勘察工作,查明了该区主要工程地质问题,破碎岩体、岩溶与地下水、高应力、高地温、有害气体、抗断问题,为该工程的顺利实施提供了可靠的地质资料,为设计和施工采取合理的技术和工程措施打下了良好的基础,也为同类工程的勘察提供了借鉴经验。

参 考 文 献

[1] 长江勘测规划设计研究院有限责任公司.四川省绵阳市引通济安工程可行性研究阶段地质勘察报告[R].2018.

[2] 黄河勘测规划设计研究院有限公司.四川省绵阳市引通济安工程初步设计阶段工程地质勘察报告[R].2019.

“三滩”大河坝库区塌岸预测分析

王富强，岳永峰，杨　楠
（黄河勘测规划设计研究院有限公司，河南 郑州　450003）

摘　要：塌岸是水库运行过程中常见的地质问题。水库蓄水后，库岸地质环境将发生急剧变化，受库岸岩土体结构类型、库水软化、静动水压力、风（波）浪冲刷等综合作用影响，塌岸机制复杂，模式多样。“三滩”大河坝水库地处高寒地区，库岸主要为砂卵石岸坡，分布厚度大，结构及成因复杂，塌岸类型主要为冲磨蚀型。本文采用卡丘金法和图解法对塌岸进行预测，评价塌岸影响范围，以指导工程建设。

关键词：高寒地区；塌岸模式；塌岸预测

引言

苏联学者萨瓦连斯基最早提出并对水库塌岸问题进行了研究，认为造成水库塌岸的最主要因素是波浪作用[1]。早期由苏联学者提出的卡丘金法和卓洛塔寥夫法等经典算法在相当长的一段时间内位居主导地位，在现今的水库塌岸中仍有运用。近年来，我国学者相继提出了一些预测水库塌岸的方法，例如两段法、三段法、岸坡结构法、经验法、平衡剖面法[2]等，并在实际工程中得到了检验和应用，具有重要的理论和实际意义。

“三滩”为切吉滩（620 万亩）、塔拉滩（445 万亩）和木格滩（330 万亩），位于青海省海南藏族自治州境内，涉及共和县、兴海县和贵南县。“三滩”工程的开发任务是改善生态环境、供水、灌溉等综合利用。项目以解决项目区水源问题为出发点，通过生态治理、水源工程等多项措施综合治理，最终建立三江源地区与黄土高原地区的生态屏障，同时为青海省海南藏族自治州经济社会发展提供水利保障。项目主要工程任务包括水源工程及生态治理工程。

“三滩”大河坝库区岸坡地层多为冲积砂卵石层，厚度较大，分布范围广，且影响范围内多为牧区草场，塌岸范围的界定对工程建设具有重要的现实意义。

1　“三滩”大河坝库区水库工程地质条件

大河坝库区为典型的河谷地貌。青根河此段整体流向自西南至东北，河曲发育，局部河道呈“几”字形。河谷深切呈“V”形，底宽 100～200 m，河床纵坡降约 14‰，海拔 3 500～4 000 m。

大河坝水库为大（2）型，位于青根河上，正常蓄水水位为 3 679 m，死水位为 3 645 m，总库容为 6 845 万 m^3，库区回水长度约 7.9 km。

库区两岸谷坡多基岩出露，坡度较陡，局部近直立，稳定性好。有阶地分布，表层分布第四纪全新世及晚更新世冲积砂卵石层（Qh^{al}、Qp_3^{al}），稍密-中密状态，厚度数米，自稳性好。左岸为青根河Ⅳ

作者简介：王富强，男，1986 年生。硕士研究生，注册土木工程师（岩土）。

级阶地，地势平坦，坡度4°左右，上部为第四纪中更新世冲洪积砂卵石层(Qp_2^{al+pl})，自然状态下稳定性好；右岸坡度较陡，坡角35°左右，表层多为第四纪晚更新世风积沙壤土(Qp_3^{eol})，厚度不大，自然状态下稳定性较好。

青根河在库区内发育4级阶地：Ⅰ级阶地多见于谷底，堆积阶地，高程为3 569～3 610 m，高于河水面3～5 m，表层为松散冲积砂卵石层(Qh^{al})，厚度为1.0～2.0 m，下部为黑云母花岗闪长岩；Ⅱ级阶地分布于青根河两岸谷坡，基座阶地，高程为3 631～3 663 m，高于河面约10 m，表层为风积沙壤土(Qp_3^{eol})，厚度约2.0 m，下部为冲积砂卵石层(Qp_3^{al})，稍密-中密，厚度为2.0～5.0 m，底部为基岩；Ⅲ级阶地多分布于谷坡中上部，基座阶地，高程为3 589～3 675 m，高于河面20～25 m，表层为沙壤土(Qp_3^{eol})，厚度约为3.0 m，下部为冲积砂卵石层(Qp_3^{al})，密实-很密，厚度为10.0～15.0 m，底部为基岩；Ⅳ级阶地多位于青根河左岸，基座阶地，高程为3 675～3 730 m，高于河面90～110 m，表层为风积沙壤土(Qp_3^{eol})，厚度约为3.0 m，下部为冲洪积砂卵石层(Qp_2^{al+pl})，密实-很密，厚度一般为20.0～40.0 m，局部可达50.0 m，底部为花岗闪长岩(TD)。坝址区地质剖面示意图见图1。

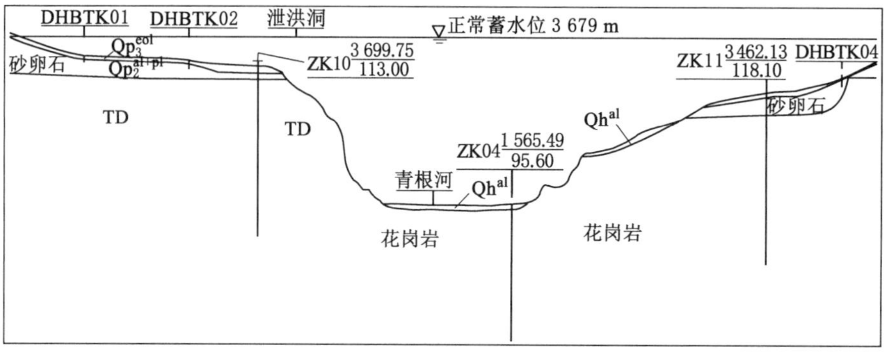

图1　坝址区地质剖面示意图

库区地下水以松散岩类孔隙水和基岩裂隙水为主，松散岩类孔隙水主要埋藏于河床及漫滩的砂卵石层内，地下水径流条件好，库区河床与漫滩地下水位埋藏较浅，一般为1～2 m；基岩裂隙水主要埋藏于花岗岩裂隙内，埋深可达60 m。库区地下水主要接受大气降水或上游河水补给，向河流及下游排泄。

综上所述，库区覆盖层主要为砂卵石层，厚度为20.0～40.0 m，局部砂壤土层厚度约为3.0 m，覆盖层整体坡度较缓，“三滩”大河坝库区塌岸类型主要为冲磨蚀型，局部为滑塌型。

2　现有塌岸预测方法及其适用性

本文对现有几种主要塌岸预测方法进行总结和归纳。

2.1　卓洛塔寥夫法

卓洛塔寥夫法岸坡最终塌岸宽度预测计算图解[3]见图2。此方法认为，波浪作用是引起水库塌岸的主导因素，大中型水库的中下游地段及松散堆积体岸坡较为适用此法。卓洛塔寥夫法塌岸起算点较低，为水库最低水位，且所需参数较多，应用复杂。由于β_3取值一般较小，仅为几度，往往与实际调查结果有较大出入，实际预测效果也不理想。

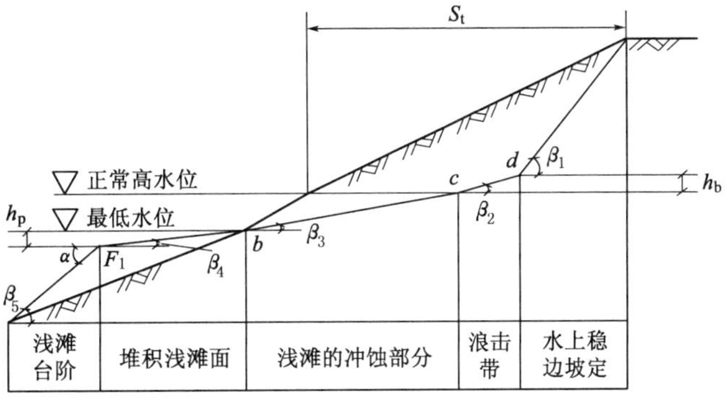

S_t—塌岸带最终宽度，m；h_p—波浪冲刷深度，m；h_b—波浪爬高，m；
α—浅滩冲刷后水下稳定坡角，(°)；β_1—浅滩堆积稳定坡角，(°)；
β_2—浅滩堆积稳定坡角，(°)；β_3—浅滩冲蚀坡角，(°)；
β_4—水上浪击坡角，(°)；β_5—水上稳定坡角，(°)。

图 2　卓洛塔寥夫法图解

2.2　卡丘金法

卡丘金法是根据几何关系用计算图解法求得最终塌岸预测宽度，适用于松散沉积层，如黄土、砂土、砂卵石岸坡，并且波浪作用较小的水库。塌岸的起算点为水库最低水位。塌岸预测原理见图 3。

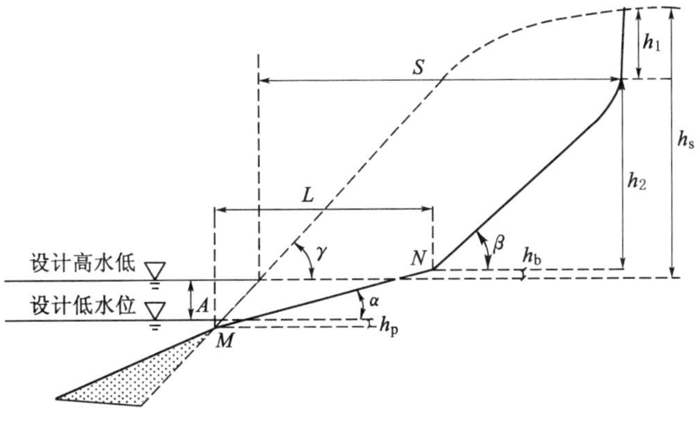

S—塌岸带最终宽度，m；h_s—设计高水位以上边坡高度，m；h_1—塌岸后直立边坡高度，m；
h_2—塌岸后水上缓坡高度，m；h_b—波浪爬高，m；h_p—波浪冲刷深度，m；
A—库水位变化幅度，m；L—水下稳定边坡水平长度，m；α—浅滩冲刷后水下稳定坡角，(°)；
β—岸坡水上稳定坡角，(°)；γ—原岸坡坡角，(°)。

图 3　卡丘金法计算示意图

卡丘金法计算公式：

$$S=(A+h_p+h_b)\cot\alpha+(h_s-h_b)\cot\beta-(A+h_p)\cot\gamma$$

该方法多适用于松散沉积层水库的塌岸预测。

2.3　图解法

根据工程实际确定水位变动幅度、水上稳定坡角、水下稳定坡角，自枯水位起将不同库水位条件下相应地层稳定坡角首尾相连，各段稳定坡角的连线形成最终库岸再造边界线，确定最终塌岸影响范围。

图解法计算原理较为明了,适用大多数库区塌岸的计算,常和其他计算方法对比印证。

2.4 冲堆平衡法

彭仕雄[4]认为,峡谷地貌中,风浪作用对塌岸的形成影响较小,库水流速较小时,库周失稳岩土体垮塌后会变松散,体积增加,较细的颗粒会被水流带走一部分,大部分岩土体以水下堆积为主。冲堆平衡法是利用塌岸失稳土体体积乘以堆存系数与堆积土体体积相等的原理,利用水下稳定坡角、冲磨蚀坡角、水上稳定坡角,通过水库特征水位进行连线图解,见图 4。

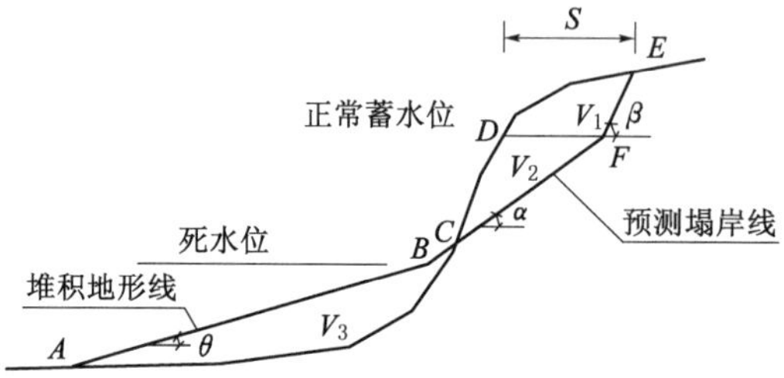

图 4　冲堆平衡法计算示意图

图 4 中,点 A 为堆积物与原始地形的交点,点 B 为堆积物在死水位处变坡点,点 C 为冲磨蚀作用与原始地形交点,点 D 为正常蓄水位与原始地形的交点,点 E 为塌岸线与原始地形最高相交点,点 F 为冲磨蚀作用最高点,与正常蓄水位线同高;V_1 为正常蓄水位线以上失稳坡体体积,可由 D、E、F 三点围限的面积来代替,m^3/m;V_2 为正常蓄水位线以下冲磨蚀土体体积,可由 C、D、F 三点围限的面积来代替,m^3/m;V_3 为失稳土体堆积体积,可由点 A、B、C 和原始地形围限的面积来代替,m^3/m;ABC 为堆积地形线;CFE 为预测塌岸线;$ACDE$ 为原始地形线;S 为预测的塌岸宽度,m。

综上所述,各种塌岸计算方法原理差别不大,但考虑塌岸影响因素的侧重点明显不同,导致计算结果可能存在较大差异。大河坝库区覆盖层多为冲积砂卵石层和风积黄土层,坡度较缓,卡丘金法、图解法较适合该岸计算。

3 "三滩"大河坝库区塌岸计算

"三滩"水库蓄水后,库区岸坡岩性以砂卵石及花岗岩为主,局部有沙壤土,库水位附近砂卵石及沙壤土岸坡可能产生塌岸。根据岸坡地层特性,"三滩"大河坝库区岸坡塌岸类型主要为冲磨蚀型,局部沙壤土岸坡塌岸类型为滑塌型。

现采用卡丘金法和图解法对库区进行塌岸预测。

卡丘金法计算公式如下:

$$S_t=(A+h_p+h_b)\cot\alpha+(H-h_b)\cot\beta-(A+h_p)\cot\gamma$$

式中　S——塌岸带最终宽度,m。

A——库水位变化幅度,取计算剖面处回水位与死水位或与基岩面、沟底、河床高差中的小值,m。

h_p——波浪冲刷深度,m。$h_p=0.64\text{arsh}(8.1h)$,其中浪高 h 用安德烈扬诺夫经验公式进行计算:$h=0.0208W^{5/4}L^{1/3}$,式中 W 为风速(m/s),取当地最大风速 28 m/s;L 为吹程(km),取水库蓄水达到正常洪水位时,预测库岸段水库宽度。当起算点 M 为基岩面或沟底、河床时，取 $h_p=0$。

h_b——浪击高度或波浪爬高，m。$h_b=3.2Kh\text{tg}\,\alpha$，其中 K 为被冲蚀岸坡粗糙系数，一般黏性土岸坡取 $K=0.60$，砂土岸坡取 $K=0.65\sim0.75$，砾石岸坡取 $K=0.85\sim0.90$。

H——正常蓄水位以上岸坡高度，m。

α——浅滩冲刷后水下稳定坡角，(°)。参考工程经验，沙壤土 $\alpha=8°$，砂砾石层 $\alpha=15°$。

β——岸坡水上稳定坡角，(°)。参考工程经验，根据区内土体结构特征，沙壤土取 $\beta=32°$，砂砾石取 $\beta=60°$。

γ——原始岸坡坡角，取野外观测及地形图估算值，(°)。

图解法岸坡坡角采用值见表 1。

表 1　图解法岸坡坡角计算结果

序号	地层名称	水上稳定坡角/(°)	水位变动带稳定坡角/(°)	水下稳定坡角/(°)
1	沙壤土	32	22	8
2	砂卵石	60	34	15

卡丘金法和图解法预测计算结果见表 2。

表 2　大河坝库区塌岸预测表

塌岸编号	塌岸宽度 S/m			塌岸面积及威胁对象	
	卡丘金法	图解法	取值	塌岸面积/亩	威胁对象
T01	33.7	28.9	33.7	12.3	牧民草场
T02	33.4	30.3	33.4	10.1	牧民草场
	52.8	43.5	52.8		
T03	32.0	25.8	32.0	25.3	牧民草场
	31.5	26.8	31.5		
	36.6	35.5	36.6		
T04	53.7	48.8	53.7	12.9	牧民草场
	39.2	36.5	39.2		
	6.4	6.3	6.4		
T05	25.7	24.6	25.7	40.8	牧民草场
	23.6	22.5	23.6		
	20.3	18.9	20.3		
	18.6	17.5	18.6		

注：1 亩＝666.67 m^2。

大河坝库区塌岸预测值取两个计算结果的大值。计算结果表明，在此工程中卡丘金法和图解法具有较为近似的计算值，也表明了“三滩”大河坝库区塌岸中水位变动的影响因素大于风浪作用。

4　结论

根据以往研究，库水对岩土体的软化和库水升降动水作用是塌岸的主要原因，风浪作用次之。现行各种主流塌岸预测方法的适应性各有不同，实际使用时需要根据库岸地层岩性、坡度及工程特点选用不同的塌岸预测方法。

“三滩”大河坝库区岸坡岩性以砂卵石及花岗岩为主，局部有沙壤土，覆盖层整体坡度不大。卡丘金法和图解法计算结果相近，适合于该类库区塌岸计算。

参考文献

[1] 洛姆塔泽 B Д. 工程动力地质学[M]. 李生林，刘蕙兰，译. 北京：地质出版社，1985.

[2] 许强，黄润秋，汤明高，等. 山区河道型水库塌岸研究[M]. 北京：科学出版社，2009.

[3] 许强，刘天翔，汤明高，等. 三峡库区塌岸预测新方法：岸坡结构法[J]. 水文地质工程地质，2007，34(3)：110-115.

[4] 彭仕雄. 水库塌岸预测的现状及冲堆平衡法[J]. 岩石力学与工程学报，2014，33(11)：2332-2340.

某管道穿越黄河超深工作井地质勘察及评价

仇道健

（黄河勘测规划设计研究院有限公司，河南 郑州　450003）

摘　要：某大型管道工程穿越黄河，其工作井位于黄河滩地，深度 28 m，地层为深厚第四纪松散堆积层。其工程地质条件及水文地质参数的确定对工程安全、工程造价具有重要意义。地质勘察及相关评价采用多种方法，准确计算了技术参数，在有关计算的基础上对降水及支护方案提出相关建议。目前该工程已投入运行多年，各项工况稳定，满足技术要求，说明上述勘察方法及有关验算是基本正确的，可供类似工程参考。

关键词：穿越黄河；超深工作井；地质勘察

前言

某大型油气管道工程于郑州中牟县及新乡原阳县附近穿越黄河，穿越长度约 12 km，设计压力 8 MPa，管径为 660 mm。工作井位于黄河滩地，工程规模为 15 m（长）×15 m（宽）×28 m（深），属超深工作井，岩土工程勘察等级为甲级，基坑侧壁安全等级为一级。

地貌单元属黄河河漫滩，地层为第四纪全新世和晚更新世冲洪积深厚松散层。地下水为孔隙潜水，地下水稳定水位埋深约 4 m，高程约 80 m。

1　勘察方法

1.1　工作量布置

为查明工程地质条件，在工作井 4 个角点各布置一个勘探点，钻孔深度为 50.0～60.0 m，在其中一个钻孔中进行波速测试。为准确查明水文地质参数，在现场进行抽水试验，布设抽水主井 1 个，井深 40 m，水位观测井 3 个。

1.2　勘察方法

勘察采用地质测绘、钻探、物探、静探、标贯、波速测试、室内试验等综合测试手段。多种勘察手段互相印证，各种勘察结果综合分析。

（1）野外地质测绘数据采集采用黄河勘测规划设计研究院有限公司（以下简称“黄河设计院”）自主研制的数字采集系统（GEASV1.0），数据处理采用该公司自主研制的工程地质综合信息平台 V1.0。

（2）场地位于黄河滩区，表层多为松散砂土，局部有湿地、洼地，常规台式钻机搬迁较为困难。

作者简介：仇道健，男，1971 年生。高级工程师，注册土木工程师（岩土），研究方向为地质及岩土工程。

采用黄河设计院自主研制的行动快捷、搬迁方便的履带式台式钻机，针对不同的技术要求采用不同型号的钻机进行勘察，在很大程度上提高了工作效率。

(3) 常规取土器在使用过程中采用垂直击入或压入砂土方式取样，但在软土或砂土中钻孔容易缩颈或塌孔，无法采取高质量的原状土样；同时，野外采取的土样要运输到实验室，对土样有一定扰动，实验室为进行土工试验需要对土样制作环刀样品，会造成二次扰动，从而会影响试验精度。针对深厚砂土层取芯率低及无法采取原状土样问题，采用黄河设计院自主研制的“内置环刀侧喷回转刺入式取砂钻具”，不仅使砂土层岩芯采取率近 100%，而且内管可放置环刀直接采取Ⅰ级原状砂样送实验室进行试验，减少实验室内环刀环节，降低了试验误差。如图 1 所示。

图 1　内置环刀侧喷回转刺入式取砂钻具及采取的原状砂样

(4) 静力触探试验作为一种原位测试手段，能够客观、准确、高效地量测地质数据，为工程勘察提供准确的数据参考，从而提高岩土工程项目建设的整体水平。静力触探技术根据静探曲线判别地层，确定地基承载力及变形指标，预测桩基摩擦阻力等，但是一般测试深度在 30 m 左右，对深部土层缺乏测试数据。本次采用 TLSY-20 履带式液压静力触探系统，采集系统为 JTY-3A 型，最大推力能够达到 200 kN，最大贯入深度可达 90 m，本次最大测试深度为 50 m。

(5) 针对实验室内试验开土环节扰动土样从而影响试验精度的问题，黄河设计院研制开发了“约束式分节开土器”，提高了开土质量，应用于黏性土的室内试验环节，极大地提高了试验精度。

(6) 黄河设计院自主研制的“多参数地层识别系统”成功应用于工程地质勘察中，通过测量现场钻进过程中压力、流量、钻速、转速等数据，与黄河沿岸大量的监测数据进行对比分析，较准确地确定了地层分界线，极大地提高了施工效率，丰富了现场勘察技术手段。

1.3　完成工作量

完成钻孔 4 个，进尺 320 m，原状土试样 85 组，扰动土试样 85 组，标准贯入试验 85 次，静力触探试验 50.0 m，波速测试 50.0 m；现场抽水试验 1 组(三次降深)。

2 地质条件

揭露地层主要为第四纪全新世和晚更新世冲洪积粉土、粉质黏土、粉砂、细砂、中砂、粗砂。在工程区勘探深度内，地基土可分为①～⑨层，包含多个亚层，地质条件较复杂，其主要物理力学参数建议值见表1。

表1 地基土主要物理力学参数建议值

层号	土名	状态（密实度）	密度/(g/cm³)	承载力特征值 f_{ak}/kPa	基床系数/(MPa/m)	剪切指标	
						C/kPa	φ/(°)
②	粉土	稍密-中密	17.2	100	15	20	22
②$_{-1}$	粉质黏土	可塑	17.5	90	20	28	13
③	粉细砂	稍密-中密	17.8	150	25	3	25
③$_{-1}$	粉土	稍密-中密	17.3	110	20	16	23
③$_{-2}$	粉质黏土	可塑	17.7	115	30	26	14
③$_{-3}$	中砂	中密	18.1	180	25	0	26
⑤	粉质黏土	可塑-软塑	18.0	140	20	24	15
⑤$_{-1}$	粉土	中密为主	17.6	100	25	10	22
⑥	中细砂	中密-密实	18.3	200	30	0	29
⑥$_{-2}$	粉质黏土	可塑	18.0	160	30	28	16
⑥$_{-3}$	粉砂	中密-密实	18.1	180	25	4	30
⑦	中砂	密实为主	18.5	270	35	0	30
⑦$_{-1}$	粉土	中密	18.1	160	16	18	24
⑦$_{-2}$	粉质黏土	可塑为主	18.2	165	25	30	15
⑦$_{-3}$	粉细砂	密实	18.7	190	35	0	29
⑦$_{-4}$	粗砂	密实	18.9	300	30	0	30
⑧	粉质黏土	可塑为主	18.3	170	25	36	15
⑧$_{-1}$	粉土	密实	18.3	200	20	20	16
⑨$_{-1}$	粉土	中密	18.4	210	30	22	17
⑨$_{-2}$	粉质黏土	可塑为主	18.5	230	35	40	16
⑨$_{-3}$	粉细砂	密实	18.9	270	35	0	30

3 抽水试验

3.1 试验程序

主井布设在工作井中间，孔深40 m；观测井3个，距离主井分别为3 m、10 m、50 m，井深分别为40 m、30 m、20 m。采取非完整井三次降深的试验方法。抽水孔过滤器长度采用20 m，过滤器深度为18.5～38.5 m。过滤器下端设置沉淀管，长度为1.5 m。主井钻孔孔径为600 mm，采用直径为325 mm的缠丝过滤器，观测井钻孔孔径为300 mm，采用直径为70 mm的包网过滤器。主井滤管孔隙率采用30%，滤料采用2～5 mm的砾石。成井设备为3PNL型水文地质钻机，动力设备采用 75 kW 柴油发电机,水泵为 250QJ 型潜水泵,流量观测采用三角堰,水位观测采用电测水位计及测钟。

主井及观测井钻进结束后进行洗井、下过滤器,然后下滤料(主井滤料厚度为 130 mm,观测井滤料厚度为 110 mm)、下水泵及管路连接等程序。试验前对抽水主井和观测井进行清洗,然后进行抽水试验:稳定水位观测—最大降深的试抽观测—水位恢复观测—第一次降深的抽水试验—第二次降深的抽水试验—第三次(最大)降深的抽水试验—水位恢复观测。

3.2 采用的计算公式

本次抽水试验的钻孔揭露的含水层为潜水含水层,场区内主要含水层岩性以粉细砂、中细砂和中砂为主,夹粉土、粉质黏土薄层。根据场区内水文地质实际情况,将区内水文地质条件概化如下:① 含水层均为各向同性、厚度不变、分布面积很大,可视为无限延伸;② 抽水前地下水面水平且稳定;③ 含水层中的水流服从达西定律。由于抽水流量能够达到稳定标准,属稳定流抽水。

计算时选取规范推荐的公式。

(1)《水利水电工程钻孔抽水试验规程》(SL 320—2005)推荐的计算公式:

$$K=\frac{0.366Q(\lg r_2-\lg r_1)}{(2S-S_1-S_2+l)(S_1-S_2)}\text{(潜水非完整孔带 2 个观测井)} \tag{1}$$

式中 K——渗透系数,m/d;

Q——抽水流量,m^3/d;

r_1——观测井 1 距抽水主井的距离,m;

r_2——观测井 2 距抽水主井的距离,m;

l——非完整井的过滤器长,m;

S——主井水位降深,m;

S_1——观测井 1 的水位降深,m;

S_2——观测井 2 的水位降深,m。

(2)《供水水文地质勘察规范》(GB 50027—2001)推荐的计算公式:

$$K=\frac{Q}{\pi(H^2-h^2)}\left(\ln\frac{R}{r}+\frac{\bar{h}-l}{l}\ln\frac{1.12\bar{h}}{\pi r}\right) \tag{2}$$

式中 H——自然情况下潜水含水层的厚度,取 43,m;

$\bar{h}$——潜水含水层在自然情况下和抽水试验时的厚度的平均值,m;

h——潜水含水层在抽水试验时的厚度,m;

l——过滤器的长度,m;

r——抽水孔过滤器半径,m;

R——抽水孔的影响半径,m。

3.3 水文参数计算

(1) 试验成果分析

抽水试验数据见表 2。主井 Q-S 关系曲线见图 2,各观测井 S-lg r 关系曲线见图 3。

表 2 抽水试验成果统计表

项目	Q_{max}/(m^3/d)	孔号	r/m	抽水前水位/m	稳定水位/m	水位下降深度 S/m
第一次降深	1 475.8	主井	—	4.95	8.04	3.09
		观 1	3	4.53	6.83	2.30
		观 2	10	4.18	4.97	0.79
		观 3	50	3.93	4.08	0.15
第二次降深	3 630.0	主井	—	4.95	11.50	6.55
		观 1	3	4.53	8.99	4.46
		观 2	10	4.18	5.71	1.53
		观 3	50	3.93	4.18	0.25
第三次降深	5 780.2	主井	—	4.95	14.76	9.81
		观 1	3	4.53	10.99	6.46
		观 2	10	4.18	6.34	2.16
		观 3	50	3.93	4.27	0.34

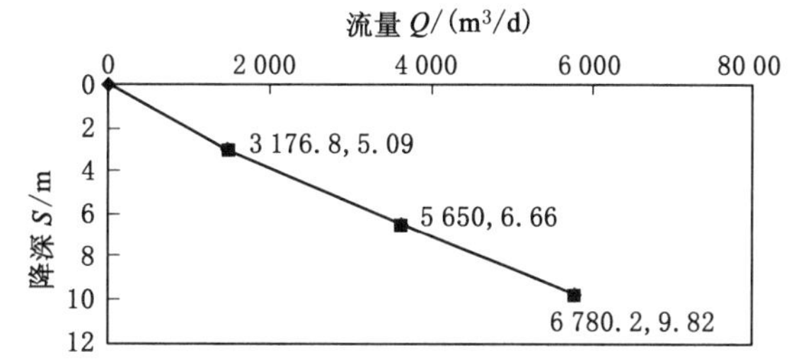

图 2 主井 Q-S 关系曲线图

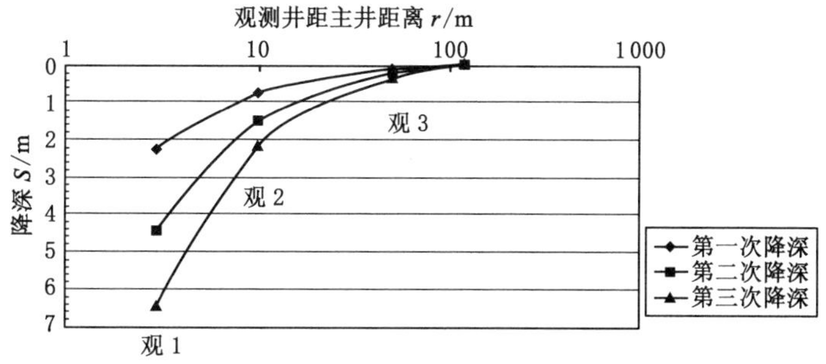

图 3 各观测井 S-lg r 关系曲线图

(2) 抽水试验影响半径 R 的确定

根据 S-lg r 关系曲线，将各观测井水位降深值用平滑曲线延长至 r 轴，可量得影响半径 R 为 120 m。根据公式 $\lg R=\dfrac{S_1(2H-S_1)\lg r_2-S_2(2H-S_2)\lg r_1}{(S_1-S_2)(2H-S_1-S_2)}$确定的影响半径 R 为 70 m。综合确定抽水试验影响半径按 $R=95$ m 考虑。

(3) 含水层渗透系数 K 的计算

采用公式(1)计算，综合渗透系数 $K=15.0$ m/d。

采用公式(2)计算，综合渗透系数 $K=24.1$ m/d。

对上述结果进行平均计算，得到 $K=19.6$ m/d，在降水设计时可近似取 $K=20$ m/d。

4 基坑降水方案

工作井范围为15 m(长)×15 m(宽)×28 m(深),目前地下水的水位埋深为4.0 m,按水位降至基坑底面以下1 m计,水位降深需25.0 m。抽水井按离基坑周边2.5 m考虑,则包围的基坑面积为20 m×20 m。根据钻探结果,含水层厚度按43 m计,采用管井坑外降水,按潜水完整井设计,井深47 m,滤管直径按325 mm计。

(1) 基坑涌水量试算

潜水完整井的基坑涌水量可采用下式计算:

$$Q=1.366K\frac{(2H-S)S}{\lg\left(1+\frac{R}{r_0}\right)} \tag{3}$$

式中 Q——基坑涌水量,m^3/d;

K——渗透系数,m/d;

H——潜水含水层厚度,m;

S——基坑水位降深,m;

R——降水影响半径,m;

r_0——基坑等效半径,m。

经计算,基坑涌水量 $Q=19\ 680\ m^3/d$。

(2) 单井出水量试算

单井出水量可按下式确定:

$$q=120\pi rSl\sqrt[3]{K} \tag{4}$$

经计算,单井出水量 $q=2\ 992\ m^3/d$。

(3) 确定管井数量 n

管井最少数量 n 由下式确定:

$$n=1.1Q/q \tag{5}$$

经计算 $n=7.2$。在基坑周围均匀布置管井,需采用8根管井。管井布置在基坑角点及四边中间位置。

(4) 水位降深复核

确定管井数量后,可进行基坑降水水位的计算,以复核其降深能否满足要求。水位降深可采用下式计算:

$$S=H_0-\sqrt{H_0^2-\frac{Q}{1.366K}\left[\lg(R+r_0)-\frac{1}{n}\lg(r_1\cdot r_2\cdot\cdots\cdot r_n)\right]} \tag{6}$$

经计算,$S=24.55$ m。水位降至基坑以下0.55 m,满足施工需求。

5 基坑稳定性评价

(1) 抗倾覆稳定性验算

该场地地基土含多层夹层,但厚度均不大且连续性差,为简化计算,不考虑薄层与夹层的影响。

按悬臂式支护结构进行验算,嵌固深度设计值 h_d 可按下式确定:

$$h_p\sum E_{p_j}-1.2\gamma_0 h_a\sum E_{a_i}\geqslant 0 \tag{7}$$

式中 $\sum E_{p_j}$——墙底以上基坑内侧各土层水平荷载标准值的合力之和;

h_p——合力作用点至墙底的距离；

$\sum E_{a_i}$——墙底以上基坑外侧各土层水平荷载标准值的合力之和；

h_a——合力 E_{a_i} 作用点至墙底的距离；

γ_0——基坑侧壁重要性系数。

经计算，悬臂式支护结构最小嵌固深度为 31.1 m。见图 4。

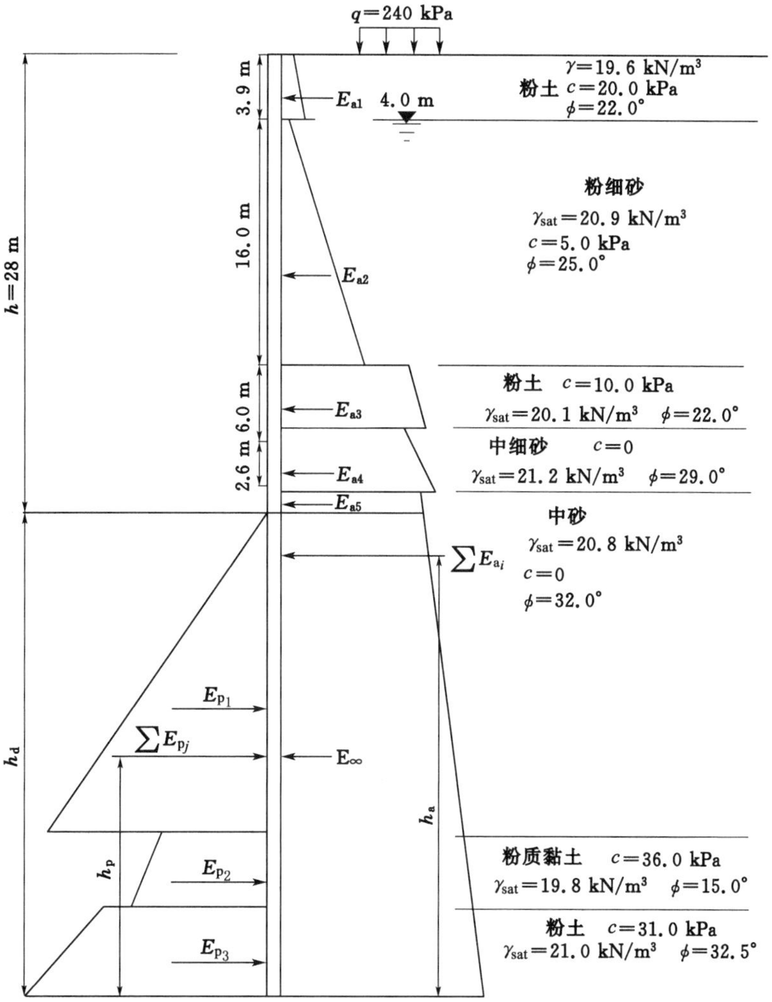

图 4 抗倾覆计算简图

(2) 抗隆起稳定性验算

设计基坑深度为 28 m，将基坑底面的平面作为极限承载力的基准面，承载力安全系数可按下式计算：

$$K_s=\frac{\gamma D N_q+C N_c}{\gamma(H+D)+q} \tag{8}$$

$$N_q=\tan^2\left(45^\circ+\frac{\varphi}{2}\right)\cdot e^{\pi\tan\varphi} \tag{9}$$

$$N_c=(N_q-1)\cdot\frac{1}{\tan\varphi} \tag{10}$$

式中 K_s——承载力安全系数；

γ——土的重度，kN/m³；

C——土的黏聚力，kN/m^2；

q——地面荷载，kN/m^2；

N_c，N_q——地基承载力系数。

经计算，当 D 大于 2.93 m 时，满足承载力安全系数的要求。见图 5。

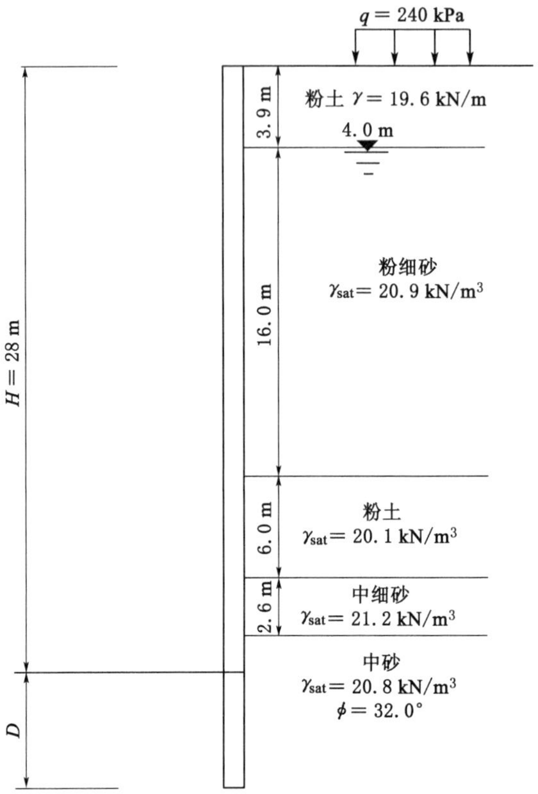

图 5　抗隆起计算简图

(3) 抗渗稳定性验算

当基坑内外存在水头差时，粉土和砂土应进行抗渗稳定性验算，渗透的水力梯度不应超过临界水力梯度，渗透的水力梯度和临界水力梯度可按下式计算：

$$i=\frac{\Delta h}{L} \tag{11}$$

$$i_{cr}=\frac{G_s-1}{1+e} \tag{12}$$

式中　i——水力梯度；

i_{cr}——允许水力梯度；

Δh——坑底内外的水头差；

L——最短渗径流线长度；

G_s——土颗比重；

e——土的孔隙比。

经计算，$i=0.57$，$i_{cr}=1.08$，满足抗渗稳定性要求。

6 结论

该工作井深度 28 m，属超深工作井，岩土勘察等级为甲级，基坑侧壁安全等级为一级，采用多种勘察手段，准确查明了工程地质条件及水文地质条件，为设计及施工提供了可靠的依据。地基土以中细砂层为主，坑壁易坍塌，地下水位浅，水量丰，需进行施工降水及基坑支护，设计方可根据实际荷载等情况进行设计。

目前该管道穿越黄河工程已经施工完成并投入运行，各项工况稳定。其降水及开挖支护方案借鉴了上述建议，满足技术要求，说明上述勘察方法及有关验算是基本正确的，可供类似工程参考。

参 考 文 献

[1] 顾宝和. 基坑降水计算中应用裘布衣公式的问题[J]. 工程勘察，2011，39(10)：84-87.

[2] 任凤鸣，莫海鸿. 顶管工程中矩形工作井的应力和变形分析[J]. 广东土木与建筑，2003，10(6)：54-55.

[3] 邵理中，徐正良，周顺华，等. 穿越黄浦江顶管工程中的大深度顶管工作井设计[J]. 中国市政工程，1996(2)：21-25.

[4] 陶炳芳. 砂层条件下顶管工作井施工方法的研究[J]. 兰州工业学院学报，2013，20(2)：57-59.

某新材料淤地坝工程地质勘察及评价

仇道健

(黄河勘测规划设计研究院有限公司,河南 郑州 450003)

摘 要:淤地坝对黄土高原水土流失的治理起着重要作用,建设淤地坝、防治水土流失是解决黄河泥沙问题的重要措施。随着淤地坝建设规模扩大和数量增多,传统淤地坝坝身散粒体结构不能过流,导致溃决风险高、管护压力大、拦沙不充分的问题,尤其是管护问题愈来愈突出。黄河勘察规划设计研究院有限公司推出新材料新型淤地坝免管护技术方案,创新了淤地坝坝型设计和运行理念,对淤地坝管护工作有明显优势并带来诸多益处。本文重点对代表性淤地坝的工程地质问题进行分析,通过多种勘察方法,对基本地质条件、岩土物理性质、承载力、地基处理、边坡防护等进行详细探讨,为类似淤地坝勘察工作提供参考。

关键词:淤地坝;新材料;免管护

1 工程概况

某已建淤地坝位于榆林榆阳区无定河流域上游支流榆溪河支沟内,属黄土丘陵沟壑区第Ⅰ副区。建于20世纪90年代,为均质土坝,现状最大坝高为17 m,坝顶长约60 m,坝顶兼作连接沟道两岸的交通道路。现状情况下坝地已基本淤满,坝地面积约2.6 hm^2,坝体滞洪库容几乎全部被淤积泥沙挤占,若遭遇较大洪水,易引发土坝坝体冲垮,造成坝地受损,原拦截的部分泥沙又被冲泄至下游河道,增加入黄泥沙压力,破坏黄土高原地区生态环境。

为落实习近平总书记的重要批示,拟对该淤地坝进行高标准、新工艺技术改造,将使该坝在实现原有功能的基础上,多拦沙3.14万m^3,在一定程度上解决其面临的溃决风险高、管护压力大的问题,从而在达到防溃决、免管护、多拦沙等功能,并持续发挥效益。

工程改建方案为:增加坝长至80 m,增加坝高至20 m,库容约50万m^3,属中型淤地坝。坝前新建宽为5 m的交通道路,保留左岸排水涵管,小水从涵管排向下游,大水时从坝顶过流。采用固化黄土新材料在坝顶和坝坡设置防冲刷保护层。主体建筑物为4级建筑物。

2 气象水文与区域地质

工程所在流域属中温带大陆性季风干旱半干旱草原性气候。年平均气温为8.1 ℃,最高气温为38.9 ℃,最低气温为−28.1 ℃;年平均蒸发量为1 905.5 mm,年平均降水量为414 mm,以夏季7～9月份最多,约占年降水量的61.6%。该工程径流洪水主要由降雨形成,泥沙由暴雨洪水侵蚀而来,与降雨关系紧密,主要集中在7～9月。

作者简介:仇道健,男,1971年生。高级工程师,注册土木工程师(岩土),研究方向为地质及岩土工程。

工程区在大地构造上属中朝准地台上的鄂尔多斯台拗，新构造运动十分微弱；沉积有古生代石炭纪和二叠纪、中生代三叠纪到白垩纪以及新近纪的陆相碎屑岩层。区域构造简单，基本为缓倾的单斜构造。断裂不发育，附近无活动性断裂。历史上无重大破坏性地震发生，不具备产生强震的基本条件。

工程区地震峰值加速度为0.05g，地震基本烈度为Ⅵ度，地震分组第一组，地震动反应谱特征周期为0.35 s。

3 工程勘察方案

工程勘察主要采用地质调查、地质测绘、钻探、井探、原位测试以及室内试验等多种方法。通过工程勘察，分析探讨工程地质条件及可能存在的工程地质问题，为免管护淤地坝建设提供可行性的建议。

工程勘察按《淤地坝技术规范》(SL/T 804—2020)有关要求执行。库区测绘比例尺 1∶1000，坝址测绘比例尺 1∶500，测绘范围包括淤地坝、溢洪道及下游冲刷区。沿坝轴线布置钻孔 3 个，孔深进入基岩 5 m，另布置探井 8 个。现场进行标准贯入试验，采取土试样进行常规、湿陷、颗粒分析及剪切、渗透、土化学等试验。

4 基本地质条件

4.1 地质条件

(1) 地形地貌

工程区为侵蚀剥蚀低山地貌，地势东高西低；库区流域分水岭高程为 1 155～1 170 m，沟底高程 1 115～1 134 m，相对高差为 55 m 左右；属典型的黄土丘陵沟壑区，沟壑纵横，梁峁林立，沟谷深切，地形破碎，沟底覆盖较薄的碎石层，下为基岩，两岸覆盖马兰黄土和离石黄土；主沟道断面多呈“U”形，支沟断面多呈“V”形，坝址处沟道呈“U”形；表层植被较发育。

(2) 地层岩性

工程区广泛分布第四纪地层，存在沉积间断，其早更新世地层缺失，下伏基岩为三叠纪地层，二者呈不整合接触。库区出露的地层从新到老依次为第四纪全新世冲洪积形成的粉质壤土(Qh^{al+pl})和冲积坡积形成的土夹碎石(Qh^{al+dl})，第四纪晚更新世风积形成的马兰黄土(Qp_3^{eol})，第四纪中更新世风积形成的离石黄土(Qp_2^{eol})，三叠纪晚三叠世延长组砂岩及泥页岩(T_3^y)。其中粉质壤土及马兰黄土具湿陷性，湿陷程度中等-强烈，属Ⅲ(严重)-Ⅳ(很严重)自重湿陷性场地。

(3) 地质构造

工程区为单斜岩层，倾向西北，倾角为 5°～8°，周边未发现断层。坝址区发育 3 组节理：① 走向 NE40°～NE60°，倾向 NW，倾角为 60°～70°；② 走向 NW300°～NW315°，倾向 NE，倾角为 65°～80°；③ 走向 NW280°～NW290°，倾向 NE，倾角为 10°～20°。节理宽约 1～3 mm，多为半充填。

(4) 物理地质现象

工程区物理地质现象主要为冲沟、崩塌及黄土陷穴等。

受地形地貌、岩性及新构造运动影响，该区冲沟发育，其规模、形态随发育部位不同而有所差异。冲沟数量较多，长约数十米至数百米，宽一般数十米，两侧沟坡较陡，多呈阶梯状，并发育有次级冲沟及塌滑体等，沟底切割较深，一般数十米。

崩塌多见于冲沟两侧及两侧坝肩陡壁位置，规模较小，一般为属立方米至数十立方米。

黄土陷穴主要发育在上部马兰黄土中,直径一般为 1～3 m,可见深度一般为 2～5 m,多沿沟边呈串珠状分布,有的已相互连通形成"天生桥",有的与岸坡沟通形成"天窗"。洞穴的长轴方向多与沟边平行。

(5) 水文地质条件

地下水分为孔隙水和孔隙裂隙水两种类型。孔隙水主要分布于上游淤积物及下游沟底覆盖层中,主要为上层滞水,水量小。孔隙裂隙水包括黄土裂隙水和基岩裂隙水两种。黄土裂隙水为潜水,局部分布有上层滞水,水量十分贫乏,仅在库区局部地点可见沿古土壤面呈点滴状出渗。根据现场调查,基岩裂隙水埋深在 50 m 以上,水量较丰,单井出水量达 10～20 m^3/h。

(6) 季节冻土

工程区为季节性冻土地区,一般冻结深度在 1.2～1.4 m。冬季时间为每年 11 月至次年 4 月。

4.2 物理力学参数

根据现场勘察、原位测试、室内试验,参考有关工程经验,提出各层土的物理力学参数建议值,见表 1。

表 1 物理力学参数建议值

项目	时代成因	天然密度 ρ /(g/cm³)	相对密度 G_s	剪切		弹性模量 /MPa	饱和抗压强度 /MPa	天然泊松比 υ	渗透系数 K /(m/d)	允许承载力 [R]/kPa	开挖坡比(10 m 以下)		土石分级
				c /kPa	φ /(°)						临时	永久	
土夹碎石	Qh^{al+dl}	2.1	2.7	10	25	12		0.49	5.0～10.0	130	1∶1.00	1∶1.50	Ⅱ
黄土状土	Qh^{al+pl}	1.5	2.7	15	18	5		0.50	3.0～6.0	90	1∶1.25	1∶1.75	Ⅱ
马兰黄土	Qp_3^{eol}	1.7	2.71	25	21	10		0.47	2.0～5.0	140	1∶0.75	1∶1.00	Ⅲ
离石黄土	Qp_2^{eol}	1.8	2.71	35	22	12		0.46	0.6～2.0	170	1∶0.50	1∶0.75	Ⅲ
强风化砂岩	T_3^y	2.5		300	31	1 500	25～50	0.35	1.0～2.5	1 000	1∶0.30	1∶0.50	Ⅴ
强风化泥岩	T_3^y	2.45		200	27	800	15～25	0.38	0.1～0.3	600	1∶0.50	1∶0.75	Ⅴ

5 工程地质评价

5.1 软弱地基及湿陷性问题

坝前拟新建道路一条,现状坝前淤积物主要为黄土状粉质壤土,形成时代短,属新近堆积未固结土,结构疏松,含水量高,工程性质差,承载力低,弹性模量小,不可直接作为路基基础持力层;同时,其物质来源为湿陷性黄土从而具湿陷性,建议采用换填法或灰土挤密桩进行处理,以提高地基承载力和变形模量,消除湿陷性,其处理面积及处理深度根据上部荷载情况通过计算确定。

5.2 岸坡稳定问题

现状左岸存在高陡边坡,坡顶高程 1 177 m,坡高约 40 m,坡角 75°,坡顶长约 50 m,属一级边坡。坡面植被不发育。构成边坡的岩性主要为风积形成的马兰黄土和离石黄土。为查明边坡土体的物理力学性质,为边坡稳定性验算提供可靠的技术参数,现场采取原状土样进行室内试验。在天然状态下,自上而下各岩土层的含水量、密度逐渐增大,孔隙比逐渐变小。一般而言,随着黄土中黏粒含量的增大,土的内摩擦角趋于降低,黏聚力趋于增大;而黄土的含水量对其抗剪强度的影响更为显著，土样增湿后，其抗剪强度显著降低，尤其是在水饱和状态下，其抗剪强度仅相当于自然状态下的 50%左右。

影响边坡稳定性的因素主要有：① 岩性差异。构成边坡的岩性为马兰黄土和离石黄土，在垂向上有明显差异性。马兰黄土粉粒含量高，大孔隙及垂直节理发育，易渗水，且浸水后土体强度明显降低；而离石黄土较为致密，黏粒含量较高，可起到相对隔水作用。水体下渗后，常在马兰黄土和离石黄土接触面以上形成饱和带，是马兰黄土底部受水浸泡而形成的软弱滑动带。② 水的作用。工程区地下水埋深大，对边坡稳定性影响较小。边坡土体主要接受大气降水入渗，增加了土体含水量，使坡体自重增大，从而导致失稳下滑。③ 研究表明，黄土滑坡一般要经历蠕变、拉裂和剪断三个阶段，在连续降雨、地震等特殊情况下，也可能不经过明显的蠕变和拉裂，直接进入剪断阶段，出现突然性的滑动破坏。

本次分别采用瑞典圆弧法、瑞典条分法、简化毕肖普(Bishop)法进行稳定性验算。

(1) 瑞典圆弧法

瑞典圆弧法表达式如下：

$$F_S=\frac{M_f}{M_T}=\frac{t_f\,\widehat{AC}\cdot R}{W\cdot d} \tag{1}$$

式中，t_f 为滑动面上土的抗剪强度；$\widehat{AC}$为滑动面弧长；W 为滑动土体自重；$W\cdot d$ 表示对圆心 O 的力矩。

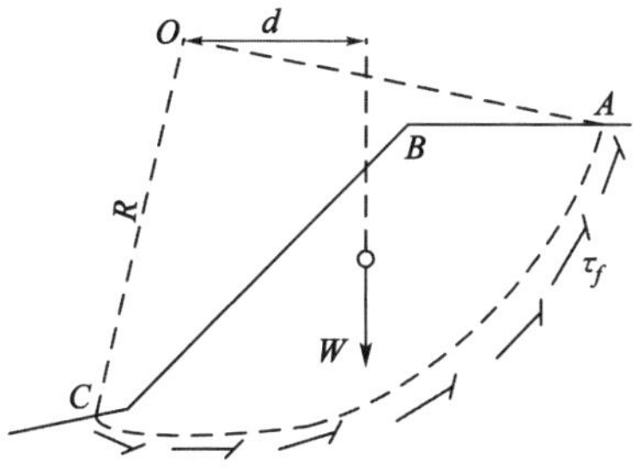

图 1　瑞典圆弧法计算简图

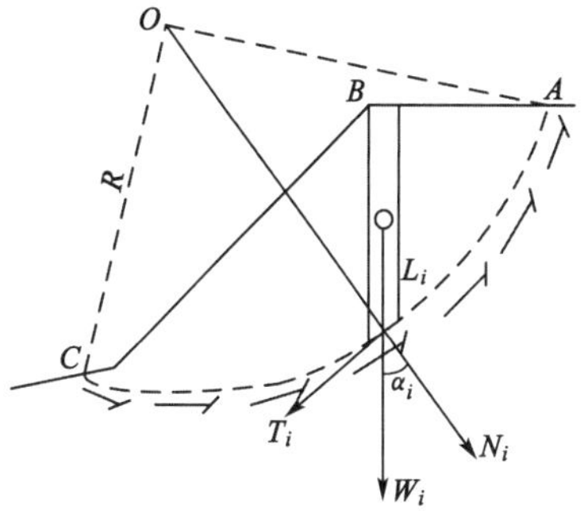

图 2　瑞典分条法计算简图

(2) 瑞典分条法

瑞典分条法表达式如下(各土条宽度相等)：

$$F_S=\frac{M_f}{M_T}=\frac{c\,\widehat{L}+\gamma b\tan\varphi\sum h_i\cos\alpha_i}{\gamma b\sum h_i\sin\alpha_i} \tag{2}$$

或

$$F_S=\frac{M_f}{M_T}=\frac{\sum c_iL_i+\sum\gamma_ib_ih_i\cos\alpha_i\tan\varphi_i}{\sum\gamma_ib_ih_i\sin\alpha_i} \tag{3}$$

式中，γ_i 为第 i 条土的容重；b_i 为第 i 条土的宽度；h_i 为第 i 条土的高度；L_i 为第 i 条土的曲线长度。

(3) 毕肖普法

毕肖普法表达式如下：

$$F_S=\frac{\sum\frac{1}{m_{\alpha_i}}\{c'_iL_i\cos\alpha_i+[W_i-u_iL_i\cos\alpha_i(X_{i1}-X_i)]\tan\varphi'\}}{\sum W_i\sin\alpha_i} \tag{4}$$

$$F_S = \frac{\sum \frac{1}{m_{\alpha_i}}[c'_i L_i \cos \alpha_i + (W_i - u_i L_i \cos \alpha_i) \tan \varphi']}{\sum W_i \sin \alpha_i} \tag{5}$$

式中，$m_{\alpha_i} = \cos \alpha_i + \frac{\sin \alpha_i \tan j_i}{F_S}$；$W_i$ 为土条自重；X_i 为第 i 土条与第 $i-1$ 土条之间的切向应力；X_{i+1} 为第 $i+1$ 土条与第 i 土条之间的切向应力。

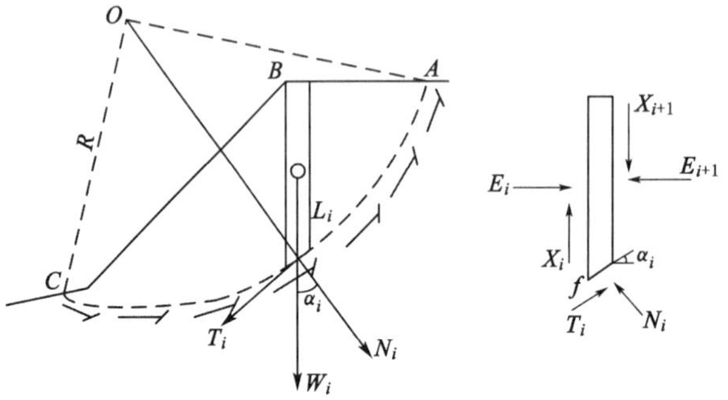

图 3　毕肖普法计算简图

用上述方法分别进行计算，瑞典圆弧法稳定系数为 0.81，瑞典分条法稳定系数为 0.80，毕肖普法稳定系数为 0.88，均小于 1.0，因而边坡是不稳定的。从长期发展趋势而言，坝肩自然边坡将失稳滑动。建议在工程设计时，采用削坡或支护措施，同时做好防水排水措施，以保证边坡安全稳定。如果采用削坡处理，建议分级削坡，中间设马道，单级坡高为 8～10 m，坡度为 1∶0.5～1∶0.75，马道宽为 3～5 m，并设置坡面、坡脚排水系统。

5.3　防冲刷保护层施工方法

新材料免管护淤地坝创新了淤地坝坝型设计和运用理念，研发了适用于黄土高原地区的黄土固化剂，构建淤地坝设计施工新技术，使得新型淤地坝可坝身过流。新型淤地坝坝身过流通过增设新材料防冲刷保护层来实现，在遭遇一般洪水和工程建筑物设计标准内洪水时，洪水可通过坝身泄放至下游，而不致坝体溃决；在超过工程建筑物设计标准洪水通过坝身泄放至下游时，也可充分发挥新型防冲刷保护层抗冲刷的作用，极大地降低了坝体溃决风险。新材料防冲刷保护层可对土坝坝体发挥有效的防护作用，大大减轻了传统土质淤地坝面临的管护压力；新型淤地坝按照坝顶可过流的理念运用，从而将传统淤地坝为保证工程防洪安全而设置的滞洪库容转换为淤沙库容，在同等坝高条件下大大增加了拦沙库容。因此，新材料新型淤地坝可在完成传统淤地坝功能的基础上，进一步实现防溃决、免管护、多拦沙等优越技术性能，其结构示意图如图 4 所示。

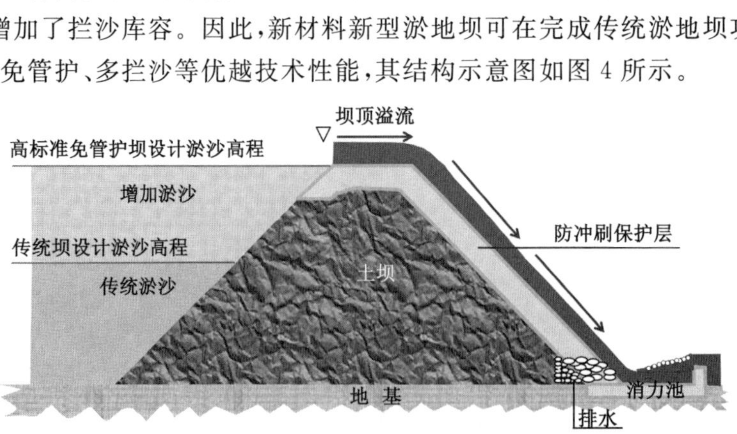

图 4　新材料免管护淤地坝结构示意

经现场调查测绘，现状淤地坝经多次洪水冲刷，发育多处小型冲沟，坝体破损严重，建议在施工新材料防冲刷保护层之前，对坝身进行清表，对毁坏处进行回填夯实处理。同时，由于坝基坐落于基岩陡坎之上，陡坎高约 5 m，下游沟底基岩上覆 1～4 m 的碎石覆盖层，因此建议原设计的消力层可以取消，将基岩陡坎清表后喷锚护壁，作为挑流泄洪之用。另外，考虑施工质量保证及施工方便因素，建议下游坡面中间设一马道，马道宽度以 2.5～3.5 m 为宜。

5.4 建筑材料

拟建工程属改建淤地坝，不用拆除重建，混凝土骨料及石料用量较小，所需材料主要为固化剂所需黄土土料及路基填土。

6 结论

(1) 工程场地属黄土高原剥蚀型低山区，沟壑纵横，河谷基岩出露，基岩为砂岩及泥页岩(T_3^y)；库区及坝肩为黄土，坝前淤积物为黄土状土；构造不发育，近场断裂对工程影响较小。场地属Ⅱ类场地，地震动峰值加速度为 $0.05g$，地震基本烈度为Ⅵ度，地震动反应谱特征周期为 0.35 s。

(2) 工程区广泛分布第四纪地层，存在沉积间断，其早更新世地层缺失，下伏基岩为三叠纪地层。地层为粉质壤土、土夹碎石、马兰黄土、离石黄土、砂岩及泥页岩等。其中粉质壤土及马兰黄土具湿陷性。

(3) 坝肩现状边坡不稳定，需采用削坡或支护等工程措施处理，设置防排水系统。

(4) 新修道路路基持力层工程性质差，具有湿陷性，需事先进行地基处理，建议采用换填法或灰土挤密桩方法。

(5) 根据场地工程地质条件，建议取消原设计的消力池，将下部基岩陡坎清表后喷锚护壁，作为挑流泄洪之用。

(6) 对现有淤地坝采用新材料改建，不用拆除重建，不仅可增加库容 15.2 万 m^3；同时可采用现场丰富的黄土材料，施工方便，投资少，见效快；更重要的是可避免为管理维护而投入的人力、物力和财力，值得大力推广应用。

参 考 文 献

[1] 惠波.黄土高原小流域淤地坝系淤积特征及其生态效应研究[D].西安：西安理工大学，2015.
[2] 李靖.淤地坝垮坝成因分析及防御措施[J].山西水利，2013，29(10)：8，23.
[3] 陕西省淤地坝技术(地方)标准：陕 DB 3446—86[J].西部大开发，2003(12)：81-85.
[4] 赵世宝.安塞县破瓦沟淤地坝工程地质探析[J].黑龙江水利，2016，2(10)：73-76.

浅谈矿山地质环境治理中高陡岩质边坡生态修复技术

段万超

(河南省资源环境调查一院,河南 郑州 450000)

摘　要: 随着社会经济的发展,对矿产资源的需求量日益增加,矿山开采的深度随之加大。矿山开采后会造成一系列地质环境问题,在后期的生态修复过程中,高陡岩质边坡由于其坡度较陡、施工难度大以及无法为复绿植物提供良好的生长环境等问题给矿山生态修复工作造成了一定的难度。本文针对高陡岩质边坡的修复治理技术进行了分析探讨,并提出相关的建议,为矿山生态修复的设计和施工工作提供了一定的理论依据。

关键词: 矿产资源;高陡边坡;生态修复;植生绿化;矿山环境

引言

矿产资源是我国经济社会发展不可或缺的一项重要资源,工业的进步离不开矿产资源的开发利用,而对矿产品的开采不可避免地会造成生态环境的破坏。治理修复因矿产资源开发造成的生态环境破坏是我国一项重要而又艰巨的任务[1]。采矿活动引发的地质环境问题主要有矿山地质灾害(采空区塌陷、地裂缝、崩塌、滑坡、泥石流)、含水层破坏、地形地貌景观破坏、土地资源破坏等四大类[2],这与我国提出的生态文明建设理念相背而行。在地质环境问题中,高陡岩质边坡最为常见,其坡度陡、坡面长、坡面力学性质不稳定、坡面温差昼夜变化幅度大[3],对其进行治理和复绿都存在一定困难。本文在前人研究的基础上归纳总结了对高陡岩质边坡的生态修复技术,可以为矿山生态修复工作提供一定的参考依据。

1　岩质边坡的分类及特点

岩质边坡是岩体结构在自然重力或者人为因素作用条件下形成的具有一定倾斜度的临空面[4]。分析不同岩质边坡的结构特征对于后期的治理和生态修复尤为重要,目前对于岩质边坡的常见分类主要依据岩性和岩体结构,按照岩性可分为岩浆岩边坡、沉积岩边坡、变质岩边坡等;按照岩体结构可分为块状结构边坡、层状结构边坡、破碎状结构边坡和散体结构边坡等[5]。在矿山长期无序开采过程中易形成高陡的岩质边坡,其基岩裸露、结构松散、基本处于失稳状态,存在一定的复杂性、多样性和差异性。影响边坡不稳定性的因素主要包括内部因素和外部因素,内部因素主要为边坡的结构特征(坡角、坡高、岩体的松散程度等);外部因素主要包括自然条件下的风化、构造运动、降雨、温度变化、地下水以及人类活动等[6]。岩质边坡在多种因素耦合作用下,会产生一些地质灾害隐患(崩塌、滑坡、地裂缝、泥石流),严重威胁周边群众生命财产安全。

作者简介:段万超,男,1993 年生。工程硕士,助理工程师,从事环境工程、矿山地质环境恢复治理、绿色矿山创建等工作。

2　岩质边坡破坏模式

分析岩质边坡的破坏模式是研究边坡稳定性的基础工作，稳定的边坡对于矿山地质环境生态修复工作非常必要。岩体结构是引起岩质边坡破坏的主要成因，不同构造的岩质边坡可能引发的破坏模式也不尽相同。常见破坏模式主要包括平面滑动、圆弧滑动、楔形破坏和倾倒破坏[7]。

3　高陡岩质边坡的工程治理与生物治理技术

3.1　工程治理

稳定的边坡结构对于后期的施工和植护工程具有重大的意义。通过现场调查，观察高陡边坡的山体形态、岩体结构、结构面分布、产状以及填充情况等，分析高陡边坡的稳定性及危岩分布，采用科学、合理的工程治理方式提高高陡边坡的稳定性，可以有效防止矿山出现地质灾害问题，再进行下一步生态复绿工作，只有这样才能科学、合理地达到生态修复效果。常用的稳定高陡边坡的方法有支撑、SNS 防护系统、锚固、灌浆等[8]。

3.2　生物治理技术

植物防护主要是指利用植草、植树等来防护边坡表层并起到美化环境的目的。矿山生态修复工程主要以矿区植被恢复为主，因此高陡岩质边坡上的复绿工程就顺理成章地成为生态修复的主要任务。对于高陡岩质边坡而言，土壤瘠薄，直接种植植被，成活率较低[9]。因此，高陡岩质边坡生态修复的主要重点为:在边坡上营造一种适宜植被长期生长的生活环境。

3.2.1　放坡分台阶绿化

在矿山生态修复工作中，放坡分台阶绿化作为一种传统的矿山治理技术，广受矿山工作者的关注。通过放坡分台阶，在边坡上覆土撒播草籽或种植攀爬类植物，在平台上覆土植树，结合挡土墙和排水沟等工程[10]，可以有效地恢复矿区生态环境，科学、合理的设计以及后期定期的养护还能促使矿山环境具有一定的景观效应。但对于高陡岩质边坡来说，放坡分台阶会再次造成矿产资源的开采，在某些现状条件下，是被不允许的。因此，在不改变陡立岩壁现有坡度条件下，寻求高陡边坡的生态修复技术也逐渐成为工程技术人员追求的焦点。

3.2.2　喷混凝土植生绿化

喷混凝土植生技术适用于非光滑岩质坡面，主要以生物学理论和工程力学为依据，采用特制喷射机将配置好的植被混凝土基材均匀喷撒至高陡坡面上，植被混净土基材主要由土壤、肥料、有机物质、保水材料、黏结材料、植物种子、水等混合搅拌而成[11]。喷射从岩壁上部开始，自上而下进行。喷射完成后，岩壁表面形成近 10 cm 厚度的具有连续空隙的硬化体。这就在岩石坡面上营造了一个既能让植物生长发育，种植基质又不容易被冲刷的多孔稳定结构，使建植层固、液、气三相物质基于平衡，从而达到恢复植被、生态修复的目的。

王琼等[12]采用 PMS 植生基质喷射技术对滨湖区的废弃采石场进行生态修复，绿化景观效果理想，得到了专家的一致好评，解决了长期以来废弃采石场存在的生态环境问题。许莉[13]通过铺设镀锌铁丝网结合喷植技术对北京燕山腹地某裸露高陡岩壁进行治理，绿化面积达 8 101 m^2，后期采用喷灌系统进行养护，达到了良好的生态修复效果。使用喷混凝土植生技术能快速达到矿山复绿的效果，但投入的成本以及后期的维护成本较高，很难长期坚持下去。

3.2.3 凿穴(槽)植生绿化

在岩质陡坡同一等高线位置开凿向下倾斜45°的种植穴(槽),这样有利于固定穴(槽)内的土壤和水分,利用常绿灌木的生物学特点和藤本植物的上爬下挂特点,按照设计的栽培方式在穴(槽)内栽植,从而发挥其生态效应和景观效应。

徐芳吉[14]采用凿坑喷播植树、藤蔓攀网辅助等方法对杭州某边坡进行绿化治理,最终边坡绿化覆盖率达到90%以上,有效提升了废弃采坑的治理水平,具有一定的参考价值。曹艳玲等[15]通过在岩壁上凿大孔径岩孔(300 mm),合理设计相邻孔外缘距离(30 cm、60 cm、90 cm)进行试验,通过实际工程半年的验证,得到了和计算结果基本吻合的效果,为干旱少雨地区高陡岩质边坡的修复提供了全新的思路。凿穴(槽)植生技术适应范围广,成本较低,但施工难度较大,植被的多样性较差,由于穴(槽)的空间较小,严重限制了植物后期的生长。

3.2.4 飘台植生绿化

采用工程措施将锚杆呈一定方向锚入高陡岩壁中,锚入深度约1 m,外伸约0.5 m,与岩壁形成一个“V”形槽,槽内填充土壤、营养物质、腐殖质等材料,充分搅拌混合后种植灌木或攀爬植物;也可在槽上安装模板形成飘台,使用废弃的容器固定在飘台上,在废弃容器内填充植被混凝材料,从而达到绿化的效果。

张强等[16]研究了适用于高陡岩质坡面的飘台种植槽技术,并给出了该技术在华南地区的具体应用范例,对于高陡边坡的治理提供了方案。郑思光等[17]采用喷混凝土飘台技术,解决了矿山及采石场生态恢复治理过程中高陡峭边坡施工难的技术问题,施工迅速,见效快,同时有效缓解了矿区内存在的地质灾害问题。飘台植生技术保水保肥性能较好,但飘台间隔区的植被覆盖率较低,一旦遇到大风天气,容易造成局部坍塌。

3.2.5 植生袋绿化

植生袋又名绿化袋,近年来逐渐演变为生态袋,是一种新兴的高陡边坡生态修复技术,多用于地形不规则的陡坡。其应用要点是:首先制备植被混合材料,将土壤、有机质、种子、肥料以及保水材料等充分搅拌混合均匀,然后通过机器将植被混合材料均匀填充在两层可降解的无纺布中间,并铺上一层遮阳网,然后缝制成袋状。沿坡体自上而下进行铺设,同时还要通过工程措施使植生袋与岩壁紧密相连。植生袋技术多用于铁路、公路等边坡修复[18],可以全面地覆盖整个坡面,快速达到治理的效果,同时植被的成活率和多样性较好。永平铜矿采用植生袋技术进行边坡复绿,施工半年后,有效地重建了矿山边坡的生态系统,边坡复绿的同时还提高了边坡的稳定性。

3.3 科学设置截水、排水设施

在高陡岩质边坡生态修复工作中,设置截水和排水设施是一项重要的任务。若边坡的截水、排水设备没有布置好,就很容易造成地表水流进岩体的内部,严重影响岩体的稳定结构,最终导致矿山出现地质灾害等情况[19],前边的边坡整治和绿化工作就会前功尽弃。因此,在充分考察矿区环境地形的基础上,科学、合理地设置截水、排水设施,可以有效促进生态修复效果。同时,后期应定期对设施进行检查,确保设施能正常运行。

4 结语

近年来,开展矿山地质环境恢复治理工作逐渐得到了社会及企业的重视。高陡岩质边坡生态修复工程是一项涉及多学科的复杂工程,针对不同岩体结构的高陡边坡,分析其可能存在的破坏模式,进行稳定性评价和工程治理,科学、合理地选择不同模式的生态修复技术,可以准确、高效地达到矿山地质环境生态修复的目的。除此之外,越来越多的科研工作者将高分子材料学、植物学、动物学等引入该领域,研究实施新型的生态修复技术,并在实际应用中不断进行优化和改进。

参考文献

[1] 河南省国土资源厅.河南省矿山地质环境恢复治理工程勘查、设计、施工、技术要求:试行[M].郑州:黄河水利出版社,2014.

[2] 赵金召,李予红,席正,等.露天高陡岩质边坡生态修复技术的探讨[J].绿色科技,2020(22):223-225.

[3] 李坤龙,尤智慧.浅论陡立岩壁生态修复中几种工程措施的优势与不足[J].矿产勘查,2019,10(11):2870-2873.

[4] 杨朝晖,王汉斌.基于离散元强度折减法的五盂高速公路边坡稳定性分析[J].桂林理工大学学报,2020,40(3):535-541.

[5] 张玉峰.复杂地质条件下岩质边坡破坏模式和稳定性分析[J].能源与环境,2016(3):33-35.

[6] 李进宝,柴丽娜,李保保,等.新时期矿山生态修复理论浅析[J].地矿测绘,2021,4(1):89-90.

[7] 孙树志,刘小军,施杨.岩质边坡破坏模式综述[J].城市建设理论研究,2015,33(21):21-24.

[8] 关军洪,郝培尧,董丽,等.矿山废弃地生态修复研究进展[J].生态科学,2017,36(2):193-200.

[9] 叶珠红.高陡边坡绿化技术的应用[J].中国公路,2018(5):112-113.

[10] 方超.常用矿山修复技术的应用实例及评价[J].有色冶金设计与研究,2018,39(6):126-127.

[11] 李成,陈建平,杜江丽,等.石灰岩开采区硬岩边坡复绿技术及其适用性[J].中国地质灾害与防治学报,2016,27(2):149-153,161.

[12] 王琼,柯林,辜再元,等.PMS技术在高速公路岩石边坡生态防护工程中的应用[J].公路,2009,54(2):180-185.

[13] 许莉.植被混凝土技术于北京某地区裸岩治理的应用[J].中国煤炭地质,2020,32(7):40-45.

[14] 徐芳吉.岩石边坡绿化方法与工艺[J].西部探矿工程,2016,28(10):9-10.

[15] 曹艳玲,吴波,王峰,等.石英岩高陡边坡植物根系环境重塑研究:以长岛石英岩为例[J].矿产勘查,2020,11(10):2324-2329.

[16] 张强,张玉昌.华南高陡石质边坡的飘台种植槽护坡绿化技术研究[C]//中国水土保持学会水土保持生态修复专业委员会换届及第五届全国水土保持生态修复学术研讨会,2012.

[17] 郑思光,赵志杰.露天矿山边坡治理的“喷砼飘台”技术试验及效果[J].探矿工程(岩土钻掘工程),2020,47(3):80-87.

[18] 张霄.我国高速公路边坡生态修复研究综述[J].资源节约与环保,2016(3):85.

[19] 张东东.矿山高陡岩质边坡生态恢复与景观营造研究及应用[J].世界有色金属,2020(6):211-213.

浅谈三维模型在库区塌岸分析预测中的应用

牛贝贝,戴　雪

(黄河勘测规划设计研究院有限公司,河南 郑州　450003)

摘　要:我国西北黄土高原地区水库库区黄土塌岸现象较为普遍,为解决在现有条件下采用传统方法分析预测塌岸工作量大且复杂的问题,本文以甘肃省某水库近坝库岸段为例,采用三维模型对库区部分库岸段的塌岸进行分析预测,同时与传统分析预测方法进行对比,以得出分析预测库区塌岸的快捷和高效的方法,为同类库区塌岸分析预测提供借鉴价值和指导意义。

关键词:三维模型;库区塌岸;塌岸分析;模型应用

BIM,因其所具有的可视化、模拟性、可出图性等优势,越来越被广泛地应用于工程勘察设计的前期工作之中,特别是在水利工程勘察设计领域,BIM 技术与三维模型逐渐被应用于勘察设计的全阶段中,为工程的全生命周期提供全面可视化的智慧决策依据。ItasCAD 软件便是基于互联网和云技术,通过数据库、三维地质建模与数据处理、应用与成果输出三大模块建立的针对岩土地质体的专业性 BIM 平台[1-3]。ItasCAD 软件可以外业地质工作中采集到的各类数据为基础建立起既包含地质体空间几何形态特征,又包含岩土工程分析和设计所需信息属性的三维地质模型。通过三维地质模型的建立,可在平台中实现二维地质图件的生成、岩土体专题问题的分析、岩土工程设计等应用[4-7]。目前在水库库区塌岸的分析预测中还普遍采用传统的计算方法,工作量大、计算复杂,并且存在计算预测的精准程度与计算量高度相关的问题,即计算剖面多、计算量大,计算预测就会更加精准,而通过三维建模可得到连续的计算分析剖面,可使库区塌岸的分析预测变得快捷与高效[8]。下面在分析库区塌岸预测研究现状的基础上,以甘肃省某水库的近坝库岸段为例,浅谈三维模型在库区塌岸分析预测中的应用。

1　库区塌岸分析预测的研究现状

由于塌岸的产生往往与复杂多变的自然地质条件相关,在我国西北的黄土高原地区,水库区分布十分广泛,而目前还没有通用于各种条件的数学方程或计算公式来解决库区塌岸分析预测的问题,正在使用的分析预测方法也多属于针对不同自然地质条件的经验性或半经验性的方法,并且不同的经验方法对不同种类塌岸的预测各有其自身的适用范围,没有通用的高效便捷的分析预测方法。与库区塌岸的形成相关的影响因素是复杂多样的,包括地形地貌、地层岩性、库岸结构、库岸形态、波浪作用、淤积速度、水文地质条件等。因此,对于库区塌岸的分析预测很难形成一种对以上各种影响因素都包含在内的通用计算公式或通用计算理论。目前,只能结合工程所在地的相关地质条件,通过某些适用于所处地质环境的假设条件,在理论研究和模型试验的基础上,建立尽可能近似于实际情况的塌岸分析预测方法或分析预测的经验计算公式,以达到对库区塌岸分析预测的

作者简介:牛贝贝,男,1988 年生。硕士学位,工程师,主要从事水利工程地质工作。

目的。

库区塌岸模式和规模很大程度上取决于岸坡的形态和结构特征。数十次不同水库区的地质调查与地质测绘的结果显示，库区塌岸的发生与水库岸坡的形态特征密切相关。对于土质岸坡，地形上库区岸坡的坡度越陡，河流对岸坡的切割越强烈，就越容易发生库区塌岸；相同条件下，陡坡型土质岸坡和上陡下缓型土质岸坡比缓坡型土质岸坡更容易产生库区塌岸。通常情况下，岩质岸坡较土质岸坡更能经受风浪的冲刷；植被发育良好的岸坡，稳定性也更好；岸坡土质越松散，库区岸坡的再造就越强烈。现阶段常用于水库塌岸分析预测的方法主要为类比图解法、计算图解法等，采用三维模型方法进行水库塌岸分析预测的实例较少，还处于探索阶段。

2 某水库库区基本地质条件

2.1 地形地貌

某水库位于甘肃省典型的黄土高原地区，库区范围内地形的起伏较大，岸坡较陡，局部近直立。黄土塬、峁、梁等地貌发育。河谷一般由下部的河槽区、中部的阶地区以及上部分布于两侧的山谷斜坡组成。从地貌形态的角度来看，该水库库区主要呈现为"U"形河谷，且左右岸不对称，在河床的两侧分别发育有河漫滩和阶地，见图 1。

图 1 某水库库区地形地貌图

河谷的两岸多为厚层黄土所覆盖，基岩主要分布在河槽与深切沟谷的地段，黄土岸坡多较为高陡，库岸边坡通常会因受到雨水的侵蚀或冲刷而完整性较差。库区内冲沟较为发育，高陡的岸坡常伴有黄土滑塌或基岩崩塌现象发生。水库正常蓄水后，库岸边坡的松散堆积物在水的浸泡下将改变其自身的物理力学性质，如容重、孔隙度、土的状态、内摩擦角和凝聚力等；在浪蚀作用下库岸边坡可能发生坍塌、后退等现象。

2.2 地层岩性

库区主要出露有白垩纪泥岩和砂岩底层及第四纪堆积层，现分述如下。

(1) 白垩纪(K)地层

白垩纪地层为该区域内第四纪地层基底，岩性主要为青灰色、紫红色砂质泥岩、泥岩与青灰色、橘红色、灰黄色砂岩互层，产状近水平，倾向存在较大差异，岩层的倾角通常为 3°～15°之间。一般在沟谷下部和中下游的河槽中有所出露。

(2) 第四纪(Q)地层

第四纪地层在某水库库区分布十分广泛，主要为黄土和河流冲、洪积层，根据时代与成因分述如下：

① 中更新世离石黄土(Qp_2l)：通常伏于马兰黄土层的下面，多为浅黄色或浅棕黄色；多无层理，一般具有柱状节理。

② 晚更新世马兰黄土(Qp_3m)：通常位于离石黄土层的上面，多为浅黄色或灰黄色；土质较为均匀，多具有垂直节理。

③ 第四纪全新统冲、洪积物(Qh^{al+pl})：以粉质壤土为主，夹有砂砾石，多为浅黄色。

2.3 地质构造

某水库库区地层连续，产状稳定，地质构造较为简单，未发现规模较大的断层通过，节理裂隙不发育，主要发育节理有：

(1) 走向北东，倾向160°～165°，倾角为72°～78°；节理面平直光滑，闭合无填充，切割深度为1～2 m，延伸长度为1～3 m，间距为1.5～3 m。

(2) 走向北东，倾向320°～325°，倾角为60°～65°；节理面起伏粗糙，局部有钙膜充填，隙宽小于1 mm，延伸长度为1～2 m，间距为1～2 m。

(3) 走向近东西，倾向0°～5°，倾角为80°～85°；节理面起伏粗糙，局部有钙膜充填，隙宽小于1 mm，延伸长度为1～1.5 m，间距为1～2 m。

(4) 走向北东，倾向25°～30°，倾角为80°～85°；节理面平直，因卸荷张开无填充，垂直切割深度2.5 m。

2.4 水文地质条件

某水库库区地下水类型主要为松散岩类孔隙水、基岩裂隙水和基岩承压水三种。

(1) 松散岩类孔隙水：主要赋存和运移在河床砂卵石层中，受大气降水及河水的补给，以侧向径流的形式向河流下游和低洼之处排泄。

(2) 基岩裂隙水：一般以潜水的形式出现，分布在库区下白垩统泾川组(K_1j)裂隙化的泥岩、砂质泥岩体中，无统一的潜水面。

(3) 基岩承压水：一般以上升泉的形式溢出至地表。

2.5 物理地质现象

受流水侵蚀、重力剥蚀等外力作用影响，某水库库区内不良物理地质现象较为发育，分布于整个库区，主要类型有冲沟、滑坡、崩塌、固体径流等。

(1) 冲沟和落水洞

受地形地貌、岩性及新构造运动的影响，某水库库区冲沟较为发育，且规模、形态随发育部位的不同而有所差异。冲沟断面形态多呈"V"形，两侧沟坡较陡、沟壁陡峭，沟底切割较深，可达几十至数百米，有的几乎切割到塬顶。冲沟中见有落水洞分布。冲沟内流水侧蚀作用十分活跃，并引起落水洞坍塌或谷坡产生滑坡。遇洪水时，泥水顺沟而下，携带泥沙、淤积河床，加剧水土流失。

(2) 滑坡

根据对某水库库区的野外地质调查，库区两岸仅有几处滑坡，主要发育在黄土层内。滑坡形态要素清楚，边界轮廓多呈圈椅状，后壁直立，后缘常发育有错落平台及拉裂缝。

(3) 崩塌

崩塌多见于库区冲沟两侧及滑坡体后缘陡壁处、河流凹岸侵蚀区，一般规模较小，崩塌体积数立方米至数十立方米不等。崩塌的发生多是由于水流作用岸坡使其下部被掏空而上部失稳造成的。

(4) 固体径流

受地形地貌、岩性及新构造运动的影响,库区两侧冲沟发育,加上植被覆盖稀少,季节性气候变化大,在暴雨季节洪水沿冲沟携带稀性泥石流顺沟而下,并携带泥沙、淤积河床,形成固体径流。

2.6 近坝库岸段岸坡类型

近坝库岸段为黄土和基岩共生的双层结构,即上部为第四纪黄土,多分布于河谷的中上部或河槽的顶部;下部为白垩纪基岩,多分布于深切沟谷与河槽的下部区域。近坝库岸段的岸坡多为陡立状,十分陡峻。待大坝建成、水库正常蓄水后,位于近坝库岸段的正常蓄水位将位于黄土与基岩的交界面之上,受到库水位变动的影响,在岸坡上部的黄土区域存在可能发生塌岸的问题。

3 传统方法塌岸分析预测

本文选择某水库近坝库岸段的右岸区域进行分析预测,一般情况下正常蓄水位将高于基岩面,这部分区域的岸坡均可能存在塌岸的问题。下面采用传统的两段图解法对该段塌岸进行分析预测(计算示意图见图2)。

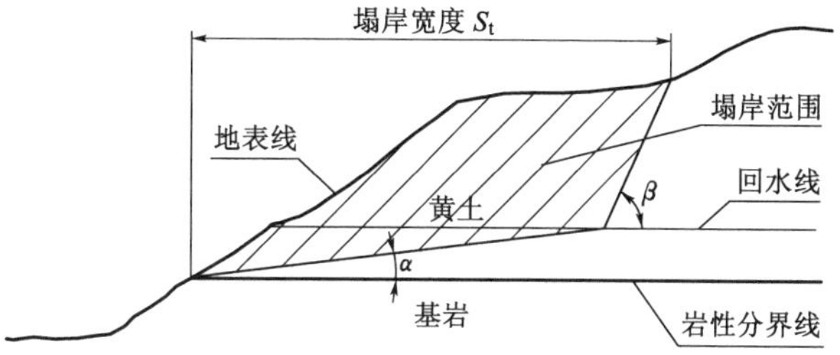

图2 采用两段图解法分析预测塌岸示意图

图2中,α为水下浅滩坡角,其大小通常与岩性和浪高相关。某水库近坝库岸段主要存在黄土库岸段的塌岸,该段的黄土层较为致密,根据周边工程经验取$\alpha=7°$。β为水上稳定坡角,根据周边工程经验取$\beta=65°$。据此分析预测该段可能发生塌岸的宽度、范围,同时预测可能发生塌岸的总方量。

采用传统的两段图解法进行塌岸分析预测,需结合平行断面法对某水库近坝库岸段等间距地截取剖面进行计算,并分析预测塌岸宽度的范围和总方量。截取剖面的数量越多,预测的塌岸范围与总方量越精确,但同时计算的工作量也会加大。该段采用25 m的断面间距截取剖面,然后对位于近坝库岸段右岸250 m范围内在正常蓄水后可能发生的塌岸进行分析预测,计算结果显示:该段可能发生塌岸的预测宽度为64.12~141.95 m,可能发生塌岸的总方量约为13.54×10^4 m^3。

4 三维模型塌岸分析预测

4.1 三维地质建模

库区近坝库岸段塌岸的三维模型建立主要基于多个面的建立,其中包括地表面、水库正常蓄水后的回水面、根据实地调查和工程经验确定的水下浅滩坡面以及水上稳定坡面。将基础地形数据导入ItasCAD软件,ItasCAD软件可识别所有地形线(等高线)的坐标属性和高程属性,采用在

ItasCAD 软件中新建平面并通过点集约束的方式约束至从地形线(等高线)中提取的等高点上,再通过若干次网格加密和离散光滑插值的运算,便可完成地表面的建模。水库正常蓄水后的回水面、水下浅滩坡面以及水上稳定坡面的模型可采用 ItasCAD 软件中线与产状的方式建立,建成后的塌岸三维地质模型的各主要面见图 3。

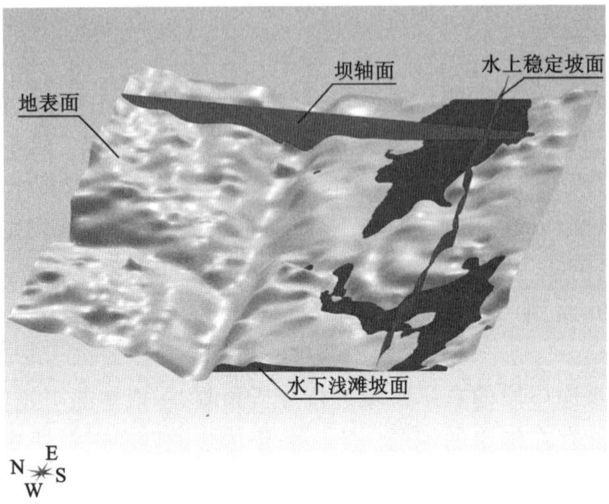

图 3　建成后的塌岸三维地质模型各主要面

在塌岸三维模型的以上各面建模完成后,可在 ItasCAD 软件中采用面分割的方式对地表面、水下浅滩坡面和水上稳定坡面 3 个主要面创建立方网,该立方网中地表面、水下浅滩坡面和水上稳定坡面所包围的区域即为该库区近坝库岸段正常蓄水后可能发生塌岸的预测区域。建成后的塌岸三维模型见图 4。

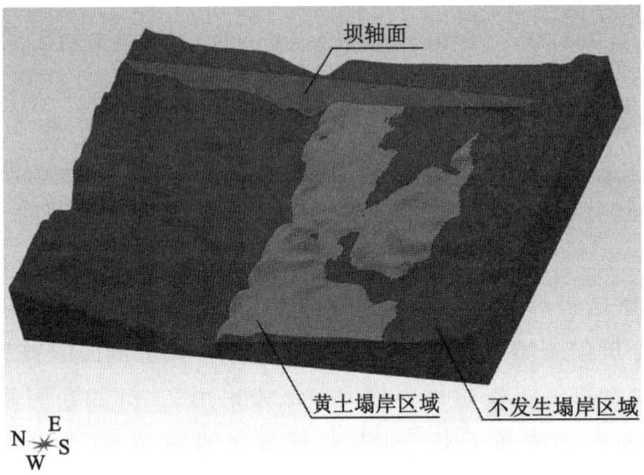

图 4　建成后的塌岸三维模型

4.2　塌岸分析预测

利用 ItasCAD 软件建成的库区近坝库岸段塌岸三维地质模型,能够较为直观地查看到该库岸段的塌岸范围、塌岸区域等,也可直接量测三维模型上塌岸区域任一剖面的塌岸宽度,对塌岸范围的预测较传统分析预测方法更为精准,同时不再需要像传统方法那样截取多个剖面一一查询剖面的塌岸宽度,三维模型相当于已经在该库岸段剖切了连续的无数个地质剖面,所以剖面的宽度也是连续的。通过对三维模型的立方网属性进行查询,可得到该库岸段可能发生塌岸的总方量,总方量及三维模型的相关属性数据都可以在 ItasCAD 软件中直接导出 Excel 表格，对数据的后期分析与整理都可在 Excel 表格中进行，十分便捷。采用三维模型的方法进行库区塌岸的分析预测，不需要再像传统的平行断面法那样将每个平行断面的数据手动输入表格后再进行计算。

在本文实例中，通过对建成的三维模型的属性进行查询，可知某水库近坝库岸段可能发生塌岸的预测宽度范围为 60.36～149.53 m，可能发生塌岸的总方量约为 13.27×10^4 m^3。该结果与采用传统方法计算的塌岸宽度范围和总方量数据较为接近。由于采用传统方法对塌岸的分析预测是基于有限的若干个平行断面，而三维模型方法则相当于基于无限个连续的平行断面，所以两者的结果必然是不一致的，但也是较为相近的，这可说明三维模型的分析预测方法对于库区塌岸的分析预测有效，并且三维模型方法相当于基于无限个连续的平行断面，其较传统方法更为精确。同时，库区塌岸三维模型可在 ItasCAD 软件中直接剖切该区域内任意的地质剖面并自动生成 dwg 格式的剖面图，更便于勘察设计后期地质附图的生成及相关设计成果的输出，同时对于地质分析成果的展示和应用也具有非常明显的优势。在未来的勘察设计工作中三维模型在各工程领域的应用一定也会越来越广泛。

5 结语

通过三维模型在某水库库区塌岸分析预测中的实际应用，以及与传统方法对同一库岸段塌岸的分析预测对比，可以得出以下结论：

（1）采用三维模型对水库库区塌岸的分析预测较传统方法更为便捷与高效。

（2）采用三维模型对塌岸分析预测的结果与传统方法相近，表明采用三维模型对塌岸的分析预测有效，可用于对传统方法进行塌岸分析预测的辅助和校核。

（3）目前国内采用 ItasCAD 软件三维模型的方法进行塌岸分析预测的实例较少，该方法在水库库区塌岸分析预测中的应用还需不断探索。

参 考 文 献

[1] 宋明佳．水利水电行业三维协同设计中三维可视化的应用与研究[J]．水利规划与设计，2013(12)：57-59，66．

[2] 王海涛，刘美艳，郭菊，等．BIM 模型网页端可视化研究[J]．水利规划与设计，2020(3)：98-101．

[3] 王国岗，赵文超，陈亚鹏，等．浅析数字孪生技术在水利水电工程地质的应用方案[J]．水利技术监督，2020，28(5)：309-315．

[4] 杨波，胡海风，赵文广，等．基于多源数据的安徽庐枞盆地三维地质建模[J]．地质学刊，2019，43(3)：377-384．

[5] 李枚洁．基于 ITASCAD 的三维工程地质的构建对某工程基坑支护的应用研究[D]．广州：广州大学，2018．

[6] 牛贝贝，姚振国，王宏飞，等．基于 ItasCAD 三维地质模型的工程地质条件分析[J]．水科学与工程技术，2020(1)：34-37．

[7] 牛贝贝，姚振国，孙红义，等．基于 ItasCAD 三维模型在块石料场储量计算中的应用[J]．水利水电工程设计，2020，39(2)：27-29．

[8] 周圆心，何晗晗，刘予，等．基于地层约束的三维地质属性模型建设[J]．城市地质，2019，14(3)：7-13．

新县将军高边坡排水方案探讨

王　俊,田玉培

(河南省地质矿产勘查开发局第三地质矿产调查院,河南 信阳　464000)

摘　要:工程在建设过程中可能出现大量的高边坡,高边坡在各种不利因素的影响下,可能出现整体失稳现象,严重影响人们的生命及财产安全。因此,需要对高边坡进行边坡治理,合理的边坡排水方案设计是边坡治理的重要组成部分。本文通过探讨新县将军高边坡排水方案,为类似工程边坡排水方案设计提供借鉴意义。

关键词:高边坡;排水方案设计;借鉴意义

新县将军高边坡位于新县将军山东部,即新县将军棚户区改造工程的西部边坡(斜坡)地带;边坡总体走向南北,长约294.0 m,宽为15.0～25.0 m,倾向南,边坡西部斜坡自然坡度为30°～50°。边坡采用分级放坡,Ⅰ级边坡和Ⅱ级边坡采用格构式锚杆挡墙(锚索统一采用3S15.2,总长度为15.0 m,自由段长为5.0 m,锚索体与水平面夹角$\alpha=20°$,间距2.5 m×2.5 m)+毛石混凝土挡墙(基座),Ⅲ级边坡采用浆砌毛石重力式挡墙,设计坡角为50°～60°,坡脚高程由南向北为102.9～98.0 m,坡顶高程为107.0～117.0 m(北高南低),坡高为5.0～19.0 m(图1)。

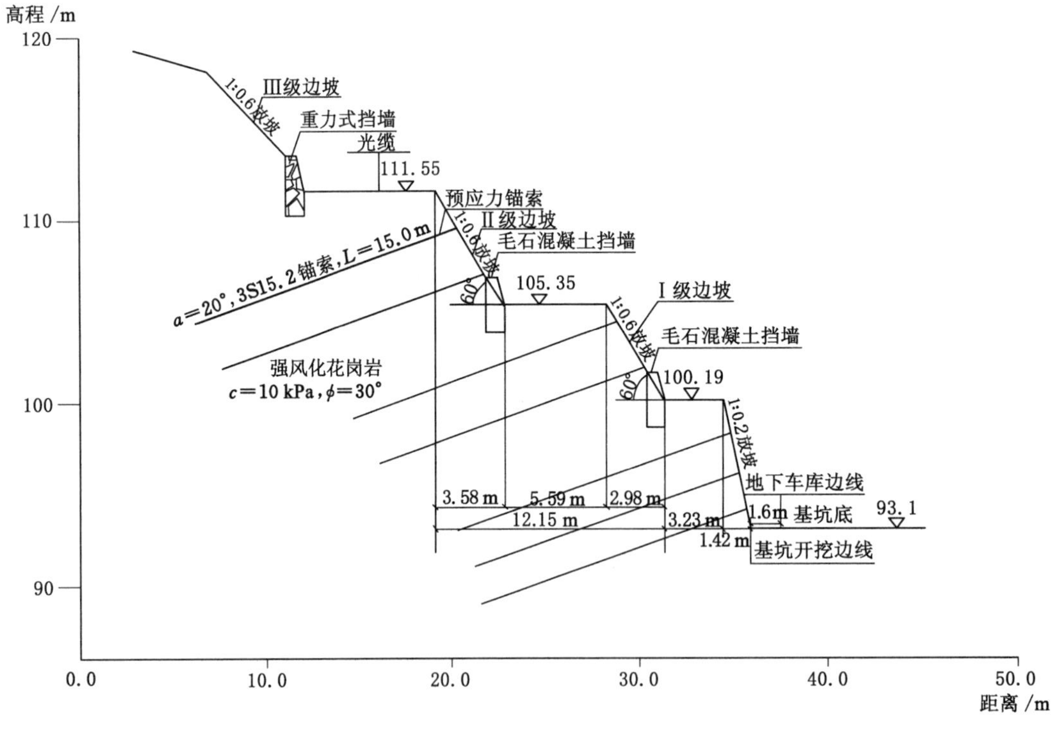

图1　新县高将军边坡支护剖面图

作者简介:王俊,男,1987年生,河南信阳人。硕士研究生,水工环工程师,主要从事岩土工程勘察、岩土工程设计等工作。

沿将军小区东侧与西山大道之间分布有深 1.5～2.0 m、宽 0.8 m 的市政排污渠，纵向坡降约为 0.05 以上，宜作为将军高边坡排水工程最终排水通道。

1 自然环境概况

新县地处北亚热带向暖温带过渡地带，属大陆性湿润季风气候，四季分明，雨量充沛，光照充足；年平均降水量 1 373.4 mm，年最大降水量为 2 116.3 mm，年最小降水量为 846.6 mm；年内降水量分配不均，多集中于 4～8 月，5 个月降雨量为 894.3 mm，占全年降水量的 65%，在此期间多暴雨且强度大，往往易造成洪涝灾害，最大日降雨量可达 321 mm。

新县将军高边坡排水工程场地东侧距潢河约 500 m；潢河流向由南向北，为新县最大一条河流；该工程边坡及周边西山区域地表水主要为花岗岩质坡面径流，径流条件较通畅，汇聚后形成沟坡洪流，径流具一定强度，但冲刷作用有限。

2 地形地质

新县将军高边坡地处低山地貌区及山坡坡脚地带，山体自然纵向坡度和沟谷纵向坡度为 30°～50°；山坡岩体主要为燕山期花岗岩，汇水区地表裸露岩体较为完整，以强风化和中等风化为主。

3 主要技术指标

新县将军高边坡西支沟汇水区，海拔高程为 100.0～414.0 m，自然坡度为 30°～50°，长近 500.0 m，宽约 50.0 m，上宽下窄，汇水区面积约 25 000 m^2；西坡表面汇水区面积约 100 000 m^2，依据下列公式进行地表汇水量[1]计算：

$$Q_P = \varphi \cdot S_P \cdot F \tag{1}$$

式中 Q_P——设计地表汇水量，m^3/s；

φ——花岗岩径流系数；

S_P——设计降水强度，mm/h；

F——汇水区面积，m^2。

主沟渠最大截水-排水流量见表 1。

表 1 截水-排水流量计算表

汇水区	参数			
	径流系数 φ	设计降水强度 S_P /(mm/h)	汇水区面积 F /m^2	地表汇水量 Q_P /(m^3/s)
西支沟汇水区	0.9	50	25 000	0.31
西坡表面汇水区	0.6	50	100 000	0.83
合计	—	—	—	1.14

主沟渠最大截-排水流量为 1.14 m^3/s；主沟渠设计纵向坡降(J)为 0.4～0.7；主沟渠设计流速(v)大于 1.5 m/s；混凝土沟渠粗糙度系数(η)为 0.14。

4 边坡工程排水设计

边坡工程排水包括坡面排水、地下排水和减少坡面雨水下渗等措施。坡面排水工程措施包括截水沟、排水沟和急流槽;地下排水工程措施主要有:渗沟、盲沟、渗井、排水洞、排水孔、集水井和盲洞等。坡面排水、地下排水与减少坡面雨水下渗措施宜统一考虑,形成相辅相成的排水、防渗体系[2]。新县将军高边坡截水-排水工程主要由两大部分组成:一为消能-沉淀池工程,以拦挡与沉淀山洪泥石,蓄积、消能、排泄山洪沟槽径流;二为截水-排水沟渠工程,以及时截流、导排降雨坡面径流和消能池水流(图 2)。

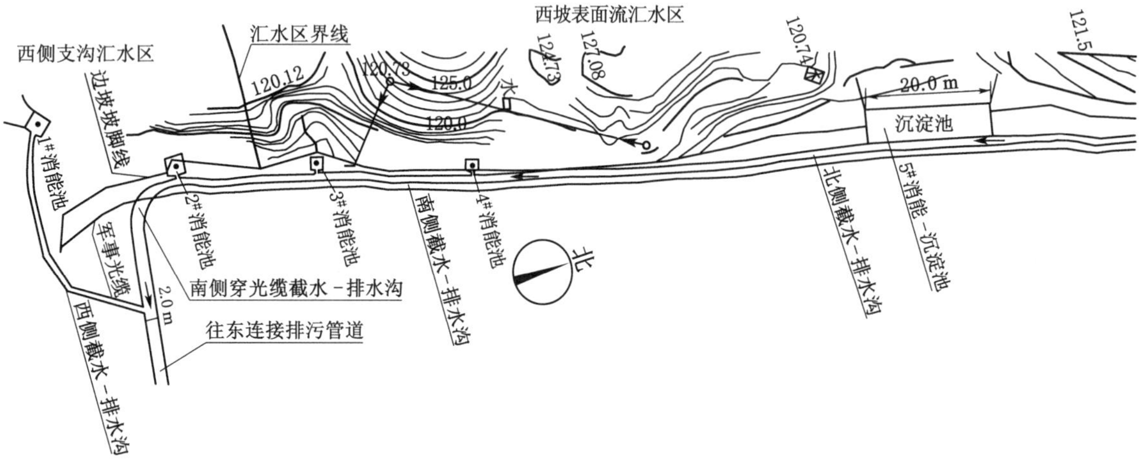

图 2 边坡平面排水示意图

4.1 消能-沉淀池设计

北部边坡坡度为 40°～50°,坡度较陡,地表水从山上形成片流具有较大的势能,并携带全风化花岗岩颗粒,故在坡脚设置主沟挡水翼板-蓄水-消能-沉淀池及跳流鼻坎槽(图 3)。主沟挡水翼板的主要作用是拦蓄地表水,两翼分别顺自然坡度向上伸展。在水池东侧壁板上设置直径为 50 mm 的泄水孔 6 个(水平间距为 2 000 mm),泄水孔高度设置于距池底面 650 mm 处,以降低蓄水池水深至安全深度。

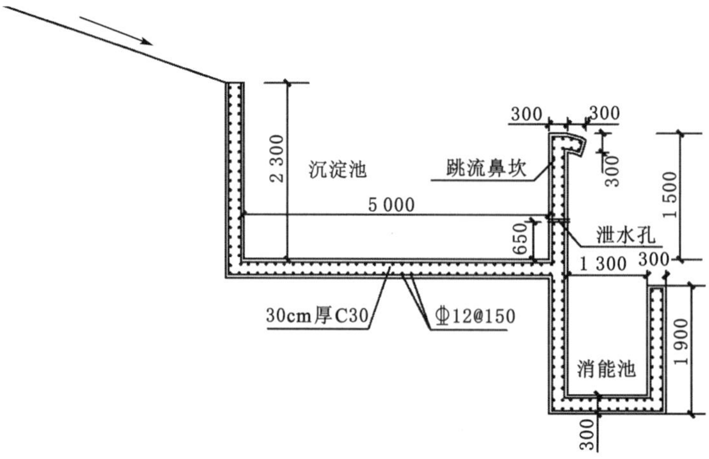

图 3 5# 消能-沉淀池横剖面图

4.2 截水-排水沟渠设计

(1) 南侧主截水-排水沟及进出水口设计

主截水-排水沟及其进出口均采用矩形截面设计,沟底净宽为 1 000 mm,净高为 1 000 mm,壁板和底板厚为 250 mm,有效过水断面面积(A)为 1.0 m^2;沟槽中轴纵向坡降控制在 0.04~0.07 之间,平面上大致平行边坡走向设置;沟槽底板与两翼均采用钢筋混凝土结构(图 4)。

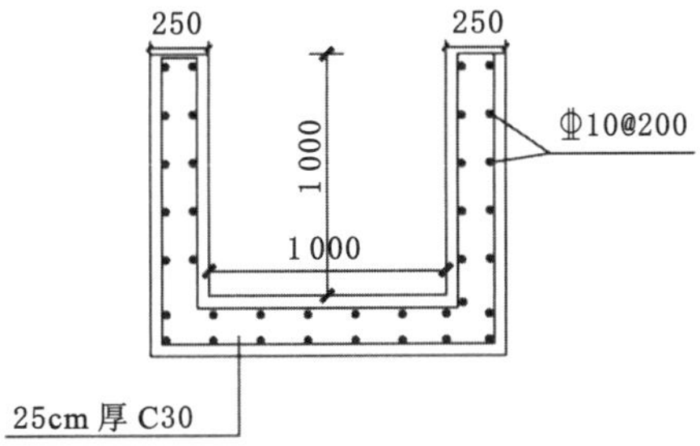

图 4 南侧截水-排水沟横截面示意图

(2) 南侧沟槽弯道设计

主截水-排水沟北端与主沟消能槽相接,向南部分别有两处近直角大弯,其沟槽中轴线均应按 5.0~8.0 m 半径布设,主截水-排水沟南端与市政排污管线相接。

(3) 南侧穿光缆截水-排水沟设计

穿光缆截水-排水沟及其进出口均采用矩形截面设计,沟底净宽为 2 000 mm,净高为 600 mm,壁板和底板厚为 250 mm,有效过水断面面积(A)为 1.2 m^2;沟槽中轴纵向坡降控制在 0.04~0.07 之间,平面上大致平行边坡走向设置;沟槽底板与两翼均采用钢筋混凝土结构(图 5)。

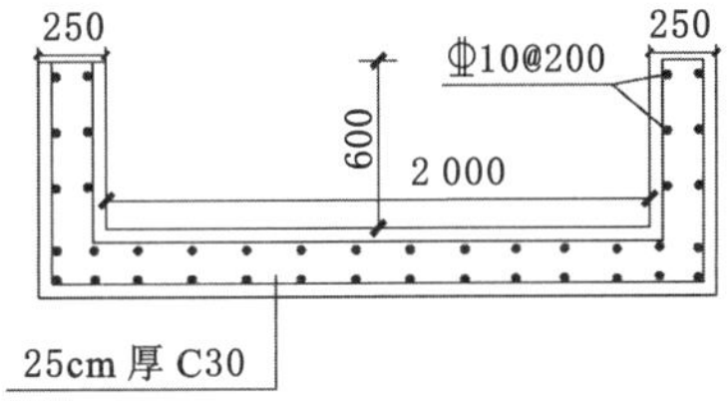

图 5 南侧穿光缆截水-排水沟横截面示意图

(4) 西侧支沟截水-排水沟

支沟截水-排水沟及其进出口均采用矩形截面设计,沟底净宽为 800 mm,净高为 600 mm,壁板和底板厚为 250 mm,有效过水断面面积(A)为 0.48 m^2;沟槽中轴纵向坡降控制在 0.04~0.07 之间(图 6)。

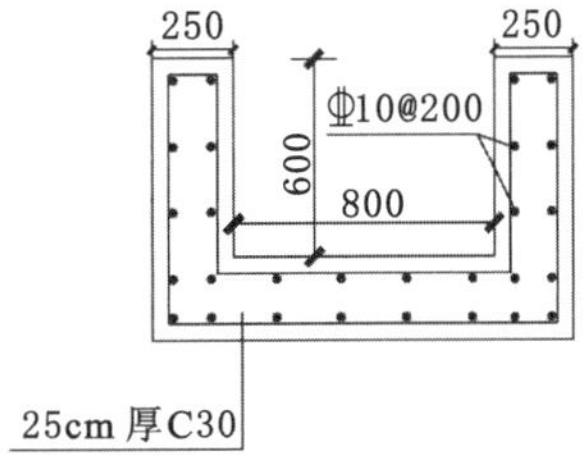

图 6 西侧支沟截水-排水沟横截面示意图

(5) 北侧截水-排水沟及进出水口设计

北侧截水-排水沟与进出口均采用矩形截面设计,沟底净宽为700 mm,净高为800 mm,有效过水断面面积(A)为0.56 m^2;沟槽中轴纵向坡降控制在0.04～0.07之间,平面上大致平行边坡走向设置,向南与消能槽相连接,向北与天然冲沟相接(图7)。

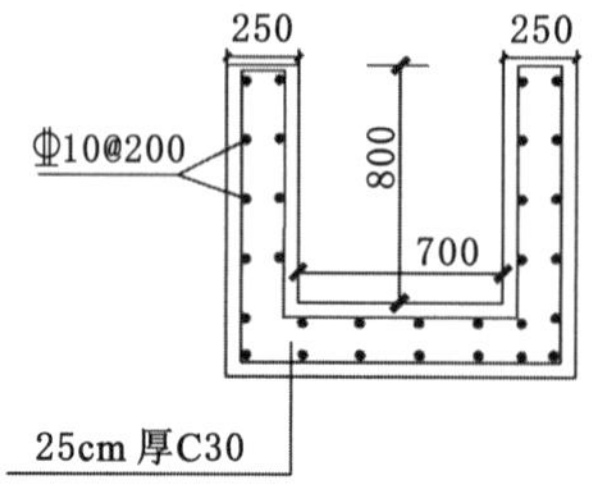

图7 北侧截水-排水沟横截面示意图

5 结论

(1) 高边坡排水治理包括坡面排水、地下排水与减少坡面雨水下渗措施,宜统一考虑,形成相辅相成的排水体系。

(2) 依据场地汇水面积计算场地地表径流量,设计截水-排水沟尺寸。

(3) 新县将军高边坡截水-排水工程主要由两大部分组成:一为消能-沉淀池工程,以拦挡与沉淀山洪泥石,蓄积、消能、排泄山洪沟槽径流;二为截水-排水沟渠工程,以截流、导排降雨坡面径流和消能池水流。

参考文献

[1] 国家市场监督管理总局,国家标准化管理委员会.滑坡防治设计规范:GB/T 38509—2020[S].北京:中国标准出版社,2020.

[2] 中华人民共和国住房和城乡建设部.建筑边坡工程技术规范:GB 50330—2013[S].北京:中国建筑工业出版社,2014.

岩土工程分析设计一体化三维平台研发

杜朋召[1]，侯清波[1]，吴兴文[2]

（1. 黄河勘测规划设计研究院有限公司，河南 郑州 450003；
2. 深圳市秉睦科技有限公司，广东 深圳 518048）

摘　要：由于岩土工程对象具有非连续、非均质等特点，其建模平台的底层算法和数据结构与设计专业的三维平台具有显著不同。针对传统岩土工程分析设计与勘察数据、地质模型存在数据不通和二次建模等问题，通过理论算法、系统底层和专业方法研究，构建了一体化信息集成环境，耦合了地质与结构两类建模方法，研发了包含基本模块、边坡模块、洞室模块的岩土工程分析设计一体化三维平台，提高了边坡、洞室等岩土工程分析设计一体化应用技术水平。

关键词：岩土工程；分析设计；一体化；三维平台

前言

随着三维建模、设计协同、BIM 等技术的不断发展，岩土工程领域的全流程信息技术应用需求愈发强烈[1-2]。但由于岩土工程勘察与设计阶段相对独立，勘察数据、地质模型与分析计算、支护设计尚未得到有机结合，现有岩土工程软件多存在数据接口或模型共享问题[3]，缺乏一体化的岩土分析设计应用平台。

国内外主流的三维设计平台，如 Autodesk、Bentely、Catia 等，涉及的地质建模技术较少[4]；常用的三维地质建模软件，如 Gocad、Supac、EVS 等，多针对石油、矿山等特定行业，缺乏岩土分析设计功能[5-6]。岩土工程常用的分析设计软件，如国外的 Flac3d、Slide、Midas 等，国内的理正、启明星、Stab 等[7]，均需要在软件中重新构建模型，部分建模能力较弱的三维分析设计软件应用复杂。

如何基于“一套数据、一个模型”实现地质建模、分析计算、岩土设计的模型共享和自动交互，构建一体化的岩土分析设计应用平台，是国内外工程勘察行业面临的共同难题[8]。因此，专业人员针对结构连续与地质非连续两种数据的特点，通过研究参数化建模与离散光滑差值建模相耦合的“双引擎”底层技术，研发了岩土工程分析设计一体化三维平台。本文扼要介绍具有“双引擎”底层技术的岩土工程分析设计一体化三维平台的关键技术、平台组成、模块功能和研发成果。

1　关键技术与方法

岩土工程分析设计一体化三维平台研发，需解决理论算法、系统底层和专业方法三方面的技术难题。其中，理论算法一是满足“双引擎”底层技术所需要的离散数学的 DSI 插值算法和任意曲面求交算法、封闭算法等，主要针对岩土工程中的地质体；二是基于连续数学建模理论，主要针对岩土

基金项目：黄河勘测规划设计研究院有限公司自主研发项目（编号：2018-ky09）。
作者简介：杜朋召，男，1986 年生。硕士研究生，工程师，主要从事工程地质及信息化研究工作。

支护结构,如支挡结构、锚杆结构、支撑结构等。系统底层包括数据结构、软件架构和网格技术等,采用结构连续与地质非连续两种数据类型结构和建模算法,将从根本上解决跨专业接口问题。专业方法包括边坡轮廓快速建模、装配式隧洞建模、二维图件和三维模型向计算模型转换、多种分析评价方法融合等。

针对理论算法和系统底层的技术难题,平台研发将在三维地质建模的基础上,增加岩土结构三维设计和分析所需要的算法和数据结构,即融合地质三维和结构 BIM 的底层技术,实现岩土分析设计一体化。对于专业方法问题,需要深刻理解专业逻辑和软件架构,通过系统梳理专业需求,利用综合分析方法和模型共享技术,顺利实现岩土工程边坡、洞室等分析设计功能。

1.1 综合分析方法

在岩土分析设计一体化三维平台专业分析中,需要综合应用多种分析方法,进行系统对比、筛选,选出最优解。如在边坡工程分析中,边坡稳定分析需要结合定性的经验分析和定量的极限平衡法,进行综合应用。

以边坡工程分析设计为例,在平台研发时采用综合经验方法和解析方法,在含属性三维地质模型基础上,创建三维边坡开挖面模型,通过地层岩性、地质构造模型与边坡开挖面模型的布尔运算,自动识别各坡段的岩土类型、结构类型、岩土体物理力学参数等;然后,通过经验分析自动选择针对性的计算分析方法,从而实现不同分析方法的综合应用,以及专业算法的"智能"推荐。边坡稳定性综合分析方法如图 1 所示。

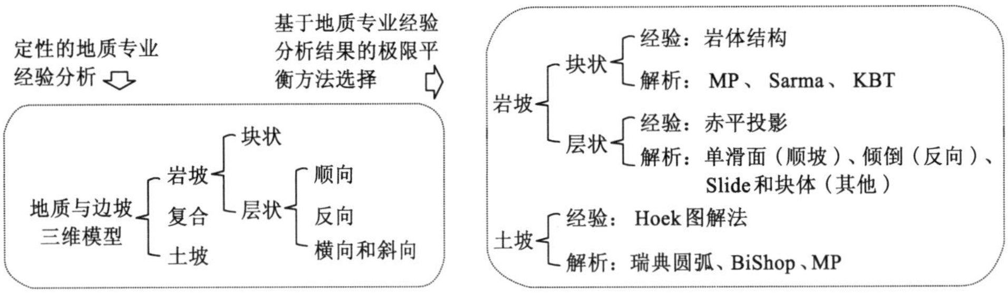

图 1 边坡稳定性综合分析方法

1.2 模型共享技术

模型共享技术包含两方面:一是基于三维地质模型,通过模型剖切,生成二维地质剖面,二维地质剖面在平台中自动转换为平面计算模型,用于直接分析计算;二是基于分析计算结果开展的支护设计模型,能够返回三维模型,完成工程支护设计,生成工程设计图件。

二维地质剖面包含了地质要素及其属性信息,如地形、地层、构造、地下水及相应的物理力学参数,通过对三维地质模型剖切直接生成。二维地质剖面转计算模型包含多个步骤,分别为模型与工况划分、地质对象管理、结构对象管理、对象赋值、二维线模型转向面模型、通用条件设置、计算方法智能推荐等。同时,可实现多剖面、多工况的一次性计算,即对各剖面设计相应工况,然后默认选择方法,一次性完成所有计算。

支护设计模型以材料库和设计模板的形式,形成针对不同工程的加固件,然后通过间排距、角度等参数设计设置,开展岩土工程支护设计。其中,材料库包括不同型号的钢筋、钢绞线、钢板、型钢、混凝土等;加固件包括锚杆、锚索、锚桩、桩、板、梁、混凝土喷层等(见图 2)。支护设计结果以参数化的形式存储于数据库中,从而实现支护设计数据相通和模型共享。

目前,岩土工程规范要求的分析计算主要针对二维剖面,基于二维分析计算结果开展的支护设计，无法直接生成岩土工程三维设计模型。岩土分析设计一体化三维平台同时兼容地质、结构两种数据类型和建模方法，具备在同一平台开展分析计算和岩土设计的能力。因此，基于二维分析计算结果开展的支护设计，通过模型共享技术，直接将加固件以设计的尺寸、间排距、角度等返回三维空间，对指定的工程对象进行岩土设计。

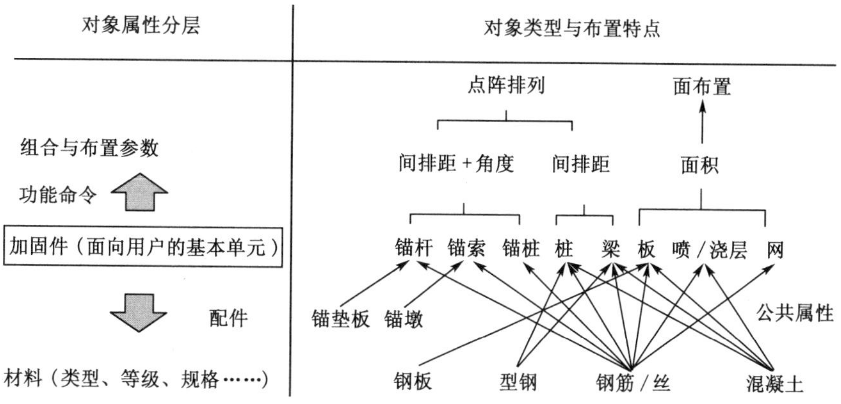

图 2　支护模型材料与参数化设计

2　系统设计

岩土工程分析设计一体化三维平台采用 C/S 架构，主要包括服务器端和客户端。其中，服务器端为岩土数据库，客户端为三维图形软件平台，包括基本模块、边坡模块和洞室模块。

2.1　服务器端

服务器端为数据库服务器，主要用于数据共享和网络化管理、材料分类与属性管理。其中，数据共享不仅能够实现不同用户的数据访问，还可通过数据接口实现跨专业信息传递，便于协同作业；网络化管理是网络数据库的特长，能够支持远程协同和团队协作。

岩土工程分析设计中的材料分类和属性管理，分别针对支护设计结构和岩土体属性信息。材料分类包括标准设计剖面、支护设计类型、加固件类型、加固件尺寸、标准材料参数等，按照 IFC 的理念和要求设计，材料分类信息通过数据库进行管理；属性管理包括三维地质模型中的地层岩性、地质构造、岩土体物理力学参数等，属性信息通过数据库进行分类管理，用于岩土工程分析评价。

2.2　客户端

客户端主要包括基本模块、边坡模块和洞室模块三部分。其中，基本模块包含了三维地质建模平台的基本功能；边坡和洞室模块是在基本模块功能的基础上，根据边坡和洞室分析设计的技术路线，完成一体化分析设计工作流程。

2.2.1　基本模块

基本模块是分析设计一体化平台的基础，主要包括数据接口、图形底层、三维数值分析、岩土工程结构图元和成果生成与输出等。

（1）数据接口：实现地质模型、结构模型、通用型数据、老版本模型等的导入，涵盖模型数据格式，如 IFC、CAITA、DXF、Xls、DAT、XML、VRML 等。

（2）图形底层：采用计算机图形学技术，针对参数化建模功能进行点、线对象的编辑，包括点的精确捕捉,确定性线条的生成、编辑、约束,参数化面对象的创建和编辑等功能。

(3) 三维数值分析:地质面模型的封闭性,生成全封闭的包络体地质模型;结构化计算网格的剖分,主要针对三维连续力学计算分析;岩石块体的切割,主要针对三维非连续计算分析功能。

(4) 岩土工程结构图元:用以参数化生成和编辑加固件,包括锚杆、锚索、桩、格栅、内支撑、挡墙等。

(5) 成果生成与输出:包括二维出图、二维参数化标识标尺、计算书、计算成果报告生成和三维效果模型生成。

2.2.2 边坡模块

边坡模块功能主要包括:边坡形态三维设计、边坡加固结构三维设计、边坡稳定性分析、模型交切与封闭、工程量统计和成果生成与输出。

边坡模块技术路线如图3所示,即在三维地质模型的基础上,生成边坡整体概化模型,支持采用预设参数从整体、局部对边坡模型进行编辑改正,创建的边坡模型可直接转化二维计算剖面;使用内置的稳定分析算法,计算边坡的稳定性,通过稳定性评价,确定当前边坡模型各参数设置是否合理。若边坡不稳定或稳定性系数不满足规范要求,则需对边坡模型做进一步的修改编辑,或增加系统支护措施。

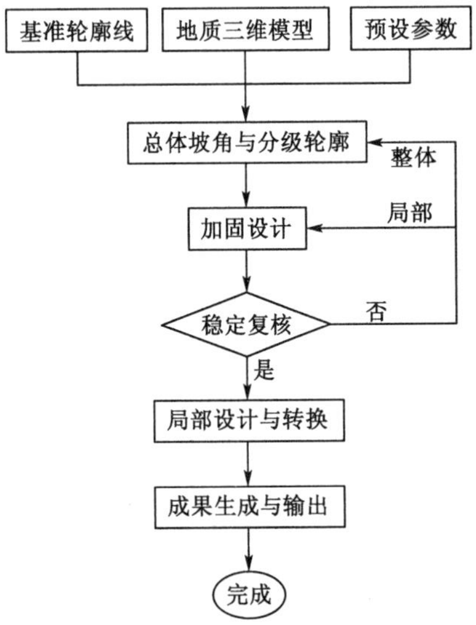

图3 边坡模块技术路线图

通过边坡模块生成各种截排水沟、加固设施、支挡结构,并实现其三维可视化。同时,边坡模块还开发了相应的工程量计量工具,计算边坡开挖方量及锚固排水、护面加坡、截排水沟、支挡结构的设计工程量。通过系统集成边坡模型设计、支护设计、稳定性分析、工程量统计等工作流程,实现高效、系统、准确的边坡工程三维设计。

2.2.3 洞室模块

洞室工程需根据设计要求及围岩地质条件,确定如何合理布置、开挖和支护。围岩地质分析是在三维地质模型的基础上,根据洞室轴线岩体强度、完整性参数和地应力、地下水情况,通过属性分析开展围岩分类。对于不具备属性分析条件的工程,可采用传统分段工作模式,即根据现场围岩条件和断面尺寸建立分段模型,并对各洞段进行参数赋值,以此判断围岩破坏类型。对于常规洞室围岩设计,采用国标或水利水电规范要求进行;对于围岩大变形和高应力情况,通过内置分析算法进行围岩分级,从而确定支护设计类型。洞室模块技术路线如图4所示。

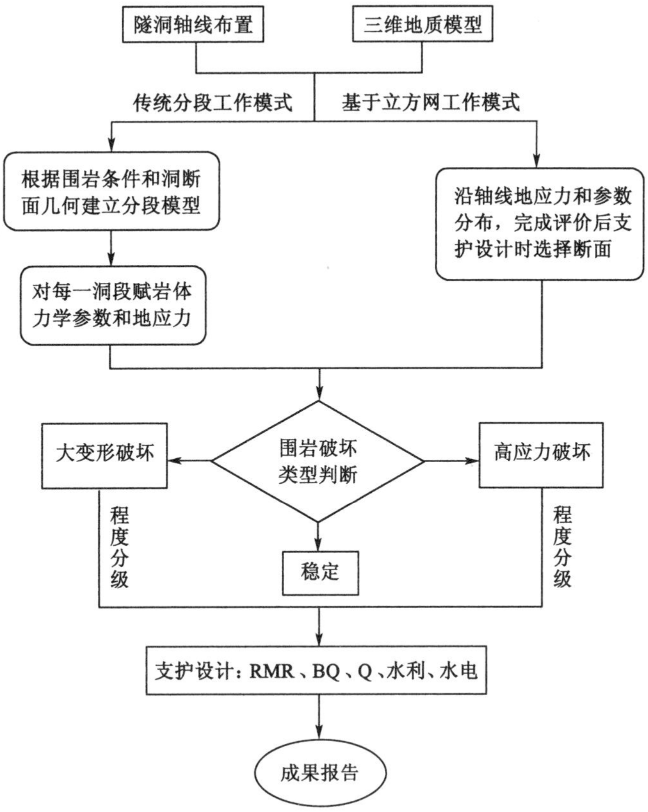

图 4　洞室分析设计工作流程示意图

目前洞室模块主要功能包括：设置、创建与编辑、分段赋值、分析评价、支护设计以及成果生成等，主要用于洞室模型的创建，根据洞轴线管理关键断面位置与形态、地应力状态、围岩质量、埋深信息，计算洞室稳定性参数，并对洞室的稳定性进行评价，根据评价结果为洞室提供支护措施。

3　研发成果

岩土分析设计一体化三维平台研发，在基础理论算法、实现技术与方法、系统整体架构及专业协同应用等方面进行了大量研究工作，取得主要成果如下：

(1) 针对边坡、洞室工程存在规则与不规则模型问题，研发了兼容参数化建模与离散光滑差值建模相耦合的理论算法，设计和开发了相适应的数据结构，实现了完整的分析设计应用功能。

(2) 为服务岩土工程设计提供了数据结构支持，实现了对边坡工程马道、坡面、控制点、加固、截排水等的分级数据管理和对洞室工程按照轴线、断面形式、加固类型等模型对象的分类管理。

(3) 建立了完善的岩土体属性参数库和工程支护设计的材料库，允许岩土体物理力学参数随地质模型的自动迁移和计算分析过程中的按需扩充，允许根据基础材料库自定义加固件和支护方案，便于挖掘已有案例数据通过工程类比快速开展工作。

(4) 研发了二维线封闭算法等关键性技术，实现了边坡二维地质剖面向二维计算模型的快速转换。

(5) 针对边坡工程提供了工程地质图解法、内置和外接极限平衡、外接 UDEC 等多种计算分析手段，工程地质分析成果可用于指导极限平衡计算，便于合理地开展定量计算分析。

(6) 研发了针对洞室工程的围岩稳定分析评价和支护设计功能，支持采用水利水电、RMR、BQ

和Q围岩分类方法和围岩支护经验设计方法;以可靠性为前提,提供了严密的软岩大变形和硬岩高应力(岩爆)问题分析和相应的支护方法。

4 结论

岩土工程分析设计是开展各类工程建设的重要环节,分析设计一体化是岩土工程行业全流程数字化应用的重要保障。针对目前岩土分析设计中存在的问题,开展了理论算法、系统底层和专业方法研究,研发了岩土工程分析设计一体化三维平台。

岩土工程分析设计一体化三维平台采用C/S架构,兼容结构连续和地质非连续数据,实现了参数化建模与离散光滑差值建模技术耦合、三维地质模型与分析计算模型共享、岩土分析计算与支护设计交互,提高了边坡、洞室等岩土工程分析设计一体化应用技术水平。

参考文献

[1] 苏定立,胡贺松,谢小荣.岩土工程勘察智能信息化技术研究现状[J].广州建筑,2019,47(6):10-18.
[2] 李清波.空地融合数字工程勘察技术体系研究[J].人民黄河,2021,43(6):154-158.
[3] 任彧,戴一鸣.基于BIM的工程勘察软件系统研究与应用[J].工程勘察,2017,45(3):29-34.
[4] 钱睿.基于BIM的三维地质建模[D].北京:中国地质大学(北京),2015:3-6.
[5] 明镜.三维地质建模技术研究[J].地理与地理信息科学,2011,27(4):14-18.
[6] 林孝城.BIM在岩土工程勘察成果三维可视化中的应用[J].福建建筑,2014,192(6):111-113.
[7] 亓兆伟,王星.基于华宁勘察软件与理正勘察软件数据接口的研究与开发[J].西部探矿工程,2016,28(6):157-162.
[8] 蒋鹏,刘国禹,曾立邦.三维岩土工程设计平台的初探[J].地质灾害与环境保护,2009,20(1):50-54.

方法技术

电法勘探技术在隐伏断层探测中的应用

程红涛，张海丰，惠寒斌
（黄河勘测规划设计研究院有限公司，河南 郑州 450003）

摘 要：物探方法以其快速、高效的特点在探测隐伏断层中得到了广泛应用。本文在坝址区开展地质测绘和掌握地层地球物理特征的基础上，采用高密度电法、大地电磁法（EH4）、瞬变电磁法相结合的多种物探方法对坝址区隐伏断层进行了探测，有效地避免了单一物探方法探测结果的多解性和不确定性，成功探测出坝址区隐伏断层的空间分布及其产状等特征，为多种物探方法联合探测隐伏断层的应用及方法探索提供了借鉴意义。

关键词：电法勘探技术；隐伏断层；高密度电法；大地电磁法（EH4）；瞬变电磁法

引言

隐伏断层是指地表无出露且隐伏于覆盖层以下的断层，其隐伏的原因主要有两种：一为可能切穿基岩的断层被新的沉积物覆盖；二为断层形成于地下深处，断层面没有切穿至地表的盲断层。鉴于坝址区所处的河谷多有第四系地层覆盖，断层在地表无痕迹，地质测绘难以发现，是否存在隐伏断层对坝址而言至关重要，甚至影响到坝址、坝型的选择[1]，因此探测隐伏断层是坝址勘察中的一项重要工作。

物探是一种对天然存在的或人工建立的地球物理场进行观测，借以查明地下岩体的地质构造，寻找矿产或解决各种水文、工程地质和环境地质问题的勘探方法[2]。探测断层的物探方法有多种，其中探测隐伏断层位置、规模和延伸情况的有：折射波法、电剖面法、高密度电法、电测深法、瞬变电磁法、大地电磁法（EH4）、瑞雷波法等。根据断层的埋深、规模、覆盖层性质、断层与围岩的物性差异、地形条件、干扰因素等选择一种或两种切合实际的物探方法，或一种物探方法为主、另一种物探或几种物探方法为辅[3-4]。

本文以河南省某水库坝址区隐伏断层的探测为实例。由于不同物探方法都存在自身固有的条件性和多解性，并且对隐伏断层判别的适用性及应用效果也有所差别，本次采用高密度电法、大地电磁法、瞬变电磁法相结合的手段对坝址区隐伏断层的特征进行探测，以避免单种物探方法的多解性和不确定性对隐伏断层造成误判。

1 坝址区地质条件

坝址区位于太行山低山区的河流峡谷中，左岸山体上部基岩出露，斜坡相对较缓，坡度在15°～45°之间，下部为Ⅰ级、Ⅱ级阶地，地形平缓；右岸山体基岩裸露，斜坡相对较陡，坡度为40°～

作者简介：程红涛，男，1979年生，河南商丘人。高级工程师，工程硕士，地质工程专业，主要从事水利工程、地质工程等地质勘察工作。

80°;两岸斜坡均覆盖有低矮灌木。河谷内地形较平缓,为第四系地层所覆盖,左侧发育河漫滩,地表为林木,右侧基岩出露。坝址区河谷地貌及地层特征见图1。

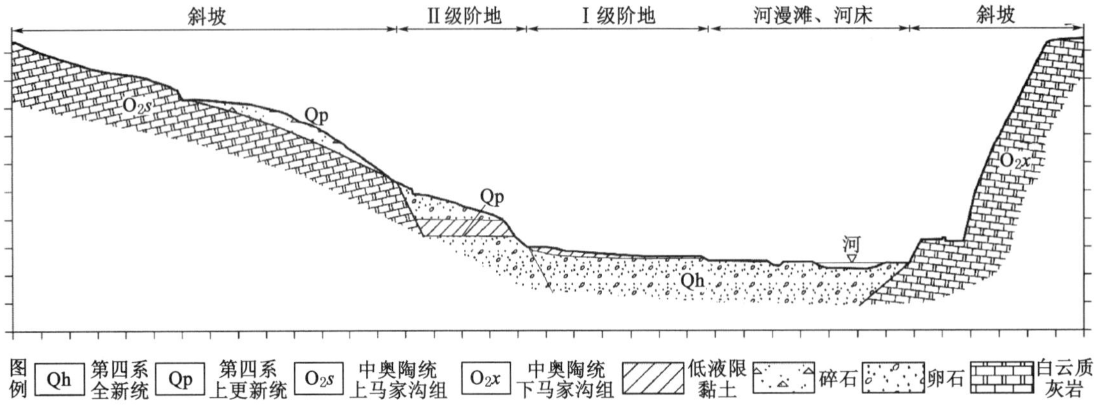

图1 河流两岸阶地发育示意图

区域内地层结构简单,主要为古生界寒武系、奥陶系地层及新生界第四系地层。寒武系、奥陶系地层岩性以白云质灰岩、白云岩、灰岩等为主;第四系地层岩性主要为砾石、低液限黏土等,分布于山前斜坡、河流河床阶地上。

地下水主要是分布于河床卵石层中和Ⅰ、Ⅱ级阶地底部底砾层中松散堆积层孔隙水及少量分布于基岩表层的风化带、构造破碎带、节理裂隙密集带及岩溶溶洞、溶蚀沟缝中基岩裂隙水。

2 坝址区构造发育可能性分析

坝址区位于中朝准地台山西台隆南缘太行山拱断束内,整体为一宽缓的且长期发展、多次构造变形叠加的开阔大型复式背斜。区内断裂比较发育,形成于燕山期,具多次长期活动的特点,距离最近的为区域南部与华北坳陷的分界断裂——焦作-商丘深断裂,距离坝址区约10 km。

近坝址区地质构造资料显示,坝址区附近断层构造较为发育,区域范围内发育一条影响范围较小的断层F,地质测绘成果初步判断该断层从坝址区左坝肩附近呈隐伏状通过,具体位置并不明确。近坝址区下游地表出露有断层F的露头A(图2),可以判断出该断层为正断层,走向为58°~68°,倾向为南东,倾角为80°~84°,断层宽为1.0~5.0 m,影响带宽为5.0~10.0 m,断层带充填物为断层角砾岩,多夹灰黄色泥质,有钙质胶结,露头表层为全强风化状态,断层上下盘岩体较破碎。

河谷左岸下部及河谷内均有第四系地层覆盖,且坝址区河谷较宽,地表无断层F迹象,无法判断出是否在河床位置存在顺河方向的隐伏断层。因此,坝址区河床及左岸被第四系地层覆盖的位置有断层F、顺河方向隐伏断层发育的可能,是本次判别研究的重点。

河谷右岸奥陶系基岩裸露,地层连续,无断层构造行迹,远离库区一冲沟中发现断层F的另一地表露头,与近坝址区下游左岸露头A相连,可以初步确定该断层经过坝址区的大致范围,只是地表为第四系地层所覆盖而无法判别出具体位置。

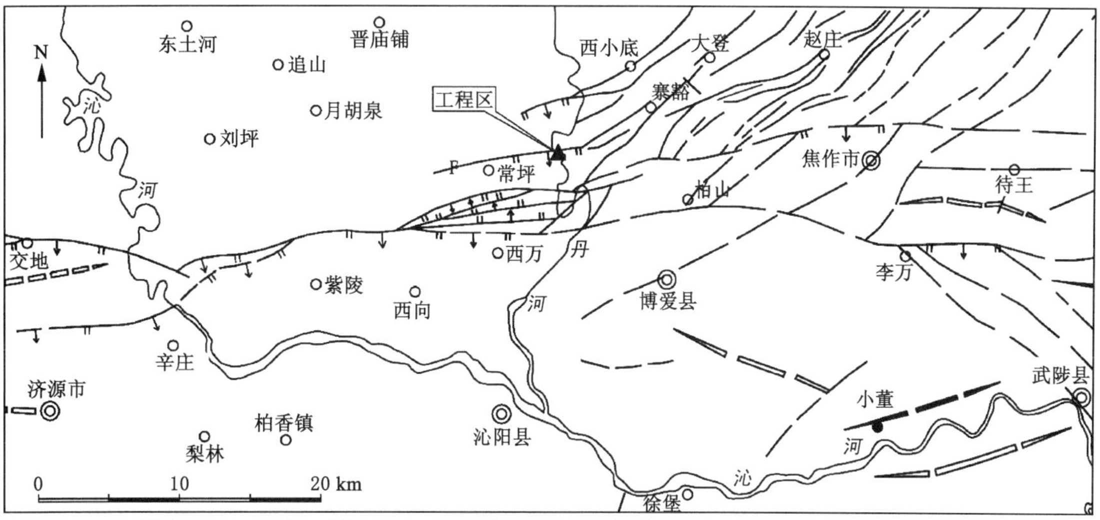

图例 实测断层 推测断层 实测正断层 推测正断层 实测逆断层 推测逆断层 背斜及倾斜背斜 向斜及倾斜向斜 F 断层 ▲ 工程区

图 2　近场区地质构造图

3　隐伏断层地球物理特征

隐伏断层具有地表无出露且隐伏于覆盖层以下的特征，不过无论何种类型断层、何种地层条件，均会在岩层中顺断层破裂面的上、下两盘发生明显的位移，使其原始岩层连续性被破坏，形成松散破碎或韧性的断层带及影响带，与其两侧岩土体间或两盘岩土体间存在一定程度的物理特性(弹性、导电性、介电性、激电、密度、磁性等)差异[5-6]。断层带及影响带物理特性表现为具有较低的地震波速、较明显的波阻抗差异、较低的电阻率、较大的介电常数、较低的密度(较大的孔隙度)等，不过也有小部分断层的断层角砾岩胶结较好、比较完整，尤其糜棱岩重结晶后坚实致密，与围岩在电性、介电常数、弹性、密度等方面差异不大，不能形成明显物性异常。断层带及影响带的电性特征[7]、磁性特征[8]为选择电法物探提供了必要的物质基础及地球物理前提条件。综合相关物探规范，结合实测成果，得出坝址区地层岩土电性参数[9]，见表 1。

表 1　坝址区岩土电性参数表

类别	岩土名称	电阻率 ρ/(Ω·m)	介电常数 ε/(F/m)	备注
松散层	低液限黏土	$1\times10^2\sim2\times10^2$	2～32	—
	卵石、碎石	$3\times10^2\sim5\times10^2$	—	结合实测
	含水卵石	$1\times10^2\sim5\times10^2$	—	结合实测
沉积岩	白云质灰岩、灰岩	$5\times10^2\sim6\times10^3$	9～15	结合实测
	白云岩	$5\times10^2\sim6\times10^3$	7～12	结合实测
断层	断层带及影响带	$1\times10^2\sim5\times10^2$	—	结合实测

4 各种物探方法的选择与技术原理

4.1 各种物探方法的选择

因坝址区处于低山河谷内,河床及左坝肩分布一定厚度的覆盖层,地层岩性主要为寒武纪、奥陶纪白云岩、灰岩等硬质岩,电磁性特征明显,且附近没有高压电线、变电站等电磁干扰因素。根据坝址区的地层、环境等因素,结合断层带及影响带一般具有较低的电阻率、较大的介电常数等电性特征,采用电法物探可很好地探测坝址区隐伏断层的发育特征[10]。

所探测坝址区无电磁干扰因素,整体上来说地形起伏不大,各地层电性稳定且差异性明显,河流窄且流速缓,为探测坝址区隐伏断层选择高密度电法提供了前提条件。高密度电法具有电剖面和电测深的双重特点,且探测密度高、信息量大、工作效率高,反演成果图可较好反映覆盖层、风化层及完整基岩随地形起伏变化情况,因此首先选择高密度电法对坝址区隐伏断层的发育特征进行整体性探测。

大地电磁法具有工作效率高、受地形影响小、抗干扰能力强、勘探深度大、分辨率高等优点,探测深部隐伏断层效果明显,在坝址区左岸覆盖层较薄、隐伏断层埋藏深度较深的部位使用。同样,瞬变电磁法具有工作效率高、分辨能力强、探测深度大、对低阻覆盖层有较高的穿透能力等优点,在坝址区覆盖层厚度大、断层带与破碎带有明显电性差异的河床部位使用。

总的来说,为避免单一物探方法的多解性和不确定性对隐伏断层位置的误判,选择高密度电法对坝址区隐伏断层进行整体性探测,选择探测深度较大的大地电磁法、瞬变电磁法进行局部重点部位探测,避免了高密度电法探测深度受其测线长度的限制及探测深度有限的影响,起到相互印证的目的。

因此,本次坝址区探测采用以高密度电法为主,大地电磁法[11-12]、瞬变电磁法[13]为辅的方法进行。首先采用高密度电法[14-16]进行前期探测,在此基础上采用大地电磁法[17]、瞬变电磁法[18]对异常区进行进一步验证和深度追踪,这种组合方式可以充分体现出综合物探方法的高效、准确、优势互补、相互验证的技术优势。

4.2 各种物探方法的探测设备及解译方法

高密度电法是以介质的电阻率差异为基础的一种直流电法勘探技术,其基本原理是通过供电电极向地下供入直流电形成人工电场后,利用测量电极通过仪器观测其电场分布情况,研究地下介质电性情况[19]。探测时设备选用 WGMD-3 高密度电法仪,电极排列方式拟采用温纳(AM＝MN＝NB)装置,电极距为 5 m,电极总数为 60。数据采集后由计算机程序进行预处理,剔除畸变点,绘制 ρ_s 等值线图及其灰阶图,利用高密度电阻率资料反演程序 RES2DINV 解释真实电阻率及近似深度,划分各个电性地层。

大地电磁法的工作原理是基于麦克斯韦方程组完整的电磁场理论基础,利用天然场源,在探测目标体的地表同时测量相互正交的电场分量和磁场分量,然后用卡尼亚电阻率计算公式得出视电阻率。利用电磁波在大地介质中穿透深度与其频率成反比的大地电磁场理论,不同的频率可得到不同深度的地电信息,以达到频率测深的目的,解译地下地质体特征[20]。设备使用 Stratagem EH-4 Ⅱ 连续电导率成像仪,采用“十字形布极”方式进行张量测量,探测时两对电极及两根磁探头以测点为中心对称布设;电场采用带有电传感器的不锈钢电极接收,点距 10 m,磁场采用 BF-6 高灵敏度磁探头进行接收。室内对原始数据进行编辑,剔除明显的干扰点,采用随机携带的 IMAGEM 处理软件对预处理后的数据进行卡尼亚电阻率与阻抗相位的迭代计算,反演过程中加入地形文件进行地形改正，最终反演出视电阻率断面图，划分岩性、确定断层破碎带位置和规模。

瞬变电磁法以地下介质之间的导电性和导磁性差异为基础，利用不接地回线向地下发送一次脉冲磁场，在一次场间歇期间利用另一回线接收测量由地下介质产生的感应电场，即二次场随时间的变化情况，通过分析研究二次场在时间和空间上的分布特征，研究浅层至中深层的地电结构，从而达到探测地下地质体的目的[21]。设备使用武汉地大华睿地学技术有限公司生产的CUGTEM-GK型瞬变电磁仪，选用重叠回线装置测量，线框尺寸试验确定为1.5 m×1.5 m，发送电流根据测区地形地质条件确定为160 A，测点点距5.0 m。室内整理仪器采集的原始数据，经计算机专用软件进行处理，得到视电阻率值并自动反演，然后绘制成多测道剖面图、视电阻率剖面图等物探成果图。

5 各种物探成果解译

采用高密度电法探测时，测线长度涵盖坝址区河床及左岸整个覆盖层范围(右岸因岩石裸露无断层发育)，测线分别布设于坝轴线(测线B1)、坝轴线下游(测线B2)及坝轴线上游(测线B3)；采用大地电磁法(EH4)探测左岸，测线分别布设于坝轴线(测线E1)、坝轴线上游(测线E2)及坝轴线下游(测线E3)，坝轴线(测线E1)探测线延伸至河床；采用瞬变电磁法探测河床处隐伏断层，垂直河床布设于坝址(测线S1)、坝址下游(测线S2)及坝址上游(测线S3)。三种物探方法探测线布设位置见图3。

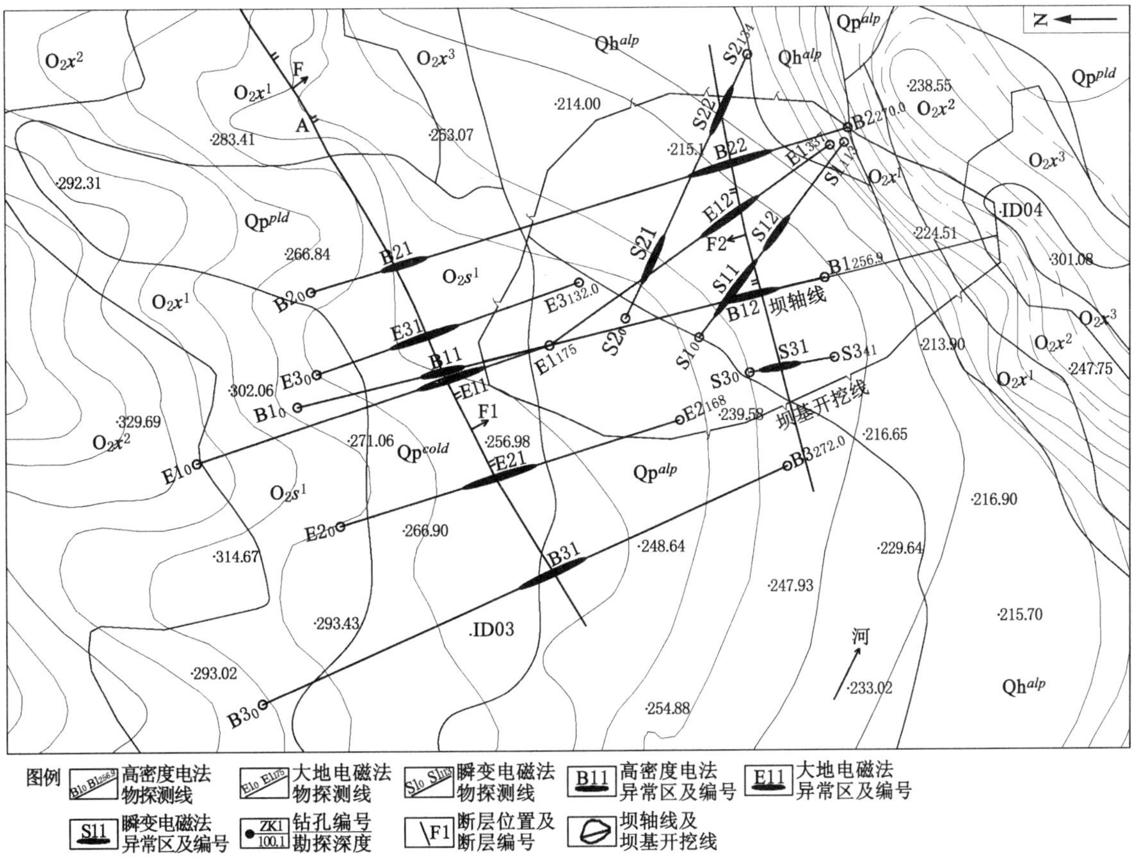

图3 各物探方法探测线布置图

高密度电法探测成果见图4～图6,解译可知:测线B1、B2、B3均显示出覆盖层分布从左到右逐渐变厚,视电阻率值低于500 Ω·m,基岩面起伏较大,基岩视电阻率一般高于500 Ω·m。其中B11区、B12区、B31区附近均存在一低阻槽,结合区域资料及地质测绘成果,推测此三处为断层带及影响带;B21区、B22区略显异常,但低阻槽并不明显;B12区、B22区附近覆盖层厚度较大,出现低阻的原因疑似受覆盖层厚度大的影响。根据视电阻率等值线特征和地质资料,推测B11区、B31区可能为断层带及影响带,B12区、B22区需要结合大地电磁法探测成果综合解译。

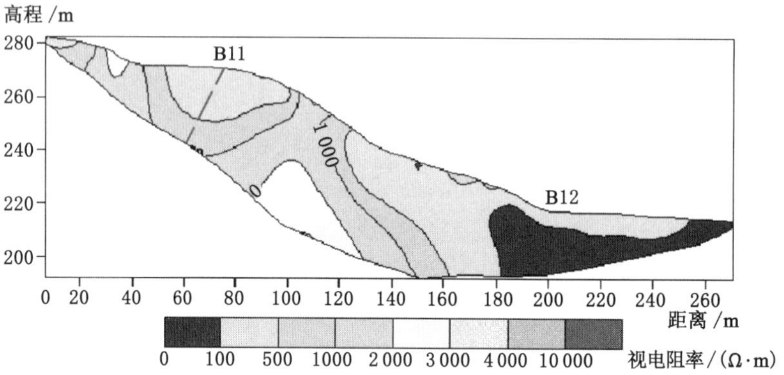

图4　B1测线高密度电法视电阻率拟断面图

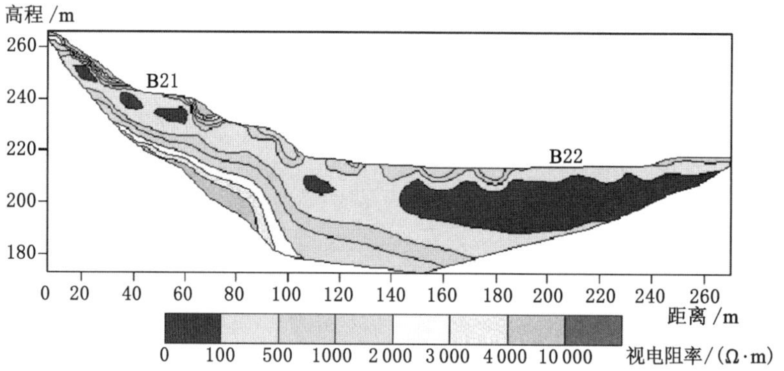

图5　B2测线高密度电法视电阻率拟断面图

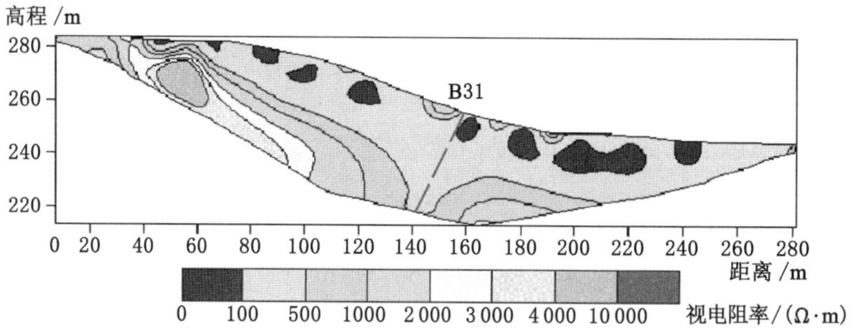

图6　B3测线高密度电法视电阻率拟断面图

大地电磁法探测成果见图7～图9,解译可知:整体上可以看出测线处覆盖层厚薄不均,从左到右逐渐变厚,视电阻率值低于500 Ω·m,与高密度电法所测覆盖层分布规律一致。其中E11区、E21区均处于左岸,与高密度电法所显示的B11区、B21区、B31区低阻区一致,基岩视电阻率值一般高于500 Ω·m,根据视电阻率等值线特征和地质资料,基岩中形成了明显的低阻区,推测为一条断层,编号为断层 F1,走向约为 66°,倾角为 68°～82°;E12 区位于河谷内,与高密度电法所测出的 B12 区、B22 区异常区相符,可推测为一条隐伏断层。

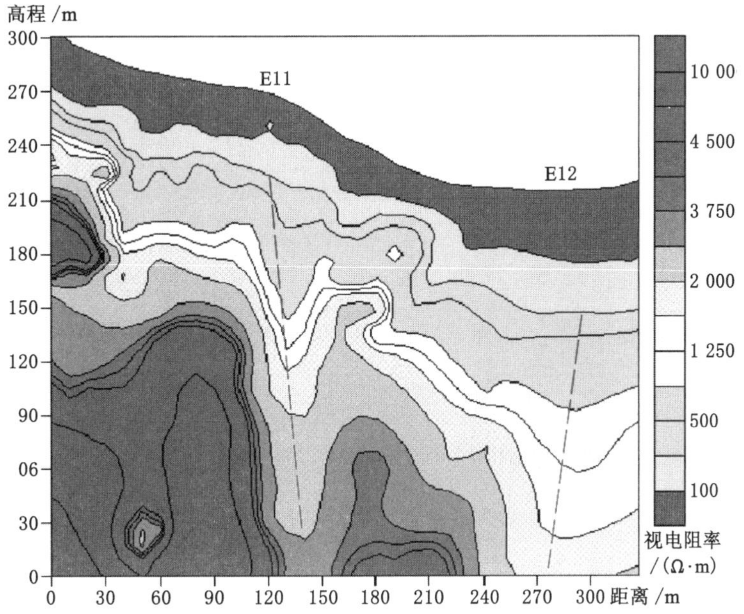

图 7　E1 测线大地电磁法视电阻率剖面图

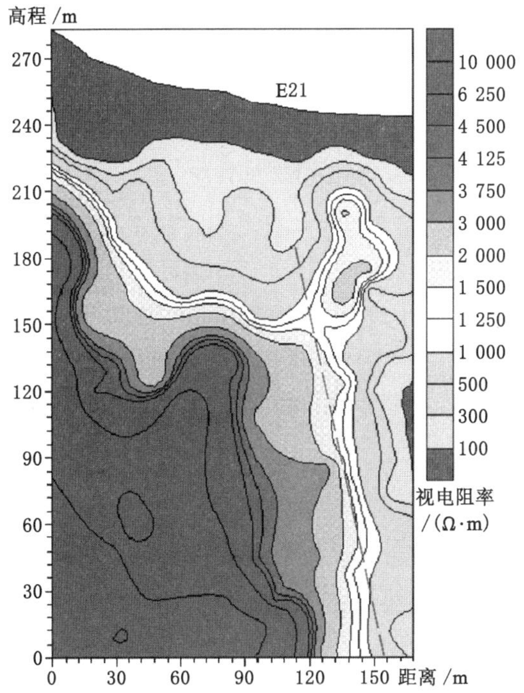

图 8　E2 测线大地电磁法视电阻率剖面图

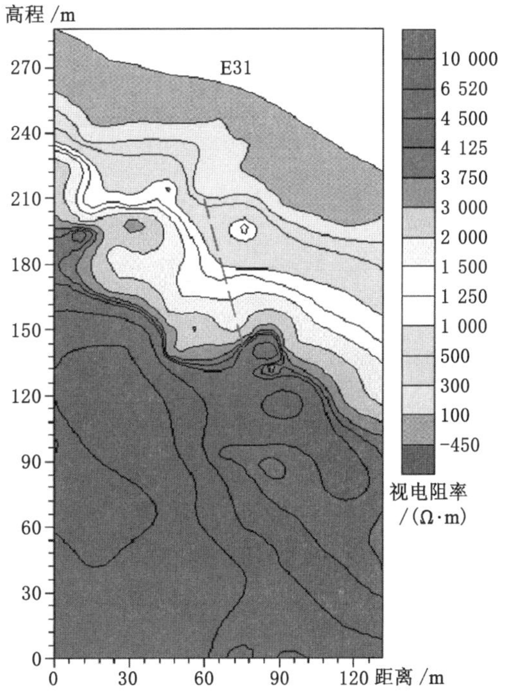

图 9　E3 测线大地电磁法视电阻率剖面图

瞬变电磁法探测成果见图 10～图 12,解译可知:受地表水体及地下水的影响,整体视电阻率值明显较低。测线 S1 成果图中 S11 区、测线 S2 成果图中 S21 区、测线 S3 成果图中 S31 区均存在低阻槽,视电阻率等值线特征明显,基岩中形成了明显的低阻区,视电阻率一般低于 20 Ω·m,推测为断层带及影响带。结合高密度电法成果的异常区 B12 区、B22 区及大地电磁法成果的低阻区 E12 区,S11 区、S12 区、S22 区推测为断层带及影响带通过位置,该断层编号为断层 F2;S21 区虽然存在低阻槽,但结合大地电磁法测线 E1 在该位置所显示的特征,可以排除该区存在断层的可能性。

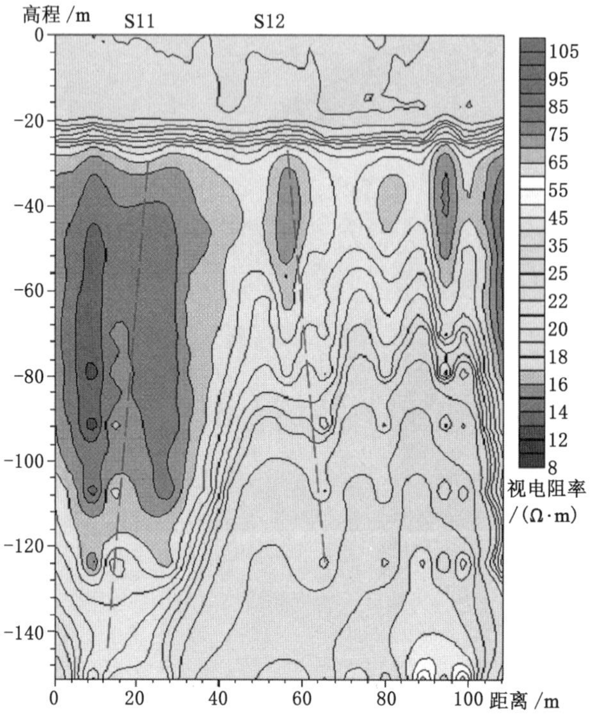

图 10 S1 测线瞬变电磁法视电阻率-深度剖面图

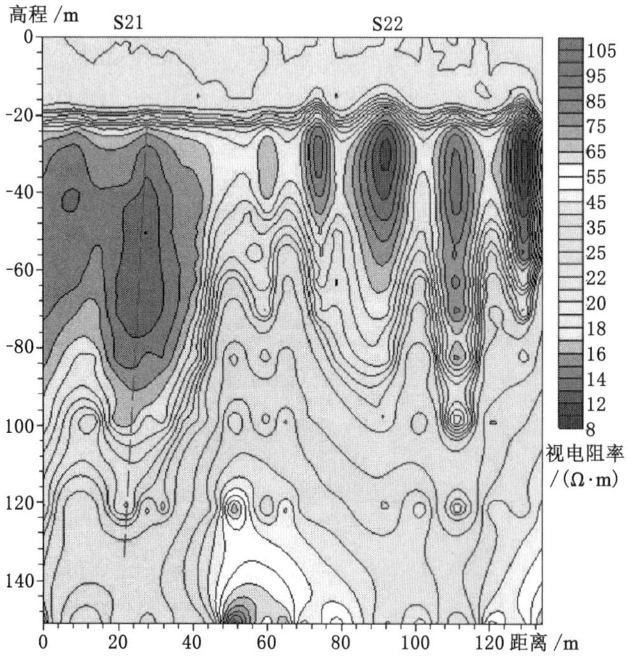

图 11 S2 测线瞬变电磁法视电阻率-深度剖面图

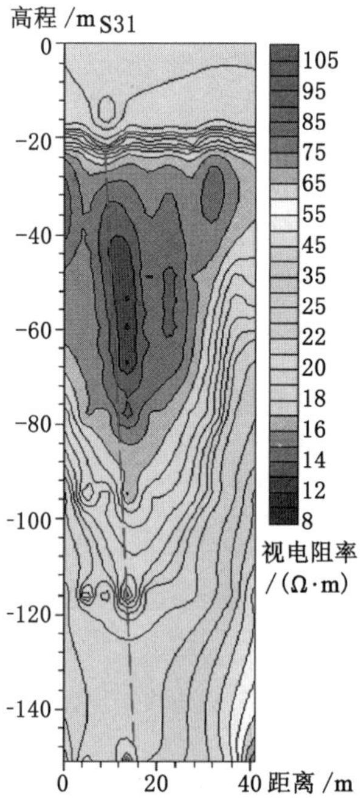

图 12 S3 测线瞬变电磁法视电阻率-深度剖面图

6 多种物探方法综合解译结果

根据坝址区工程地质条件及构造特征，结合高密度电法、大地电磁法、瞬变电磁法探测结果，可以判别出坝址区左岸发育一条断层 F1，河谷发育一条断层 F2，参见图 3。

对于河谷左岸断层 F1，工程地质测绘结果显示出左岸坝址区下游有断层 F 露头 A，高密度电法、大地电磁法也探测出 B11 区、B21 区、B31 区、E11 区、E21 区、E31 区为异常区，基岩中形成明显的低阻区，断层特征明显，与断层 F 应为同一条断层。综合得出，断层 F1 走向 58°～68°，倾向南东，倾角为 62°～84°，断层带宽为 1～5 m，影响带宽为 5～10 m，断层带充填物为断层角砾岩，多夹灰黄色泥质，有钙质胶结，断层上下盘岩体较破碎，露头表层为全强风化状态。

对于河谷处推测断层 F2，其覆盖层厚度较大，地表无行迹，应为一条顺河方向上的隐伏断层，高密度电法、瞬变电磁法探测结果可以判别，其异常区分别为 B12 区、B22 区、S11 区、S22 区、S31 区，同时大地电磁法也探测出 E12 异常区。总体来看，可以判别出 F2 断层的产状特征，走向 70°～80°，倾向北西，倾角为 70°～90°，其他特征需要采用钻探手段进一步探测。

三种物探方法相互印证探测出河谷左岸、河谷处各发育一条断层。探测时首先采用高密度电法进行整体性探测，各探测线解译得出，左岸 B11 区、B31 区断层特征明显，B21 区不显著，分析其原因应是受测线长度、探测深度的影响；河谷 B12 区、B22 区断层特征也不明显，推测是受到河谷处覆盖层厚度、探测深度、地表水体等因素的影响。鉴于上述原因，左岸采用探测深度大、分辨率高的大地电磁法进行探测，从探测结果来看，E11 区、E21 区、E31 区断层特征显著；河谷处采用对覆盖层穿透能力强、探测深度大、分辨能力强的瞬变电磁法进行探测，成功解译出 S11 区、S22 区、S31 区三个异常区，应为断层发育位置。因此，坝址区三种物探方法对隐伏断层的探测具有很好的互补性，起到相互印证的作用。

7 结语

本文采用多种物探方法对坝址区隐伏断层进行了探测。左岸断层 F1 通过高密度电法、大地电磁法两种物探方法综合解译得出，同时结合了工程地质测绘资料，从而确定了该断层的位置、类型、产状及其断层带特征；右岸断层 F2 隐伏于深厚覆盖层以下，通过高密度电法、瞬变电磁法、大地电磁法综合解译判别，得出了该断层的位置及其产状。

高密度电法对坝址的整体性探测，从全局上把握了坝址区隐伏断层的发育位置，受探测深度及覆盖层厚度等因素的影响，局部探测结果并不明显，使得隐伏断层位置的判别证据不足，说明高密度电法因其局限性，需采用多种物探方法进一步综合判别。大地电磁法因其探测深度大、分辨率高的特征解决了坝址区左岸高密度电法测线长度受限、探测深度不够的问题，成功探测出断层 F1 的位置；瞬变电磁法也因其对覆盖层穿透能力强、探测深度大、分辨能力强的特征解决了河谷处覆盖层厚度大、探测深度不够的因素，探测出了隐伏断层 F2 的位置。坝址区三种物探方法对隐伏断层的探测具有很好的互补性，起到相互印证的作用。

坝址区两处断层的成功解译显示出多种物探方法相互印证的必要性，从而避免了单一物探方法的多解性和不确定性对隐伏断层位置的误判，为坝址、坝型的选择提供了依据，同时也为多种物探方法联合探测的应用及方法探索提供了借鉴意义，为进一步采用钻探手段查明隐伏断层 F1、F2 的性质奠定了基础。

参考文献

[1] 彭土标．水力发电工程地质手册[M]．北京：中国水利水电出版社，2011.

[2] 周天福.工程物探[M].北京:中国水利水电出版社,1997.
[3] 张赓,庹先国,李彬,等.综合地球物理方法在隐伏断层探测中的技术优势[J].金属矿山,2013(1):110-112,128.
[4] 曾昭发,薛建,王者江,等.地球物理方法探测活动断层效果和组合方法的探讨[C]//中国地球物理学会.中国地球物理学会第十九届年会论文集.南京:南京师范大学出版社,2003.
[5] 李征西,曾昭发,李恩泽,等.地球物理方法探测活动断层效果和方法最佳组合分析[J].吉林大学学报(地球科学版),2005,35(增刊):109-114.
[6] 李明星.综合物探在大型断层破碎带探测中的应用[J].中国煤炭,2018,44(8)::53-57.
[7] 王爱国,马巍,张向红,等.隐伏断层电性特征及浅层电法探测[J].西北地震学报,2006,28(3):242-247.
[8] 朱仁学.断层的大地电磁响应的研究[J].长春科技大学学报,1999,29(3):290-294.
[9] 中华人民共和国水利部.水利水电工程勘探规程 第1部分:物探:SL/T 291.1—2021[S].北京:中国水利水电出版社,2005.
[10] 中国水利电力物探科技信息网.工程物探手册[M].北京:中国水利水电出版社,2011:61-76.
[11] 刘凯,朱冠宇,韩飞,等.物探方法在隐伏构造探测中的应用[J].东北水利水电,2016,34(5):52-53,62.
[12] 赵勇,王志辉,罗水余,等.综合物探技术在北京山前平原隐伏断层探测中的应用[J].城市地质,2013,8(2):38-41.
[13] 范尧,邹连庆,张泽平,等.综合物探方法在复杂断层区调查中的应用分析[J].物探化探计算技术,2017,39(4):474-483.
[14] 刘万恩.高密度电法探测基岩起伏和隐伏断裂中的应用[J].上海地质,2007,28(3):51-53.
[15] 刘艳春,高树义,庄明芳.高密度电法在探测隐伏断裂中的应用[J].山西建筑,2014,40(30):89-91.
[16] 李志祥,毛先进,韩明,等.高密度电阻率法在隐伏断层探测中的应用[J].地震研究,2003,26(3):275-278.
[17] 董泽义,汤吉,周志明.可控源音频大地电磁法在隐伏活动断裂探测中的应用[J].地震地质,2010,32(3):442-452.
[18] 周超,乔汉青,赵思为,等.浅层瞬变电磁法在地铁工程隐伏断层勘探中的应用[J].工程勘察,2018,46(8):74-78.
[19] 刘杰,王俊,刘成,等.高密度电法在长引水工程隐伏断裂带探测中的应用[J].云南水力发电,2018,34(6):31-34.
[20] 康家亮,王宝文,刘文生,等.EH4大地电磁测深法在旁多水利枢纽工程勘察中的应用[J].资源环境与工程,2014,28(4):545-547.
[21] 李新均,王阳,唐沐恩.瞬变电磁法及其在工程地球物理勘探中的应用[J].工程地球物理学报,2014,11(3):355-360.

多土壤样品中高含量过氧化氢酶活性的测定

李永新，时志路，王腾飞，刘宗超，王凯凯，文田耀
（河南省地质矿产勘查开发局第一地质矿产调查院，河南 洛阳 471023）

摘　要：土壤过氧化氢酶作为一项重要的生物化学指标，其活性能够比较迅速地评价和预测不同生态系统短时间内环境质量变化。由于传统高锰酸钾滴定法受到滴定体积的限制对于较高浓度过氧化氢酶的活性测定的准确性存在一定的问题，并且采取加酸后过滤的方式易导致滤液有颜色、滴定终点反复不稳定的情况。本文针对上述问题，通过调整过氧化氢酶的浓度，并采用过滤后再与酸混合的方式，可以有效改善终点的稳定性，对于高浓度过氧化氢酶的活性也具有较准确地响应。结果表明，我们将 H_2O_2 的浓度调整为 1.0%，此时高锰酸钾溶液的滴定体积在(12.85±0.05) mL，这样可以有效拉大过氧化氢酶活性的测定空间，在基本满足大部分土壤样的测试需求的同时保证结果的准确性。对于土壤中高含量过氧化氢酶活性的测定具有重要的意义。

关键词：滴定法；过氧化氢；酶活性；高含量

引言

土壤酶作为土壤生态系统的组分之一，其活性在土壤中的表现，在一定程度上反映了土壤所处的状况，且对环境等外界因素引起的变化较敏感，成为土壤生态系统变化的预警和敏感指标[1-2]。近年来，多项研究表明：通过分析土壤酶活性可以评价土壤微生物活性、生物化学反应程度、土壤肥力水平和土壤污染状况[3-5]。过氧化氢酶是土壤中一种重要的氧化还原酶类，过氧化氢酶的作用在于破坏对生物体有毒的过氧化氢[6-7]。土壤中的过氧化氢酶活性变化对作物的生长有着重要的影响。过氧化氢酶活性过高，会大量分解土壤中存在的 H_2O_2，使土壤中氧化还原电位降低，不利于作物生长；而过氧化氢酶活性过低，土壤中会残留大量的 H_2O_2 自由基，对生物体具有毒害作用[8-9]。因此，一种能够简便、准确测定全含量过氧化氢酶活性的方法无疑对过氧化氢酶的研究具有促进作用。

目前，提出的土壤过氧化氢酶活性的测定方法主要有高锰酸钾滴定法[8,10]、气量法[8,11-12]、纸片法[8]、气相色谱法[13-14]、可见分光光度法[15]等。气量法不便于批量样品分析，而且只能作为定性分析。气相色谱法需要特殊的仪器，仪器设备昂贵，操作调试复杂，不利于普及。Trasar-Cepeda 等提出的可见分光光度法，操作也比较烦琐，同时需要过氧化物酶，材料难购买，分析成本高。传统高锰酸钾滴定法操作简单，成本较低，易于普及，但是由于受到滴定体积的限制，对于较高浓度过氧化氢酶活性测定的准确性存在一定的问题，并且采取加酸后过滤的方式易导致滤液有颜色、滴定终点反复不稳定的情况。探索一种简单、适合于批量分析、测定高含量过氧化氢酶活性的测定方法，对于土壤过氧化氢酶研究具有重要实践价值。本文针对传统方法存在的问题，通过调整过氧化氢酶的

作者简介：李永新，男，1974 年生，河南焦作人。本科，高级工程师，主要从事土壤和水质分析方法研究。

浓度,并且采用过滤后再与酸混合的方式,可以有效改善终点的稳定性,对于高浓度过氧化氢酶的活性也具有较准确的响应。本方法的成功将有助于土壤过氧化氢酶的分析和研究。

1 材料与方法

1.1 土壤材料

试验所用土壤材料分别采自河南省豫北地区焦作市、安阳市、鹤壁市,土壤样品采集深度为0～100 cm。土壤采集后在实验室内挑出根系等植物残体和岩石碎块,自然风干后过1 mm筛备用。

1.2 仪器和试剂

除另有说明外,均使用符合国家标准或专业标准的分析纯试剂和蒸馏水或同等纯度的水。

(1) H_2O_2 溶液(1.0%):取30%的 H_2O_2 试剂稀释30倍即可,溶液准确浓度用高锰酸钾标定。

(2) H_2O_2 溶液(0.3%):取30%的 H_2O_2 试剂稀释100倍即可,溶液准确浓度用高锰酸钾标定。

(3) H_2SO_4 溶液(1.5 mol/L):量取42 mL浓硫酸(ρ=1.84 g/mL)稀释后定容至500 mL。

(4) 饱和明矾溶液:十二水硫酸铝钾即明矾[$KAl(SO_4)_2 \cdot 12H_2O$]在20 ℃的溶解度为10.84 g,30 ℃的溶解度为15.41 g。

(5) 高锰酸钾溶液$\left[C\left(\frac{1}{5}KMnO_4\right)=0.1\ mol/L\right]$:称取3.16 g高锰酸钾($KMnO_4$)溶解后定容至1 L,其准确浓度用标准草酸钠标定。

(6) 酸式滴定管:25 mL。

(7) 振荡器:HY-8数显调速多用振荡器,满足(200±20) r/min的振荡频率。

1.3 试验步骤

称取土壤1.00 g(精确至0.01 g)于100 mL三角瓶中,加入40 mL蒸馏水,再加入5 mL 1.0%的 H_2O_2 溶液,立即盖紧橡皮塞,保持温度(25±2) ℃,以频率200 r/min振荡20 min后加入1 mL饱和明矾溶液,立即干过滤于盛有5 mL 1.5 mol/L H_2SO_4 的三角瓶中,吸取滤液25 mL,用0.1 mol/L $\frac{1}{5}KMnO_4$ 溶液滴定至紫红色,同时做无土对照。

1.4 数据处理

(1) $KMnO_4$ 溶液标定:准确称取0.20～0.25 g(精确至0.000 1 g)$Na_2C_2O_4$ 基准物置于250 mL三角瓶中,加纯水40 mL和10 mL 3 mol/L H_2SO_4 溶液,加热至75～85 ℃,用待标定的 $KMnO_4$ 标准溶液滴定至溶液呈浅粉色,30 s内溶液颜色不褪即为终点。计算 $KMnO_4$ 溶液的浓度。

(2) H_2O_2 溶液标定:吸取5 mL H_2O_2 溶液加入10 mL 1.5 mol/L H_2SO_4 溶液,用 $KMnO_4$ 溶液滴定至紫红色。

(3) 酶活性的计算:过氧化氢酶以20 min内每克土壤分解的过氧化氢的毫克数表示(mg H_2O_2/g土壤);

$$E=(V-V_S)C\times\frac{51}{V_0}\times\frac{17}{W}$$

式中 V——V_0 体积空白溶液所消耗高锰酸钾体积；

V_S——V_0 体积样品溶液所消耗高锰酸钾体积；

V_0——分取试样体积 25 mL；

C——高锰酸钾浓度；

W——土壤质量。

2 结果与分析

2.1 原理验证

传统方法中过氧化氢的浓度为 0.3%，使用标定过的高锰酸钾溶液滴定，滴定体积在(3.90±0.05) mL，此时样品体系中过氧化氢的含量不足以衡量过氧化氢酶的活性，相当于体系中过氧化氢酶处于过饱和的状态(表 1)，样品 1、2、4～10 的高锰酸钾滴定体积均没有区别，样品中的过氧化氢酶的活性是无法正确测量的。此外，在不同浓度过氧化氢情况下，高锰酸钾滴定的情况见表 2，可以看出，随着过氧化氢浓度的增加，高锰酸钾的消耗体积增加，有效增加了过氧化氢酶活性的测定空间，但是当过氧化氢浓度达到 2.0%时，高锰酸钾消耗体积到达(26.10±0.05) mL，此时滴定所需要的时间较长。所以综合表 1、表 2 的考察结果，选择 1.0%的 H_2O_2 浓度。这样既可以一定程度上拉大过氧化氢酶活性的测定空间，也可以在基本满足大部分土壤样的测试需求的同时保证结果的准确性。

表 1 过氧化氢浓度对高锰酸钾滴定体积的影响(一)

处理	高锰酸钾的滴定体积/mL									
	样品 1	样品 2	样品 3	样品 4	样品 5	样品 6	样品 7	样品 8	样品 9	样品 10
0.3% H_2O_2	0.05	0.05	0.10	0.05	0.05	0.05	0.05	0.05	0.05	0.05
1.0% H_2O_2	4.55	4.35	4.10	2.25	3.50	3.80	1.15	4.45	2.15	4.05

表 2 过氧化氢浓度对高锰酸钾滴定体积的影响(二)

处理	高锰酸钾的滴定体积/mL									
	空白 1	空白 2	空白 3	空白 4	空白 5	空白 6	空白 7	空白 8	空白 9	空白 10
0.3% H_2O_2	3.90	3.90	3.95	3.90	3.90	3.90	3.90	3.90	3.95	3.90
0.6% H_2O_2	7.85	7.85	7.80	7.85	7.80	7.85	7.85	7.80	7.85	7.85
1.0% H_2O_2	12.85	12.85	12.80	12.85	12.85	12.85	12.85	12.90	12.85	12.85
2.0% H_2O_2	26.10	26.15	26.10	26.15	26.05	26.10	26.15	26.10	26.10	26.15

2.2 稳定性

将样品 1 称取 10 份，每份 1.00 g，其中 5 份加过氧化氢，5 份不加过氧化氢用作无基质对照，同时做 5 份无土空白，按照操作步骤制取滤液，然后分别在放置 2、4、8、10、24 h 后进行滴定。由表 3 可见，当样品在过滤与酸混合后基本处于稳定状态，无论是有基质样品还是无基质样品，各放置时间对测定结果影响很小，并且空白所对应的滴定体积也变化较小，说明在酸性条件下过氧化氢很稳定。

表 3 不同放置时间下的酶活性测定结果

处理	放置时间/h					
	0	2	4	8	10	24
有基质/(mg H_2O_2/g 土壤)	33.9	33.9	33.6	33.5	33.7	33.4
无基质/(mg H_2O_2/g 土壤)	0.10	0.10	0.10	0.20	0.20	0.20

2.3 硫酸加入方式的影响

选取 9 个样品各 3 份,每份 1.00 g,进行两种处理对比:加过氧化氢振荡后加明矾、加硫酸 5 mL 后摇匀后立即过滤,加过氧化氢振荡后加明矾摇匀直接过滤到盛有 5 mL 硫酸的三角瓶中。表 4 表明,硫酸加入顺序对滴定结果有显著影响。在加酸后过滤的条件下,滤液有淡黄色,滴定终点不易观察,会出现反复变色的情况,并且测定结果不稳定。在直接过滤到盛有硫酸的三角瓶中的条件下,滤液无色,滴定终点比较稳定,由此得出的土壤过氧化氢酶活性准确性高。造成这个情况的原因可能是明矾在酸性环境下难以形成胶体,土壤中的还原性色素得不到有效吸附,对滤液颜色以及测定结果造成干扰。

表 4 硫酸加入顺序对酶活性测定结果的影响

处理	酶活性/(mg H_2O_2/g 土壤)	
	加酸后过滤	过滤于盛有酸容器中
样品 11	23.9±0.40	33.9±0.11
样品 12	18.66±0.21	25.4±0.09
样品 13	10.43±0.33	9.89±0.09
样品 14	9.33±0.37	9.13±0.07
样品 15	8.32±0.26	8.42±0.07
样品 16	6.20±0.21	7.67±0.09
样品 17	6.05±0.23	6.91±0.06
样品 18	6.51±0.29	5.90±0.05
样品 19	10.79±0.30	5.90±0.05

2.4 研究区土壤过氧化氢酶活性

选取 10 个不同深度土壤样坑的 100 份土壤样品,运用本测定方法进行过氧化氢酶活性的测定,都可以取得可信的结果数据,说明相较于传统测定方法,本工作进行的改进可以应用于大部分土壤样品中过氧化氢酶活性的测量,具体结果见表 5。通过图 1 柱状图可以清晰地看出,大部分样品表层土壤的过氧化氢酶活性高于深层,同时有随着土壤深度增加过氧化氢酶活性降低的趋势。这对于土壤生理活性规律的研究具有一定的积极意义。

表 5 不同土壤过氧化氢酶活性的测定

土壤样品	酶活性/(mg H_2O_2/g 土壤)	土壤样品	酶活性/(mg H_2O_2/g 土壤)
样品-20-0-10 cm	18.5	样品-25-0-10 cm	31.7
样品-20-10-20 cm	14.5	样品-25-10-20 cm	31.2
样品-20-20-30 cm	14.1	样品-25-20-30 cm	31.7

表5（续）

土壤样品	酶活性/(mg H_2O_2/g 土壤)	土壤样品	酶活性/(mg H_2O_2/g 土壤)
样品-20-30-40 cm	13.5	样品-25-30-40 cm	27.2
样品-20-40-50 cm	13.3	样品-25-40-50 cm	25.5
样品-20-50-60 cm	12.5	样品-25-50-60 cm	26.3
样品-20-60-70 cm	11.4	样品-25-60-70 cm	20.7
样品-20-70-80 cm	11.8	样品-25-70-80 cm	20.8
样品-20-80-90 cm	11.4	样品-25-80-90 cm	19.6
样品-20-90-100 cm	8.27	样品-25-90-100 cm	18.7
样品-21-0-10 cm	27.0	样品-26-0-10 cm	31.5
样品-21-10-20 cm	21.8	样品-26-10-20 cm	33.5
样品-21-20-30 cm	17.0	样品-26-20-30 cm	32.8
样品-21-30-40 cm	18.1	样品-26-30-40 cm	30.6
样品-21-40-50 cm	16.8	样品-26-40-50 cm	30.0
样品-21-50-60 cm	15.1	样品-26-50-60 cm	22.9
样品-21-60-70 cm	10.5	样品-26-60-70 cm	22.4
样品-21-70-80 cm	10.3	样品-26-70-80 cm	24.4
样品-21-80-90 cm	9.72	样品-26-80-90 cm	24.0
样品-21-90-100 cm	9.53	样品-26-90-100 cm	21.8
样品-22-0-10 cm	24.6	样品-27-0-10 cm	23.7
样品-22-10-20 cm	21.6	样品-27-10-20 cm	21.8
样品-22-20-30 cm	21.4	样品-27-20-30 cm	22.1
样品-22-30-40 cm	21.0	样品-27-30-40 cm	18.1
样品-22-40-50 cm	18.9	样品-27-40-50 cm	20.6
样品-22-50-60 cm	10.7	样品-27-50-60 cm	17.7
样品-22-60-70 cm	5.14	样品-27-60-70 cm	15.9
样品-22-70-80 cm	4.77	样品-27-70-80 cm	17.0
样品-22-80-90 cm	6.70	样品-27-80-90 cm	16.6
样品-22-90-100 cm	6.55	样品-27-90-100 cm	18.5
样品-23-0-10 cm	33.4	样品-28-0-10 cm	41.7
样品-23-10-20 cm	30.0	样品-28-10-20 cm	40.7
样品-23-20-30 cm	30.2	样品-28-20-30 cm	39.7
样品-23-30-40 cm	25.4	样品-28-30-40 cm	36.7
样品-23-40-50 cm	19.0	样品-28-40-50 cm	29.5
样品-23-50-60 cm	18.5	样品-28-50-60 cm	30.8
样品-23-60-70 cm	18.4	样品-28-60-70 cm	27.3
样品-23-70-80 cm	18.9	样品-28-70-80 cm	25.2
样品-23-80-90 cm	19.2	样品-28-80-90 cm	25.0
样品-23-90-100 cm	21.8	样品-28-90-100 cm	26.9
样品-24-0-10 cm	25.1	样品-29-0-10 cm	29.8
样品-24-10-20 cm	25.1	样品-29-10-20 cm	22.4

表 5 (续)

土壤样品	酶活性/(mg H_2O_2/g 土壤)	土壤样品	酶活性/(mg H_2O_2/g 土壤)
样品-24-20-30 cm	19.9	样品-29-20-30 cm	16.8
样品-24-30-40 cm	11.6	样品-29-30-40 cm	18.9
样品-24-40-50 cm	8.21	样品-29-40-50 cm	17.8
样品-24-50-60 cm	5.06	样品-29-50-60 cm	15.5
样品-24-60-70 cm	6.58	样品-29-60-70 cm	14.2
样品-24-70-80 cm	3.80	样品-29-70-80 cm	9.62
样品-24-80-90 cm	4.49	样品-29-80-90 cm	8.86
样品-24-90-100 cm	4.30	样品-29-90-100 cm	10.4

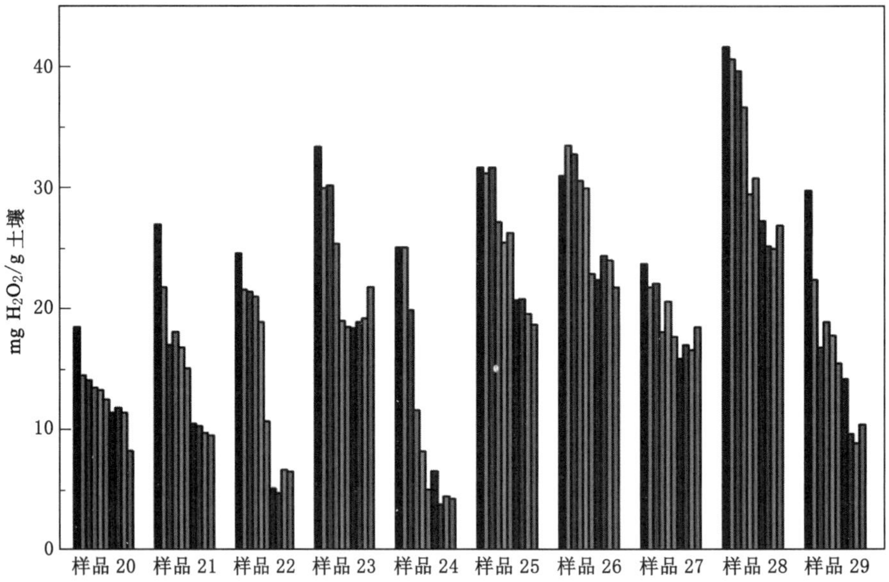

图 1 不同土壤过氧化氢酶活性的测定柱状图比较

由于市场销售含过氧化氢酶的土壤标准物质很难买到,所以采取了实验室间比对的方法来验证本测定方法的准确性,三家实验室使用本方法测得土壤样品中过氧化氢酶活性的结果令人满意(表 6)。

表 6 实验室间土壤样品过氧化氢酶活性的测定

土壤样品	酶活性/(mg H_2O_2/g 土壤)			
	实验室 1	实验室 2	实验室 3	标准偏差 S
样品 1	5.63	5.58	5.76	0.092
样品 2	16.9	17.03	17.06	0.088
样品 3	14.08	13.94	14.11	0.090
样品 4	7.74	7.63	7.57	0.088

3 结论

本文在传统滴定法的基础上，通过调整过氧化氢浓度以及加酸方式解决了高浓度过氧化氢酶活性测定不准确的问题，建立了一种操作简单、易于普及的方法，可以有效拉大过氧化氢酶活性的测定空间。使用本方法对不同土壤实际样品进行分析测定，结果令人满意。这表明该方法对土壤样品中过氧化氢酶活性的测定具有适用性和可靠性，并且过氧化氢酶活性过高或者过低对于作物的生长均会产生不利影响，而在一定范围内也与土壤肥力水平和土壤污染状况有一定的相关性，所以该研究对于评价和预测不同生态系统短时间内环境质量变化具有重要意义。

参考文献

[1] MERSI W, SCHINNER F. An improved and accurate method for determining the dehydrogenase activity of soils with iodonitrotetrazolium chloride[J]. Biology and Fertility of Soils, 1991, 11(3): 216-220.

[2] BADIANE N N Y, CHOTTE J L, PATE E, et al. Use of soil enzyme activities to monitor soil quality in natural and improved fallows in semi-arid tropical regions[J]. Applied Soil Ecology, 2001, 18(3): 229-238.

[3] 武鹏，王玉凤，杨克军，等. 不同氮素形态及配比对土壤养分和酶活性及玉米产量的影响[J]. 中国土壤与肥料，2018(5): 24-32.

[4] 周礼恺，张志明，曹承绵. 土壤酶活性的总体在评价土壤肥力水平中的作用[J]. 土壤学报，1983, 20(4): 413-418.

[5] SHIYIN L, LIXIAO N, PANYING P, et al. Effects of pesticides and their hydrolysates on catalase activity in soil [J]. Bulletin of Environmental Contamination and Toxicology, 2004, 72(3): 600-606.

[6] BANDICK A K, DICK R P. Field management effects on soil enzyme activities [J]. Soil Biology and Biochemistry, 1999, 31(11): 1471-1479.

[7] ZIMMERMANN S, FREY B. Soil respiration and microbial properties in an acid forest soil: effects of wood ash [J]. Soil Biology and Biochemistry, 2002, 34(11): 1727-1737.

[8] 关松荫，等. 土壤酶及其研究法[M]. 北京：农业出版社，1986: 30-33.

[9] 鲁萍，郭继勋，朱丽. 东北羊草草原主要植物群落土壤过氧化氢酶活性的研究[J]. 应用生态学报，2002, 13(6): 675-679.

[10] 周礼恺. 土壤酶学[M]. 北京：科学出版社，1987: 267-268.

[11] 李振高，骆永明，滕应. 土壤与环境微生物研究法[M]. 北京：科学出版社，2008: 398-399.

[12] 罗泽娇，张随成. 简易气量法测试土壤过氧化氢酶活性的研究[J]. 地质科技情报，2005, 24(4): 87-90.

[13] GUWY A J, MARTIN S R, HAWKES F R, et al. Catalase activity measurements in suspended aerobic biomass and soil samples[J]. Enzyme and Microbial Technology, 1999, 25(8/9): 669-676.

[14] TREVORS J T. Rapid gas chromatographic method to measure H_2O_2 oxidoreductase (catalase) activity in soil [J]. Soil Biology and Biochemistry, 1984, 16(5): 525-526.

[15] TRASAR-CEPEDA C, CAMIÑA F, LEIRÓS M C, et al. An improved method to measure catalase acitivity in soils[J]. Soil Biology and Biochemistry, 1999, 31(3): 483-485.

第三次国土调查与地理国情监测对应关系研究与分析

李新萍[1,2],李连苹[3],狄广礼[1,2],张士诚[1,2],魏　娜[1,2]

(1. 河南省地质矿产勘查开发局第一地质矿产调查院,河南 洛阳　471023;
2. 河南省金银多金属成矿系列与深部预测重点实验室,河南 洛阳　471023;
3. 河南省航空物探遥感中心,河南 郑州　450000)

摘　要:随着第三次国土调查(以下简称“国土三调”)工作的开展,地理国情监测数据成为国土调查的重要参考数据。本文分析国土三调与地理国情监测的差异性和分类对应关系,结果表明二者在主要目标、调查方法、调查内容、影像来源和时点、最小上图面积等方面存在差异。在调查分类上,二者在耕地、园地、林地、草地等一级分类上存在较好的对应关系,但在建设用地分类上有一定的差异,国土三调注重权属、用途、性质,地理国情注重地表实际覆盖情况,按构筑物、林草等认定地类。二者相互补充,更好地满足我国资源调查的需求和应用。

关键词:国土三调;地理国情监测;差异性分析;调查分类

引言

国务院于2013年2月28日下发了《国务院关于开展第一次全国地理国情普查的通知》(国发〔2013〕9号)[1],历时三年,完成了普查数据采集、标准时点核准、数据库建设和数据统计分析等工作[2]。2015年,我国完成第一次地理国情普查工作,重点从空间角度反映一个国家自然、经济、人文的状况,随后地理国情监测已成为常态化,继续加强对资源状况的调查、监测、评估与预测[3]。地理国情监测成果在应急减灾、农业水利、土地监管等方面发挥了重要的作用。

根据《国务院关于开展第三次全国土地调查的通知》(国发2017〔48〕号),2017年10月我国全面开展第三次国土调查工作。国土调查成果可以促进确权登记、生态修复、空间规划等发展和应用,为社会大众提供土地资源信息的服务。

地理国情监测数据成为国土三调的重要参考数据,二者相辅相成,既有相同点,又有不同点。本文重点分析二者的不同点以及分类对应关系,使二者在以后的自然资源调查方面互相补充、互相检验核对,并对今后自然资源调查中二者之间数据转换应用提出建议,使其发挥重要的应用价值。

1　地理国情监测与国土三调的差异性分析

地理国情监测与国土三调在主要目标、调查方法、调查内容、影像来源和时点、最小上图面积等方面存在差异,具体分析如下。

资助项目:地方财政资助项目(项目编号:ZKLY-2018-08-16)。

作者简介:李新萍,女,1986年生,黑龙江桦川人。硕士,工程师,主要从事测绘与地理信息相关研究。
狄广礼,男,1979年生,河南新乡人。学士,工程师,主要从事测绘地理信息相关研究。

（1）主要目标不同。地理国情监测主要目标是收集现势性专题数据和基础数据进行对比分析，对上一年度监测成果进行更新，并发布地理国情监测白皮书，为政府和相关部门提供民生保障、农业、应急、水土流失等方面的数据支撑[4]。国土三调主要目标是在第二次土地调查的基础上，进行全面细化和完善土地利用情况，实现成果信息化管理，并满足生态文明建设、空间规划编制、统一确权登记、生态修复和空间治理等方面的应用[5]。

（2）主要调查方法不同。地理国情监测是充分利用高分辨率遥感影像，提取变化图斑进行监测、核实、入库，以内业为主的目视解译调查方法。国土三调是采用“互联网＋”外业举证新技术，按照统一制作底图、内业预判地类、外业实地在线举证、国家核查验收、统一分发成果的调查方法[6]。

（3）主要调查内容不同。地理国情监测重点摸清地表覆盖情况，从“所见即所得”的角度调查地表自然和人文要素的覆盖情况[7]。国土三调主要查清土地利用情况，并开展城镇细化、权属调查、专项调查等。如图 1 所示，国土三调显示地类为 09 特殊用地；地理国情监测按地表覆盖细分为 03 林草覆盖、05 房屋建筑（区）、07 构筑物。

（4）影像来源和时点不同。国家下发的监测影像精度均优于 1 m，地理国情监测意在摸清地表的自然属性、覆盖情况，因此标准时点选择当年的 6 月 30 日。国土三调更侧重于反映土地利用的社会属性、利用情况，因此标准时点选择植被覆盖较少的 12 月 31 日。

（5）最小上图面积不同。地理国情监测规定：种植土地、林草、水域实地面积为 400 m^2；房屋建筑（区）、人工堆掘地实地面积为 1 600 m^2；绿化、独立房屋实地面积为 200 m^2 等[8]。国土三调规定：建设用地和设施农用地实地面积 200 m^2；农用地（不含设施农用地）实地面积 400 m^2；其他地类实地面积 600 m^2，荒漠地区可适当减低精度，但不得低于 1 500 m^2。对于有更高管理需求的地区，建设用地可适当提高调查精度[9]。

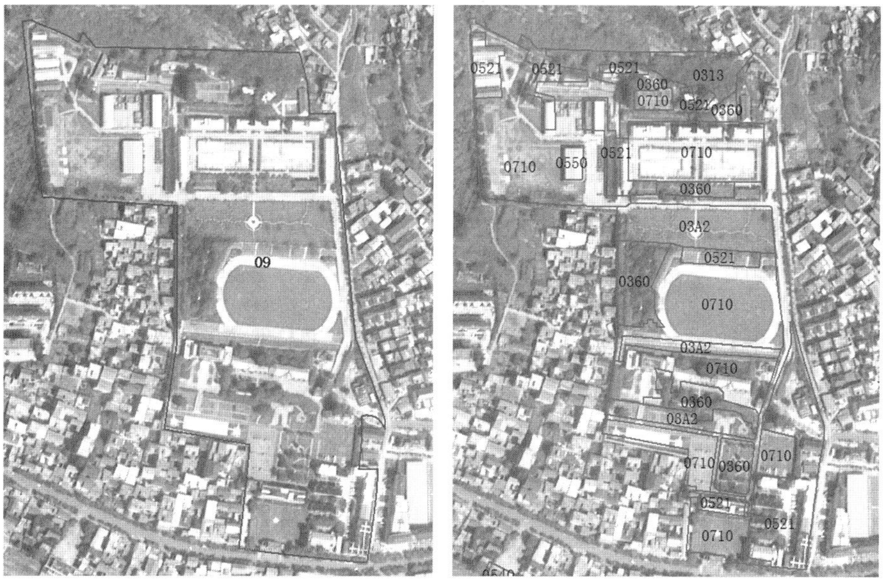

(a) 国土三调　　(b) 地理国情监测

图 1　国土三调与地理国情监测地类调查对比图

2　调查分类的对应关系

地理国情监测地表覆盖依据自然资源部发布的《基础性地理国情监测内容与指标》，包含 10 个一级类、59 个二级类、143 个三级类。国土三调土地利用现状依据《第三次全国国土调查工作分类》，包含 13 个一级类、56 个二级类，无三级类。

2.1 一级分类

一级分类大致对应关系见表 1。

表 1 国土三调与地理国情监测一级分类大致对应关系

国土三调地类代码	国土三调地类名称	地理国情监测地类代码	地理国情监测地类名称
00	湿地	1100	湿地保护区、沼泽区
01	耕地	0100	种植土地
02	种植园用地		
03	林地	0300	林草覆盖
04	草地		
05	商业服务业用地		
06	工矿用地	0500	房屋建筑(区)
07	住宅用地	0700	构筑物
08	公共管理与公共服务用地	0800	人工堆掘地
09	特殊用地		
10	交通运输用地	0600	铁路与道路
		0700	构筑物
11	水域及水利设施用地	1000	水域
12	其他土地	0900	荒漠与裸露地

2.2 二、三级分类

国土三调二级类与地理国情监测二、三级类对应关系，分别按国土三调的湿地(00)、耕地(01)、种植园用地(02)、林地(03)、草地(04)、城镇村及工矿用地等(05、06、07、08、09)、交通运输用地(10)、水域及水利设施用地(11)、其他土地(12)与地理国情监测二、三级类进行对应，详情见表 2～表 6。

表 2 国土三调与地理国情监测湿地、林地分类大致对应关系

国土三调土地利用		地理国情监测地表覆盖		国土三调土地利用		地理国情监测地表覆盖	
代码	名称	代码	名称	代码	名称	代码	名称
0303	红树林地	0300	林草覆盖	0301	乔木林地	0310	乔木林
0304	森林沼泽			0302	竹林地	0340	竹林
0306	灌丛沼泽			0305	灌木林地	0320	灌木林
0402	沼泽草地	1134	湿地保护区			0330	乔灌混合林
0603	盐田	0763	晒盐池	0307	其他林地	0350	树林
1105	沿海滩涂	0900	荒漠与裸露地			0360	绿化林地
1106	内陆滩涂					0370	人工幼林
1108	沼泽地	1135	沼泽区			0170	苗圃

表 3　国土三调与地理国情监测耕地、种植园地分类大致对应关系

国土三调土地利用		地理国情监测地表覆盖		国土三调土地利用		地理国情监测地表覆盖	
代码	名称	代码	名称	代码	名称	代码	名称
0101	水田	0110	水田	0201	果园	0130	果园
0102	水浇地	0120	旱地			0750	温室、大棚
		0750	温室、大棚	0202	茶园	0140	茶园
0103	旱地	0120	旱地	0203	橡胶园	0160	橡胶园
				0204	其他园地	0150	桑园
						0180	花圃
						0190	其他经济苗木

表 4　国土三调与地理国情监测草地、水域及水利设施用地分类大致对应关系

国土三调土地利用		地理国情监测地表覆盖		国土三调土地利用		地理国情监测地表覆盖	
代码	名称	代码	名称	代码	名称	代码	名称
0401	天然牧草地	0390	天然草地	1101	河流水面	1011	河流
0403	人工牧草地	03A1	牧草地	1102	湖泊水面	1020	湖泊
0404	其他草地	03A2	绿化草地	1103	水库水面	1030	库塘
		03A3	固沙灌草	1104	坑塘水面	1032	坑塘
		03A4	护坡灌草	1107	沟渠	1012	水渠
		03A9	其他人工草地	1109	水工建筑用地	0720	水工设施
				1110	冰川及永久积雪	1050	冰川与常年积雪

表 5　国土三调与地理国情监测交通运输用地、其他土地分类大致对应关系

国土三调土地利用		地理国情监测地表覆盖		国土三调土地利用		地理国情监测地表覆盖	
代码	名称	代码	名称	代码	名称	代码	名称
1001	铁路用地	0610	铁路	1201	空闲地	0710	硬化地表
1002	轨道交通用地	0620	公路	1202	设施农用地	0750	温室、大棚
1003	公路用地	0730	交通设施			0790	其他构筑物
1004	城镇村道路用地	0630	城市道路	1203	田坎		
1005	交通服务场站用地	0713	露天停车场	1204	盐碱地	0910	盐碱地表
1006	农村道路	0640	乡村道路	1205	沙地	0920	泥土地表
1007	机场用地	0714	停机坪与跑道	1206	裸土地	0930	泥质地表
1008	港口码头用地	0733	码头	1207	裸岩石砾地	0940	砾石地表
1009	管道运输用地	0734	车渡			0950	岩石地表

表 6　国土三调与地理国情监测建设用地分类大致对应关系

国土三调土地利用		地理国情监测地表覆盖	
代码	名称	代码	名称
05H1	商业服务业设施用地	0500	房屋建筑(区)
0508	物流仓储用地		
0601	工业用地	0770	工业设施

表 6 (续)

国土三调土地利用		地理国情监测地表覆盖	
代码	名称	代码	名称
0602	采矿用地	0800	人工堆掘地
0701	城镇住宅用地		
0702	农村宅基地		
08H1	机关团体新闻出版用地	0712	露天体育场
08H2	科教文卫用地	0716	场院
0809	公用设施用地	0762	污水处理池
0810	公园与绿地	0710	硬化地表
09	特殊用地	0711	广场

3 结论与建议

3.1 国土三调与地理国情监测差异性对比分析

首先,国土三调注重土地利用现状的调查,地理国情监测注重地表覆盖现状的调查,二者存在如下差异:① 主要目标不同,地理国情监测主要服务于农业、应急、水土流失等领域,国土三调主要服务于空间规划、确权登记、生态修护和空间治理等领域。② 主要调查方法不同,地理国情监测以内业为主,国土三调采用“互联网+”外业举证新技术,更加准确、宏观地反映土地利用情况。③ 主要调查内容不同,地理国情监测重点摸清地表覆盖情况,国土三调主要查清土地利用情况。④ 影像来源和时点不同,国家下发监测影像均优于 1 m,地理国情监测标准时点为当年 6 月 30 日,国土三调标准时点为当年 12 月 31 日。⑤ 最小上图面积不同,二者在建设用地、农用地等地类最小上图面积标准不同。

其次,分析二者在调查分类上的对应关系。二者在耕地、园地、林地、草地等一级分类上,存在较好的对应关系,但在建设用地分类上有一定的差异:国土三调注重权属、用途、性质,地理国情监测注重地表实际覆盖情况,按构筑物、林草等认定地类。

3.2 主要意义和应用价值

无论是国土三调还是地理国情监测,其成果的终端即为应用,二者在调查要求和分类上存在一定的互补性,能够从多角度、多维度反映自然资源的分布情况,充分利用两套数据进行衔接对比、校核检验、相互补充,在耕地保护以及土地监管等方面发挥越来越重要的作用,更好地满足我国自然资源调查的需求和应用。

3.3 建议

在今后的调查应用中,将国土调查和地理国情监测两套数据进行空间对应关系分析,将相同时间段的数据进行坐标转换、空间叠加分析等相关操作,计算其土地类别的空间重合率,宏观分析二者空间的差异性,以此校验二者数据实时性调查的准确性,减少外业调查的工作量。

分别建立国土调查和地理国情监测不同地类的流向分析模型。不同的应用部门,对其地类流量分析的着重点不同,国土调查需要分析其农用地、建设用地、未利用地之间的流向变化,分析土地实际流转与用途;而地理国情监测需要分析其地表覆盖的变化情况,实时监测土地利用情况,对土地监管决策性提供数据支持。

总而言之，国土三调和地理国情监测对我国自然资源的真实情况调查具有十分重要的作用，二者相辅相成，丰富了自然资源调查体系，促进了我国国土空间规划、生态修复、耕地保护、防灾减灾等方面的应用和发展。

参考文献

[1] 周芹芳，马品. 我国地理国情普查成果应用研究综述[J]. 测绘与空间地理信息，2019，42(1)：94-96.

[2] 国家测绘地理信息局，国土资源部，国家统计局，等. 第一次全国地理国情普查公报[G]. 北京：国家测绘地理信息局，2017.

[3] 陈俊勇. 地理国情监测的学习札记[J]. 测绘学报，2012，41(5)：633-635.

[4] 史晓明，郑明灯，熊涛，等. 地理国情监测与国土三调的异同点初探[J]. 地理空间信息，2019，17(11)：19-21.

[5] 庄琳，李晋军，杨薇玉，等. 第一次全国地理国情普查数据成果在第三次全国国土调查工作中的应用[J]. 地矿测绘，2019，35(1)：4-6.

[6] 娄国胜，王秋林. 第三次全国国土调查和第二次全国土地调查差异化分析[J]. 华北自然资源，2019(1)：125-127.

[7] 胡云华，李建勇，陈勇，等. 第三次全国国土调查与地理国情监测调查要求和分类的对应关系分析[J]. 测绘与空间地理信息，2020，43(7)：57-62.

[8] 中华人民共和国自然资源部. 基础性地理国情监测内容与指标：CH/T 9029—2019[S]. 北京：中国标准出版社，2019.

[9] 中华人民共和国自然资源部. 第三次全国国土调查技术规程：TD/T 1055—2019[S]. 北京：中国标准出版社，2019.

地质勘查中GPS测量作业模式的选择应用分析

魏　娜,何小东

(河南省地质矿产勘查开发局第一地质矿产调查院,河南 洛阳　471023)

摘　要:GPS(卫星全球定位系统)测量是近现代发展起来的新的测量技术,它是利用人造卫星进行地面测量的定位系统,具有速度快、精度高,不受天气限制,任何时候都能测量,不需要点间通视,不用建造观测觇标,并能同时获取点的三维坐标等优点。GPS技术在地质勘查中的使用成为精准找矿、样品采集、外业填图等作业定位方面的主要方式。但由于GPS要求测站上空开阔,以便于接收卫星信号,对于隐蔽地区的测量(如高山、密林的地区)可选用改变GPS测量的作业方式来实现。本文对地质勘查中GPS测量作业模式进行阐述,供测量工作参考选择。

关键词:基准站;流动站;GPS-RTK

引言

随着测绘技术的不断更新发展,GPS测量技术在地质勘探中得到广泛应用,其技术具备的高效、精确、全方位、三维坐标等优点,能有效地提高地质勘查作业的定位准确性,提高作业的精度,并能有效、快速、顺利地开展工作。如何使这项技术在实地工作中发挥最大作用,需要我们全面了解GPS定位的原理和优化的工作方式及其GPS设置模式等知识。

GPS的应用,首先需要正确掌握针对不同精度、不同环境如何选择测量模式的问题。GPS测量常用的作业模式主要有静态相对定位、快速静态相对定位、准动态定位和动态相对定位等。对测量作业方式的理解、认识及分析,有利于工作中选择合理、对应的作业模式,从而迅速选择科学的定位方法,对作业精度和工作效益起到至关重要的作用。

1　静态定位模式及其应用分析

1.1　静态定位工作原理

GPS静态定位是采用2台或2台以上的全球定位系统(GPS)接收机设备,分别安置在一条或数条基线的端点上,同步观测一组卫星,观测数小时或更长时间,获取观测的向量数据,经过软件处理后,完成定位工作。静态定位是不考虑轨道的有无,决定点位置的定位应用。这是GPS测量应用范围最广、使用最普遍的一种模式。

静态定位工作原理主要是一种静态相对定位的方法,通俗来讲,就是将一台GPS接收机安置在已知坐标的地面点(已知点)上,另一台或多台GPS接收机安置在未知坐标的地面点(待定点)

作者简介:魏娜,女,1992年生,河南洛阳人。本科,助理工程师,主要从事测绘工作。

何小东,男,1969年生,河南洛阳人。本科,工程师,主要从事地质勘查工作。

上，并保持各接收机固定不动，同步连续观测相同的 GPS 卫星星座，用以求得未知点相对于已知点的坐标增量（基线矢量），从而由已知点坐标推求各未知点坐标的方法（图 1）。由于进行连续观测取得了充分的多余观测量，因而可实现 GPS 静态相对定位。

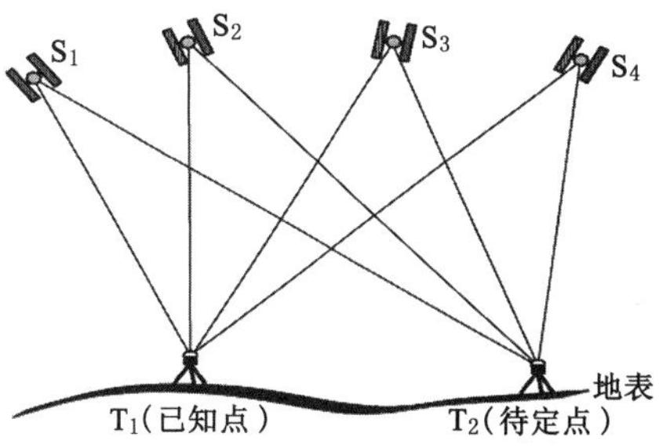

图 1　GPS 静态相对定位

1.2　静态定位应用分析

在 GPS 静态定位模式下，能够在不需要设立观测站的情况下进行相互通视，同时确保其在数值上的高准确率。使用时满足必要的天气、环境和测量等级的要求即可操作，而且还能够提供数据所要求的三维坐标，对地质勘查工作提供强大的技术支持。

（1）GPS 静态定位模式主要优点

GPS 静态定位的优点是定位精度高，其基线的相对定位精度可达 5 mm$+1\times10^{-6}D$，D 为基线长度（km）。

① 控制范围宽阔

在地质勘查过程中，由于勘查区域面积大，为进行区域内控制网布设及地形测量，首先需要建立覆盖区域的首级控制网，为整个区域提供符合项目要求的起算数据，GPS 静态定位无疑为首选的测量作业方式。

② 解决了传统勘探测量过程中技术和人力等制约因素带来的弊端

GPS 静态定位技术能够在测量中给施工测量人员提供全面的数据，使其快速获得作业区地质构造发育情况及其地质情况。GPS 静态定位技术可以通过其三维地震勘探技术，就地质构造及其发育情况做一初步的了解和估算，能够有效地起到预防危险、减少隐患的效果，进一步提升施工过程中的安全性。

③ 提高工作效益

GPS 静态定位技术不同于其他勘探测量手段，它所具备的特殊优势能够很大程度地提升施工效率。

在应用 GPS 静态定位技术过程中常常受到天气、气候、地理位置和人员等的影响，但只需要满足电磁波透视及空间透视等相关因素的需求，就可以进行工作，即使在夜间或者阴天云层较多的情况下也一样能够作业。这极大地提高了测量作业的工作范围、提升了工作效率，可以实现全天候工作。

④ 数据成果精度高

在 GPS 投用于地质勘探之前被称赞得最广泛的用途是优异的高精度定位技术。在跨领域使用 GPS 过程中，这一优势依然具备。GPS 所具有的定位功能能够使其在勘探过程中定位精准度的误差在 5 mm 之内，这种优势恰恰满足了地质勘探的需要。

在内业解算优化与传统的内业解算相比较的情况下，GPS 静态定位内业解算更加简单，不需要繁杂的解算程序。通过专业软件处理方式更加简单，数据更加清晰准确，相对于二维数据，三维数据更具有准确性。

⑤ 操作方便，获取数据快速

GPS 静态定位技术不同于传统的单一测量技术，它借助于多台测试仪器同时进行作业，从而快速获取被测量区域的三维坐标。

（2）GPS 静态定位模式主要弱点

① 区域的误差

GPS静态测量技术在实际应用过程中是依托电磁波传播的,尤其是卫星和接收机之间的距离也要根据电磁波的传播速度和时间决定。电磁波对GPS的传播会造成一定的影响,由于其在大气中的传播速度会受到电离层和对流层等因素的干扰,必然会使GPS的测量结果产生一定的误差。

② 精度的影响因素

GPS静态定位技术的使用需要依靠卫星发射的信号经过一定的技术处理得到相应的地理坐标。在实际操作过程中,静态GPS观测点的位置一般不会发生变化,而影响其结果和精度的因素往往是所选择的控制点不同,造成因为信号因素的影响使信息的采集受到干扰,从而使其在测量过程中的坐标点出现误差。

③ 地势、地貌引起的精确度不足

GPS的使用虽然不受环境、时间、天气、气候等因素的影响,但是其对信号有着一定的要求,这就需要在测量过程中尽量选择地势相对平坦、开阔的地方。而对于特定的区域,如林区、山地等地理环境相对复杂的作业区工作,茂密的树木、高耸的山峰都会对信号的接受产生一定的影响,从而影响数据的准确性而产生一定的误差。

2 快速静态定位模式及其应用分析

2.1 快速静态定位工作原理

GPS快速静态定位是通过GPS接收机接收4颗以上通信卫星信号,解算出卫星到接收机的距离;通过卫星在地心坐标系的位置确定接收机(基准站)在同一坐标系的位置,从而解算出多个GPS接收机(流动站)的相对位置。具体操作方法为:在矿区中部选择一个基准站,并安置一台接收机连续跟踪所有可见卫星,另一台接收机依次各点流动设站,每点观测数分钟,如图2所示。快速静态定位技术是基于整周模糊度快速逼近技术,依靠计算方法的改进和相应的软件实现快速定位的。通常用双频接收机只需同步观测5～10 min,单频接收机亦仅需15 min左右。

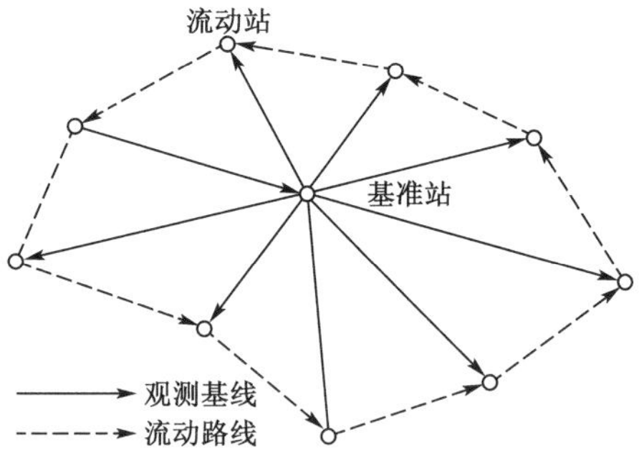

图2 快速静态定位

2.2 快速静态定位应用分析

GPS快速静态定位模式适用于矿区在首级控制网的基础上的次级网加密、图根点测量以及工程测量。

(1) GPS快速静态定位模式主要优点:其优点是作业速度快、精度高,流动站相对于基准站的基线中误差为5 mm±$1\times10^{-6}D$。

① 快速静态相对定位法因为能够快速确定整周未知数,所以流动接收机在迁站过程中无须保持对卫星的连续跟踪,使用双频GPS接收机每站只需观测数分钟。

② 选点灵活,无须造标,相对费用低。GPS快速静态定位测量的使用,完全不受检测站的影响,其工作空间需求更加灵活多变,能够适应各种地质条件;同时在定位过程中不需要造标,这样更加有效地节省了费用。

(2) GPS快速静态定位模式主要弱点:工作中只有2台接收机,不能构成闭合图形,可靠性相对较低。

3 准动态定位模式

3.1 准动态定位工作原理

准动态相对定位法(Stop and Go——走走停停法)是指 GPS 流动接收机与基准站接收机在完成初始化后,流动接收机只需在待测点上观测 1～2 min 便可实现相对定位,但流动接收机在迁站过程中必须保持对不少于 4 颗卫星的连续跟踪观测。

在测区选择一个基准点,安置一台接收机连续跟踪所有可见卫星,将另一台接收机先在 1 号点观测,在保持对所有卫星连续跟踪而不失锁的情况下,将流动接收机分别在点 2,3,4……观测数秒钟,如图 3 所示。准动态定位是流动的接收机依次在选定的一系列流动站上各观测若干时间后,再搬到下一站的动态定位。

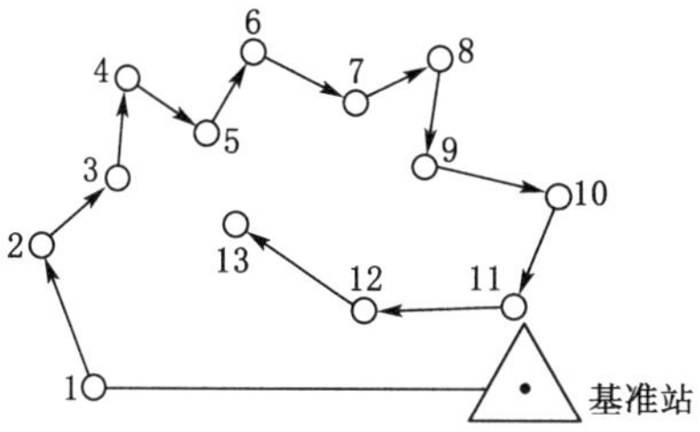

图 3 准动态定位

3.2 准动态定位应用分析

GPS 准动态定位主要用于工程定位、勘探线测量以及工程点测量等。其测量精度:基线中误差约为 1～2 cm。

GPS 准动态定位的优点:

① GPS 准动态定位技术能够与空中卫星进行联网共同作业,实现网络化连接,从而保证勘探过程中所勘探面积的广覆盖率。以目前的技术手段来说,它所能够达到的基准站覆盖半径已达 20 km 左右,能够极大地覆盖作业区,从而对作业区地质进行更加有效的勘探,所提供的数据信息能够更加全面、高效。

② 在作业过程中操作十分便捷,只需要在每个操作站安排一位技术人员,因此大大节约了人力物力,同时能够更加有效地获得相应的信息以满足需求。

③ 数据处理为事后处理,无须配置电台及架设电台天线,受地形起伏影响小。

4 动态定位模式

4.1 动态定位工作原理

建立一个基准点安置接收机连续跟踪所有可见卫星,流动接收机先在出发点上静态观测数分钟,然后从出发点开始连续运动,按指定的时间间隔自动测定运动载体的实时位置,如图 5 所示。

GPS 动态定位是以确定与各观测站相应的、运动中的、接收机载体的位置或轨迹的卫星定位。定位时,至少应有 1 台接收机处于运动状态。此方法主要用于测定运动目标的轨迹、线路的中桩和边桩以及碎部测量等。

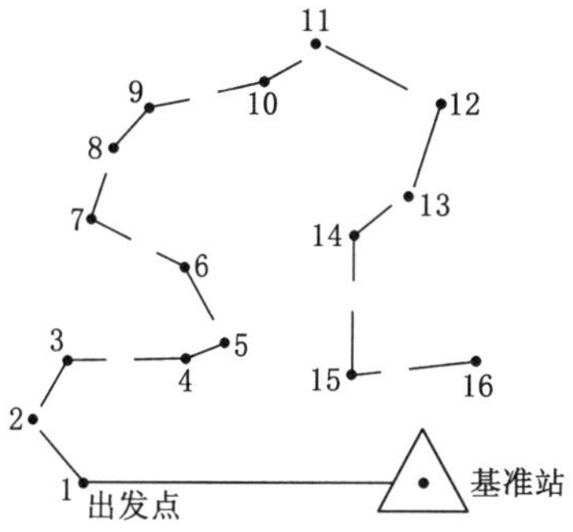

图 5 动态定位

4.2 动态定位应用分析

(1) 截至目前 GPS 动态定位方法是矿产勘查工作中最常

用的方法,因为地质勘查通常位于一些山区,林密、山高、通视条件相对较差,所以基准站的选取一定要找实地通视条件良好、有利于采集卫星信号的位置,一般在山顶、开阔地等地势比较高的地点,并且对基准站实际位置的要求越高,其精度越高,差分值的精度就很高。

(2) 流动站所采集的原始数据和基准站所记录的原始数据都是在高精度进行解算,流动站接收基准站的差分信号必须达到固定解状态即可完成采集工作。

GPS 动态定位模式优点:随着测量范围不断地扩展可全天候采集,数据精度高,测量速度快,节省人力、物力,能在很大程度上提高地质勘查的工作效益。

GPS 动态定位模式弱点:测量时受地形、环境的影响大,受覆盖范围限制,基准站需不断搬移,流动站需相应进行坐标系统归化及接收机初始化设定。

5 实时动态测量(RTK)模式

5.1 实时动态测量(RTK)工作原理

GPS 实时动态测量(RTK)的工作原理是在一个固定位置(基准站)安置一台 GPS 接收机(基准站),另外一台或多台 GPS 接收机流动工作,称为流动站,基准站和流动站同时接收相同的 GPS 卫星信号,基准站实时地将测得的载波相位观测值、伪距观测值、基准站坐标等用无线电传送给运动中的流动站,流动站通过无线电接收基准站发射的信息,将载波相位观测值实时进行差分处理,得到基准站和流动站基线向量(ΔX、ΔY、ΔZ),基线向量加上基准站坐标得到流动站每个点的 WGS84 坐标,通过坐标转换得到流动站每个点在当地坐标系的平面直角坐标 X、Y 和高程 H。这个过程就是实时动态定位,通常又称作 GPS-RTK 定位。

5.2 实时动态测量(RTK)应用分析

GPS-RTK 定位模式:主要用于运动物体的精密导航、地形测量、工程放样、石油勘探、水下地形测量和各种实时动态定位的指挥调度系统等。

定位精度:可达厘米级。

GPS-RTK 定位模式优点:随着科技的发展,GPS-RTK 作业模式得到了广泛的应用和创新,GPS-RTK 测量迅速发展,突破了传统的测量方法,广泛应用于测量的各个领域,极大地提高了测量的精度和效益,并能节省大量人力、物力。

GPS-RTK 定位模式弱点:GPS-RTK 技术是建立在流动站与基准站误差类似这一假设基础上的,随着基准站和流动站间距离的增加,误差类似性越来越差,定位精度就越来越低,而且数据通信也受到传输设备的性能和可靠性以及传输软件的限制,只能在有限的距离范围(10～15 km)内应用。

6 经验体会

(1) 技术优势

GPS 静态定位技术对地质勘探定位起到了切实有效的作用。在实地使用中,它所具有的高精确度、高精准率、使用高效便捷等优势已得到各方面的认可。尤其是在大面积控制测量中,相对于常规的测量技术,它所具备的优势和优越性都是无可替代的。同时,它所提供的数据信息更具备可靠性。

(2) 合理的方案与计划

虽然GPS静态定位技术已经充分应用于目前地质勘探过程中，取得了一定的效果，但是，在肯定其优势作用的过程中也需要注意到GPS静态定位技术存在的问题和不足，不但要合理地选择测量模式，同时也要就目前的使用情况和实际的需要制订相应测量方案及改进计划。

使用GPS静态定位技术时也不能忽略其不足，信号的缺失、电磁波的影响所造成的误差都会对测量工作产生一定的影响。在实际测量过程中，应当将传统测量技术与GPS静态定位技术结合使用，取长补短，从而保障地质勘探工作更加准确、有效。

(3) 工作原理的掌握和规范的操作

高精度的GPS测量必须采用载波相位观测值，GPS-RTK定位技术就是基于载波相位观测值的实时动态定位技术，它能够实时地提供测站点在指定坐标系中的三维定位结果，并达到厘米级精度。在GPS-RTK模式下，基准站通过数据链将其观测值和测站坐标信息一起传送给流动站。

流动站不仅通过数据链接收来自基准站的数据，还要采集GPS观测数据，并在系统内组成差分观测值进行实时处理，同时给出厘米级定位结果，历时不足一秒钟。流动站可处于静止状态，也可处于运动状态，可在固定点上先进行初始化后再进入动态作业，也可在动态条件下直接开机，并在动态环境下完成整周模糊度的搜索求解。在整周未知数解固定后，方可进行每个历元的实时处理，实时只要能保持4颗以上卫星相位观测值的跟踪和必要的几何图形，则流动站才能随时给出厘米级定位结果。

(4) 新技术的应用

GPS-RTK技术是在某个地区设置多个固定的基准站，固定基准站实时采集GPS卫星观测数据并传输给GPS网络控制中心，控制中心接收各个固定基准站发来的数据，也接收从流动站发来的概略坐标，然后根据用户设置，选定一组最佳的固定基准站数据，整体改正GPS轨道误差以及电离层、对流层和大气折光引起的误差，将经过改正的高精度的差分信号通过无线电发送给流动站，这就相当于在移动站附近设置了一个虚拟的参考基准站，不仅解决了RTK作业距离上的限制，也极大地提高了流动站的定位精度。

7 结语

本文通过阐述GPS测量作业模式的应用分析，更加清楚了如何选择正确的GPS测量模式以及地质勘查中GPS测量技术在何种模式上能得到更好的应用和发挥，便于我们熟练地应用于生产工作中。通过分析与总结，我们知道在地质勘查工作中，采用GPS静态定位模式和实时动态测量(RTK)模式是最为有效的方法，其他方法应根据实地设备配置、环境、精度要求等情况合理选择。总之，在实时动态测量(RTK)模式下的网络RTK技术的出现，标志着高精度GPS进入了一个新的阶段，它将极大扩展GPS的应用领域。

参考文献

[1] 杨忠. 浅谈控制测量与测量方法[J]. 环球人文地理，2015，(20)：116-117.
[2] 陈波. 浅谈GPS静态相对定位与RTK定位在煤田勘探中的应用[J]. 四川地质学报，2011，31(2)：239-241.
[3] 罗毅. GPS测量技术在工程测量中的应用[J]. 工程技术研究，2017(2)：48，50.
[4] 张秋风. 开展多元勘探手段预防矿井地质灾害的发生[J]. 山东煤炭科技，2013(2)：208-210.

遥感地质解译在地质调查中的应用
——以新疆甜水海地区区域地质调查为例

李志龙[1,2],张　洒[1]

(1. 河南省地质矿产勘查开发局第三地质矿产调查院,河南 郑州　450008;
2. 河南省自然资源科技创新中心(信息感知技术应用研究),河南 郑州　450008)

摘　要:研究区地处新疆喀喇昆仑山中段,海拔高、落差大,部分区域地形起伏大,积雪覆盖严重,交通不便,这些因素给1∶5万区域地质调查工作造成了一定困难。作者运用遥感技术,对原始遥感数据进行了预处理与增强处理,结合已有1∶20万地质资料和野外实地踏勘,建立了遥感地质解译标志,解译出丰富的地质信息,为1∶5万区域地质调查提供了可靠资料,为项目工作部署提供了重要依据,从而减少了野外工作量,缩短了工作时间,降低了填图费用,提高了填图精度和质量。

关键词:遥感地质解译;解译标志;甜水海地区

引言

遥感技术是集空间科学技术、计算机技术、物理学技术、数学技术等各种前沿技术于一体的综合性科学技术。它可以不受大多数自然环境的影响,在非常广大的空间范围内快速、高效地提供非常丰富的遥感地质信息,在提取岩性信息和划分构造单元等方面,具有其他探测技术所不能比拟的优势[1],尤其对我国西部基岩裸露地区更能发挥其优势。中国地质调查局于2011年3月25日、2012年2月10日、2013年1月31日分别下达了《新疆1∶5万克孜勒吉勒干幅(I44E003005、I44E003006、I44E004004、I44E004005、I44E004006)等五幅区调》工作项目任务书,任务书编号为基[2011]02-03-11、基[2012]02-021-010、基[2013]01-003-004,项目编码为1212011120534、1212011220628、1212011220628。该项目属于"昆仑-阿尔金成矿带地质矿产调查"计划项目,项目工作区不仅海拔高,干旱少雨,且该地区植被不发育,基岩露头较好,地质解译标志明显,利用遥感技术配合地质填图具有得天独厚的优势。通过在该地区开展遥感地质找矿和地质填图工作,不仅提高了工作效率,节约了工作成本,还提供了与传统地质不一样的找矿思路,可以为后期的地质找矿工作提供丰富、可靠的数据和思路,也为以后在同类型地区开展遥感地质工作提供借鉴。

1　区域地质背景

1.1　构造

研究区位于青藏高原北西缘喀喇昆仑造山带东部,总面积约2 000 km^2。区内构造变形较弱,

作者简介:李志龙,男,1981年生,河南商丘人。工程硕士,副高级遥感地质工程师,主要从事地理信息系统和遥感地质的应用研究。

其构造几何样式总体表现为一系列近北西-南东向断裂系统，主要断裂有肖尔克谷地断裂、岔路口断裂（图 1）。

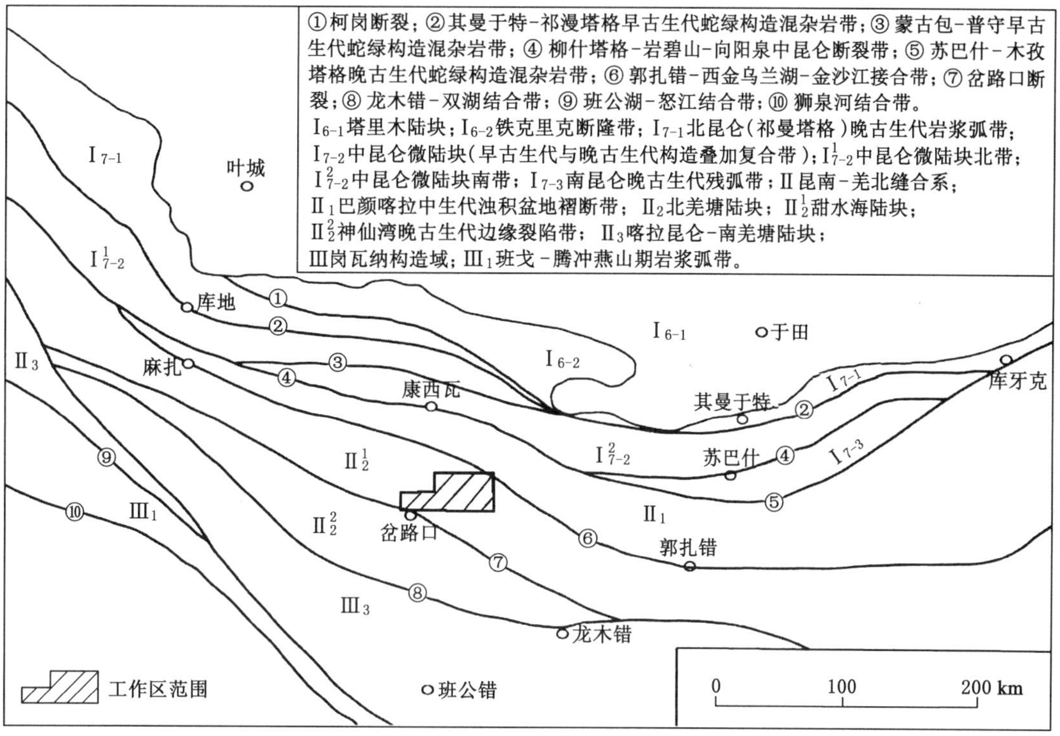

图 1　研究区大地构造位置图

郭扎错-西金乌兰湖-金沙江接合带（⑥）：位于研究区东北部肖尔克谷地一带，长度大于 20 km，断裂倾向 30°～45°，倾角为 50°～60°，断裂带宽一般为 100～200 m，发育有长英质糜棱岩和千糜岩以及断层角砾岩、碎裂岩、强片理化岩石等。该断裂带是巴颜喀拉边缘裂陷带的南边界断裂，在卫星图片上显示清晰的线状影像特征，地貌显示一连串的负地形。

岔路口断裂（⑦）：位于研究区西南部，断层倾向北东，倾角一般为 50°～65°，断裂带宽为 100～500 m，发育有糜棱岩化砂岩、钙质糜棱岩、断层角砾岩、碎裂岩等，两侧岩石一般较破碎。该断裂带具有规模较大、延伸地壳内部较深、多期活动的特点。

1.2　地层

研究区内地层分布广泛，发育较齐全，沉积类型多样，特别是晚古生代至中生代地层发育较好，古生物丰富。区域北部以郭扎错-麻扎断裂为界，东北角属于巴颜喀拉地层区内大红柳滩地层分区，西南属于北羌塘地层区；又以岔路口断裂带为界分为两个分区，以北为甜水海地层分区，以南为神仙湾地层分区。出露地层包括：长城系甜水海岩群（ChT），青白口系肖尔克谷地岩组（Qbx），寒武系甜水湖组（∈t），奥陶系中下统冬瓜山群（$\mathrm{O}_{1\text{-}2}D$），志留系下统温泉沟组（S_1w），泥盆系中统落石沟组（D_2l），石炭系中统恰提尔组（C_2q），二叠系中下统神仙湾组（$\mathrm{P}_{1\text{-}2}s$），二叠系中统红山湖组（P_2h），三叠系巴颜喀拉山群（TB），侏罗系中统龙山组（J_2l），第四系（Q）。其中出露面积较大的有：

长城系甜水海岩群（ChT）：出露于研究区北部苦水海东西两侧，近东西向展布，出露面积约 102 km^2，为一套浅变质的碎屑岩夹碳酸盐岩建造，分为变质砂岩组合千枚岩组。

志留系下统温泉沟组（S_1w）：出露于研究区中部，东西向展布，主要为一套碎屑岩夹碳酸盐岩沉积，局部夹火山岩建造。

石炭系中统恰提尔组(C_2q):出露面积约175 km^2,主要为一套泥砂质碎屑岩沉积建造。

第四系(Q):研究区第四纪分布较广,成因类型较为复杂,有冰碛、洪积、冲洪积、冲积、湖积等,主要沿山前台地、河流、湖泊分布。

1.3 岩浆岩

研究区内岩浆活动不强,岩浆岩分布范围小,主要位于研究区东北角,总面积约13 km^2,约占研究区的0.6%,主要包括中生代酸性侵入岩体。

2 遥感数据预处理

2.1 遥感数据源选用

通过对不同数据源的综合比较,选择能满足空间分辨率要求、波谱分辨率分析要求以及时相要求的遥感图像资料。图像选择需要考虑三个方面的因素:专题目的、专题图比例尺及专题图地域背景[2]。

首先,专题目的层面:指根据研究的具体目的不同而选择与之相匹配的遥感数据。本次研究为1∶5万区域地质调查项目服务,主要是为区域内的地质填图和矿化信息提取服务,因此识别地质信息和提取矿化蚀变信息成为本次研究的主要内容。地质信息除构造信息和地层岩性信息以外,还应研究区内的火山-岩浆岩以及区内的矿产信息。这就要求在选择遥感数据时,要充分考虑选择的数据不仅能满足区内地质解译的精度要求,还要满足蚀变信息提取的要求。目前广泛采用的多种遥感数据源中,SPOT6数据不仅成像质量稳定,价格相对便宜,且空间分辨率较高,完全能满足本次解译的精度要求。

其次,专题图比例尺层面:主要是就不同的研究精度要求不同的空间分辨率数据而言的。实际工作中应以相关技术规范标准为依据,选择满足相关成图精度要求的遥感影像。经过实践检验证明,成图比例尺越大,要求的遥感影像空间分辨率也就越高,具体要求见表1。

表1 成图比例尺对遥感影像空间分辨率的要求[3]

比例尺	1∶1万	1∶5万	1∶10万	1∶25万
空间分辨率/m	0.5～2.0	2.5～10.0	8.0～20.0	12.5～50.0

最后,专题地域背景层面:应充分考虑研究区内自然地理条件、区域地质背景以及相关人文社会背景等。除以上三点外,还要考虑经济的因素。

2.2 数据预处理

遥感数据预处理,亦可称为遥感数据前处理,是相对于遥感图像增强和分类等工作而言的,需要提前进行的图像处理过程[4]。遥感图像在成像过程中会因为各种不同因素的影响导致获取的图像存在不同程度的辐射失真以及几何畸变,这不仅影响图像的质量,还影响数据的后期使用。为了准确、客观地反映地物波谱辐射特征,提高影像的实际使用价值,在图像使用之前必须对这些干扰信息进行消除处理,降低乃至全面消除上述因素的影响,尽可能客观地反映地物的真实情况。

结合本次研究应用的目的和选择的遥感数据具体情况,遥感数据预处理由几何校正、数据辐射校正、不同分辨率数据融合、图像裁剪等几个步骤完成。

3 遥感地质解译

3.1 遥感地质解译的原则和方法

《区域地质调查中遥感技术规定(1∶50 000)》(DZ/T 0151—2015)中明确指出，遥感地质解译应该遵循的解译原则包括以下几点[5]：

(1) 由简入繁，循序渐进。

(2) 先宏观，后微观。

(3) 室内解译紧密结合野外验证。

(4) 综合分析。

此外，目视解译还需遵循的原则[6]有：先了解研究区内地质概况，再进行地质信息解译；先对研究区的地质构造进行解译，再对区内地层解译；要对研究区内的不同时相、不同分辨率、不同波段组合等不同数据形式的遥感影像进行对比解译。

本次研究以人机交互的目视方式为主，具体解译依据遥感影像的色调差别、形状大小差异、纹理结构特征等不同因素判别被解译目标。其解译本质就是利用遥感影像的空间分辨率特性、光谱特征因素以及时间特性所进行的人机交互解译过程[6]，并结合相关地质背景知识从而达到识别目标地物的目的。本次解译过程中采用的解译方法有以下几种：直接判读法、对比法、邻比法、综合判读法等。

3.2 解译标志建立

构造、岩性信息的解译在遥感图件中表现为遥感五要素“线-带-环-色-块”[7]，我们将能客观反映目标地层，并能准确判别目标地层属性的影像特征定义为地层的遥感解译标志。一般说来，影响地层解译标志的主要是岩性组合，越是差异越大的岩性单元，越容易建立该地层的解译标志，即越容易对该地层进行解译。根据前文所述，先对范围内易于识别的地层单元进行解译，建立岩石局部地层单元的解译标志，并将已建立的地层解译标志类推到全区其他地层，从而实现对全区地层的解译[8]。研究区内各个填图单元的典型解译标志如下。

3.2.1 第四系

中更新统冲洪积层：由于地表风化严重，均被风化物覆盖，界线不清晰。该地层直接覆盖在基岩上，在地貌上中更新统明显高于上更新统冲洪积层。在SPOT6遥感影像上呈土黄色，略带灰色，色调均匀，地貌为低缓山区斜坡带，影纹粗糙、块状(图2、图3)。该地层可解译性一般。

图2 中更新统冲洪积层沉积特征

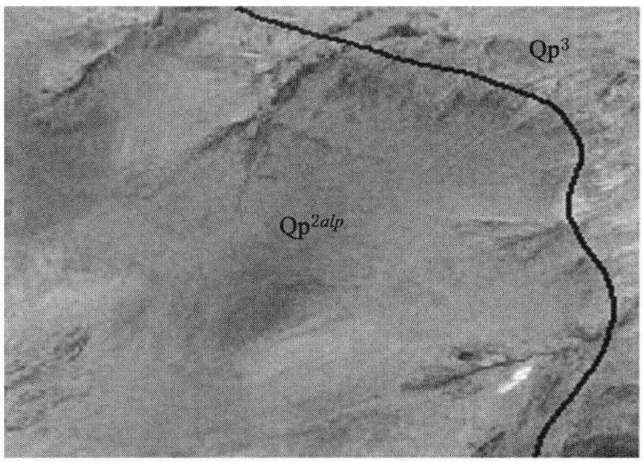

图3 中更新统冲洪积层遥感影像特征

上更新统冲洪积层:主要分布于苦水海、甜水海、红山湖盆地阶地之上,主要为灰黄色泥质粉砂层和灰白色砂质黏土层堆积。在SPOT6遥感影像上呈青灰色、浅土黄色,色调均匀,饱和度和亮度一般;地形较低,为湖盆湖蚀阶地,存在陡坎,水系不发育;影纹光滑细腻,线状、环带状图案(图4、图5);围岩现代湖积相和冲洪积相均发育线状或环带状图案,差异较大,界线清晰。该地层整体可解译性较好。

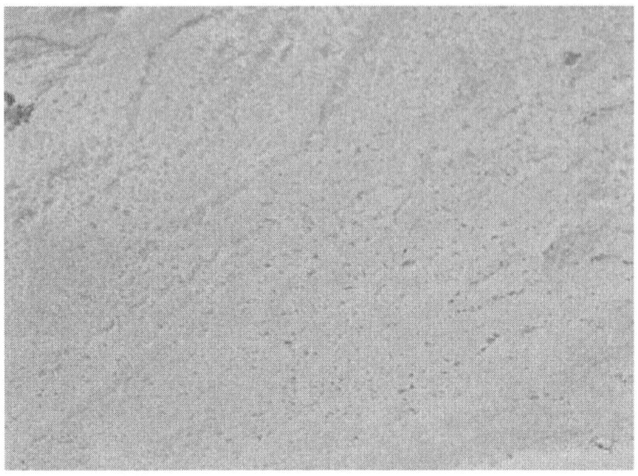

图4 上更新统冲洪积层特征

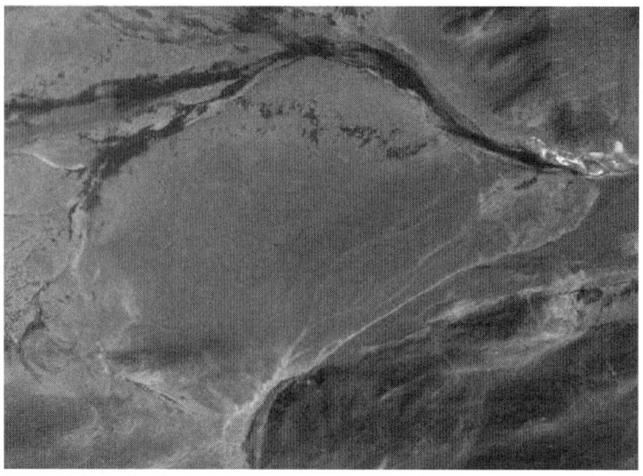

图5 上更新统冲洪积层遥感影像特征

全新统湖积层:分布在苦水海、甜水海、红山湖等湖泊洼地,出露面积232 km²。地势平坦或微向湖心方向倾斜,沉积物多为砂、黏土和淤泥等,表面多见硅质岩薄板碎片。在SPOT6遥感影像上呈青灰色、灰白色,色调均匀,饱和度和亮度一般;地形为湖盆,沟壑状水系发育;影纹光滑细腻,块状、斑状图案(图6、图7);与更新统冲洪积相的界线清晰。该地层整体可解译性较好。

图6 全新统湖积层特征

图7 全新统湖积层遥感影像特征

3.2.2 三叠系巴颜喀拉山群(*TB*)

巴颜喀拉山群出露在研究区东北部苦水海东北,面积约76 km²,西南侧与长城系甜水海岩群或青白口系肖尔克谷地岩组断层接触,北侧和东侧延伸出研究区,可分为下部的砂岩和上部的千枚岩段。在SPOT6遥感影像上呈灰色-深灰色,色调均匀度、饱和度和亮度一般,地貌上为山脊,发育树枝状水系;影纹粗糙,局部呈线性,树皮状、树枝状、辫状图案(图8);与围岩甜水海岩群界线清晰。该群整体解译效果好。

3.2.3 长城系甜水海岩群(Ch*T*)

甜水海岩群主要分布在中等落差的山地。在SPOT6遥感影像上主要为灰色调,饱和度中等,亮度中等;地貌主要为滩地、沟谷,斜坡呈带状,发育树枝状水系,影纹细腻、光滑,呈带状影纹;围岩肖尔克谷地岩组和寒武系均呈黄褐色，与甜水海岩群界线清晰（图 9）；与巴颜喀拉山群接触带为亮白色色调（断层），界线清晰（图 10）。

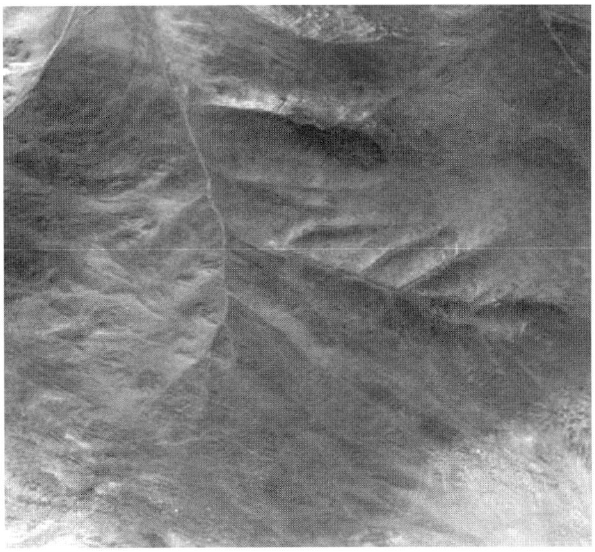

图 8　巴颜喀拉山群遥感影像特征

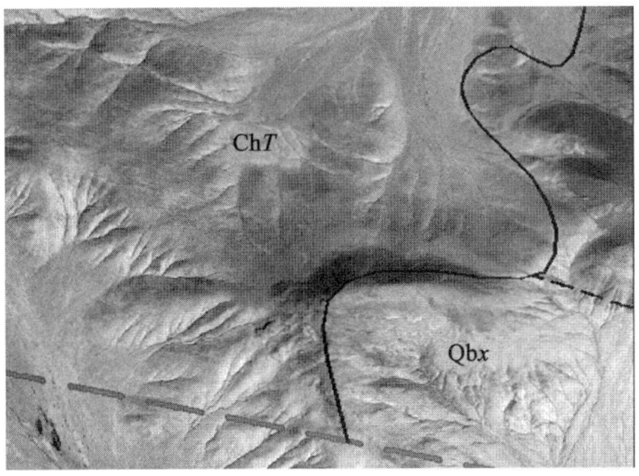

图 9　甜水海岩群变砂岩岩组与肖尔克谷地岩组断层接触界线遥感影像特征

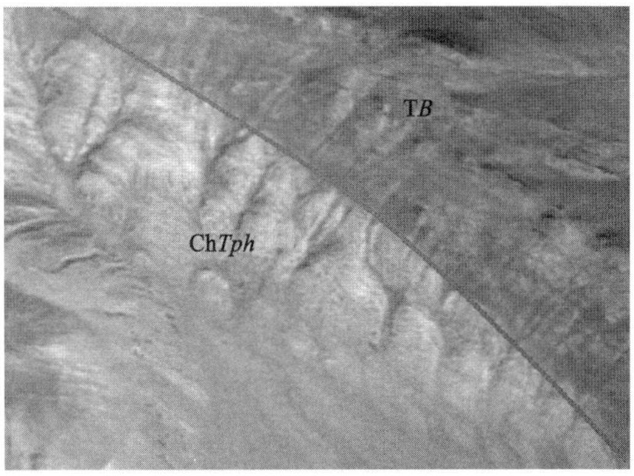

图 10　甜水海岩群千枚岩岩组与巴颜喀拉山群断层接触界线遥感影像特征

3.2.4　岩浆岩解译标志

晚三叠世二长花岗岩主要分布在研究区东北部苦水海东西两侧，出露面积约 7.4 km^2，共有 2 个侵入体，呈北西西向展布。在 SPOT6 遥感影像上，该区域呈浅灰色、灰色，色调不均匀，饱和度和亮度一般；地形为中等高度山脊，沟壑发育，有树枝状水系；影纹粗糙，椭圆形图案（图 11）；围岩为深灰色影像单元，两者界线清晰。该岩体整体解译性较好。

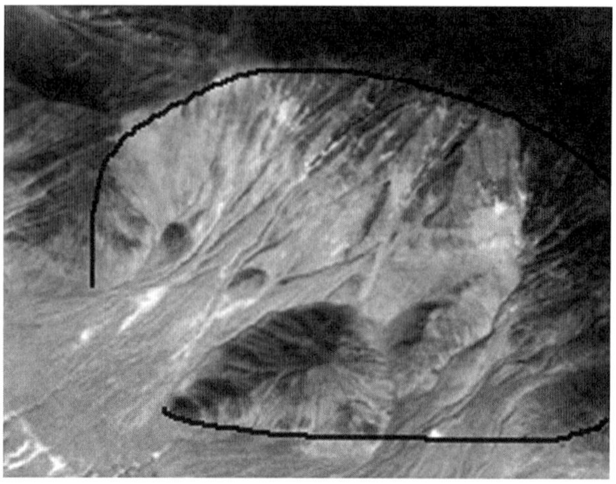

图 11　晚三叠世二长花岗岩遥感影像特征

3.3　解译结果分析

本次工作在充分搜集并利用研究区前人的地质资料和野外实地勘查验证的基础上，对研究区域的 SPOT6 高分辨率卫星遥感数据进行基础预处理后，建立地层岩性、构造的高分辨率遥感解译标志，应用解译结果清晰判译各类地层、岩性段，准确解译出各种地质构造。本次研究取得的成果主要有：

（1）对研究区的岩性进行解译，根据影像特征建立起感性认识，确定各种地层单元，确立地层解译标志，结合相关资料，经过对遥感影像数据进行综合处理，建立了研究区遥感解译标志，进行了遥感异常提取。经详细解译，主要断裂 43 条，褶皱 4 组，飞来峰 2 个，环形影像 4 个，地质体影像单元划分为 28 类，对于在影像上难以识别的区域，以野外实地勘测为主。

（2）对研究区的构造进行解译，特别是通过对断裂构造的解译，发现在研究区遥感影像上有较好的显示，影像色调清楚，地貌形态呈现差异，山谷地貌显示清晰，多呈线性展布，连续性好。

（3）通过野外验证、室内综合整理，修改和完善了图幅解译的最终结果。本次遥感解译工作真实反映了工作区的实际情况，精度较高，符合 1∶5 万遥感地质工作技术要求。

4　结论

（1）依据遥感数据的光谱分辨率、空间分辨率和研究区的区域地质背景、自然地理条件等因素，选用 SPOT6 影像数据，对该区地层、岩性、构造进行了系统解译，编制了 1∶5 万遥感地质解译图，查明了各地层单元的时空展布规律。

（2）根据影像特征，建立了研究区内各地层单元、岩性组合、岩浆岩、构造、蚀变带等遥感解译标志，共建立地层单元 28 个；通过对断裂构造的解译，识别出了研究区内一定规模的断裂，对该区的构造控矿特征有了深入的认识。

参考文献

[1] 张建国. 遥感多光谱成矿信息提取与成矿预测[D]. 长沙：中南大学，2005.

[2] ABRAMS M J, ASHLEY R P, BROWN L C, et al. Mapping of hydrothermal alteration in the Cuprite mining district, Nevada, using aircraft scanner images for the spectral region 0.46 to 2.36 μm[J]. Geology, 1977, 5(12): 713-718.

[3] ROWAN L C,GOETZ A F H,ASHLEY R P. Discrimination of hydrothermally altered and unaltered rocks in visible and near infrared multispectral images[J]. Geophysics,1977,42(3):522-535.

[4] HUNT G R,SALISBURY J W,LENHOFF C J. Visible and near infrared spectra of minerals and rocks:III. Oxides and hydroxides[J]. Modern Geology,1978,2:195-205.

[5] 王晓鹏,谢志清,伍跃中. ETM图像数据中矿化蚀变信息的提取:以西昆仑塔什库尔干地区为例[J]. 地质与资源,2002,11(2):119-122.

[6] 赵元洪,张福祥,陈南峰. 波段比值的主成份复合在热液蚀变信息提取中的应用[J]. 国土资源遥感,1991,3(3):12-16.

[7] 何国金,胡德永,陈志军,等. 从TM图像中直接提取金矿化信息[J]. 遥感技术与应用,1995,10(3):51-54.

[8] 马建文. 利用TM数据快速提取含矿蚀变带方法研究[J]. 遥感学报,1997,1(3):208-213.

混酸溶解-电感耦合等离子体发射光谱法测定重晶石中的碳酸钡

时志路,文田耀,刘向磊,王腾飞,闫　晓,杜倩倩,付小波,李永新
(河南省地质矿产勘查开发局第一地质矿产调查院,河南 洛阳　471023)

摘　要:本文建立了一种简单快速测定硫酸钡中碳酸钡含量的研究方法,利用混酸溶解碳酸钡的方式来保证溶解效率、减少硫酸钡中钡离子的析出,然后采用电感耦合等离子体发射光谱法直接进行测定。结果表明,该方法对碳酸钡的检出限为0.001%,精密度*RSD*(n=10)不大于5%。该方法用于样品中碳酸钡测定,并加入碳酸钡进行加标回收实验,其回收率为90%~105%。这表明该实验方法对于重晶石中碳酸钡的测定具有较高的准确性,可以满足生产测试需求。

关键词:电感耦合等离子体发射光谱法;重晶石;碳酸钡;混酸溶解

引言

重晶石是自然界分布最广泛的含钡矿物,在工业上可用作油墨、塑料、油漆、橡胶的填充剂,制造相纸和铜版纸的表面涂布剂,玻璃制品澄清剂等,还用于分析试剂及制药工业,在医疗上可作消化系统造影剂[1-4]。重晶石中的钡主要以硫酸钡($BaSO_4$)形式存在[5],有些样品中还含有少量碳酸钡和氯化钡,剩下的痕量钡则与其他元素共生于重晶石矿物中。随着硫酸钡产品越来越精细化,对其纯度的要求也越来越高。碳酸钡对于重晶石来说属于有害成分,因此建立对重晶石中碳酸钡简单有效的测定方法尤为重要。

目前,对于重晶石中碳酸钡的测定,国家标准、行业标准、地方标准均没有规定前处理和测定分析方法,文献报道的前处理方法有盐酸溶解[6]、醋酸溶解[7],但是前者会增加硫酸钡中钡离子的析出率,使得测定结果偏高,后者反应速度较慢,会使样品的前处理速度受影响。本文在此基础上采用醋酸-盐酸混合体系来改善上述问题,结果表明,在相同条件下,在考察范围内,由于混酸体系氢离子的释放速度高于醋酸,相对于醋酸溶解可以缩短20 min左右的时间,而相对于盐酸溶解可以使体系中硫酸钡中钡离子的析出率降低30%~60%,这是因为醋酸是弱电解质,电离程度弱,可以降低体系中H^+浓度,从而可以降低硫酸钡中钡离子的析出。若样品中碳酸钡含量较低,可以利用盐酸快速溶解;若碳酸钡含量超过一定范围,醋酸可起到补充溶解的作用,这样既可以保证较快的溶解速度,又可以降低体系中的盐分。文献报道的钡的测定分析方法主要有重量法[8-10]、滴定法[11]、原子吸收光谱法(AAS)[12]、X射线荧光光谱法(XRF)[13]、电感耦合等离子体原子发射光谱法(ICP-AES)[14]等。重量法和滴定法是常见的经典分析方法,但操作烦琐,测定效率低;AAS法干扰少、准确度高,但线性范围窄,对于含量波动较大的地质样品,其使用范围受限。ICP-AES法操作方便、分析速度快、动态线性范围宽,从微量元素到常量元素都可以进行准确测定。

作者简介:时志路,女,1988年生,河南洛阳人。硕士,助理工程师,主要从事岩石矿物和土壤分析及分析方法研究工作。

因此，本文将两者相结合，首先采用重晶石水溶解样品，用 ICP-AES 法对样品溶液中水溶性钡进行测定，排除水溶性钡对碳酸钡的干扰；然后利用混酸对滤渣做进一步处理，用 ICP-AES 法对样品溶液中的钡进行测定，将其换算为碳酸钡含量，即可实现 ICP-AES 法对重晶石中碳酸钡含量的测定。

1　实验部分

1.1　主要仪器和设备

iCAP 7400 全谱直读等离子体原子发射光谱仪（美国 Thermo Fisher 公司）的主要工作参数见表 1。

表 1　ICP-AES 仪器工作参数

工作参数	数值	工作参数	数值
冲洗泵速/rpm	100	雾化器气体流量/(L/min)	0.52
分析泵速/rpm	50	辅助气流量/(L/min)	0.5
RF 功率/W	1150	垂直观测高度/mm	12.0
冲洗时间/s	15		

1.2　主要试剂

混酸溶液：2%的盐酸溶液和 2%醋酸溶液混合。

钡标准储备溶液（1 000 μg/mL）：称取已在 105 ℃烘干 2 h 并在干燥器中冷却的 0.986 7 g 碳酸钡（光谱纯）于 250 mL 烧杯中，缓慢加入 20 mL 混酸溶液，并不断振摇，低温加热 20 min，中间可适当补水，冷却，移入 1 000 mL 容量瓶中，定容，摇匀。

实验室超纯水由电阻率>18 MΩ·cm 的超纯水系统制备。

其他试剂均为优级纯。

1.3　实验方法

1.3.1　样品中水溶性钡含量的测定

称取 0.500 0 g（精确至 0.000 1 g）样品于 100 mL 烧杯中，加 30 mL 蒸馏水，低温加热 20 min 左右，加热温度控制在 100～120 ℃以内，溶解过程中不断搅拌并补加去离子水，保持溶液体积不少于 20 mL，取下冷却，过滤，滤液转入 50 mL 容量瓶中，定容，摇匀。选择 Ba 455.403 nm 谱线，采用 ICP-AES 测定。滤渣备用。

1.3.2　样品中碳酸钡含量的测定

将 1.3.1 节中得到的滤渣连同滤纸一起放于 50 mL 烧杯中，缓慢加入 10 mL 混酸溶液，蒸馏水冲洗滤纸，并不断振摇，低温加热 20 min 左右，加热温度控制在 100～120 ℃以内，期间不时轻摇并补加少量水，保持溶液体积不少于 20 mL，取下冷却，过滤，滤液转入 50 mL 容量瓶中，定容，摇匀。选择 Ba 455.403 nm 谱线，采用 ICP-AES 测定，得到以碳酸钡形式存在的钡，再进行换算，可得到样品中碳酸钡的含量。

2 结果与讨论

2.1 不同酸体系的反应时间的影响

称取 0.200 0 g(精确至 0. 000 1 g)纯的碳酸钡于 50 mL 烧杯中,保持其他样品前处理条件不变,改变反应时间,分别为 5 min、10 min、15 min、20 min、25 min、30 min、40 min 溶解样品,碳酸钡的回收率如图 1 所示。由图中可知:20 min 时,混酸体系和盐酸体系的碳酸钡回收率均在 97%以上,所以实验选用 20 min 作为样品的反应时间。同时,对混酸体系、盐酸体系和醋酸体系进行了考察,结果表明:混酸体系和盐酸体系的反应效率相当,醋酸体系需要 40 min 碳酸钡回收率可达到 97%左右。所以,混酸体系的反应效率高于醋酸体系。

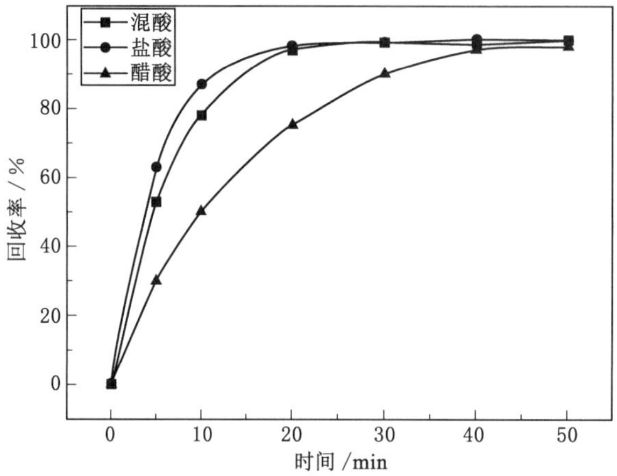

图 1 不同酸体系的反应时间对碳酸钡回收率的影响

2.2 不同酸体系不同浓度对硫酸钡的溶出影响

硫酸钡在盐酸、醋酸存在的条件下,溶解率较小,但当重晶石中碳酸钡含量较低时,则会对结果造成明显的影响。因此,需要考察盐酸、醋酸、盐酸-醋酸体系不同浓度对硫酸钡溶出率的影响。操作参照 1.3.1 和 1.3.2 节,以 ICP-AES 测定溶液中 SO_4^{2-} 的含量[15]来求得硫酸钡的溶出率,结果见表 2。由表可见:在相同实验条件下,在相同浓度时,盐酸对硫酸钡的溶出率高于其他两者,混酸与醋酸对硫酸钡的溶出率差别不大,并且混酸体系在 2%+2%的条件下,溶出率较低,增加浓度硫酸钡的溶出率会明显升高,所以选择用 2%+2%混酸对样品进行处理。

表 2 不同酸体系不同浓度对硫酸钡溶出率的影响

ω_{HCl}/%	0	1	2	4	6
$BaSO_4$ 溶出率/%	0.006	0.010	0.025	0.033	0.051
ω_{CH_3COOH}/%	0	1	2	4	6
$BaSO_4$ 溶出率/%	0.006	0.008	0.011	0.013	0.020
$\omega_{混酸}$/%	0	0.5+0.5	1+1	2+2	3+3
$BaSO_4$ 溶出率/%	0.006	0.007	0.012	0.013	0.021

2.3 方法精密度

按照实验方法测定重晶石样品中的碳酸钡，进行精密度实验，测得 $BaCO_3$ 含量相对标准偏差 *RSD* 均小于 5%，结果见表 3。

表 3　方法精密度

标准样品	本法分次测量 $BaCO_3$ 含量/%					平均值	*RSD*/%
1	0.014 6	0.013 4	0.014 3	0.013 7	0.014 5	0.014	4.32
	0.013 2	0.014 4	0.014 7	0.013 5	0.013 2		
2	0.008 0	0.007 2	0.007 9	0.007 3	0.007 6	0.008	3.55
	0.007 4	0.007 4	0.007 6	0.007 2	0.007 9		
3	0.036 8	0.041 9	0.037 8	0.037 6	0.038 5	0.039	4.81
	0.041 6	0.039 2	0.037 6	0.041 5	0.038 7		

2.4 方法检出限

按照拟定的样品处理过程，平行分析 7 次样品空白，以检测结果浓度值的 3 倍标准偏差作为该实验方法检出限，得到该法中碳酸钡的检出限为 0.001%。

2.5 正确度实验

由于目前还没有重晶石矿石成分分析标准物质碳酸钡认定值，因此通过加标回收实验进行正确度考查。选取重晶石 1、2、3 试样，以多次测定平均值作为认定值，分别加入不同含量的高纯碳酸钡，得到按照实验方法测定的重晶石样品中碳酸钡的加标回收率为 90%～105%。具体结果见表 4。

表 4　加标回收率实验结果

单位：%

样品编号	认定值	加标量	测得总量	回收率
1	0.011	0.010	0.020	90
2	0.021	0.020	0.042	105
3	0.034	0.050	0.083	98

3　结论

本文采用 2%盐酸＋2%醋酸的混酸溶解重晶石样品 20 min，利用电感耦合等离子体发射光谱法进行碳酸钡含量的测定，得到重晶石中碳酸钡的回收率均在 97%以上，碳酸钡的检出限为 0.001%，精密度 $RSD(n=10)$不大于 5%。这说明该法对于重晶石中碳酸钡的测定具有较高的准确性，可以在保证溶解效率的同时减少硫酸钡中钡离子的析出，检测结果的精密度、正确度满足化学分析方法要求，检测方法简单方便，可以满足生产测试需求。

参 考 文 献

[1] 郑大中. 复杂矿石中重晶石的测定[J]. 矿物岩石，1985，5(3)：121-127.
[2] 张博丽. 火焰原子吸收光谱法测定硫酸钡中的游离钡[J]. 无机盐工业，2012，44(2)：60-61.

[3] LENG H J, WANG X, ROSS R D, et al. Micro-computed tomography of fatigue microdamage in cortical bone using a barium sulfate contrast agent[J]. Journal of the Mechanical Behavior of Biomedical Materials, 2008, 1(1): 68-75.

[4] 李建忠,袁伟.碳酸钡的应用及制备[J].陕西化工,2000,29(1):6-9.

[5] 顾学民,龚毅生,臧希文,等.无机化学丛书.第2卷[M].北京:科学出版社,1990:80.

[6] 严海,杜顺林,吴光耀,等.重量法测定毒重石中碳酸钡含量[J].中国无机分析化学,2020,10(6):33-36.

[7] 吴俊,张明杰,任小荣,等.电感耦合等离子体原子发射光谱法测定重晶石中碳酸钡和硫酸钡[J].冶金分析,2017,37(12):38-44.

[8]《岩石矿物分析》编委会.岩石矿物分析:第2分册[M].4版.北京:地质出版社,2011:427-435.

[9] 苏联国家矿产储量委员会.矿产储量分类规范-第二十三辑-重晶石 毒重石[M].北京:地质出版社,1959.

[10] 孙素珍,崔兴元.重量法测定硅铝钡中钡[J].冶金分析(Metallurgical Analysis),2002,22(5):67-68.

[11] 刘建华,戴文杰,常欢.EDTA络合滴定法联合测定硅钙钡镁合金中钙钡镁[J].冶金分析,2015,35(2):70-73.

[12] 刘崇华,方晗,邢力,等.火焰原子吸收光谱法测定仿真饰品中铅、镉和钡[J].理化检验-化学分册,2013,49(1):84-86.

[13] 童晓民,赵宏风,黄春燕,等.X-射线荧光光谱法测定炉渣中13种组分[J].冶金分析,2005,25(6):12-16.

[14] 杨海娇,赵永莉,李金宝.电感耦合等离子体原子发射光谱法(ICP-AES)测定高效复合孕育剂中铝、钙、钡[J].中国无机分析化学,2015,5(3):77-79.

[15] 阳国运,唐裴颖.电感耦合等离子体发射光谱法测定地表水和地下水中的硫酸根[J].岩矿测试,2009,28(2):176-178.

基于遥感生态指数的郑州市生态环境质量评价

刘晋阳

（河南省地质矿产勘查开发局第二地质环境调查院，河南 郑州 450053）

摘　要：生态环境质量评价对于区域社会经济的可持续发展起着至关重要的作用，借助遥感技术快速大面积获取地表生态信息的能力，有利于快速并准确评价区域生态环境质量情况。以河南省省会郑州市为研究区，通过2期Landsat影像数据，提取绿度、湿度、干度和热度4项单因子指标，采用主成分分析法构建遥感生态指数RSEI，利用该指数对郑州市2010年及2020年生态环境质量进行评价，并对结果进行分析。结果表明：(1)郑州市2010年与2020年RSEI均值分别为0.5395与0.4478，呈现下降趋势，研究期内郑州市生态环境质量变好的面积大于变差的面积；(2)郑州市生态环境质量最好区域主要集中在郑州市西南山区，较差的区域主要分布在人类活动较多的主城区，在变差的区域中，生态环境质量降幅较大的是新郑市。评价结果可为城市生态环境变化调查与保护提供数据参考，并且对城市生态文明建设具有重要的现实意义和决策价值。

关键词：遥感技术；Landsat 8 OLI；主成分分析；RSEI；生态环境评价

近年来，随着社会的快速发展，人类活动与生态环境之间的矛盾日益突出，社会、经济、生态三者协调发展模式成为区域可持续发展的核心问题，因此由生态环境破坏造成的土壤污染、水资源枯竭、植被破坏和温室效应等一系列的生态环境问题逐渐引起了人们广泛关注。

随着遥感技术的快速发展，利用遥感技术进行生态环境评价的研究与应用逐渐增多，如利用植被指数评估地标植被的健康状况与森林变化的信息[1]。利用Sentinel-2红边波段和Sentinel-1雷达波段影像数据相结合，光学影像数据与雷达数据相结合提取湿地信息[2]。利用地表温度反映城市的热岛效应，岳昊等利用Landsat 8中的TIRS两个波段热红外传感器，分别为TIRS 10波段和TIRS 11波段，以哈尔滨市为研究区反演了地表温度，结果表明温度与地表建筑区面积呈正相关性[3]。利用湿度与干度反映土壤水分与不透水面等，赵鑫等利用Landsat 8 OLI近红外波段与红波段，采用两种干旱指数对土壤湿度与植被覆盖区域的湿度进行提取，对提取结果进行分析，得出地下水的枯水期与丰水期、研究区断裂构造等存在相关性[4]。以上研究主要利用单因子进行评价。

单一指标从不同角度揭示了环境的变化，但难以对生态环境进行全方位的评价，而在多指标评价过程中人为确定各指标的权重又会影响评价结果的客观性，因此利用多指标耦合得到的结果更加具有说服性。遥感生态指数(Remote Sensing Ecological Index，RSEI)指数的创建及应用成为一种比较客观的遥感评价方法[5]。农兰萍等以Landsat TM和OLI影像为源数据，利用主成分分析法集成生态因子，对2000—2018年昆明市生态环境进行了动态监测，结果表明，西山区、盘龙区、晋宁县等处于昆明市西部的地区生态环境质量较好，而东川区和石林县的生态环境质量较差[6]。刘盼等利用RSEI指数对南瓮河自然保护区1990—2015年的生态环境进行评价，结果表明，1990—

作者简介：刘晋阳，男，1991年生。助理工程师，主要从事环境变化监测与水文地质方面的研究。

2015 年南瓮河自然保护区内外的生态环境都趋于好转，好转的原因与森林抚育、人工造林、补植补造等生态保护工程措施和非工程防护措施的实施密切相关；而核心区、缓冲区北部生态环境质量下降的主要原因是火灾的发生导致森林植被遭到破坏[7]。RSEI 指数经过多次反复验证，所得结果准确，证实了该方法的可靠性与有效性。

郑州市作为河南省省会城市与新一线城市，经济发展迅速[8]，但同时需要注意经济发展给环境带来的一些负面效应。本文以 Landsat 8 OLI 为源数据，利用遥感评价中的 RSEI 指数，对郑州市 2020 年生态环境进行评价，评价结果可为生态环境保护与决策提供参考。

1 研究地区与研究方法

1.1 研究区概况

郑州市是河南省省会城市，地理坐标为 34°16′N～34°58′N，112°42′E～114°14′E，位于华北平原南部、黄河下游，处于京广、陇海两大铁路交会处，是全国重要的交通枢纽。2019 年生产总值为 11 589.7 亿元，人均生产总值为 113 139 元；全市年末常住人口为 1 035.2 万人，其中城镇人口为 772.1 万人，城镇化率达 74.6%；非公有制经济增加值为 6 784.1 亿元，占生产总值比重为 58.5%。截至 2019 年，郑州市现辖五市（巩义市、新密市、荥阳市、登封市和新郑市）、一县（中牟县）和六区（金水区、惠济区、中原区、二七区、管城区和上街区），总面积约为 7 746 km^2。本文选用郑州市为研究区。

1.2 数据来源与预处理

本研究数据主要包括 2010 年的 Landsat 5 TM 影像与 2020 年的 Landsat 8 OLI_TIRS 影像数据，影像时间在 2010 年 5 月 11 日和 2020 年 5 月 22 日（来源：http://glovis.usgs.gov/），以及 30 m 空间分辨率的数字高程模型（DEM）数据（来源：http://www.gscloud.cn/），如表 1 所列。为减少外部因素影响，利用 ENVI 5.3 对影像进行辐射定标和大气校正，并对影像进行配准，裁剪后得到研究区影像[9]。

表 1 遥感影像数据

数据	行列号	空间分辨率	时间
Landsat TM	6981/7581	30 m（ρTIR：60 m）	2010-05-11
Landsat OLI	7711/7571	30 m（ρTIR：100 m）	2020-05-22

1.3 研究方法

本文利用归一化植被指数（NDVI）、缨帽变换获取的湿度指数（WET）、干度指数（NDSI）和地表温度（LST）分别代表绿度、湿度、干度、热度 4 个指标，共同构建遥感生态指数。

1.3.1 绿度指标

NDVI 能够在大范围客观反映植被覆盖程度和植被生长状况。计算公式如下：

$$NDVI=(\rho_{NIR}-\rho_{Red})/(\rho_{NIR}+\rho_{Red}) \tag{1}$$

式中，ρ_{NIR} 为近红外波段；ρ_{Red} 为红波段。

1.3.2 湿度指标

WET 是基于遥感数据反演的湿度，常用于反映土壤水分的变化。计算公式如下：

$$WET_{TM}=0.0315\rho_1+0.2021\rho_2+0.3102\rho_3+0.1594\rho_4-0.6806\rho_5-0.6109\rho \tag{2}$$

$$WET_{OLI}=0.1511\rho_1+0.1973\rho_2+0.3283\rho_3+0.34071\rho_4-0.7117\rho_5-0.4559\rho_6 \tag{3}$$

式中，ρ_1～ρ_6 分别代表蓝、绿、红、近红外、短波红外 1 和短波红外 2 波段的光谱反射率。

1.3.3 干度指标

NDSI 由建筑指数(IBI)和裸土指数(SI)共同合成取均值。计算公式如下：

$$SI=\frac{(\rho_{SWIR1}+\rho_{Red})-(\rho_{Blue}+\rho_{NIR})}{(\rho_{SWIR1}+\rho_{Red})+(\rho_{Blue}+\rho_{NIR})} \tag{4}$$

$$IBI=\frac{2\rho_{SWIR1}/(\rho_{SWIR1}+\rho_{NIR})-[\rho_{NIR}/(\rho_{NIR}+\rho_{Red})+\rho_{Green}/(\rho_{Green}+\rho_{SWIR1})]}{2\rho_{SWIR1}/(\rho_{SWIR1}+\rho_{NIR})+[\rho_{NIR}/(\rho_{NIR}+\rho_{Red})+\rho_{Green}/(\rho_{Green}+\rho_{SWIR1})]} \tag{5}$$

$$NDBSI=(SI+IBI)/2 \tag{6}$$

式中，ρ_{NIR} 为近红外波段；ρ_{Red} 为红波段；ρ_{Green} 为绿波段；ρ_{Blue} 为蓝波段；ρ_{SWIR1} 为短波红外波段；$NDBSI$ 为干度指标。

1.3.4 热度指标

LST 为地表温度指标，可以反映人类活动及各温室气体排放所产生的一系列城市热岛效应问题等。

$$L_\lambda=[\varepsilon B(LST)+(1-\varepsilon)L\downarrow]\tau+L\uparrow \tag{7}$$

$$B(LST)=[L_\lambda-L\downarrow-\tau(1-\varepsilon)L\uparrow]/(\tau\varepsilon) \tag{8}$$

$$LST=K_2/\ln[K_1/B(LST)+1] \tag{9}$$

式中，ε 为地表比辐射率；τ 为大气透射率；L_λ 为图像辐射定标值；$B(LST)$ 为黑体辐射亮度；$L\uparrow$ 为大气上行辐射亮度；$L\downarrow$ 为大气下行辐射亮度。另外，对于 TM Band 6，$K_1=607.76$ W/(sr·m^2·μm)，$K_2=1\,260.56$ K；对于 TIRS Band 10，$K_1=774.885$ W/(sr·m^2·μm)，$K_2=1\,321.079$ K。

1.3.5 指数构建

单因子指标只能从单一方面反映生态环境，而且人为确定权重会影响评价结果的客观性，加之各指标量纲不一致，需要对 4 项指标进行归一化处理，之后利用主成分分析法构建遥感生态指数 RSEI[10]。

$$NI_i=(I_i-I_{min})/(I_{max}-I_{min}) \tag{10}$$

式中，NI_i 为第 i 年归一化处理后的值；以 NDVI 为例，I_i 为第 i 年 NDVI，I_{min} 为第 i 年 NDVI 的最小值，I_{max} 为第 i 年 NDVI 的最大值，保证其范围在 0～1 之间(取 2% 为置信区间)。通过主成分分析，保留方差最大的第一主成分，并再次进行归一化处理，将结果分为 5 个等级，分别为差(0～0.1)、较差(0.1～0.3)、中等(0.3～0.5)、良好(0.5～0.7)、优(0.7～1)。

$$RSEI_0=1-\{PC_1[f(NDVI,WET,NDBSI,LST)]\} \tag{11}$$

$$RSEI=(RSEI_0-RSEI_{0min})/(RSEI_{0max}-RSEI_{0min}) \tag{12}$$

式中，$RSEI_0$ 为 $RSEI$ 初始值；$RSEI_{0min}$、$RSEI_{0max}$ 分别为 $RSEI$ 初始值的最小、最大值；PC_1 为 $NDVI$、WET、$NDBSI$ 和 LST 经主成分变换后得到的第一主成分。

2 结果与分析

本文数据利用 ENVI 5.3 进行处理后，并利用 ArcGis 10.2 进行制图与统计，分析各区县的生态环境状况，如图 1、图 2 所示。

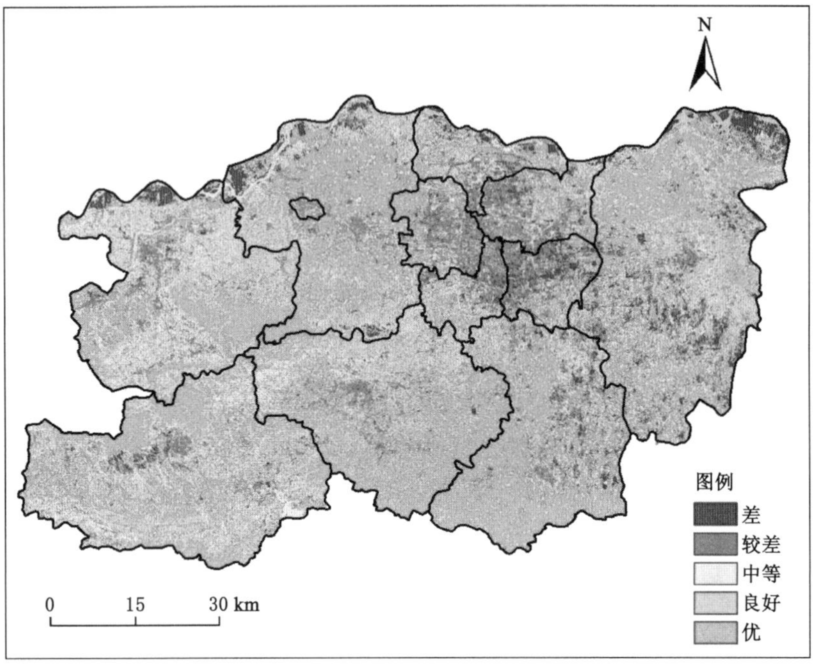

图 1　郑州市 2010 年生态环境评价结果

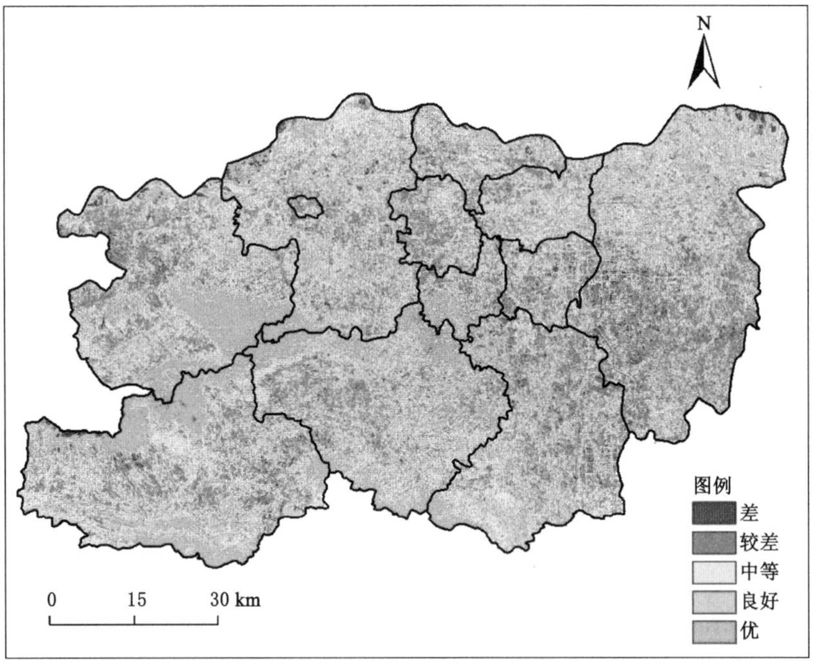

图 2　郑州市 2020 年生态环境评价结果

根据统计结果,2010 年郑州市生态环境评价结果如图 1 所示,生态环境质量为差的面积为 205.63 km^2,较差的面积为 1 196.78 km^2,中等的面积为 1 839.33 km^2,良好的面积为 2 183.72 km^2,优的面积为 2 140.86 km^2。各区域比例与面积如表 2 所示。

表 2-1　2010 年郑州市各区域 RSEI 统计

区域	等级									
	差		较差		中等		良好		优	
	比例/%	面积/km²	比例/%	面积/km²	比例/%	面积/km²	比例/%	面积/km²	比例/%	面积/km²
金水区	5.11	12.53	38.77	95.04	26.58	65.16	16.34	40.06	13.20	32.36
中原区	3.22	6.30	38.94	76.24	23.46	45.93	14.36	28.11	20.02	39.20
惠济区	5.83	13.38	24.06	55.23	29.59	67.92	23.81	54.66	16.71	38.37
管城区	10.37	20.51	43.88	86.77	21.53	42.58	13.37	26.45	10.85	21.44
上街区	1.02	0.17	51.30	8.45	32.67	5.38	9.15	1.51	5.86	0.97
二七区	3.96	6.33	34.81	55.68	27.21	43.53	23.19	37.09	10.83	17.33
新郑	1.97	17.45	13.46	119.24	20.43	180.99	20.27	179.57	43.87	388.64
新密	0.39	3.89	8.99	89.63	19.69	196.31	34.48	343.76	36.45	363.40
巩义	1.90	19.52	12.82	131.71	31.08	319.31	33.13	340.38	21.07	216.48
登封	0.60	7.29	9.58	116.42	26.61	323.36	35.69	433.70	27.52	334.43
荥阳	2.75	26.69	10.72	104.04	20.74	201.28	29.41	285.42	36.38	353.07
中牟	5.02	71.57	18.12	258.33	24.38	347.58	28.97	413.01	23.51	335.17
郑州市	2.73	205.63	15.82	1 196.78	24.31	1 839.33	28.86	2 183.72	28.28	2 140.86

2020 年郑州市生态环境评价结果如图 2 所示，生态环境质量为差的面积为 89.70 km²，较差的面积为 1 908.63 km²，中等的面积为 2 796.44 km²，良好的面积为 1 803.72 km²，优的面积为 967.83 km²。各区域比例与面积如表 3 所示。

表 3　2020 年郑州市各区域 RSEI 统计

区域	等级									
	差		较差		中等		良好		优	
	比例/%	面积/km²	比例/%	面积/km²	比例/%	面积/km²	比例/%	面积/km²	比例/%	面积/km²
金水区	0.58	1.41	24.43	59.90	41.30	101.26	25.29	62.00	8.40	20.58
中原区	1.06	2.08	37.95	74.53	40.12	78.18	16.44	32.28	4.43	8.71
惠济区	1.68	3.85	24.98	57.29	34.47	79.06	24.49	56.37	14.38	32.99
管城区	2.24	4.43	36.53	72.26	39.55	78.22	17.04	33.69	4.64	9.15
上街区	2.57	0.42	41.25	6.80	40.88	6.74	13.38	2.20	1.92	0.32
二七区	0.83	1.34	26.66	42.64	32.44	51.89	21.99	35.18	18.08	28.91
新郑	1.45	12.89	27.72	245.57	39.35	348.60	22.96	203.40	8.52	75.43
新密	0.52	5.15	20.04	199.75	36.87	367.62	26.42	263.45	16.15	161.02
巩义	1.33	13.74	23.85	245.11	33.72	346.49	23.41	240.42	17.69	181.64
登封	0.56	6.90	19.61	238.26	36.94	448.91	23.96	291.15	18.93	229.98
荥阳	1.47	14.26	20.93	203.14	36.83	357.43	27.77	269.51	13.00	126.16
中牟	1.63	23.23	32.50	463.38	37.32	532.04	22.03	314.07	6.52	92.94
郑州市	1.19	89.70	25.23	1 908.63	36.96	2 796.44	23.84	1 803.72	12.79	967.83

3 结论

利用 RSEI 指数与 Landsat 数据获取的生态环境质量评价结果，并对郑州市各类面积占比以及变化情况进行统计分析，主要结论为：

(1) 2010 年与 2020 年郑州市生态环境质量处于中等水平，2020 年较 2010 年生态环境质量有所下滑，不同区域生态环境差别较大，主城区的生态环境质量总体低于县级市与中牟县。2020 年生态环境质量为优的面积占比最多的是登封市，占比最少的是上街区。

(2) 在生态环境质量降幅较为明显的区域中，新郑市面积减少最多，主要原因为近些年城市扩张导致的植被减少、城市不透水面积不断增加以及人类活动引起的地表温度上升等因素，导致了该区域的生态环境恶化。

(3) 从整体上看，生态环境为优的区域主要集中在郑州市西南的山区，这与登封市的自然条件优势有一定关联，同时登封市在国土绿化、生态廊道、森林公园、林业产业等工作中也取得了一定成效。未来郑州市的整体生态环境质量有进一步提升的空间，需要在城市规划与环境保护工作中统筹兼顾。

参考文献

[1] 武红敢，石进．松毛虫灾害的 TM 影像监测技术[J]．遥感学报，2004，8(2)：172-177.

[2] 常文涛，王浩，宁晓刚，等．融合 Sentinel-2 红边波段和 Sentinel-1 雷达波段影像的扎龙湿地信息提取[J]．湿地科学，2020，18(1)：10-19.

[3] 岳昊，金丽华，王刚．基于 Landsat-8 的冰雪覆盖城市地区温度反演研究[J]．测绘与空间地理信息，2020，43(增刊)：44-46.

[4] 赵鑫，王萍，马力．基于遥感数据的矿区土壤湿度信息提取及影响因素分析[J]．中国科技论文，2019，14(9)：991-997.

[5] 徐涵秋．城市遥感生态指数的创建及其应用[J]．生态学报，2013，33(24)：7853-7862.

[6] 农兰萍，王金亮．基于 RSEI 模型的昆明市生态环境质量动态监测[J]．生态学杂志，2020，39(6)：2042-2050.

[7] 刘盼，任春颖，王宗明，等．南瓮河自然保护区生态环境质量遥感评价[J]．应用生态学报，2018，29(10)：3347-3356.

[8] 敬艳丽．生态文明理念下循环型生态产业发展研究：以郑州市为例[J]．北方经贸，2019(6)：122-124.

[9] 彭继达，张春桂．基于高分一号遥感影像的植被覆盖遥感监测：以厦门市为例[J]．国土资源遥感，2019，31(4)：137-142.

[10] 徐涵秋．区域生态环境变化的遥感评价指数[J]．中国环境科学，2013，33(5)：889-897.

无人机低空遥感技术在单体滑坡调查中的应用研究

刘晓静[1,2],崔　剑[1,2],李屹田[3],田君慧[3]
(1. 河南省地质调查院,河南 郑州 450001;
2. 遥感卫星应用国家工程实验室地质遥感中心,河南 郑州 450001;
3. 河南省自然资源监测院,河南 郑州 450001)

摘　要:本文以洛阳市嵩县某处滑坡为例,采用无人机低空遥感技术获取了滑坡区域高精度DOM和DEM,开展了滑坡发生前地形模拟、滑坡区域划分、体积计算、危险性分析等应用研究。结果表明:在单体滑坡调查方面,无人机低空遥感技术可以快速获取滑坡参数,很好地认识滑坡的滑前变形迹象和成灾过程。由此可见,无人机低空遥感技术在滑坡灾害调查领域具有广阔的应用前景。

关键词:无人机;低空遥感;滑坡;应用研究

滑坡灾害具有分布广泛、发生频率高、灾害损失严重等特点。我国是世界上受滑坡灾害危害最严重的国家之一。近年来,无人机低空遥感技术凭借其经济高效、操作简单、机动灵活的优势,在滑坡灾害调查领域得到广泛应用。自“5·12”汶川大地震后,大量科研工作者开始将无人机应用于地质灾害调查和研究中。周洁萍等采用无人机低空遥感系统获取了汶川地区三维遥感影像[1]。马泽忠等针对重庆城口滑坡采用无人机技术进行了监测[2]。黄海峰等提出了引入小型无人机遥感的滑坡应急治理勘查设计方法,在某边坡崩滑项目中开展了实际应用[3]。目前,基于无人机低空遥感技术的数据处理和解译应用较多,但对单体滑坡信息获取和危险性分析方面的研究较少。

本文利用无人机低空遥感技术获取高精度DOM(遥感正射影像)、DEM(数字高程模型),通过影像处理和空间分析,获取单体滑坡相关信息,进而开展危险性分析,实现对滑坡发展趋势的快速评价。

1　单体滑坡概况

本文选取洛阳市嵩县某处滑坡灾害点为例开展应用研究。此滑坡属残积层中型滑坡。滑坡平面形态呈圈椅形,剖面呈弧形,前后缘高差120 m。滑坡体纵长210 m,前缘宽180 m,后缘落差3 m,主滑方向为270°,坡度约30°,见图1。该滑坡发生于2011年8月,为矿山活动开挖坡脚所引起,发生时拦截河道形成堰塞湖次生灾害,并对矿区建筑造成破坏。经调查,滑坡前缘延伸至河道,长期受河水侵蚀,极易造成坡脚失衡,引起二次滑坡,直接威胁河道和附近居民安全。

基金项目:河南省自然科技项目(编号:豫自然函〔2019〕373号-11)。

作者简介:刘晓静,女,1984年生。硕士研究生,工程师,研究方向为遥感、地理信息等。

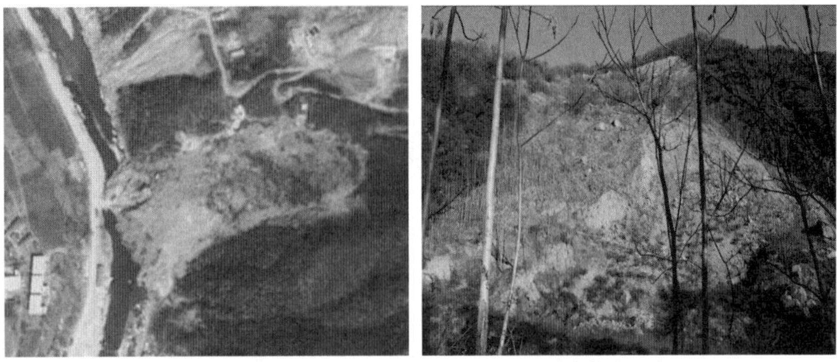

(a) GF-2遥感影像　　(b) 实地照片

图 1　洛阳市嵩县某滑坡

2　数据获取

2020 年 4 月，笔者利用六旋翼无人机对滑坡所在区域进行航摄，先后设置 3 个架次，飞行高度约 130 m，航向重叠度为 85%，旁向重叠度 80%，控制点均匀分布，涵盖面积约 70 hm^2，空间分辨率为 0.06 m。根据图 2 遥感数据处理流程获取单体滑坡区域 DEM 和 DOM，见图 3。

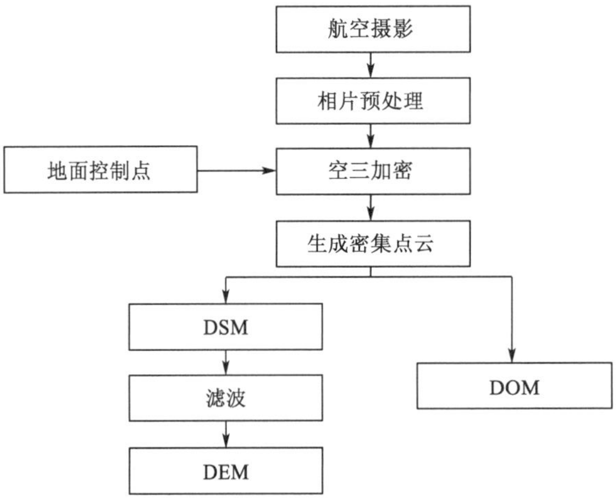

图 2　无人机遥感数据处理基础流程图

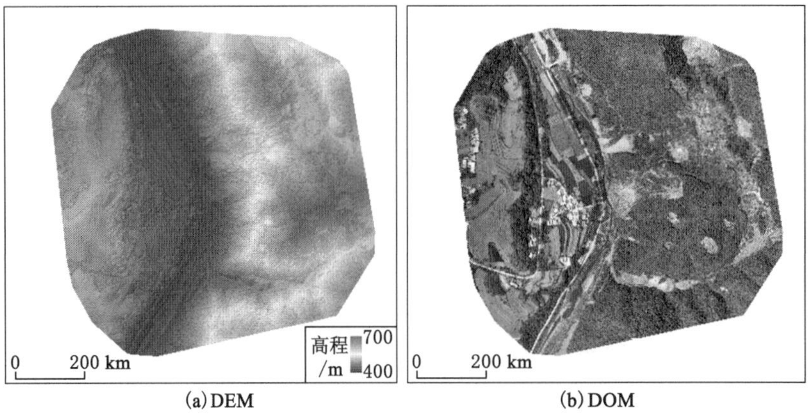

(a) DEM　　(b) DOM

图 3　单体滑坡

3 应用研究

本文以无人机遥感技术获取的 DEM 和 DOM 为基础，开展滑坡发生前地形模拟、滑坡区域划分、体积计算等应用研究，并对滑坡的危险性进行分析评价。

3.1 滑坡发生前地形模拟

针对单体滑坡的研究，最基础的工作是获取滑坡发生前的数据，包括 DOM 和 DEM，特别是 DEM 是开展滑坡研究的基础。由于滑坡发生的随机性和技术限制，一般获取滑坡发生后 DEM 比较容易，而获取滑坡前高精度 DEM 相对较为困难。本文以无人机获取的 2020 年 4 月滑坡 DEM 为基础，采用克里金(Kriging)插值法模拟滑坡基准面，即滑坡发生前区域的 DEM。

克里金插值法也称为局部空间差值法，即用邻近的数据点来估计未知点的值[4]。这种方法认为任何在空间的连续性变化的属性是非常不规则的，需要用随机表面给予描述[5-6]，可对研究对象提供一种最优线性无偏估计[7-8]。克里金插值法原理公式表示为[9]：

$$\widehat{Z}(S_0) = \sum_{i=1}^{N} \lambda_i Z(s_i) \quad (1)$$

式中，$Z(s_i)$为第 i 个位置处的测量值；λ_i 为第 i 个位置处的测量值的未知权重；S_0 为预测位置；N 为测量值数。以滑坡区域周边未发生滑坡的地面高程为估计量，基于地形的连续性，在滑坡左侧(平面 L)和右侧(平面 R)获取不连续的随机采样点的高程信息，根据这些采样点估计未发生滑坡时滑坡区域的高程数据，见图 4。图 5 为无人机获取的滑坡 DEM 和模拟滑坡基准面对比情况。

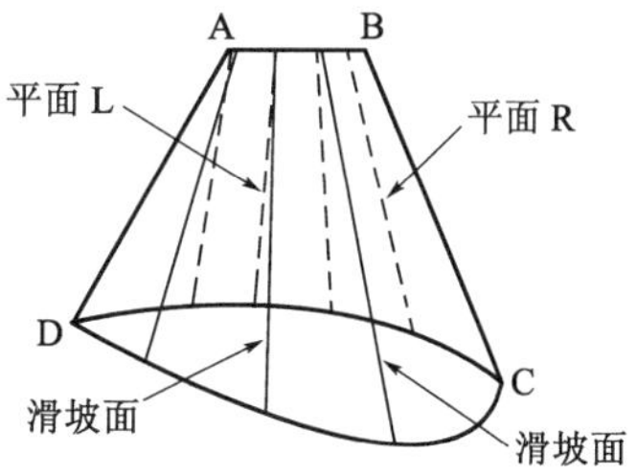

图 4　克里金插值法建立滑坡基准面 DEM 的原理

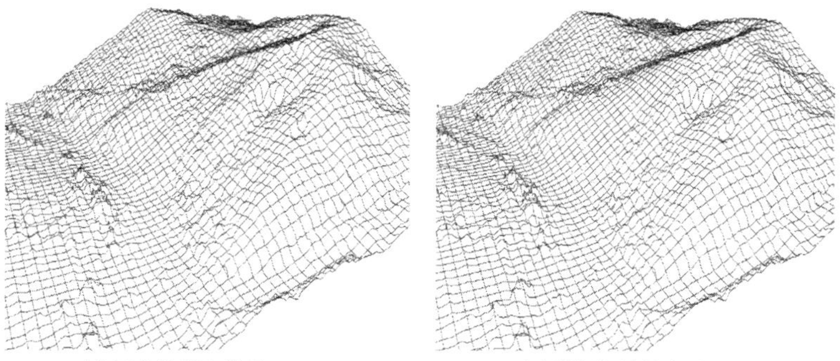

(a) 无人机获取滑坡 DEM　　(b) 模拟滑坡基准面 DEM

图 5　滑坡发生前、后数字表面模型

3.2 滑坡区域划分

依据滑坡发生前、后高程变化，对滑坡区域进行划分，这种方法已被证明可靠、准确度高[10]。

滑坡发生时，地势较高、结构不稳定区域的泥、石等会向地势低洼区下滑并聚集，下滑的区域叫作滑动区，聚集的区域叫作堆积区。将滑坡基准面作为初始高程，与滑坡发生后的 DEM 做对比，滑坡前、后高程差为 ΔH，$\Delta H>0$ 表示堆积区，$\Delta H<0$ 表示滑动区，结果见图 6。

根据图 6，滑坡上半部分主要为滑动区，下半部分为堆积区。滑坡波及范围面积为 242 406 m^2，其中，滑动区面积为 216 419.75 m^2，堆积区面积为 25 986.25 m^2。

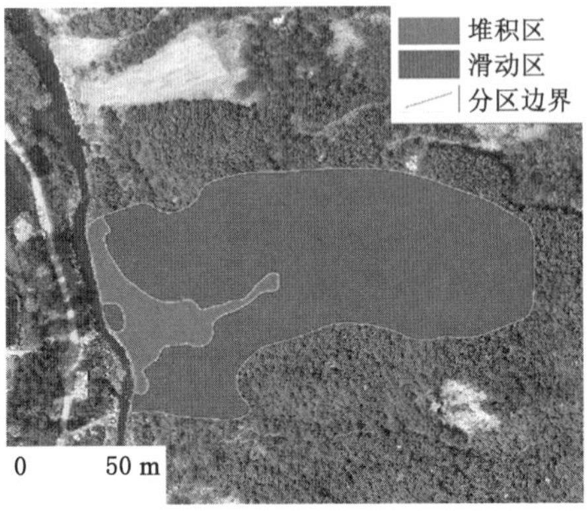

图 6　单体滑坡区域划分

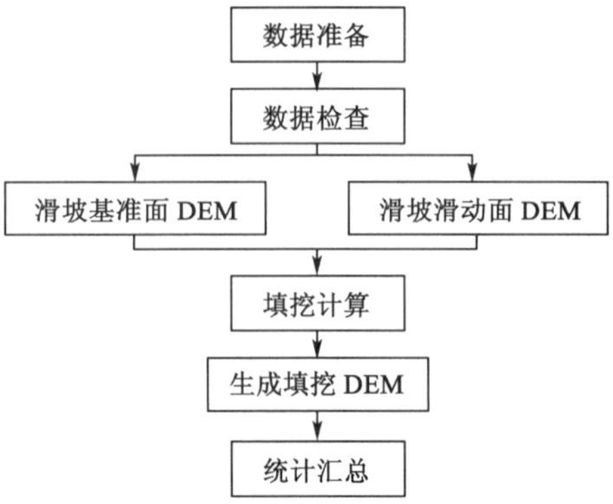

图 7　滑坡体积计算流程图

3.3　滑坡体积计算

滑坡体积是判断滑坡规模、滑坡稳定性的重要参数之一，精确的滑坡体积可对灾后的土地整理及灾情判断提供重要依据，对降低滑坡灾害的损失及制订防治方案具有非常重要的现实意义。本文采用 DEM 填挖方法计算滑坡体积[11]，其技术流程见图 7。将滑坡基准面的数字高程模型记为 DEM_d，滑坡后的数字高程模型记为 DEM_{ls}，将发生高程变化区域的面积记为 A，对应的体积为：

$$V=(DEMl_s-DEM_d)\times A \tag{2}$$

若 $V>0$，则为填方量，即堆积区体积；若 $V<0$，则为挖方量，即滑动区体积。理论上堆积区的体积等于滑动区的体积，即滑坡的体积。根据上述计算方法，计算滑坡挖方量(滑动区体积)为 16.17 万 m^3，填方量(堆积区体积)为 0.96 万 m^3，滑坡滑动区的体积明显多于堆积区的体积(见图 8、图 9)，这主要是由于河流的冲刷和灾后土石方清理造成的。

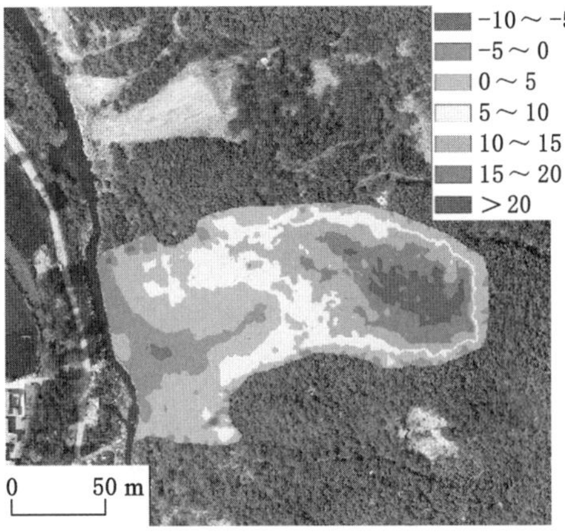

图 8　滑坡发生前、后高差变化

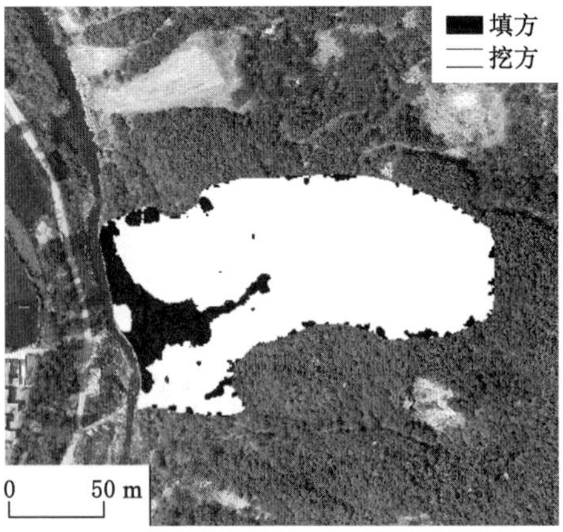

图 9　滑坡发生前、后挖方和填方分布

3.4 单体滑坡灾害危险性分析

滑坡灾害的危险性评价是灾情评估的基础，滑坡致灾强度是评价滑坡对承灾体综合破坏能力的度量指标[12]。对滑坡进行危险性评价是防灾减灾一种有效手段。本文参考国内外滑坡风险评估研究的文献，将滑坡各项因素纳入滑坡危险性评价指标体系中，包括滑坡类型（岩质、土质等）、滑坡规模（滑坡面积、体积、厚度等）、滑坡运动（滑移速度、滑动距离等）等，采用以下评价模型对滑坡危险性进行计算[13]：

$$I=\frac{1}{n}\sum_{i=1}^{n}\alpha_i \tag{3}$$

式中，α_i 表示滑坡强度的各项指标，如滑坡体积、滑移速度、滑动距离等；n 为指标个数；I 为滑坡危险性指数，数值在 0～1 之间，数值越大表明滑坡对周围环境造成的危害程度越大，潜在的危险也越大。根据相关研究，针对滑坡类型、滑坡体积和滑动距离等参数建立滑坡危险性评价指标体系[14]，见表 1。

表 1 滑坡危险性评价指标体系

评价指标	指标分级	指标值
灾害类型	危岩	0.4
	不稳定斜坡	0.5
	滑坡	0.6
滑坡体积/m^3	$[0,1\times10^4]$	0.3
	$(1\times10^4,1\times10^6]$	0.6
	$>1\times10^6$	0.9
滑动距离/m	[0,200]	0.1
	(200,400]	0.3
	(400,600]	0.5
	(600,800]	0.7
	>800	0.9

本文选用 J. Corominas 滑坡距离公式[15]，计算滑坡滑动距离如下：

$$\log_{10}(H/L)=-0.068\times\log_{10}V-0.159 \tag{4}$$

式中，H 为滑坡后缘与前缘的垂直高度差；L 为从滑坡后缘开始计算的水平滑移距离；V 为滑坡体积。

经计算，确定滑坡的危险性指数 I 为 0.567，其致灾强度属于中等强度。本文研究的单体滑坡在规模上属于中型滑坡，滑坡体前缘呈舌状，滑坡仍有继续滑动的空间。滑坡整体坡度较大，滑坡体未完全滑入坡底，相对高差依然较大，动能未完全释放。滑坡区域呈扇形的滑坡体覆盖在由碎石块、散落植被构成的坡面上，一定程度上减缓了继续滑动的势能。从滑坡坡面颗粒上看，粗颗主要分布在滑坡底部，但是在滑坡中上部仍分布有粗颗粒，有形成新的滑面的可能。滑动后坡体形成上部细、下部扩张的结构，有利于坡体排水，含水率减少，同时稳定性增加。滑坡坡底有河流穿过，长期的河水侵蚀，对滑坡的稳定性造成很大影响。从整体上看，滑坡的规模较大，产生的势能也会增加，潜在危害性较大。

4 结语

(1) 以洛阳市嵩县某滑坡为例，利用无人机低空遥感技术，实现了单体滑坡高精度影像和数字高程模型的快速获取。

(2) 根据获取的滑坡体DEM，采用克里金插值法，对滑坡的基准面进行了模拟，以此为基础开展了滑坡区域划分和滑坡体积计算。

(3) 基于无人机低空遥感技术获取的单体滑坡信息，采用滑坡危险性评价模型，对滑坡危险性进行评价。

(4) 经过野外验证，本文通过无人机低空遥感获得的单体滑坡结果与实际情况基本一致。由此可见：在单体滑坡调查方面，无人机低空遥感技术可以快速获取滑坡参数，很好地认识滑坡的滑前变形迹象和成灾过程，在滑坡灾害调查领域具有广阔的应用前景。

参考文献

[1] 周洁萍，龚建华，王涛，等. 汶川地震灾区无人机遥感影像获取与可视化管理系统研究[J]. 遥感学报，2008，12(6)：877-884.

[2] 马泽忠，王福海，刘智华，等. 低空无人飞行器遥感技术在重庆城口滑坡堰塞湖灾害监测中的应用研究[J]. 水土保持学报，2011，25(1)：253-256.

[3] 黄海峰，易武，张国栋，等. 引入小型无人机遥感的滑坡应急治理勘查设计方法[J]. 防灾减灾工程学报，2017，37(1)：99-104.

[4] 张宏，温永宁，刘爱利，等. 地理信息系统算法基础[M]. 北京：科学出版社，2006：159-169.

[5] 姜安源，马修军，魏黎，等. 城市土地级别划分的方法研究：以北京城市土地定级为例[J]. 地域研究与开发，2002，21(2)：9-12.

[6] 曹俊茹，刘强，姚吉利，等. 基于Kriging插值DEM的计算土方量方法的研究[J]. 测绘科学，2011，36(3)：98-99.

[7] 谭衢霖，徐潇，王浩宇，等. 不同地貌类型区DEM空间内插算法精度评价[J]. 应用基础与工程科学学报，2014，22(1)：139-149.

[8] 石鑫，吕志伟，杨川，等. 基于克里金插值法的NRTK误差改正[J]. 导航定位学报，2016，4(2)：102-107.

[9] 张冬梅，金辉，刘伟. 基于Kriging的多重GEP演化建模趋势分析圈定区域化探异常研究[J]. 应用基础与工程科学学报，2012，20(3)：526-538.

[10] SCHNEBELE E，TANYU B F，CERVONE G，et al. Review of remote sensing methodologies for pavement management and assessment[J]. European Transport Research Review，2015，7(2)：1-19.

[11] 王先鹏，曹荣林. 土方量计算的原理与方法及ArcGIS的应用前景[J]. 地理空间信息报，2009，7(4)：139-141.

[12] POPESCU S C，WYNNE R. Seeing the trees in the forest：using lidar and multispectrual data fusion with local filtering and variable windows size for estimating tree height[J]. Photogrammetric Engineering and Remote Sensing，2004，70(5)：589-604.

[13] 邱海军. 区域滑坡崩塌地质灾害特征分析及其易发性和危险性评价研究：以宁强县为例[D]. 西安：西北大学，2012.

[14] 张俊. 三峡库区万州区滑坡灾害风险评估研究[D]. 武汉：中国地质大学工程学院，2016.

[15] COROMINAS J，MOYA J. A review of assessing landslide frequency for hazard zoning purposes[J]. Engineering Geology，2008，102(3/4)：193-213.

生态环境

河南省地质灾害现状与防治分析

乔欣欣,刘登飞,张 婧
(河南省自然资源监测院/河南省地质灾害防治重点实验室,河南 郑州 450016)

摘 要:本文在归纳总结河南省地质灾害现状的基础上,分析了地质灾害的发展趋势和防治形势,通过对新时期新形势下河南省地质灾害防治工作中存在的不足和问题的研究判断,初步提出了地质灾害防治工作的意见和建议。

关键词:地灾现状;发展趋势;防治形势

1 概况

河南省北、西、南面为山地、丘陵和台地,东部为黄淮海平原,地势西高东低,呈阶梯状下降。山地、丘陵面积 $7.4\times10^4\ km^2$,平原面积 $9.3\times10^4\ km^2$,在全国地貌中处于第二级地貌台阶向第三级地貌台阶过渡的地带,地形起伏大,地貌及地质构造复杂,形成了地质灾害多发、易发的地质环境条件,加之降雨时空分布不均,汛期极易发生大暴雨或连阴雨,往往会诱发产生不同规模的滑坡、崩塌等地质灾害。特定的地质环境条件遭遇强降雨事件,地质灾害多发、易发的局面将不可避免。特殊的地形地貌条件导致河南省地质灾害分布具有点多、面广、地域分带性明显等特点,成为全国地质灾害多发省份之一。

2 地质灾害现状

截至2020年底,河南省已查明地质灾害隐患 2 734 处,威胁 19.87 万人的生命安全,潜在经济损失 57.24 亿元。其中特大型地质灾害隐患 36 处,大型 70 处,中型 454 处,小型 2 174 处,险情等级以中小型为主。

"十三五"期间,河南省共发生地质灾害 138 起,直接经济损失 4 070.2 万元,共造成 3 人死亡,4 人受伤。从发生数量角度看,全省地质灾害类型以崩塌、滑坡为主,其中崩塌 35 起,滑坡 62 起,泥石流 9 起,地面塌陷 31 起,地裂缝 1 起;从灾情等级来看,全省灾情以小型为主,大型 1 起,中型 5 起,小型 132 起。

"十三五"期间,河南省利用省财政资金 7 989.69 万元,实施了 13 处地质灾害综合防治工程,解除受地质灾害威胁人口 7 382 人。其中,地质灾害避险移民搬迁 8 处,保障了 1 490 户 6 160 人的生命财产安全。各级地方政府在"十三五"期间,共计投入 273 255.26 万元,实施了 199 项综合治理工程,其中包括工程治理 112 处、排危除险 28 处、工程维护 2 处、避险移民搬迁 57 处,解除受地质灾害威胁人口 49 098 人,其中避险移民搬迁保障了 35 038 人的生命财产安全。

河南省地质灾害的分布规律明显,崩塌、滑坡、泥石流等突发性地质灾害分布于豫西小秦岭、崤

基金项目:河南省地质灾害防治"十四五"规划(编号:豫自然资发〔2020〕7 号)资助。

作者简介:乔欣欣,男,1990 年生。硕士,主要从事水工环地质研究。

山、熊耳山、伏牛山，豫北太行山，豫南桐柏山、大别山等山地丘陵区。地面塌陷以采空塌陷为主，在郑州、平顶山、洛阳、许昌、焦作、三门峡、鹤壁、永城等煤炭集中开采区以及安阳、许昌等金属矿产开采区均有分布。地面沉降主要分布于豫北平原及郑州、开封、洛阳、许昌等地下水主要开采区。地裂缝主要分布在采空塌陷区及平原地区。

“十三五”期间，通过对地质环境条件及隐患类型、数量和分布规律等因素相叠加的综合评判，对河南省地质灾害的易发程度进行了划分，其中高易发区面积 32 745.31 km^2，占全省总面积的 19.61%；中等易发区面积 18 290.08 km^2，占全省总面积的 10.95%；低易发区总面积 15 334.24 km^2，占全省总面积的 9.18%。

3 地质灾害隐患发展趋势

河南省地质灾害具有数量众多、分布广阔、类型复杂、汛期多发和防治难度大等特点。受气候变化影响，极端降雨事件频发，地质灾害多发、易发态势将长期存在。就具体隐患点类型来看，具备以下发展趋势。

3.1 崩塌、滑坡

崩塌、滑坡占地质灾害隐患点总数的 78.92%，绝大多数稳定性差，发展趋势不容乐观，且在历次的地质灾害调查、巡查中，崩塌、滑坡隐患点是动态变化最大的隐患点。随着河南省城镇化进程加快、精准扶贫、全面建成小康社会的完成，势必增设相应的工程实施，脱贫后的农民为改善住房条件也将加剧切坡盖房速度，这些必将导致滑坡、崩塌隐患点数量和危害程度的增加。

3.2 泥石流

泥石流隐患点具有数量少、流域面积大、威胁人口多、不易防控的特点。尤其是深山区，小气候发育，泥石流突发性强，来势凶猛，极易造成群死群伤。汛期突发降雨事件的增多，增强了泥石流发生的趋势和危害。

3.3 地面塌陷

地面塌陷隐患点具有数量少、威胁人口多的特点，由于其分布面积广、影响深度大、对地表形态破坏严重，因而防治治理难度极大。从已掌握的地面塌陷隐患点来看，多数隐患点其不稳定趋势仍在增强。

3.4 地面沉降

河南省郑州市、开封市、周口市、安阳市等地存在地面沉降情况及隐患。地面沉降是缓变型地质灾害，一般集中在工业发达、建筑及人口密度大的重要城市附近，因其隐蔽性强，所以其危害常为人们所忽视。加之近年来，城市框架不断拉大，城镇化率不断提高，城市地下水开采量持续增大，地面沉降有扩张及增强趋势，不容忽视。

4 地质灾害防治形势

“十四五”期间是由全面建成小康社会向开启全面建设社会主义现代化国家的关键时期，在建设过程中，人类工程活动、气候变化将加大地质灾害的发生频率，特别是在遭遇“7·20”特大型暴雨的袭击以后，地质灾害发生的隐蔽性和不确定性变得更为突出，所产生的破坏性也更为严重，充分暴露了河南省在地质灾害防治工作中存在的问题和缺陷。因此，全省地质灾害防治工作仍面临严峻形势，具体表现在以下几个方面。

4.1 地质灾害风险底数掌握还不够准确

河南省北、西、南三面为山地、丘陵，地形起伏大，地质构造复杂。由于地质灾害的复杂性、隐蔽性和动态性，相当数量的隐患点可能未被查出或其危害程度、稳定性正在发生变化。极端降雨情况及城镇经济发展导致的切坡修路、建房、地下水开采等人类工程活动对地质环境影响较大，增加发生地质灾害风险。尚有大量地质灾害隐患没有被发现或对其危害认识不清，亟须通过高精度调查和评价基本掌握风险底数。

4.2 监测能力与预警水平有待提高

目前单点地质灾害监测预警主要依靠群测群防员对房前屋后小范围进行监测预警，自动化程度和技术水平低，专业监测、信息化建设相对滞后，监测预警覆盖面和精准度也需要进一步提高；部分地市气象预警预报系统尚处于初级阶段，亟须进行升级改造，且省级平台与市级平台尚未实现互联互通，影响信息传输时效性和预报精准度。

4.3 地质灾害防治任务依然繁重

大量地质灾害隐患威胁着人民生命财产安全，亟待采取搬迁避让或工程治理措施；地质灾害调查评价和勘查精度不够，临灾避险能力有待提升；基层专业技术力量薄弱，专业监测与群测群防有待深度融合。地质灾害防治资金投入严重不足，投资渠道仍限于中央和省财政投入，亟待拓宽。

4.4 地质灾害防治科技支撑能力亟待提升

新兴技术与地质灾害防治工作的结合不足，地质灾害监测预警主要依靠群测群防小范围进行，技术水平亟待提高。地质灾害监测预警及相关判据研究、成灾现场模拟试验及模型研发、工程防治技术研究等相对滞后，急需加强空天地一体化的早期识别技术以及普适性监测预警装备、绿色新型防治技术装备等研发，提升科技防灾能力。

4.5 社会经济发展对地质灾害防治提出了更高要求

“十四五”期间，我国开启全面建设社会主义现代化国家新征程，这对地质灾害防治工作提出了更高的要求。河南省仍需进一步完善地质灾害调查评价体系、监测预警体系、应急体系和防治体系，提高地质灾害综合防范和抵御能力，确保人民群众和国家财产的安全，为社会经济发展和改善民生提供地质环境安全保障。

5 地质灾害防治建议

通过上述对地质灾害现状和形势的分析，可以总结出河南省地质灾害防治工作进一步的提升空间。

5.1 地质灾害调查评价需向更加精细化发展

河南省地质灾害分布范围较广，易发区面积将近 7 万 km^2，占全省面积的 40%左右。不仅如此，广大东部平原广泛发育地面沉降，地质灾害防治范围在覆盖 7 万 km^2 易发区的同时向东部平原延伸，已扩展至全省大部分国土面积。尚有大量地质灾害隐患没有被发现或对其危害认识不清，已发生地质灾害隐患点仅有少量被掌握，亟须通过高精度调查和评价，进一步掌握地质灾害风险底数。

5.2 地质灾害综合治理工程的实施仍需多种方式相结合

地质灾害防治应对地质灾害隐患点实行全覆盖，各种隐患点威胁人口及空间规模差异巨大，需分门别类予以应对。小型隐患点数量多、分布广，但威胁人口比重较小，大型、特大型隐患点数量少，但威胁人口及财产数额大。未来一段时间内仍无法对大多数隐患点实施搬迁避让和工程治理，地质灾害隐患点威胁资产巨大，人口众多，急需采取各种防治策略和技术措施，拓宽资金投入渠道，控制灾害发生率，最大限度减少或避免资产损失和人员伤亡。

5.3 地质灾害防治能力亟待提升

地质灾害防治工作数据信息化程度低、时效性差，地质灾害防治成员单位之间的信息共享、协同配合不足；基层防灾减灾宣传科普和教育培训力度有待进一步提高；仍需加强科学研究及新技术、新方法的应用，提升科技防灾能力。

5.4 增强应对突发恶劣天气的防灾能力

河南省地质灾害的发生集中在汛期，暴雨和持续性降雨是导致地质灾害发生的重要因素，充分调动应急、气象、水利、自然资源等部门的技术力量和技术团队，发挥协调配合响应作用，及时有效地精准预警预报降雨和伴生地质灾害，提前做好防范措施，加强汛期巡查排查频率和覆盖度，积极组织转移避让，实现“不死人，少伤人”。

5.5 强化防灾意识，推进灾后重建

开展地质灾害防治业务培训，提升基层工作人员防治水平。加强防灾培训、演习和宣传教育，提高地质灾害易发区人民群众防灾避险能力。灾后重建更要注重规避地质灾害易发区，做好风险管控，避免在高易发区开展大规模城镇和工程建设，有序引导人口、经济向低易发区转移。对地质灾害高易发地区，要合理提出工程治理、避险搬迁、排危除险、监测预警等风险管控建议。

6 总结

随着河南省地质灾害防治制度和组织体系不断完善，地质灾害监测预警能力不断增强，地质灾害综合防治与防灾能力大幅提升，地质灾害所带来的危害会逐步得到有效控制。然而，由于国家灾害防治形势的不断变化，地质灾害防治形势也将变得更加严峻起来。因此，更好地掌握地质灾害隐患底数，摸清地质灾害发育规律，积极预警预报突发暴雨，强化防灾意识，合理规避风险，充分利用新技术、新方法防治地质灾害，成为当前迫切需要解决的问题。

参考文献

[1] 河南省国土资源厅.河南省地质灾害防治“十三五”规划[R].2017.
[2] 河南省人民政府办公厅.河南省突发地质灾害应急预案[R].2012.
[3] 河南省地质环境监测院.河南省地质环境监测综合成果报告[R].2020.
[4] 河南省地质环境监测院.河南省地质灾害及防治研究：上下卷[M].郑州：黄河水利出版社，2013.

埃塞俄比亚至吉布提跨境民生供水工程优快钻井技术组合应用

李建涛[1],朱万存[1],段印德[1],张小龙[1],王东方[1],赵 蕊[2],朱 萌[2]
(1. 河南省地质矿产勘查开发局第四地质矿产调查院,河南 郑州 451464;
2. 河南省中宇地质工程勘察院有限公司,河南 商丘 476000)

摘 要:本文针对埃塞俄比亚至吉布提跨境民生供水工程地层坍塌、漏失、难钻等复杂技术难点,逐渐探索钻井技术改进方案。通过优化钻探设备、钻具组合、钻井液选型和水力喷射钻井等系列钻井技术,在实践中依次克服了前期遇到的诸多难题,钻探效率亦获得大幅度提升,成孔周期明显缩短,后期成井质量显著,技术经济效益突出。这说明采用该配套技术体系能满足区内500 m以深供水井优快钻井施工需要,为类似水井施工提供了应用借鉴与参考。

关键词:供水井;钻井设备;钻具组合;钻井液;优快钻井

1 项目概况

吉布提共和国位于非洲东北部亚丁湾西岸,境内水资源匮乏,严重影响了居民饮水卫生,限制了经济发展。随着“一带一路”倡议的推进,建设埃塞俄比亚至吉布提跨境供水工程项目,促进吉布提供水事业发展。工程项目位于埃塞俄比亚境内距离埃塞俄比亚与吉布提边界100 km处Shinile地区,位于埃塞俄比亚东北部面积约为0.9 km^2 范围内。

本项目设计28眼520 m深供水井钻探工程与成井工作,区内实际井位间距均大于100 m(见图1)。地层为早寒武纪火山碎屑沉积岩与喷发玄武岩多旋回复合,其中松散砂砾岩与致密坚硬玄武岩相嵌套,地层可钻性3～8级,大部分岩石坚硬致密,少部分地层破碎、易漏失,施工难度大。工作区与其他地区面临同样钻探技术难点是早寒武纪多旋回火山碎屑沉积岩与喷发玄武岩相互复合与嵌套,若技术工艺不恰当,护壁难、钻速低,效果差。

2 构造与地层

2.1 构造简况

埃塞俄比亚位于“泛非构造带”中的东非造山带上,该构造带所在的努比亚地盾覆盖了埃塞俄比亚、吉布提大部分区域,由比较发育的韧性剪切带与褶皱构造和脆性断裂交相分布。在早寒武纪,火山数次喷发掩盖上部风化后粒度不同的沉积碎屑岩层,炙热的岩浆冷却后形成3个以上喷发旋回的玄武岩建造。工程布置在Shinile地区东南部的Kulen Valle冲积平原的绵长谷地上,该区

作者简介:李建涛,男,1976年生。大学本科学历,探矿高级工程师,主要从事水井钻探和矿山修复工程施工。

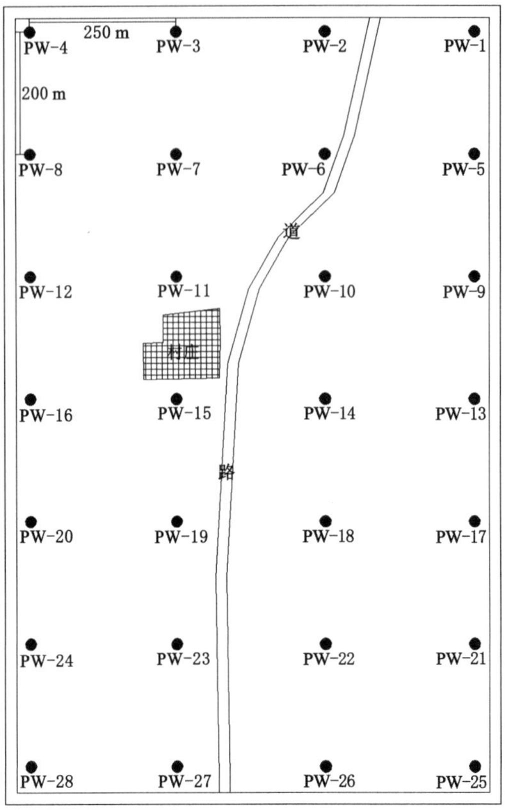

图 1 区内井位分布图

域多旋回地质构造显著增加了钻探施工难度。

2.2 地层简况

区域地层从上到下为:砂质黏土、黑色黏土、不同粒径的粗砂、中砂、细砂、粉砂层与强风化、中风化、微风化玄武岩、凝灰岩。不同旋回的玄武岩地层之间,夹着厚度不等的火山碎屑堆积层与经过数次风、搬、沉、成演化的粗砂层、砾石层等,被上部致密岩石掩埋覆盖下的砂砾石层是区域水源地的主要含水层。

3 技术难点和改进思路

3.1 技术难点

前期 PW1 井采用 S600 配套设备、正循环普钻、NA 土泥浆护壁,施工中遇到技术难题如下:

(1) 覆盖层深黑色黏土碳质成分易造浆,促使钻井液自然稠化;粗细砂层胶结松散,钻孔护壁困难。

(2) 区域内不同喷发旋回玄武岩之间夹杂厚度不等的砂砾石层,孔隙连通性好,钻井时常遇到程度不同钻井液漏失[1]和坍塌掉块。

(3) 完整的微风化石英质、长石质玄武岩致密坚硬,难以破碎,钻进效率较低。

(4) 岩石的不均质性和地层的各向异性特征使钻孔井斜无法保证。

(5) 当地业主与监理对地下水资源保护有特殊要求,不能随意添加使用对地层产生污染的泥浆材料。

3.2 改进思路

针对上述第(1)、(2)、(5)问题,从 PW2 井开始采取试验性方案,通过优化钻井液体系[2],采用无污染的 KL 植物胶-PHP-CMC 优质低固相钻井液,保持较好的护壁效果;对第(2)、(3)、(4)问题,采用 ZJ-15 石油钻井配套设备、塔式钻具组合、高压喷射牙轮钻头转盘钻进技术,通过大钻压、大排量、低密度钻井液技术,努力克服地层难钻易滑和钻井效率低系列问题,尽可能地实现区内优快钻井。

4 改进方案

4.1 配套设备改进与效果

为满足本项目 500 m 深水井安全快速钻井要求,采用了改装 ZJ15 石油配套设备实施。改装后的 ZJ15 钻机,大钩钩载 90 t,正常钻深 1 500 m,易满足 500~800 m 钻孔施工任务;钻台高 1.2 m,方便上下安全操作;二层台高 17.5 m,能容纳 1 500 m 长钻具,与水源 S600 型钻机起下钻地面摆放钻具相对比,显著减轻劳动强度,增加安全性;使用 3NB-1000 泥浆泵足够大的排量和压力,促使钻头底部净化清洁、岩屑及时排出井外,降低含水层污染概率。

4.2 塔式满眼钻具与应用效果

4.2.1 钻孔结构与钻具组合

(1) 覆盖层用 26 英寸钢齿钻头开孔,钻至完整地层时,下 24 英寸表套后用水泥固井护壁。

钻具组合:ϕ660.4 mm 钢齿三牙轮钻头+177.8 mm 钻铤+扶正器+A(A=ϕ127 mm 钻杆+114 mm 方钻杆)。

(2) 覆盖层以下至 200 m,用 22 英寸或 17.5 英寸镶齿钻头钻至稳定地层,下 14.875 英寸套管。

钻具组合:ϕ558.8 mm 或 ϕ444.5 mm 镶齿牙轮钻头+扶正器+177.8 mm 钻铤+扶正器+接头+158.75 mm 钻铤+A。

(3) 在 200~520 m 范围内,用 12.25 英寸镶齿钻头钻至凝灰岩地层 5~8 m 后完钻。

钻具组合:ϕ311.2 mm 镶齿牙轮钻头+扶正器+177.8 mm 钻铤+扶正器+158.75 mm 钻铤+A。

井管安装自下而上顺序:ϕ152.4 mm 不锈钢管实管和条形滤水管+变径接头+ϕ355 mm 不锈钢管实管和条形滤管(以单井排管方案排序)为最终的组合井壁管。

4.2.2 钻进参数和应用效果

(1) 钻进参数:钻压范围在钻铤总重量的 60%~80%之间,即 80~120 kN;转速范围在 40~90 r/min 之间;泵量在 1 800~2 400 L/min 之间。

(2) 应用效果:在矿区内多旋回喷发玄武岩建造中,利用 177.8 mm 钻铤和 158.75 mm 厚壁钻铤组成的刚性钻具[3],配合每级比钻头直径小 25~50 mm 的近钻头扶正器和钻铤适当部位扶正器的共同作用,充分发挥塔式刚性满眼钻具良好导向作用,保证大口径牙轮钻头破岩所需压力,具有良好防斜打直效果,为后期正常下管投砾止水成井打下了基础,保障了施工质量。期间采用塔式钻具累计施工成孔 20 眼,单井最大井斜 1.5°,均满足井斜控制指标要求。

4.3 钻井液优化

4.3.1 地层特点与甲方要求

在覆盖层黏土易造浆稠化、粗细砂层胶结松散护壁困难以及多旋回玄武岩不等厚砂砾层孔隙多、连通好、容易漏失、坍塌掉块等复杂地层条件下,优选满足项目甲方对供水水源地水质和保护地下水要求的环保型钻井液[4],尽可能保障地层免受污染。

4.3.2 钻井液类型

针对工程项目对钻井液的使用要求,优选 KL 植物胶-PHP-CMC 优质低固相钻井液进行冲孔排渣和护壁[5]。实践证明:该优化钻井液体系具有使用简单、材料广泛、成本低廉、作用迅速、操作方便等诸多优点,能有效地控制钻井液密度和最初、最终失水量,抑制漏失坍塌掉块和流沙现象的产生,确保水井正常施工安全和钻井效率提高。钻井液配方与性能见表 1。

表 1　KL 植物胶-PHP-CMC 低固相钻井液的配方与性能

配　方	性　能			
	密度/(g/cm^3)	黏度/St	失水量/(mL/30min)	pH 值
基浆+1.2%～1.5%KL 植物胶+2‰～3‰PHP+0.6‰CMC	1.03～1.08	28～35	10～18	7.5～8.5

注:基浆 2%NV-1+5%Na_2CO_3(陈化 24h)。

4.3.3 作用机理

KL 植物胶属高分子聚糖胶类[6],主要成分为多糖与蛋白质、脂肪和纤维素形成的聚合物;植物胶钻井液中的主要改性原料(超级水解聚丙烯酰胺)用量少,不足以引起人身中毒和环境污染;植物胶和水解后 PHP 具有大量的羟基、酰胺基($-CONH_2$)等吸附基团,对粗、中砂砾岩具有强桥接、包被与吸附作用;植物胶主链为环状长链,以多点吸附方式膜覆于井壁上,柔韧性好,抑制防塌、防漏性能强;体系中的 CMC 提供 $COOH^-$、OH^- 亲水基团,有效束缚泥浆中自由水,改变黏土粒间结构,提黏显著,呈现初失水量大、终失水量小的效果;体系中有少量 Na^+,在 7.5～8 中性环境水化后形成不分散低固相钻井液体系,其薄而韧泥皮对松散破碎多旋回砂砾层形成良好包裹胶结,表现出好的流变特性和优良的胶结、防塌、防漏效果。

4.4 喷射钻井组合优化与试验

喷射钻井技术主要用在石油钻井和深水井钻探领域,其利用水力能量辅助破岩,清洗井底,提高喷嘴射流压力梯度或钻头水功率,达到水力破岩效果[7]。

4.4.1 喷射钻井参数优化

依据高压喷射钻井方案,对钻井液排量和钻头压降两个关键参数进行优化。

(1) 钻井液排量优化

针对区域地层考虑三方面因素:一是携岩问题,二是防阻卡要求,三是机泵条件。重点考察了泵排量、泵压、泵功率等因素,最终确定排量范围为 30～40 L/s。

(2) 钻头压降确定

钻头压降的大小直接关系到钻头水功率、喷射速度的大小,该参数与喷嘴尺寸和钻井液排量、密度、黏度等参数密切相关。

钻头压降经验公式为：

$$p_b = \frac{0.08\rho Q^2}{C^2\pi^2 d^4}$$

式中，p_b 为钻头压降，MPa；ρ 为钻井液密度，g/cm³；Q 为钻井液排量，L/s；d 为钻头喷嘴当量直径，cm；C 为喷嘴流量系数，无因次。

结合埃塞俄比亚地层物性，全井段钻头压耗不低于整个循环压耗的 30%或 10 MPa。

(3) 钻井参数优化

为提高钻探水力-机械联合破岩效果，结合待钻地层物性、钻机能力，对钻井参数进行优化设计[8]。矿区内完整地层牙轮钻头钻进，采用中转速(50～80 r/min)、适当钻压(10～12 t)，可提高机械破岩效果。在砂砾石地层，采用低转速(40～60 r/min)、适当钻压(4～8 t)钻进，以保护钻头为主，为后续完整地层高质量钻井提供安全保障。

4.4.2 喷射钻井液技术优化

钻井液密度、黏度等参数对循环压耗影响较大，是制约排量和钻头压降的关键参数。喷射钻井实践表明：钻井液流变性、剪切稀释特性、亚微米含量和瞬时失水对喷射钻井效果影响较大，尽可能使用无固相或低固相钻井液。例如 PW1 井施工中，180～520 m 采用 KL 植物胶-PHP-CMC 低固相不分散钻井液体系：密度 1.03～1.08 g/cm³，黏度 28～35 St，失水量 10～18 mL/30 min，含砂量低于 0.2%，pH 值 7.5～8.5。施工中要及时清除亚微米颗粒，控制泥浆粘切。

4.4.3 现场试验实例

下面以 PW4 井为例介绍试验情况。该井属于直井、探采结合井，三级结构，分别在二开和三开井段进行了高压喷射钻井。表 2 给出了推荐水力参数。

表 2 推荐水力参数

井段	深度/m	泵压/MPa	排量/(L/s)	钻头压降/MPa
二开	15～190	15.8	40	10.5
三开	190～520	19.2	30	9.7

二开：泵压 15～16 MPa，使用排量 40 L/s，进尺 185 m(井段 15～200 m)，用时 40.5 h，纯钻用时 14 h，平均钻速 13.21 m/h，与采用 S600 钻机相比，钻进效率提高 20 倍。

三开：泵压 18～20 MPa，排量 30 L/s，进尺 300 m(井段 200～519.6 m)，用时 116.8 h，纯钻用时 76.1 h，平均钻速 4.21 m/h。

全井总试验进尺 505 m，用时 6.55 d，平均机械钻速 6.30 m/h。与 S600 钻机常规工艺钻至相同井深缩短 86.5 d。

在类似地质条件下，对比区内强、中、微风化玄武岩地层，采用 ZJ15 钻机水力喷射钻井和采用 S600 钻机普通钻井速度对比见表 3。

表 3 类似地层条件钻井速度比较

钻机类型	钻井工艺	强风化玄武岩	中等风化玄武岩	微风化玄武岩
ZJ15	水力喷射钻井	30.0 m/h	6.0 m/h	1.2 m/h
S600	普通钻井	4.0 m/h	1.2 m/h	0.25 m/h
钻进效率提升倍数		6.5	4.0	3.8

实践证明:同类地层条件下,采用配套水力喷射钻井与普通钻井相比,强、中、微风化玄武岩地层钻效提升倍数依次是6.5、4.0、3.8倍。岩石风化程度越高,钻效提升幅度越大,微风化玄武岩钻效提升幅度相对减小。

统计区内5口(PW2～PW6)水力高压喷射钻井与常规钻井(PW1)效率对比资料见表4。

表4 高压喷射钻井与常规钻井数据统计

井号	深度/m	平均机械钻速/(m/h)		进尺/m	周期/d
		二开	三开		
PW2	519.6	13.21	4.21	502.3	6.56
PW3	510.8	12.96	4.18	492.5	6.72
PW4	515.3	13.12	4.20	498.6	6.58
PW5	518.1	12.43	4.08	502.7	7.02
PW6	513.7	13.25	4.23	497.6	6.35
PW1	515.0	0.32		499.2	86.52

从表4中看出,采用水力高压喷射钻井钻速二开平均时效12.99 m/h,三开平均时效4.18 m/h;普通钻井钻速二开至完钻平均时效仅为0.32 m/h。

应用结论:采用ZJ15配套设备、塔式满眼钻具、KL植物胶-PHP-CMC低固相钻井液和大排量水力喷射优快钻井技术组合,钻探时效获得大幅度提升。

4.4.4 *应用成效对比*

本项目在410天内共施工28眼井。PW1井钻探期长,井斜偏大(3.8°),井径范围达57%,成井后涌水量为98 m^3/h、水位降深为31 m;余下27眼井,20眼井井斜小于1.5°、7眼井井斜小于1.8°,27眼井井径范围为18%～26%,成井后涌水量区间为152～181 m^3/h、水位降深区间为3～8 m。后期成井质量效果明显,主要归为钻速快、井眼直、渗透小、水量高。实践充分证明了采用优快钻井所取得的技术成果。

5 结论

(1) 针对埃塞俄比亚水井钻探地层特点,采用ZJ15配套钻机,易满足500 m深成孔施工,与水源S600普通钻机相比,能显著减轻劳动强度,增加施工安全性。

(2) 在多旋回玄武岩地层,利用近钻头扶正器和钻铤组成塔式满眼钻具实现防斜打直,应用KL植物胶-PHP-CMC低固相无污染环保型钻井液有效控制地层漏失、坍塌。

(3) 同类地层条件下,采用水力喷射钻井,地层风化程度越高,钻进效率提升幅度越大;综合应用配套钻井组合技术,能实现500 m深水井快优高质成井效果。

参考文献

[1] 李锦峰.恶性漏失地层堵漏技术研究[J].探矿工程(岩土钻探工程),2019,46(5):19-27.

[2] 许刘万,王艳丽,刘江,等.影响水井钻探效率的因素及提高钻井速度的关键技术[J].探矿工程(岩土钻探工程),2014,41(4):18-21.

[3] 李文飞.基于地层倾斜规律的防斜打直钻井技术研究[J].探矿工程(岩土钻探工程),2012,39(8):1-4.

[4] 付帆,陶士先,李晓东.绿色勘查高温环保冲洗液研究[J].探矿工程(岩土钻探工程),2020,47(4):129-133.

[5] 张统得,蒋炳,樊腊生,等.探采结合水井无固相环保冲洗液的研究与应用[J].探矿工程(岩土钻探工程),2020,47(6):1-7.
[6] 邓树密.KL 植物胶在人工填筑堆石层钻进中的应用[J].探矿工程(岩土钻探工程),2011,38(2):39-42.
[7] 申云飞,卢玮,陈莹,等.水力压裂技术在豫西基岩地热井增产中的应用研究[J].探矿工程(岩土钻探工程),2016,43(10):253-256.
[8] 罗光强,周策,李扬,等.深孔智能化钻井参数无线实时传输系统研究[J].探矿工程(岩土钻探工程),2019,46(11):60-64.

河南省浅层地下水水化学特征研究

黄光寿[1,2],贾秀阁[1,2],黄 凯[3],郭丽丽[3]
(1. 河南省地质调查院,河南 郑州 450001;
2. 河南省城市地质工程技术研究中心,河南 郑州 450001;
3. 河南省地勘局第五地质勘查院,河南 郑州 450001)

摘 要:通过深入研究已有地质资料与地质成果,河南省浅层地下水(埋深<60 m)水化学类型按含盐量可划分为淡水、微咸水、咸水。浅层地下水 pH 值区间为 3.2～12.69;水温一般为 15～18 ℃,绝大部分地区的水温在 17 ℃左右。浅层地下水典型微量元素主要有氟化物、碘化物、砷、铁、锰。河南省高氟水(F 含量>1.0 mg/L)、低碘水(I 含量<0.01 mg/L)、高铁水(Fe 含量>0.3 mg/L)、高锰水(Mn 含量>0.1 mg/L)及高矿化度水、高硬度水分布面积广;高碘水(I 含量>0.08 mg/L)、高砷水(As 含量>0.01mg/L)主要分布于黄河冲积平原区,分布面积较小,为原生劣质水。

关键词:水化学类型;典型微量元素;原生劣质水;浅层地下水

引言

新中国成立后,河南省广大地质工作者在全省范围内进行了大量的环境水文地质调查评价与监测工作,基本查明了河南省高氟、高铁、高锰、高砷、高碘、低碘及高含盐量等原生劣质地下水的埋藏、分布规律,提出了氟改水技术与盐碱地防治措施,取得了良好效果。自 20 世纪 80 年代开始,工农业大规模发展,城市人口急剧上升,地下水大规模开发利用,致使城市区域出现地下水降落漏斗,豫北平原浅层地下水水位区域性下降,在开封市区、许昌市区、郑州市区出现地面沉降,不合理开采地下水引起的地质环境问题逐步显现。随着工业的快速发展、农药化肥的滥施乱用、矿业的大规模开发、城市人口的剧增,造成废水、废气、废渣等工业“三废”大量超标排放、城市生活垃圾不合理堆放、农业面污染源迅速扩大,致使地下水受到不同程度的污染,地下水污染已经成为河南省浅层地下水主要地质环境问题。进入 21 世纪以来,河南省相继开展了环境地质调查评价、地下水环境调查评价、氟病区地质影响调查与防治、地下水污染调查评价等全省性、区域性环境水文地质工作,取得了丰富的、全面反映地下水地质环境问题的资料与成果。

为了全面反映河南省地下水环境问题及其严重程度,使已有的环境地质调查成果更好地服务于国民经济建设,在深入研究已有资料与成果的基础上,河南省地质调查院于 2015 年编制了河南省地下水环境图[1]。基岩山区的地下水化学类型与含盐量依据 1∶20 万区域水文地质普查报告评价结果及豫西山区缺水地区水文地质调查与抗旱打井资料,成果时间为 1977—1994 年和 2010—2012 年。平原区及山间盆地区依据《河南省地下水环境调查与评价》(2006 年)[2]、《河南地下水污染调查评价(华北平原)成果报告》(2011 年)[3]、《河南平原地区地下水污染调查评价(淮河流域)成

作者简介:黄光寿,男,1963 年生。本科,高级工程师,主要从事水文地质环境地质研究。

果报告》(2010 年)[4]、《河南省黄淮平原经济区多目标区域地球化学调查报告》(2008 年)[5]等成果的水质测试资料以及豫西诸盆地地下水污染调查评价、济源盆地和南阳盆地的水样测试资料(2014—2015 年)、2015 年地下水水质核查资料。

依据《河南省地下水动态监测报告》(2012 年、2013 年)及各地级市地下水动态监测年度报告,确定区域地下水水位下降范围和地下水水位降落漏斗位置,截止时间为 2013 年 12 月。依据《河南省区域环境地质调查报告》[6]、《淮河流域(河南段)环境地质调查报告》[7]和郑州市地面沉降监测资料,确定地面沉降分布位置,截止时间为 2007 年 6 月和 2014 年 12 月。

1 浅层地下水水化学类型及其分布特征

河南省浅层地下水水化学类型划分为含盐量≤0.5 g/L 重碳酸盐型为主的淡水、含盐量介于 0.5～1.0 g/L重碳酸盐型为主的淡水、含盐量介于 1.0～3.0 g/L 重碳酸-硫酸盐型为主的微咸水、含盐量介于 3.0～5.0 g/L 硫酸盐型与硫酸盐-氯化物型咸水、含盐量介于 5.0～10.0 g/L 硫酸盐-氯化物型咸水等 5 大类。河南省浅层地下水主要的水化学类型为含盐量≤0.5 g/L 重碳酸盐型为主的淡水和含盐量介于 0.5～1.0 g/L 重碳酸盐型为主的淡水,合计分布面积为 148 381 km^2,占全省面积的 88.85%(图 1)。

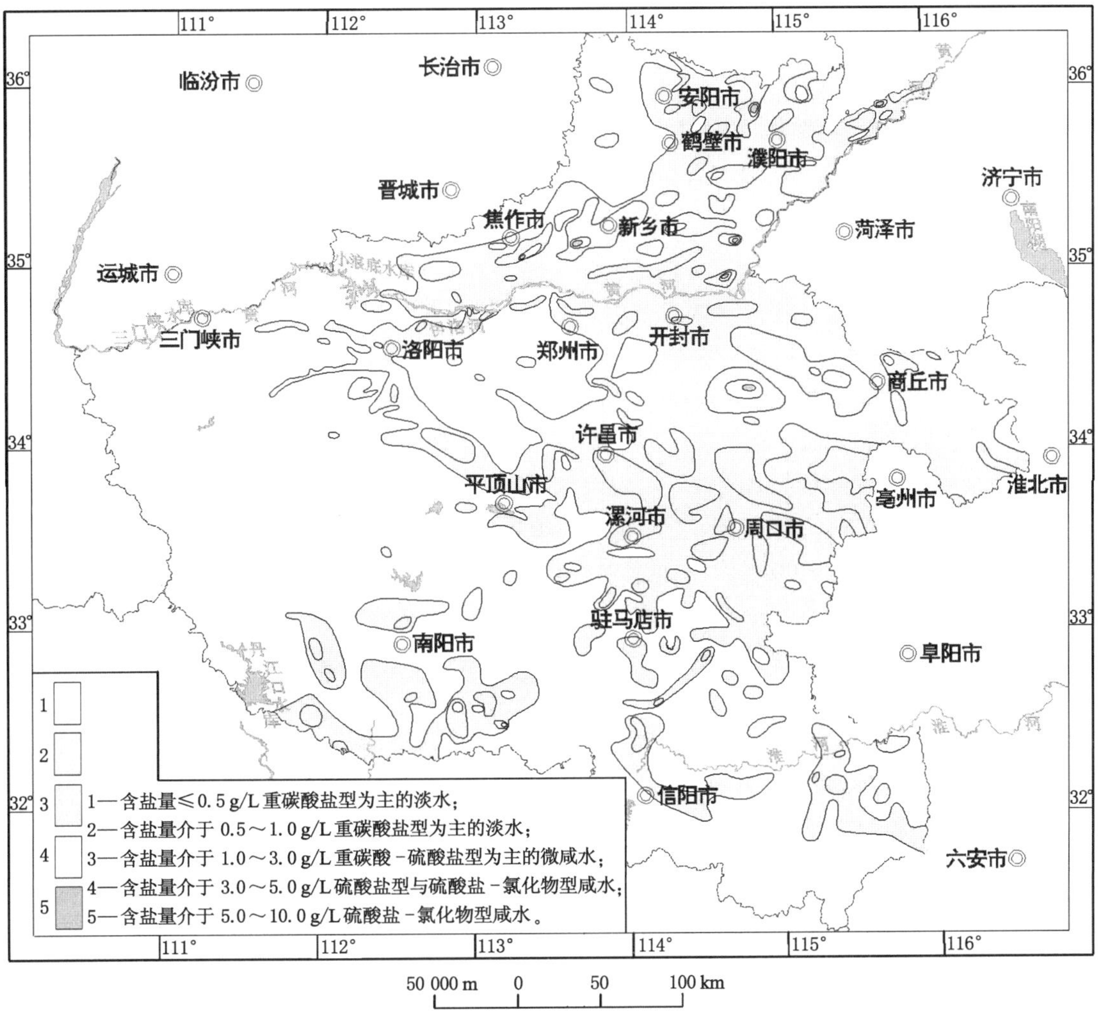

图 1 河南省浅层地下水水化学类型图

2 浅层地下水酸碱度与温度分布特征

2.1 酸碱度分布特征

河南省浅层地下水 pH 值数据有 1 810 个样品点,区间值为 3.2~12.69,最大值为 12.69,最小值为 3.2,平均值为 7.34。其中:pH>7 的样品数为 1 604 个,区间值为 7.01~12.69,平均值为 7.42;pH<7 的样品数为 177 个,区间值为 3.2~6.99,平均值为 6.75;pH=7 的样品数为 29 个。

依据《地下水水质标准》(DZ/T 0290—2015),6.5≤pH≤8.5 的样品数为 1 798 个,占 99.34%,为Ⅰ类水;5.5≤pH<6.5 或 8.5<pH≤9.0 的样品数为 4 个,占 0.22 %,为Ⅳ类水;pH<5.5 或 pH>9.0 的样品数为 8 个,占 0.44 %,为Ⅴ类水。

2.2 温度分布特征

河南省浅层地下水的水温一般为 15~18 ℃,绝大部分地区的水温在 17 ℃左右。

3 浅层地下水典型微量元素环境背景

3.1 浅层地下水典型微量元素环境背景

依据《〈全国地质环境图系〉编制技术要求(试行)》,浅层地下水典型微量元素主要指氟化物、碘化物、砷、铁、锰。河南省高氟、低碘、高铁和高锰地下水的分布面积广泛,为主要的原生劣质水类型。

3.1.1 氟化物(F)

河南省浅层地下水氟化物测试样品 2 019 组,检出氟化物含量为 0.02~6.52 mg/L,最大值 6.52 mg/L的样品采自河南省夏邑县李集乡刘庄村;氟化物检出率为 99.3%,少数样品氟化物含量在检出限以下。其中:0.02~1.0 mg/L 样品数为 1 688 组,为总样品数的 83.6%;1.01~6.52 mg/L样品数为 317 组,为总样品数的 15.7%;检出限以下样品数为 14 组,为总样品数的 0.7%。

河南省浅层地下水氟化物含量>1.0 mg/L 的分布区域广泛,高氟地下水为河南省主要原生劣质水类型之一,东部平原区呈大面积分布,南阳盆地南部有小面积分布,基岩山地区呈小片状及点状分布。氟化物含量>1.0 mg/L 的分布总面积为 18 721 km^2,占全省总面积的 11.2%,占全省平原区面积的 17.1%。

河南省高氟地下水主要分布于黄河冲积平原区,而且分布集中、连片;山区、山间盆地呈分散状或点状分布。

3.1.2 碘化物(I)

河南省浅层地下水碘化物测试样品 2 019 组,检出碘化物含量为 0.000 1~2.0 mg/L,最大值 2.0 mg/L 样品采自河南省安阳市九州制药分厂;碘化物检出率达 61.5%。其中:0.081~2.0 mg/L样品数为 167 组,为总样品数的 8.3%;0.01~0.08 mg/L 样品数为 689 组,为总样品数的 34.1%;0.000 1~0.009 8 mg/L 样品数为 385 组,为总样品数的 19.1%;检出限以下样品数为 778 组,为总样品数的 38.5%。

(1) 碘化物(I)含量>0.08 mg/L

河南省浅层地下水碘化物含量>0.08 mg/L(高碘水)的区域仅分布于东部平原区,山间盆地和基岩山地没有分布。碘化物含量＞0.08 mg/L 的分布总面积为 6 598 km^2，占全省总面积的 4.0%，占全省平原区面积的 6.0%。

(2) 碘化物(I)含量＜0.01 mg/L

河南省浅层地下水碘化物含量＜0.01 mg/L(低碘水)分布广泛，分布于河南省的全部山区、南阳盆地、灵三盆地、济源盆地的全部与洛阳盆地的大部。

3.1.3 砷(As)

河南省浅层地下水砷(As)测试样品 2 019 组，检出砷含量为 1.0×10^{-6}～0.19 mg/L，最大值 0.19 mg/L 样品采自河南省延津县胙城乡东辛庄村东南农户家；砷检出率达 83.7%，少数样品砷含量在检出限以下。其中：0.0102～0.19 mg/L 样品数为 180 组，为总样品数的 8.9%；1.0×10^{-6}～0.01 mg/L 样品数为 1 509 组，为总样品数的 74.7%；检出限以下样品数为 330 组，为总样品数的 16.3%。

河南省浅层地下水砷含量＞0.01 mg/L 的区域集中分布于黄河冲积平原区，分散状分布于沙颍河冲积平原区和洪汝河冲积平原区，分布总面积为 6 061 km^2，为全省总面积的 3.6%。

3.1.4 铁(Fe)

河南省浅层地下水铁(Fe)测试样品 2 019 组，检出铁含量为 1.0×10^{-4}～25.19 mg/L，最大值 25.19 mg/L 样品采自河南省唐河县古城乡朱湖庄村；铁检出率达 91.3%，少数样品铁含量在检出限以下。其中：0.31～25.19 mg/L 样品数为 659 组，为总样品数的 32.6%；1.0×10^{-4}～0.3 mg/L 样品数为 1 185 组，为总样品数的 58.7%；检出限以下样品数为 175 组，为总样品数的 8.7%。

河南省浅层地下水铁含量＞0.3 mg/L 的区域集中成片分布于黄河冲积平原区，条带状分布于沙颍河冲积平原区、洪汝河冲积平原区、淮河干流冲积平原区及南阳盆地、济源盆地，分布总面积为 31 778 km^2。其中：华北平原及济源盆地为 12 486 km^2，占全省面积的 7.5%；淮河平原为 17 248 km^2，占全省面积的 10.3%；南阳盆地为 2 044 km^2，占全省面积的 1.2%。

此外，河南省东部平原及洛阳盆地、南阳盆地浅层地下水均有大量的铁含量＞0.3 mg/L 的分散点。

3.1.5 锰(Mn)

河南省浅层地下水锰(Mn)测试样品 2 019 组，检出锰含量为 3.0×10^{-4}～5.94 mg/L，最大值 5.94 mg/L 样品采自河南省平舆县王岗乡殷李庄；锰检出率达 89.7%，少数样品锰含量在检出限以下。其中：0.103～5.94 mg/L 样品数为 975 组，为总样品数的 48.3%；3.0×10^{-4}～0.1 mg/L 样品数为 837 组，为总样品数的 41.5%；检出限以下样品数为 207 组，为总样品数的 10.3%。

河南省浅层地下水锰含量＞0.1 mg/L 的区域大面积分布于东部平原区(华北平原、淮河平原)，小面积条带状分布于济源盆地、洛阳盆地、南阳盆地，分布总面积为 54 379 km^2。其中：华北平原及济源盆地为 13 157 km^2，占全省面积的 7.9%；淮河平原为 40 190 km^2，占全省面积的 24.1%；南阳盆地为 836 km^2，占全省面积的 0.5%；洛阳盆地为 196 km^2，占全省面积的 0.1%。

4 原生劣质水危害

在不受人类工程活动影响的情况下，地下水中氟化物(F)、碘化物(I)、砷(As)、铁(Fe)、锰(Mn)等组分及含盐量、硬度过高(或过低)，不能满足生活饮用水水质标准要求，称之为原生劣质水。河南省原生劣质地下水有高氟水(F 含量＞1.0 mg/L)、高碘水(I 含量＞0.08 mg/L)、低碘水(I 含量＜0.01 mg/L)、高砷水(As 含量＞0.01 mg/L)、高铁水(Fe 含量＞0.3 mg/L)、高锰水(Mn 含量＞0.1 mg/L)及高矿化度水、高硬度水。

(1) 高铁水危害

高铁地下水在从含水层被抽到地表的过程中,由于氧化还原环境、压力、不同层位的水混合等条件骤然变化,会在井管过滤器及附近地层发生铁的氧化物沉淀、矿化物等物质沉淀,导致出水量衰减,影响水井正常使用。长期饮用高铁地下水可引起人脏器内铁沉淀,使肝脏受损。

(2) 高锰水危害

锰是人体必需的微量元素,但人体摄入过量锰会引起中枢神经中毒,出现震颤麻痹症状。

据《环境化学毒物防治手册》资料:长期过量摄入锰主要损害锥体外系神经,可引起以苍白球为主的病变,包括尾状核、壳核、黑质网纹带、额顶叶皮质、丘脑、丘脑底核、红核甚至脊髓部分前角细胞的变性,导致慢性锰中毒。

(3) 高氟水危害

氟化物是人体必需的元素,各种组织均需要氟化物。人体每日氟化物摄入量1~1.5 mg,最多不能超过4 mg,过量摄入可产生氟中毒。

据《河南省地方性氟中毒防治研究概要》资料:地方性氟中毒主要侵犯骨骼系统,以氟斑牙和氟骨症为主。病情轻者牙釉质出现白垩、着色、缺损样改变,即所谓氟斑牙;重者可侵害骨骼,表现为全身关节疼痛、活动受限、骨骼变形,甚至发生瘫痪,即所谓氟骨症。

(4) 高碘水、低碘水危害

高碘地下水为水碘含量大于0.08 mg/L、低碘地下水为水碘含量小于0.01 mg/L。长期饮用高碘、低碘水均可引起甲状腺肿。

(5) 总硬度危害

饮用水的硬度对人类健康有着至关重要的作用。据流行病学调查显示,硬水对泌尿系统结石的形成有促进作用。另外,硬水可以与肥皂发生反应,减少泡沫的形成,降低洗涤效果。高硬度水在锅炉、热水管道易形成水垢,增加燃料消耗,降低热效率,堵塞管道。

5 人类活动对浅层地下水化学成分变化的影响

受人类工程活动的影响,河南省浅层地下水的化学组分含量有了较大的变化,以至于引起水化学类型的变化。

5.1 地下水化学类型趋于复杂化

水化学类型反映了地下水的总体特征,其变化直接反映了地下水环境的演化趋势。在自然状态下,地下水中阴离子以重碳酸根离子(HCO_3^-)、硫酸根离子(SO_4^{2-})、氯离子(Cl^-)为主。1985年,平原地区浅层地下水水化学类型主要为3种阴离子:重碳酸根离子(HCO_3^-)、硫酸根离子(SO_4^{2-})、氯离子(Cl^-),采用舒卡列夫分类法共有27种不同的水化学类型。本次采用近几年的水质测试资料,用舒卡列夫分类法共有37种水化学类型(表1)。此外,本次统计发现有4种硝酸盐(NO_3^-)型水,共有22处,为点状分布,说明浅层地下水中氮污染已相当严重。

表1 浅层地下水水化学类型统计表

	HCO_3	HCO_3+SO_4	HCO_3+SO_4+Cl	HCO_3+Cl	SO_4	SO_4+Cl	Cl
Ca	1	8	15	22	29	36	43
Ca+Mg	2	9	16	23	30	37	44
Mg	3	10	17*	24*	31	38*	45

表 1（续）

	HCO_3	HCO_3+SO_4	HCO_3+SO_4+Cl	HCO_3+Cl	SO_4	SO_4+Cl	Cl
Na+Ca	4	11	18	25	32	39	46
Na+Ca+Mg	5	12	19	26	33	40	47
Na+Mg	6	13	20	27	34	41	48
Na	7	14	21	28	35	42	49

注：① * 尚未发现的水化学类型；

② 有底纹数字表示本次统计存在的水化学类型，共 37 种。

由表 2 可知，2005 年与 1985 年相比，简单的重碳酸盐型水的分布面积减少了 9 437 km^2，其他复杂的水化学类型面积相应扩大，水化学类型也更加复杂。

表 2　1985、2005 年河南省浅层地下水水化学类型分布情况对比表

水化学类型	分布面积/km^2		2005 年与 1985 年相比/km^2
	1985 年	2005 年	
HCO_3-Ca	62 561	58 766	−3 795
HCO_3-Mg	68	12 369	+12 301
HCO_3-Na	24 394	6 451	−17 943
HCO_3,SO_4-Ca(Mg,Na)	8 902	4 783	−4 119
HCO_3,Cl-Ca(Mg,Na)	11 739	16 769	+5 030
HCO_3. SO_4. Cl-Na(Mg)	—	831	+831
HCO_3. Cl,SO_4-Ca(Mg,Na)	426	547	+121
SO_4-Ca(Mg,Na)	410	1 663	+1 253
Cl-Na(Mg,Ca)	—	4 515	+4 515
NO_3-Ca(CaMg,CaNa)	—	1 806	+1 806
合　计	108 500	108 500	

注："+"为增加，"−"为减少。

5.2　地下水的含盐量发生了变化

地下水含盐量的变化不只取决于地质环境条件，人为因素的影响同样不可忽视。浅层地下水含盐量的变化与人类工程活动紧密相关，其变化大致可分为两个阶段。

第一阶段：从 20 世纪 60 年代到 70 年代为水质淡化期。60 年代之前地下水开采量较小，水位埋深普遍较浅，80%以上的区域地下水位埋深小于 4 m，蒸发作用强，土壤盐碱化较为严重，地下水的补给、径流和排泄基本处于自然状态。60 年代初期，河南省大、中、小型水利工程全面铺开兴建，先后上马了三门峡、宿鸭湖、昭平台、白龟山、鸭河口、陆浑等大型水库。平原地区由于在河道中节节打坝拦蓄，开辟共产主义渠、东风渠、红旗渠、跃进渠等四大干渠大引大灌，造成地下水位迅速上升，豫北和豫东及沿黄地区出现大面积土壤盐碱化。1964 年，全省盐碱地面积达 79 万 hm^2，地下水的含盐量高，局部地段达 17.63 g/L。自 1965 年开始，全省大规模开展群众性的打井运动，治理盐碱化，井灌区域迅速扩展，地下水开采量增加，地下水水位迅速降低，豫北地区出现了水位降落漏斗，土壤盐碱化程度大大降低，水质逐渐淡化，含盐量降低，咸水分布面积缩小，淡水区域扩大。到 1985 年，咸水（含盐量>1.0 g/L）分布面积缩小到 12 784 km^2，其中含盐量>2.0 g/L 的咸水分布面积为 1 198 km^2。

第二阶段：从 20 世纪 80 年代以来为含盐量基本稳定或略有升高期。这一时期地下水开采量仍在逐渐增加，大部分地区浅层地下水埋深大于 4 m，一方面蒸发强度减弱，土壤淋滤作用增强，不利于土壤中盐分积累；但另一方面水位降低，有利于高含盐量废污水的渗入，造成浅层地下水污染而使含盐量升高。表 3 表明：2005 年与 1985 年相比，含盐量＜0.5 g/L 的面积减少了 9 121 km^2，而含盐量介于 0.5～1.0 g/L、1.0～2.0 g/L 及＞2.0 g/L 的面积则分别增加了 7 730 km^2、193 km^2、1 198 km^2。

从整个平原地区来讲，浅层地下水的含盐量基本稳定，部分地区有升高趋势。

表 3　1985、2005 年河南省浅层地下水含盐量变化情况对比表

含盐量/(g/L)	分布面积/km^2		2005 年与 1985 年相比/km^2	
	1985 年	2005 年		
＜0.5	58 112	48 991	−9 121	−1 391
0.5～1.0	37 604	45 334	+7 730	
1.0～2.0	11 586	11 779	+193	+1 391
＞2.0	1 198	2 396	+1 198	
合计	108 500	108 500		

注：“+”为增加，“−”为减少。

5.3　城市地下水环境变化

河南省有 17 个地级城市，其中以地下水作为供水水源(地下水供水占城市供水的 80%以上)的城市有洛阳、三门峡、濮阳、南阳、商丘等；以地下水供水为主(地下水供水占城市供水的 50%～80%)的城市有焦作、安阳、新乡、许昌、漯河等；地下水和地表水联合供水(地下水供水占城市供水的 20%～50%)的城市有郑州、开封、平顶山、周口、驻马店、鹤壁等；唯独信阳是地表水供水(地下水仅占 2%)的城市。其中焦作、鹤壁主要开采岩溶水，平顶山开采岩溶水与松散岩类孔隙水相结合，其他城市则主要开采松散岩类孔隙水。在开采松散岩类孔隙水的城市中，洛阳、安阳、濮阳、三门峡、平顶山、信阳等城市以开采浅层地下水为主，郑州、新乡、开封、商丘、许昌、漯河、周口、驻马店、南阳等城市是浅、中、深层地下水同时开采，且以浅层地下水开采量为最多。开采利用地下水最多的是洛阳市，每年在 2×10^8 m^3以上，其次为安阳、濮阳、焦作等市，开采量在 1×10^8 m^3/a 以上，新乡、郑州、开封、平顶山、南阳等市开采量在 0.5×10^8 m^3/a 以上。信阳、驻马店两市开发利用地下水量在 0.1×10^8 m^3/a 以下。城市地下水环境存在的突出问题，一是水位持续下降，部分地段含水层疏干，尤其是深层地下水水位大幅度下降，致使局部发生地面沉降；二是水质受到污染。针对地下水位大幅度下降问题，有些城市自 2003 年以来，采取了寻找其他水源地和封井等措施，限量开采地下水，使局部地段地下水位得以回升，但有些城市的地下水水位仍处于持续下降状态。截至 2013 年，除信阳、洛阳两市之外的其余 15 个地级市均存在浅层地下水位降落漏斗，面积从数平方公里到 100 多平方公里不等；部分城市的深层地下水能够自流的原始状态发生了改变，郑州、漯河、周口、驻马店、南阳等市已经形成深层地下水位降落漏斗[8]。

5.4　地下水污染原因分析

(1) 工业“三废”、生活污水排放分析

据统计，河南省的工业“三废”排放总量呈逐年递增趋势。其中，工业废水排放量 1965 年为 4.9×10^8 m^3，1985 年为 12.8×10^8 m^3，2010 年为 15.0×10^8 m^3；工业废气中的二氧化硫排放量由

1990 年的 49×10^4 t 增加到 2005 年的 162×10^4 t；工业固体废物产生量由 1990 年的 2 039×10^4 t 增加到 2013 年的 16 270×10^4 t，23 年增加了 698%。随着城市化进程的加快，城镇人口急剧膨胀，生活污水排放量也持续增长。

（2）农药、化肥施用量分析

河南省农药、化肥的施用量呈逐渐增加趋势。其中，全省化肥施用量（折纯量）1978 年为 52.54×10^4 t，2014 年增加到 705.75×10^4 t，36 年间增加了 1 243%。农药施用量 1990 年为 3.31×10^4 t，2014 年增加到 12.99×10^4 t，24 年间增加了 292%。目前，农药使用量为 1.5 kg/hm^2，以有机磷类、聚酯类农药为主；农用化肥使用量为 3 578 kg/ hm^2，氮、磷、钾施用比例为 1∶0.50∶0.27，氮肥充足，部分地区用量偏高，钾肥不足。农用塑料薄膜的使用量 1990 年为 2.75×10^4 t，2014 年增加到 16.35×10^4 t，24 年间增加了 495%。

农业面污染源对环境的影响不可轻视，农药、化肥大量使用，污染土壤、地表水体及地下水，将改变地下水的化学类型、含盐量及其他组分的含量。

（3）矿业开发过程中废水、废渣、废石的排放量分析

河南省是矿业大省，据 2003 年《河南省矿山地质环境调查与评估报告》，全省矿坑水年产出量 4.68×10^8 m^3，年排放量 3.76×10^8 m^3；废石、废渣年产出量 3 155.92×10^4 t，年排放量 2 043.62×10^4 t，累计积存量 27 526.37×10^4 t；各矿山企业采矿场占地 9 079.67 hm^2、固体废料场占地 1 703.93 hm^2、尾矿库占地 721.99 hm^2。

6 结论

河南省浅层地下水水化学类型划分为含盐量≤0.5 g/L 重碳酸盐型为主的淡水、含盐量介于 0.5～1.0 g/L 重碳酸盐型为主的淡水、含盐量介于 1.0～3.0 g/L 重碳酸-硫酸盐型为主的微咸水、含盐量介于 3.0～5.0 g/L 硫酸盐型与硫酸盐-氯化物型咸水、含盐量介于 5.0～10.0 g/L 硫酸盐-氯化物型咸水等 5 大类，主要的水化学类型为含盐量≤0.5 g/L 重碳酸盐型为主的淡水和含盐量介于 0.5～1.0 g/L 重碳酸盐型为主的淡水，合计分布面积为 148 381 km^2，占全省面积的 88.85%。浅层地下水 pH 值区间为 3.2～12.69，99.34% 为Ⅰ类水；浅层地下水的水温一般为 15～18 ℃，绝大部分地区的水温在 17 ℃左右。

河南省浅层地下水典型微量元素主要指氟化物、碘化物、砷、铁、锰，全省高氟、低碘、高铁和高锰地下水的分布面积广泛，为主要的原生劣质水类型。高氟水主要分布于黄河冲积平原区，低碘水主要分布于山区、山间盆地的全部及近山前岗地区，高铁水主要分布于黄河冲积平原区，高锰水主要分布于黄河冲积平原区和淮河冲积平原区；高碘、高砷地下水也主要分布于黄河冲积平原区，但分布面积较小。

参 考 文 献

[1] 罗文金，李自涛，贾秀阁，等. 1∶50 万河南省地下水环境图说明书[Z]. 河南省地质调查院，2015.
[2] 魏秀琴，杨新梅，豆敬峰，等. 河南省地下水环境调查与评价[R]. 河南省地质环境监测院，2006.
[3] 张连胜，仝长水，王瑞龙，等. 河南地下水污染调查评价（华北平原）成果报告[R]. 河南省地质调查院，2011.
[4] 王献坤，杨小双，刘海风，等. 河南平原地区地下水污染调查评价（淮河流域）成果报告[R]. 河南省地质调查院，2010.
[5] 胡永华，王志坤，付巧玲，等. 河南省黄淮平原经济区多目标区域地球化学调查报告[R]. 河南省地质调查院，2008.
[6] 刘玉梓，朱中道，陈光宇，等. 河南省区域环境地质调查报告[R]. 河南省地勘局第一地质工程院，河南省地质环境监测总站，2001.

[7] 左正金,王献坤,王付军,等.淮河流域(河南段)环境地质调查报告[R].河南省地质调查院,2007.
[8] 陈光宇,焦红军,闫震鹏,等.河南省主要城市环境地质调查评价报告[R].河南省地质调查院,2009.

河南省山水林田湖草生态现状及修复方向研究

陈　阳，王继华，张文培，李屹田

（河南省自然资源监测院/河南省地质灾害防治重点实验室/

黄河流域中下游水土资源保护与修复重点实验室，河南 郑州　450016）

摘　要：生态现状及修复研究是开展山水林田湖草生态修复的一项基础性工作，是实现对生态系统管理和保护动态监测的重要环节。本文针对河南省不同区域差异化的生态环境现状及修复方向进行研究，以生态环境问题为导向，将全省国土空间生态修复划分为南太行地区、伏牛山地区、桐柏山-大别山地区、黄河中游地区、丹江-唐白河流域、黄河下游地区和黄淮平原地区等7个修复分区，识别各个分区的主要生态问题，按照山水林田湖草生态系统理论，提出了生态修复的主攻方向，为下一步谋划和部署全省国土空间生态修复重大工程和重点项目提供基础支撑。

关键词：山水林田湖草；生态环境问题；生态修复；主攻方向

引言

河南省是我国重要的矿产资源大省，矿产资源经济在全省经济社会发展中具有重要地位。矿产资源多储藏在地下水水层以下，在大量开采后，极易导致地表塌陷及地面沉降、地下水位下降等现象，一些地质条件复杂及生态环境脆弱地区，地形地貌景观破坏较为严重，生态环境遭到破坏。这不仅对当地居民的生产生活造成不良影响，也对区域经济和社会可持续发展带来较大威胁。因此，科学开展生态现状及修复方向研究，是开展山水林田湖草生态修复的一项基础性工作，对谋划生态修复项目、实施生态保护与修复起到决定性作用[1]。

1　研究区基本概况

河南省地处我国中部腹地、黄河中下游，承东启西、连南贯北，界于北纬31°23′～36°22′和东经110°21′～116°39′之间。全省总面积16.7万km^2，地势西高东低，北、西、南三面太行山、伏牛山、桐柏山、大别山沿省界呈半环形分布，中东部为黄淮海冲积平原，西南部为南阳盆地。全省大部分地处暖温带，南部跨亚热带，属北亚热带向暖温带过渡的大陆性季风气候，有丰富的矿产资源。河南省是我国重要的矿产资源大省，是国家战略水源地——南水北调中线工程源头所在地，也是国家重要的粮食生产和现代农业基地，更是全国综合交通运输网络的重要枢纽，区位优越。

2　研究区总体布局

针对河南省生态环境现状及突出环境问题，结合区域主导生态服务功能，按照山水林田湖草生

作者简介：陈阳，男，1988年生。硕士，工程师，主要从事地质环境、生态环境调查、评价及监测等方面工作。

态系统保护修复系统性和关联性的要求，构建全省“一带三屏三廊多点”的生态安全格局(图 1)，以延伸治理区域为支撑，着力打造太行山、伏牛山、桐柏山-大别山三大生态屏障，建设沿黄河、淮河、大运河及明清黄河故道、南水北调中线沿岸水源涵养带，发展黄淮海平原生态农业主产区。

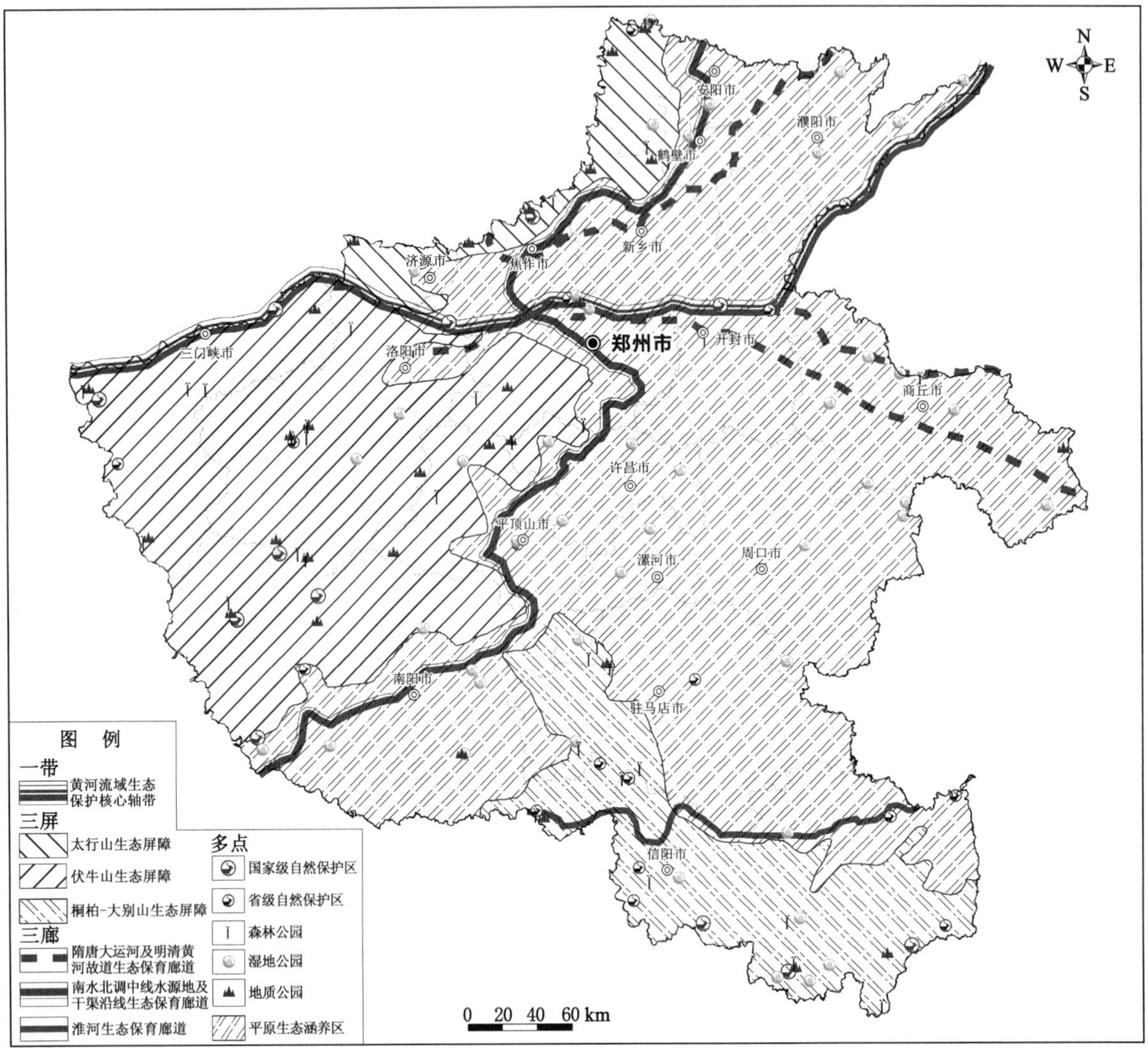

图 1　河南省生态安全格局图

3　生态修复分区及主要生态环境问题

3.1　生态修复分区

根据河南省生态环境敏感性、生态功能的重要性，依据《全国主体功能区规划纲要》《河南省主体功能区规划》《河南省生态功能区划图》等相关资料，以全省重要流域、山脉生态系统的整体性和连通性为基础，结合不同区域生态系统主导功能和突出问题，以县(区)级行政区划为基本单元，将全省划分为南太行地区、伏牛山地区、桐柏山-大别山地区、黄河中游地区、丹江-唐白河流域、黄河下游地区、黄淮平原等 7 个生态修复分区(图 2)。在对各片区进行山水林田湖草生态现状调查的基础上，对全省重点生态环境问题和主要区域生态环境问题进行诊断，识别区域主要生态环境特征[2]，形成全省山水林田湖草生态问题汇总图(图 3)。

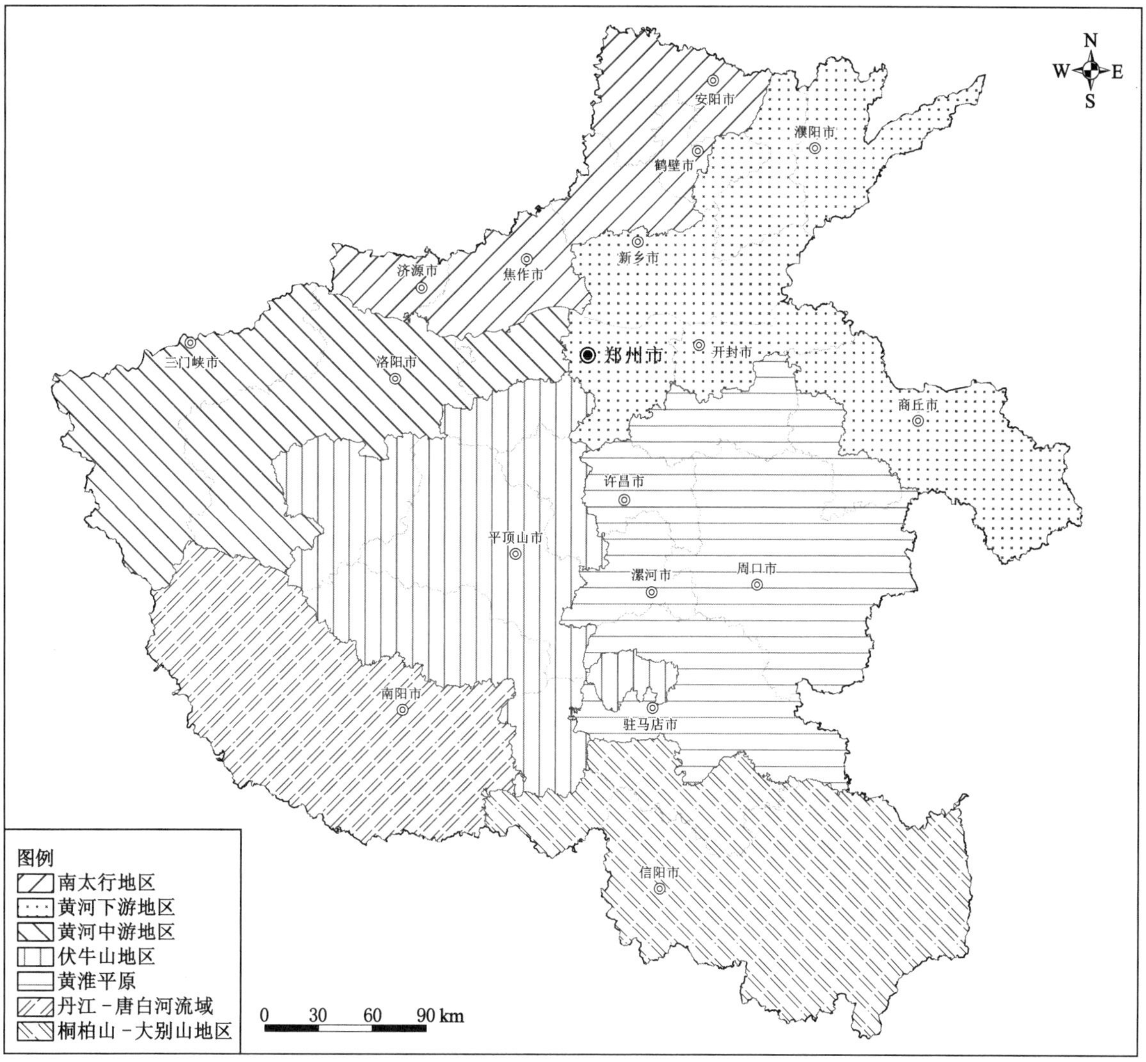

图 2　河南省山水林田湖草生态保护修复片区区划图

3.2　各片区主要生态环境问题

3.2.1　南太行地区主要生态环境问题

本区域位于河南省西北部，区域范围包括安阳、鹤壁、新乡、焦作、济源等 5 市 25 个县(市、区)，总面积约 14 157.54 km^2。本区属于太行山生物多样性优先区、南太行省级重点生态功能区，具有重要的水源涵养与水土保持功能[3]。区内水生态和矿山环境问题较为突出，森林生态系统质量不高，局部水土保持能力较差。生态环境问题主要体现在局部地下水质量较差，安阳市安阳县、汤阴县，新乡市辉县、卫辉市，以及焦作市武陟县、博爱县、沁阳县仍存在Ⅳ～Ⅴ类地下水；森林生态系统结构单一，中幼林面积占比大；截至 2020 年，区内仍有水土流失面积约 2 249.56 km^2，占河南省水土流失总面积的 10.58%；有矿山生态环境破坏面积 128.01 km^2，约占河南省矿山生态环境破坏总面积的 23.65%；共有地质灾害隐患点 482 处。

3.2.2　伏牛山地区主要生态环境问题

本区域位于河南省中南部，涉及郑州、洛阳、许昌、南阳、平顶山、驻马店等 6 市 20 个县(市、区)，总面积为 25 747.36 km^2。本区属于秦岭生物多样性保护优先区、伏牛山省级重点生态功能

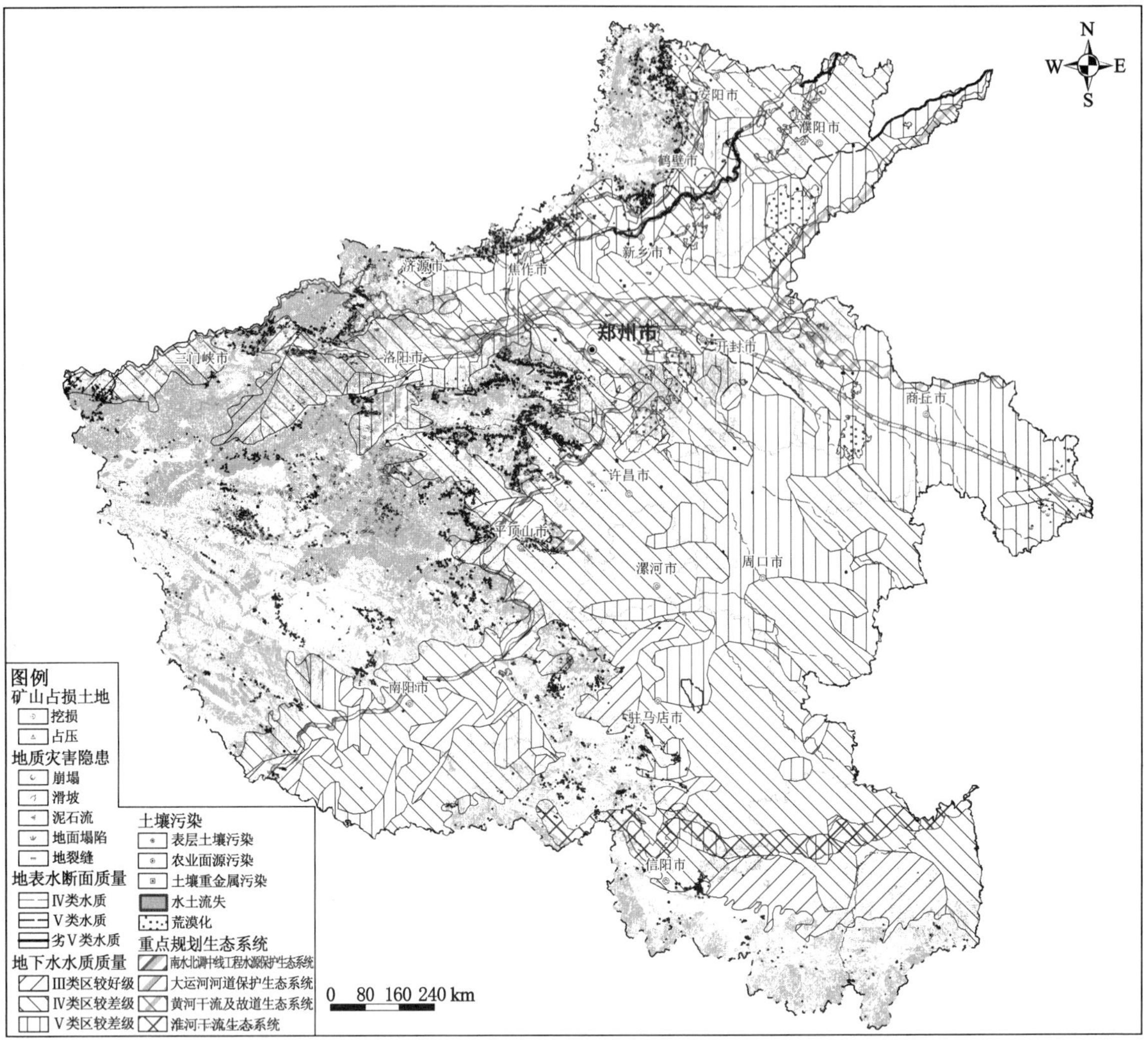

图 3　河南省山水林田湖草生态环境问题汇总图

区，具有重要的生物多样性维护功能。区内生态系统十分敏感脆弱，受气候变化和人类活动共同影响，区域生物多样性受威胁严重，是全省水土流失、矿山生态环境破坏较严重的地区之一，局部存在地下水超采、污染等问题。生态环境问题主要体现在外来物种入侵情况较为严重，部分珍稀物种数量呈下降趋势甚至濒临灭绝的边缘；截至2020年，区域内仍有水土流失面积6 236.41 km^2，占全省水土流失总面积的29.34%，尤其是嵩县、鲁山县、南召县、汝阳县较为严重；有矿山生态环境破坏面积185.89 km^2，约占全省矿山生态环境破坏总面积的46.57%；共有地质灾害隐患点729处；地下水质量总体较差，Ⅳ类、Ⅴ类地下水约占片区面积的71%；区域内仍有地下水超采区面积7 245.34 km^2。

3.2.3　桐柏山-大别山地区主要生态环境问题

本区域位于河南省南部，涉及信阳、驻马店和南阳3市13个县(市、区)，总面积约24 447.1 km^2。本区属于大别山生物多样性优先区、大别山土壤侵蚀防治国家级重点生态功能区及大别山水土保持省级重点生态功能区，具有重要的水源涵养和水土保持功能。区内生态系统较为敏感脆弱，森林生态系统质量与功能偏低，生物多样性受威胁严重，局部仍面临地下水污染、矿山生态环境破坏、水土流失等生态环境问题。区内森林蓄积量为61.95 m^3/hm^2，低于全国平均水平；

林分质量不高，纯林较多，混交林少，占比仅25%左右；林龄结构不合理，中幼龄林占比高达83.67%。生物多样性受威胁严重，自然保护区基础设施不完善，重要珍稀濒危物种栖息地得不到有效保护。浉河、潢河等河流水质仍然较差，息县、潢川、固始、确山县仍存在Ⅳ～Ⅴ类地下水；截至2020年，区域内仍有水土流失面积2 349.02 km^2，占全省水土流失总面积的11.05%；有矿山生态环境破坏面积46.07 km^2，尤其是新县、商城县较为严重；共有地质灾害隐患点290处。

3.2.4 黄河中游地区主要生态环境问题

本区域位于河南省西北部，黄河流域中游右岸，涉及三门峡、洛阳、郑州3市23个县(市、区)，总面积22 888.33 km^2。本区属于秦岭生物多样性优先区，具有重要的水源涵养与水土保持功能。区内生态系统较为敏感脆弱，受人类长期开发建设活动影响，水土流失、矿山生态环境破坏及地质灾害等问题较为严重，局部仍存在水土污染等生态环境问题。截至2020年，区域内仍有水土流失面积6 495.88 km^2，占全省水土流失总面积的30.56%，灵宝市、洛宁县、卢氏县等地较为严重；有矿山生态环境破坏面积133.21 km^2，约占河南省矿山生态环境破坏总面积的24.61%；共有地质灾害隐患点980处；涧河、阳平河地表水水质较差，局部河流水系连通性受阻，黄河干流南岸、伊洛河中下游两岸地下水仍为Ⅳ～Ⅴ类；局部存在土壤污染，主要位于灵宝市西北部和巩义市南部、陕州区中西部、洛阳市南部、伊川县西南和荥阳市中部。

3.2.5 丹江-唐白河流域主要生态环境问题

本区域位于河南省西南部，涉及南阳市西峡县、淅川县、内乡县、镇平县、邓州市、卧龙区、新野县、宛城区、社旗县、唐河县等10个县(市、区)，总面积19 128.78 km^2。区内丹江口水库是南水北调中线水源地、国家一级水源保护区，具有重要的水源涵养功能，肩负华北地区水生态安全保障的重任。区内受自然条件变化和人类活动共同影响，丹江库区周边水土流失、石漠化、历史遗留矿山问题较突出，水源涵养能力明显下降，严重威胁区域水生态环境安全；此外，区内森林资源结构不合理，生物多样性受威胁。截至2020年，区内仍有水土流失面积2 144.85 km^2，占全省水土流失总面积的10.09%，中度以上水土流失主要分布于丹江库区周边；有矿山生态环境破坏面积32.41 km^2，尤其是南水北调中线干渠沿线仍遗留大量采石场；需治理石漠化面积278.54 km^2，主要分布在淅川县、内乡县；大多数季节性河流非汛期生态径流难以保障，河流水系连通性下降；森林资源结构不合理，以栎类为主的阔叶用材林占80%，生态防护林仅占8.6%；动植物生存环境受到侵扰破坏，部分物种呈下降趋势。

3.2.6 黄河下游地区主要生态环境问题

本区域位于河南省东北部，地处黄河下游，涉及郑州、新乡、开封、商丘、濮阳、安阳、鹤壁等7市38县(市、区)，总面积约28 850.88 km^2。本区是全省中部地区重要的生态涵养区，具有重要的水源涵养与农产品供给功能。受长期农业生产等人类活动影响，区内流域水生态环境问题十分突出，土地退化与土壤污染严重，局部仍有水土流失、土地沙化、矿山生态环境破坏等问题。截至2020年底，仍有水土流失面积1 251.29 km^2，占全省水土流失总面积的5.88%，其中轻度以上水土流失面积267.87 km^2；区内农田防护林、生态廊道林木结构不合理，幼中龄林比重大；土壤沙化较为严重，黄河故道区分布有沙地780.67 km^2、沙化耕地2 978.2 km^2。

3.2.7 黄淮平原主要生态环境问题

本区域属于河南中东部核心区，涉及开封、许昌、漯河、商丘、周口、驻马店等6市30个县(市、区)，总面积约30 666.84 km^2。本区属于河南省的平原生态涵养区，具有重要的水源涵养及农产品供给功能。区内水生态环境、农业面源污染等问题较为突出，具体体现在局部耕地质量偏低、森林生态防护功能不强、水土流失等方面。截至2020年底，区内涡河、惠济河、汝河水质仍较差，开封市、漯河市、驻马店市、周口市仍存在Ⅳ～Ⅴ类地下水；区内农业面源污染问题突出，受化肥、农药不合理使用等影响,耕地板结、土壤酸化、地力下降;畜禽养殖污染严重;区内人工林树种结构单一,80%以上为杨树,病虫害多发;仍有水土流失面积 526.07 m^2,主要分布于尉氏县、通许县、杞县。

4 生态修复主攻方向研究

针对划定的河南省 7 个修复分区,以生态问题为导向,按照山水林田湖草生态系统理论,研究提出各分区生态修复的主攻方向,为生态保护修复工作有序开展提供依据[4]。

(1)南太行地区:以改善流域水生态环境质量,提升森林、湿地等重要生态保护系统功能为导向,立足太行山生物多样性优先区、南太行省级重点生态功能区,重点加强森林、湿地生态系统保护,开展动植物生境修复;实施低质低效林提升、湿地保护修复和生态廊道建设等工程;采取清洁小流域、河道整治等措施开展水生态环境综合治理,推进矿山生态修复和土地整治,进一步增强区域水源涵养与水土保持功能,提高区域生物多样性。

(2)伏牛山地区:以维护和提升区域生物多样性为导向,以自然恢复为主,辅以人工修复措施,立足秦岭生物多样性保护优先区、伏牛山省级重点生态功能区,重点加强重要珍稀濒危物种及其栖息地保护,完善自然保护地建设管理;加快推进实施低山丘陵区水土流失治理、矿山生态修复、水生态环境综合治理工程,不断提升区域生态系统稳定性与服务功能。

(3)桐柏山-大别山地区:以推动森林、河流、湿地生态系统功能恢复为导向,立足大别山土壤侵蚀防治国家级重点生态功能区、大别山水土保持省级重点生态功能区,重点加强森林、湿地生态保护修复,严守生态保护红线,强化自然保护地管护能力建设,切实加强濒危动物及栖息地保护;加大水土流失治理力度,科学开展以小流域为单元的水土流失治理、水环境治理、矿山恢复治理、土地综合整治等工程,进一步增强区域水源涵养、水土保持等生态稳定性与服务功能。

(4)黄河中游地区:以提升水源涵养与水土保持功能为导向,立足黄河重点生态区,落实黄河流域生态保护和高质量发展战略;以小流域为单元,采取退耕还林、水土保持林建设、坡耕地改造、沟道治理等综合措施,加快推进黄河中游右岸干支流水土流失综合治理;稳步开展历史遗留废弃矿山生态修复、水生态环境综合治理、土壤污染治理等,修复受损森林、河湖、湿地生态系统,逐步恢复、提升黄河流域水系生态廊道功能。

(5)丹江-唐白河流域:以推动生态系统自然保护恢复为导向,立足丹江-唐白河流域水源涵养生态功能定位,加强丹江库区周边森林、河湖、湿地生态系统保护修复,实施森林质量精准提升、河湖和湿地修复、水土流失与石漠化综合治理、矿山生态修复等工程;进一步增强区域水源涵养、水土保持功能,逐步提升河湖、湿地生态系统稳定性和连通性,恢复丹江流域水系生态廊道功能;实施生物多样性保护,深入推进生物多样性本底调查,建立并完善就地保护体系与重要生物种质资源库。

(6)黄河下游地区:以改善区域水生态环境质量、提升黄河流域下游水系生态廊道功能为导向,重点加强下游水生态环境综合治理修复,持续推进河道治理、河湖水系联通、生态补水、湿地保护修复、河岸防护林建设等工程,有序实施水土流失与土地沙化治理、矿山生态修复治理;推进滩区土地综合整治、高标准农田建设、土地复垦等,强化农业污染防控,巩固完善提高农田防护林、防风固沙林,提升黄河下游生态廊道稳定性与水源涵养功能,持续改善区域生态质量。

(7)黄淮平原:以改善提升区域生态环境质量为导向,聚焦区内土地资源利用、水生态环境、农业面源污染等突出问题,重点加强水生态环境治理、土地综合整治与农业面源污染治理,开展高标准农田建设,保护恢复耕地地力,推进化肥农药减量增效,降低污染来源;加强平原地区国土绿化,实施人工林改造提质工程,建设农田防护林、防风固沙林,提升黄淮平原生态产品供给能力,改善区域人居环境,保障粮食生产能力。

5 结语

通过对河南省生态环境现状和生态环境突出问题的研究，以“一带三屏三廊多点”为总体布局，结合不同区域生态系统主导功能，以县（区）级行政区划为基本单元，将全省划分为南太行地区、伏牛山地区、桐柏山-大别山地区、黄河中游地区、丹江-唐白河流域、黄河下游地区、黄淮平原地区等7个生态修复分区，有序开展山水林田湖草沙整体保护、系统修复、综合治理[5]；强化问题导向、目标导向，明确生态修复的主攻方向，探索形成具有较强示范性的山水林田湖草生态保护修复模式，为下一步谋划和部署全省国土空间生态修复重大工程和重点项目提供基础支撑，为生态强省建设提供有力抓手。

参考文献

[1] 邹长新，王燕，王文林，等. 山水林田湖草系统原理与生态保护修复研究[J]. 生态与农村环境学报，2018，34(11)：961-967.

[2] 张佳宁，王金满，张敏，等. 井工煤矿区生态环境系统受损评价[J]. 生态学杂志，2020，39(12)：4157-4164.

[3] 河南省财政厅，河南省自然资源厅，河南省生态环境厅. 河南省南太行地区山水林田湖草生态保护修复工程实施方案[R]. 2019.

[4] 河南省自然资源监测院. 河南省山水林田湖草生态保护修复规划本底调查报告[R]. 2020.

[5] 王夏晖，何军，饶胜，等. 山水林田湖草生态保护修复思路与实践[J]. 环境保护，2018，46(增刊)：17-20.

河南某产业集聚区浅层地下水水质调查与质量评价

王小娟[1,4],刘沙沙[2,4],唐 辉[1,4],郭 林[1,4],张 栋[1,4],唐金平[3]

(1. 河南省地质调查院,河南 郑州 450001;2. 河南省地质科学研究所,河南 郑州 450001;
3. 中国地质大学,湖北 武汉 430074;4. 河南省地下水污染防治与修复重点实验室,河南 郑州 450001)

摘 要:开展河南某产业集聚区浅层地下水水质调查与质量评价,为该区开展土壤和地下水资源保护,合理开发利用地下水资源提供理论依据。本研究采集18组浅层地下水样,利用单指标评价法和地下水综合质量评价法,分析包括一般化学指标和毒理学指标的60项(31项常规指标+28项非常规指标+石油烃)指标,对研究区浅层地下水水质进行调查与质量评价。结果显示,研究区浅层地下水污染主要为企业废水的弱处理或不规范排放及氮肥的长期使用引起的点源污染,污染指标主要有硝酸盐(超标倍数1.19)、总硬度(超标倍数0.18)、溶解性总固体(超标倍数0.08)、耗氧量(超标倍数0.30)、亚硝酸盐(超标倍数2.08)、铅(超标倍数0.32~3.59)等。地下水质量总体一般,局部地区有一定污染。

关键词:浅层地下水;水质;质量评价;产业集聚区

引言

当前,产业集聚区已成为我国工业发展的主要形态,在国民经济中扮演着重要角色。由于各地区产业集聚区/产业园区建设情况不一,排放基数大、风险高,生态环境问题严峻。工厂污染废水排放、工业原料的非正常泄漏以及生产过程中"跑、冒、滴、漏"等原因,大量的有毒有害物质进入地下水,使产业集聚区/产业园区成为高污染区和高风险区。河南某产业集聚区是河南省180个产业集聚区之一,是外资企业、工业企业和出口加工企业的聚集地,面积为105.63 km^2。该产业集聚区是以汽车制造业、化学原料和化学制品制造业为主导产业,涉及专用设备制造业及少量医药制造业、非金属矿物制品业、计算机、通信和其他电子设备制造业、电气机械和器材制造业等其他行业。区内行业类型多样,原辅材料、产品多种,生产工艺复杂,有毒有害物质众多等,其污染风险性高,隐蔽性强,危害性大,对地下水环境和人类健康存在巨大威胁。但搜索资料发现,关于该产业集聚区地下水污染状况的调查鲜有报道,地下水污染情况未知。结合近几年来国家对地下水环境质量的重视,《水污染防治行动计划》(水十条)的颁布,发现产业集聚区地下水污染现象普遍,例如:王卓等[1]对贵阳市清镇工业园区地下水水质进行评价,发现研究区水质存在污染;张建伟[2]研究发现,德阳市某工业园区地下水中总硬度、氨氮、耗氧量等检测指标严重超标;饶磊等[3]对重庆某工业园区地下水水质进行模拟,认为20年后COD和氨氮污染物的影响范围将超出园区进入长江。因此,本文拟通过开展河南某产业集聚区地下水环

基金项目:郑州市生态环境局"郑州市中心城区地下水环境质量调查评估项目"(编号:DDYHT-2020-0125);河南省地矿局"土壤-地下水铅污染协同修复技术研究"科研项目(编号:豫地矿文〔2021〕12号)。

作者简介:王小娟,女,1987年生。硕士,工程师,主要从事地下水污染防治研究。

境状况调查，采用单指标评价法和地下水综合质量评价法，查明地下水污染状况，为后期该产业集聚区建设、污染修复与治理提供科学依据。

1 研究区概况

研究区属温带半干旱气候，平均气温为 14.25～14.30 ℃，降水多集中在 7～9 月，年际降水量变化大，最大降水量为 1 070.6 mm，最小降水量为 372.0 mm。地表水同地下水紧密相连，区内西有七里河，东有潮河、南干渠，七里河、潮河均属贾鲁河支流，为雨季区内地表水的主要排泄途径，也是沿河农田灌溉取水的重要水源。地貌主要为黄河冲积平原泛流平地，地形较平坦，相对高度一般为 5～10 m。地表出露第四纪全新世地层，地表岩性为粉土，包气带岩性以粉砂、粉土为主，含水层岩性为粉砂、细砂。研究区地下水类型主要为松散岩类孔隙水，水位埋深为 8～22 m，水流方向由西南至东北。根据研究区含水层埋藏深度、岩性特征及开采现状将其划分为 4 个含水层：① 浅层含水层；② 中深层含水层；③ 深层含水层；④ 超深层含水层。本次以浅层含水层水质研究为主，该层水的矿化度为 0.7～0.9 g/L，总硬度（以 $CaCO_3$ 含量计）为 232～410 mg/L，pH 值为 7.3～7.8，水化学类型为 HCO_3-Ca 型水。浅层含水层埋藏浅，渗透性强，直接接受大气降水及灌溉回水的补给，补给条件好，但易于遭受污染，蒸发作用微弱，农业灌溉用水和人、畜用水及水平径流是其主要排泄方式。

2 数据来源与方法

2.1 数据来源

根据研究区平面位置、工业企业分布，依托地质资料，结合地下水类型、地下水流向，本文选取了 18 个地下水监测井为水样采集点，其中 5 个分布于工业企业内部，另外 13 个兼顾均匀性多分布于绿化区域（图 1）。采样时间为 2020 年 10 月，枯水期，采样计划制订、采样设备选择、样品采集方法、样品保存与送检、实验室分析测试等均严格按照《地下水质量标准》（GB/T 14848—2017）中推荐的方法执行，保证了数据的科学性、准确性。本次采样充分考虑了研究区水文地质条件、污染源分布状况，采样点分布合理，基本涵盖了研究区的主要行业类别及环境敏感点，可以代表研究区域浅层地下水整体的水质状况。本次研究评估特别注重样品野外采集质量控制和室内测试质量控制，选择具有国家计量认证的实验室进行水样的分析测定。

2.2 评价因子、标准及方法

2.2.1 评价因子与标准

依据《地下水质量标准》（GB/T 14848—2017）和《地下水环境状况调查评价工作指南》（环办土壤函〔2019〕770 号）要求以及研究区的实际情况，共选取 60 项检测指标，其中 31 项常规评价因子为：pH、总硬度、溶解性总固体、硫酸盐、氯化物、铁、锰、铜、锌、铝、挥发性酚类、阴离子表面活性剂、耗氧量、氨氮、硫化物、钠、亚硝酸盐、硝酸盐、氰化物、氟化物、碘化物、汞、砷、硒、镉、铬（六价）、铅、三氯甲烷、四氯化碳、苯、甲苯；28 项非常规评价因子为：铍、硼、锑、镍、钴、钼、钒、铊、1,1,1-三氯乙烷、1,1,2-三氯乙烷、三氯乙烯、四氯乙烯、氯苯、邻二氯苯、对二氯苯、三氯苯（总量）、乙苯、二甲苯（总量）、苯乙烯、2,4-二硝基甲苯、2,6-二硝基甲苯、萘、苯并[a]芘、多氯联苯（总量）、滴滴涕（总量）、毒死蜱、百菌清、莠去津；1 项特殊评价因子为：总石油烃。

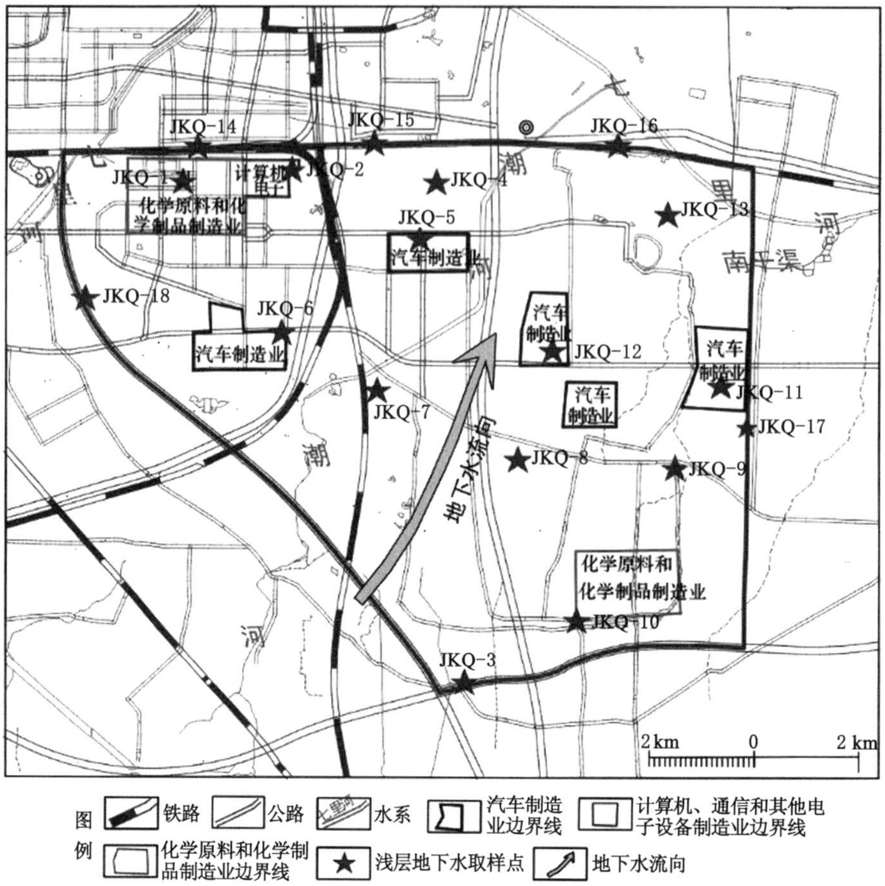

图1　研究区浅层地下水采样点分布图

2.2.2　评价方法

（1）单指标评价

对照《地下水质量标准》(GB/T 14848—2017)中指标限值(Ⅲ级)，将测试指标与Ⅲ级限值对照进行评价，得出地下水水质初步评价。同时按指标值所在的限值范围确定地下水质量类别，指标限值相同时，从优不从劣。

（2）地下水质量综合评价

鉴于单指标评价法凸显某个指标对地下水水质评价的影响情况，评价比较单一、片面，整体水质情况容易受污染最严重的指标因素影响，因此采用综合评价法对地下水质量进行综合评价[3]，即按单指标评价结果的最差类别确定，并指出最高类别的指标。

3　结果分析

3.1　监测结果

对河南某产业集聚区18组浅层地下水样的测试结果进行统计分析，见表1。根据检测结果，本次18组地下水样品的60项检测指标中，检出率为100%的检测因子有17项：pH、总硬度、溶解性总固体、硫酸盐、氯化物、铜、锌、耗氧量、钠、硝酸盐、砷、铅、锑、镍、钴、钼、钒等；未检出的检测因子有31项：挥发性酚类、阴离子表面活性剂、硫化物、氰化物、碘化物、汞、三氯甲烷、四氯甲烷、苯、甲苯、铍、1,1,1-三氯乙烷、1,1,2-三氯乙烷、三氯乙烯、四氯乙烯、氯苯、邻二氯苯、对二氯苯、三氯苯(总量)、乙苯、二甲苯(总量)、苯乙烯、2,4-二硝基甲苯、2,6-二硝基甲苯、萘、苯并[a]芘、多氯联苯(总量)、滴滴涕(总量)、毒死蜱、百菌清、莠去津等。

表1　研究区浅层地下水水质检测结果统计表

序号	监测项目	最小值/(mg/L)	最大值/(mg/L)	平均值/(mg/L)	标准差	检出率/%	超标情况/%	地下水质量标准(Ⅲ级)
1	pH*	6.98	8.32	7.85	0.39	100.00	0.00	6.5≤pH≤8.5
2	总硬度(以 $CaCO_3$ 计)	153.1	532.7	311.5	82.1	100.00	一组	450
3	溶解性总固体	240	1 080	523	176	100.00	一组	1000
4	硫酸盐	11.44	158.29	57.22	38.42	100.00	0.00	250
5	氯化物	6.23	97.51	29.60	22.48	100.00	0.00	250
6	铁	ND**	ND	ND	0	0.00	0.00	0.3
7	锰	ND	0.0848	0.0188	0.022	66.67	0.00	0.1
8	铜	0.000 97	0.028 00	0.004 53	0.006 49	100.00	0.00	1
9	锌	0.004 62	0.155 90	0.027 15	0.036 81	100.00	0.00	1
10	铝	ND	0.156	0.059	0.056	61.11	0.00	0.2
11	挥发性酚类(以苯酚计)	ND	ND	ND	0	0.00	0.00	0.002
12	阴离子表面活性剂	ND	ND	ND	0	0.00	0.00	0.3
13	耗氧量(CODMn 法,以 O_2 计)	0.29	3.89	0.80	0.82	100.00	一组	3
14	氨氮(以 N 计)	ND	0.283	0.030	0.067	38.89	0.00	0.5
15	硫化物	ND	ND	ND	0	0.00	0.00	0.02
16	钠	10.547	70.597	27.479	14.813	100.00	0.00	200
17	亚硝酸盐(以 N 计)	ND	3.08	0.175	0.725	11.11	一组	1
18	硝酸盐(以 N 计)	0.15	43.87	6.87	10.33	100.00	一组	20
19	氰化物	ND	ND	ND	0	0.00	0.00	0.05
20	氟化物	ND	0.7	0.3	0.2	94.44	0.00	1
21	碘化物	ND	ND	ND	0	0.00	0.00	0.08
22	汞	ND	ND	ND	0	0.00	0.00	0.001
23	砷	0.001 5	0.004 0	0.002 6	0.000 7	100.00	0.00	0.01
24	硒	ND	0.006 4	0.000 4	0.001 5	16.67	0.00	0.01
25	镉	ND	0.000 55	0.000 08	0.000 16	27.78	0.00	0.005
26	铬(六价)	ND	ND	ND	0	0.00	0.00	0.05
27	铅	0.000 09	0.045 91	0.004 84	0.010 65	100.00	一组	0.01
28	三氯甲烷	ND	ND	ND	0	0.00	0.00	60
29	四氯化碳	ND	ND	ND	0	0.00	0.00	2
30	苯	ND	ND	ND	0	0.00	0.00	10
31	甲苯	ND	ND	ND	0	0.00	0.00	700
32	铍	ND	ND	ND	0	0.00	0.00	0.002

表 1 (续)

序号	监测项目	最小值/(mg/L)	最大值/(mg/L)	平均值/(mg/L)	标准差	检出率/%	超标情况/%	地下水质量标准(Ⅲ级)
33	硼	ND	0.140	0.028	0.036	72.22	0.00	0.5
34	锑	0.000 18	0.001 19	0.000 38	0.000 25	100.00	0.00	0.005
35	镍	0.003 19	0.010 78	0.005 63	0.001 84	100.00	0.00	0.02
36	钴	0.000 32	0.001 80	0.000 68	0.000 36	100.00	0.00	0.05
37	钼	0.000 32	0.005 30	0.001 62	0.001 48	100.00	0.00	0.07
38	钒	0.001 59	0.006 70	0.002 97	0.001 42	100.00	0.00	0.05
39	铊	ND	0.000 03	ND	0.000 01	5.56	0.00	0.0001
40	1,1,1-三氯乙烷	ND	ND	ND	0	0.00	0.00	2000
41	1,1,2-三氯乙烷	ND	ND	ND	0	0.00	0.00	5
42	三氯乙烯	ND	ND	ND	0	0.00	0.00	2000
43	四氯乙烯	ND	ND	ND	0	0.00	0.00	5
44	氯苯	ND	ND	ND	0	0.00	0.00	300
45	邻二氯苯	ND	ND	ND	0	0.00	0.00	1000
46	对二氯苯	ND	ND	ND	0	0.00	0.00	300
47	三氯苯(总量)	ND	ND	ND	0	0.00	0.00	20
48	乙苯	ND	ND	ND	0	0.00	0.00	300
49	二甲苯(总量)	ND	ND	ND	0	0.00	0.00	500
50	苯乙烯	ND	ND	ND	0	0.00	0.00	20
51	2,4-二硝基甲苯	ND	ND	ND	0	0.00	0.00	5
52	2,6-二硝基甲苯	ND	ND	ND	0	0.00	0.00	5
53	萘	ND	ND	ND	0	0.00	0.00	100
54	苯并[a]芘	ND	ND	ND	0	0.00	0.00	0.01
55	多氯联苯(总量)	ND	ND	ND	0	0.00	0.00	0.5
56	滴滴涕(总量)	ND	ND	ND	0	0.00	0.00	1
57	毒死蜱	ND	ND	ND	0	0.00	0.00	30
58	百菌清	ND	ND	ND	0	0.00	0.00	10
59	莠去津	ND	ND	ND	0	0.00	0.00	2
60	总石油烃	ND	0.21	0.05	0.05	77.78	0.00	0.3 (GB 5749—2006)

注：* pH 无量纲；** ND 表示未检出。

超Ⅲ类水级别的检测指标有 6 项：总硬度、溶解性总固体、耗氧量、亚硝酸盐、硝酸盐、铅等。具体分述如下：总硬度含量为 153.1～532.7 mg/L，平均值为 311.5 mg/L，检出率为 100%，仅一组超标；溶解性总固体含量为 240～1 080 mg/L，平均值为 523 mg/L，检出率为 100%，仅一组超标；耗氧量含量为 0.29～3.89 mg/L，平均值为 0.80 mg/L，检出率为 100%，仅一组超标；亚硝酸盐含量为 ND～3.080 mg/L，平均值为 0.175 mg/L，检出率为 11.11%，仅一组超标；硝酸盐含量为

0.15～43.87 mg/L,平均值为 6.87 mg/L,检出率为 100%,仅一组超标;铅含量为 0.000 09～0.045 91 mg/L,平均值为 0.004 84 mg/L,检出率为 100%,两组超标。

3.2 单指标评价结果

对研究区 18 组浅层地下水样品除总石油烃外的 60 项测试指标进行单指标评价。在 31 项常规指标中,超Ⅲ类水级别的指标依次为总硬度、溶解性总固体、耗氧量、亚硝酸盐、硝酸盐、铅;Ⅴ类水级别的指标为硝酸盐,见图 2。28 项非常规指标均不超Ⅲ类水限值,见图 3。石油烃监测指标的限值参考《生活饮用水卫生标准》(GB 5749—2006)中 0.3 mg/L,研究区总石油烃测定值为 ND～0.21 mg/L<0.3 mg/L,不超标。具体超标因子分布见图 4。

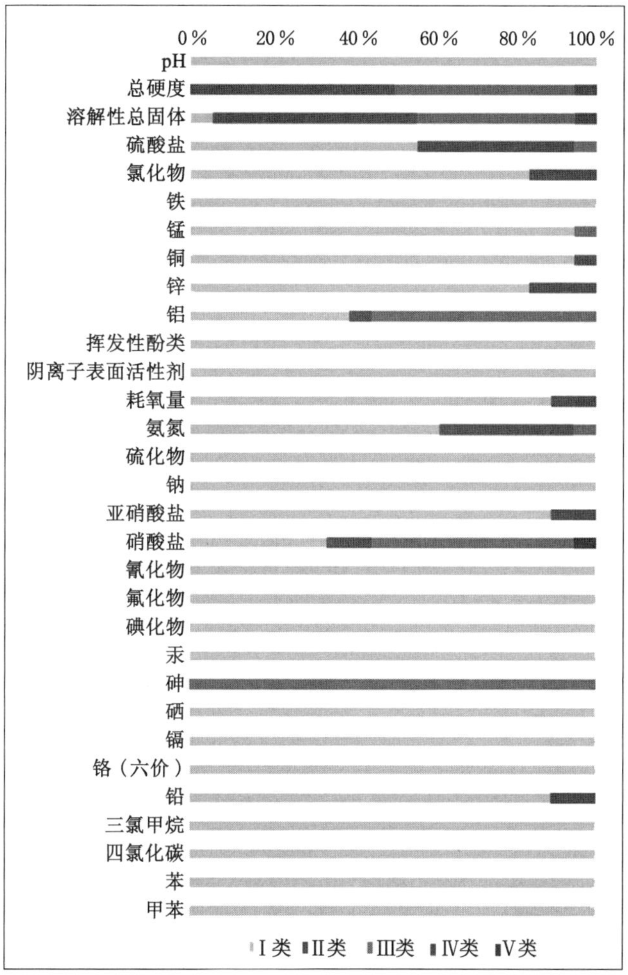

图 2　研究区单指标评价结果百分比图(31 项常规指标)

3.3 地下水质量综合评价结果

对研究区 18 组浅层地下水样品进行综合指标评价,见图 5。从图中可看出,该研究区浅层地下水综合质量评价等级:多数Ⅲ类,少量Ⅳ类,零星Ⅴ类,Ⅰ类、Ⅱ类水不存在。其中,主要适用于集中式生活饮用水水源及工农业用水的Ⅲ类水点占全部水样点的 77.78%;Ⅳ类水点占全部水样点的 16.67%,最差类别的指标主要为亚硝酸盐、铅、耗氧量,这部分地下水适用于农业和部分工业用水,适当处理后可作生活饮用水;Ⅴ类水点占全部水样点的 5.56%,最差类别的指标主要为硝酸盐,不宜作生活饮用水水源。

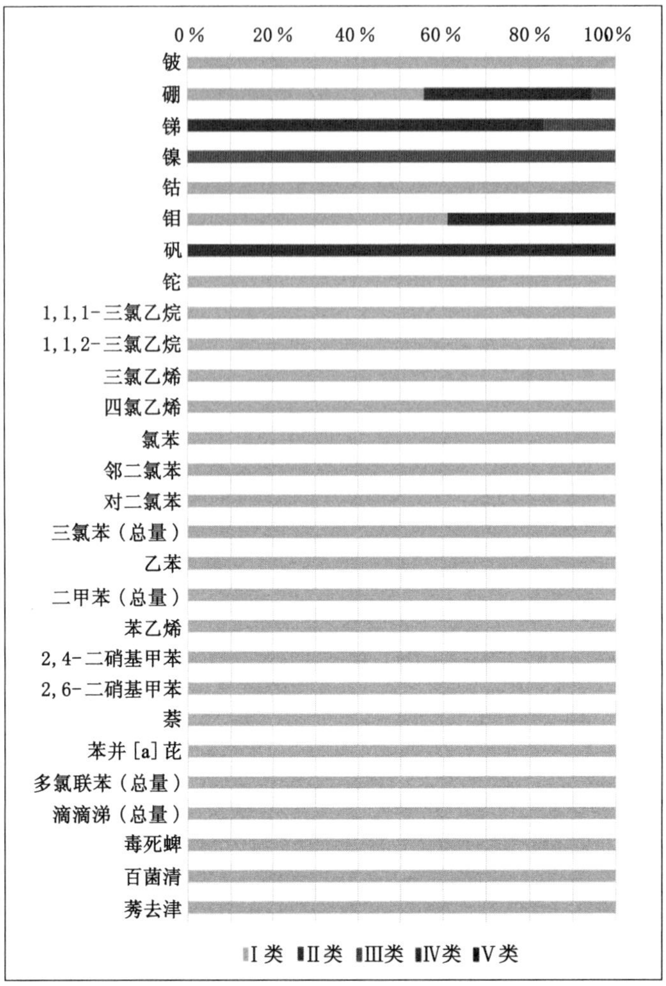

图 3　研究区单指标评价结果百分比图(28 项非常规指标)

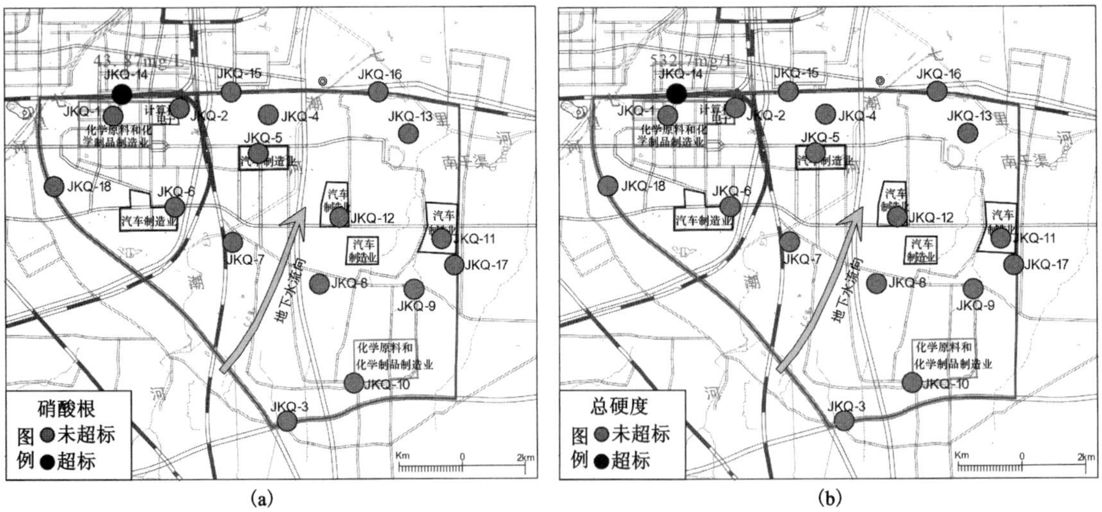

图 4　研究区浅层地下水超标因子分布图

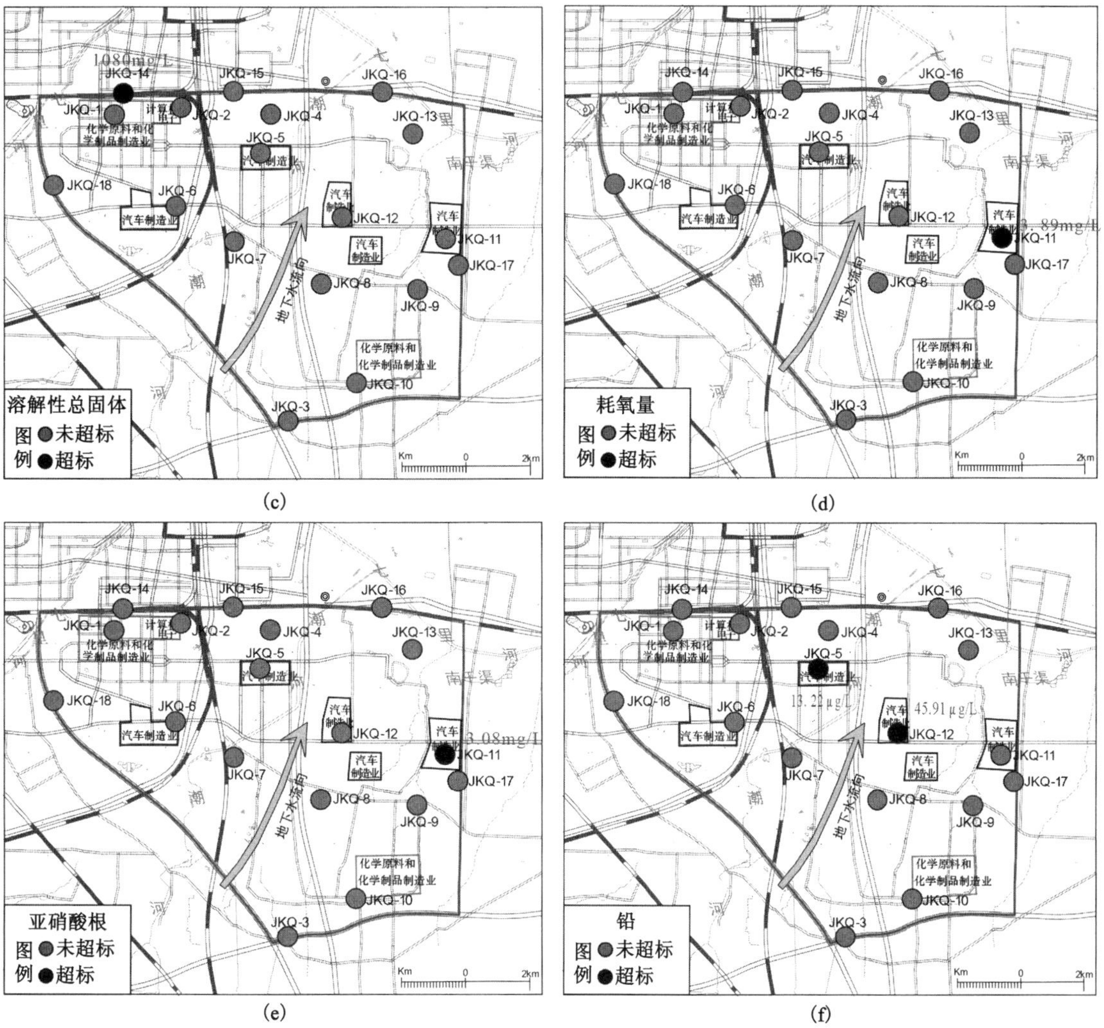

图 4（续）

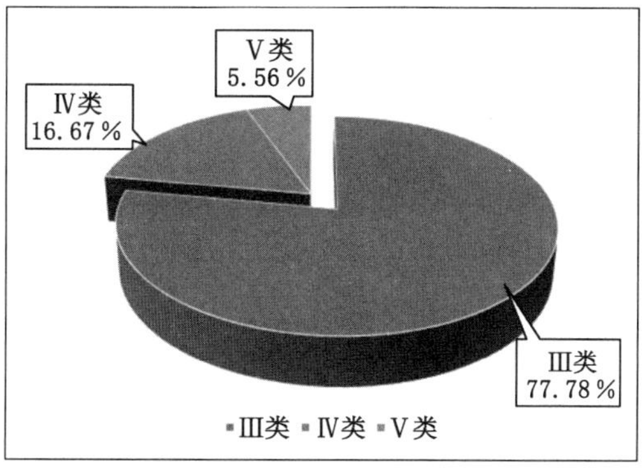

图 5　研究区浅层地下水综合质量评价图

4 讨论

4.1 硝酸盐影响因素及成因分析

硝酸盐是自然存在的,是氮循环的一部分,自然界存在的硝酸盐在地下水中通常很少。地下水中硝酸根离子含量一般与污染源和环境水文地质因素有关[4]。世界卫生组织(WHO)颁布的饮用水质标准规定硝酸盐含量的最大允许浓度为 10 mg/L[5],欧洲为 11.3 mg/L[6],我国地下水水质Ⅲ类饮用水标准中规定硝酸盐含量不得超过 20 mg/L。本次 18 组浅层地下水样品中,硝酸盐检出率 100%,仅一组超标,超标点位 JKQ-14,超标倍数 1.19(图 4),表明硝酸盐超标引起的地下水污染为点源污染。研究发现,农业耕作区受地表人类活动影响较大,农业生产施用过量化肥,农灌水下渗均可产生面源污染,引起地下水硝酸盐污染[7-8],被誉为"中国蔬菜之乡"的寿光市大面积种植大棚蔬菜,使用氮肥,造成地下水硝酸氮含量超标严重,甚至部分地区超过 100 mg/L[9]。氮污染物从排放到进入地下水再到参与地下水运动的过程,均受水文地质环境因素的综合制约,含水层岩性若为砂卵石,对氮素转化具有控制作用,颗粒细的含水层以还原作用为主,颗粒粗的含水层以硝化作用为主[4,8]。研究区包气带岩性以粉砂、粉土为主,含水层岩性为粉砂、细砂,超标点位分布于研究区北部集聚区边界处,附近种植大量树木,表明地下水污染主要来源于树木种植、养护过程中化肥的长期使用。

4.2 总硬度影响因素及成因分析

长期饮用高硬度地下水会对人体健康产生很大影响[9-10]。本次 18 组浅层地下水样品中,总硬度检出率 100%,仅一组超标,超标点位 JKQ-14,超标倍数 0.18(图 4)。前人研究发现,地下水中总硬度超标的主要原因有:① 工业废水和城市生活污水对地下水硬度的影响;② 垃圾渗滤液对地下水硬度的影响;③ 污水灌溉对地下水硬度的影响;④ 地下水开采对水硬度的影响[11];⑤ 典型离子对地下水总硬度的影响,特别是 NH_4^+,随着 NH_4^+ 浓度的增加总硬度增加[12]。研究区行业类型多样,原辅材料、产品多种,几乎无地下水开采,附近未发现大型垃圾填埋场,距地表河流较远,同时布置于重点工业企业附近的点位总硬度未超标,结合该总硬度超标点位与硝酸盐超标点位一致,进一步说明总硬度超标引起的地下水污染为点源污染,污染主要来源于硝酸盐超标引起的可溶性钙镁盐的酸性溶滤作用引起的总硬度超标。

4.3 溶解性总固体影响因素及成因分析

牛贵洋等[13]对饮用水溶解性总固体与总硬度的相关性进行了分析,发现两者具有显著的正相关性。于是,将地下水中溶解性总固体与总硬度指标进行对比,发现两者同样具有明显正相关(图 6)。本次 18 组浅层地下水样品中,溶解性总固体检出率 100%,仅一组超标,超标倍数 0.08,超标点位 JKQ-14,与总硬度超标点位一致(图 4)。鉴于此,认为研究区由溶解性总固体超标引起的地下水污染为点源污染,污染来源于硝酸盐超标引起的可溶性钙镁盐的酸性溶滤作用引起的溶解性总固体超标。

4.4 耗氧量、亚硝酸盐离子影响因素及成因分析

耗氧量(CODMn 法,以 O_2 计)表示水体有机质被化学氧化时所需元素氧的量,其数值高说明水体受有机物污染的程度严重,其中硝酸盐氮是水体中含氮有机物进一步氧化,在变硝酸盐过程中的中间产物[14]。本次 18 组浅层地下水样品中,耗氧量、亚硝酸盐超标为同一点位 JKQ-11,超标倍

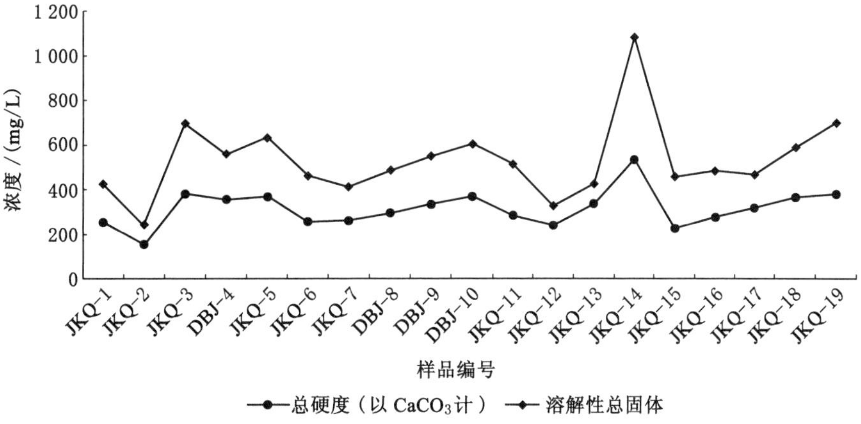

图 6　研究区浅层地下水总硬度与溶解性总固体呈正相关关系

数分别为 0.30、2.08(图 4)，样品采自汽车制造业某公司内，说明耗氧量、亚硝酸盐超标引起的地下水污染为点源污染。查询该企业生产流程，发现其生产工艺中存在预脱脂、脱脂流程，以除去工件表面的油脂。同时，检测数据显示，该点位分析测试的有毒有机物质监测因子均未检出，表明该企业耗氧量超标主要由企业生产过程中其他小分子、可降解有机质含量高造成的；亚硝酸盐超标主要由水中有机物的无机化过程强烈造成的。

4.5　铅影响因素及成因分析

铅是一种对人体危害极大的有毒重金属，一般通过空气沉降和废水排放进入地下水，在地下水中富集沉积，人们饮用含铅的地下水，将会引起铅中毒，对神经、造血、消化、肾脏、心血管和内分泌等多个系统造成危害[15]。铅污染主要来源于汽油燃烧产生的废气、含铅涂料及采矿、冶炼、铸造等工业生产活动等[16]。铅及其化合物在汽车制造业应用广泛，例如汽油发动机火花塞、发动机舱内燃油供油管等部位以及金属表面处理[17]，是一种不可降解的环境污染物，性质稳定，可通过废水、废气、废渣大量流入环境，产生污染。本次 18 组浅层地下水样品中，铅含量为 0.000 09～0.045 91 mg/L，平均值为 0.004 84 mg/L，检出率为 100%，超标点位为 JKQ-5、JKQ-12，超标倍数分别为 0.32、3.59(图 4)，样品均采自汽车制造行业相关企业的污水处理站附近。这表明研究区铅引起的地下水污染为点源污染，污染主要来源于汽车制造过程中含铅废水的排放。

5　结论

(1) 研究区地下水污染为点源污染，根据《地下水质量标准》(GB/T 14848—2017)规定，超Ⅲ类水标准的指标有：硝酸盐、总硬度、溶解性总固体、耗氧量、亚硝酸盐、铅等。硝酸盐污染来源于树木种植、养护过程中化肥的长期使用；总硬度、溶解性总固体污染来源于硝酸盐超标引起的可溶性钙镁盐的酸性溶滤作用；耗氧量污染由企业生产过程中小分子、可降解有机质含量高造成；亚硝酸盐污染主要由水中有机物的无机化过程强烈造成；铅污染与汽车制造过程中含铅废水的排放息息相关。

(2) 研究区地下水综合质量评价等级：多数Ⅲ类(77.78%)，普遍分布；少量Ⅳ类(16.67%)；零星Ⅴ类(5.56%)。Ⅳ类水最差类别的指标主要为亚硝酸盐、铅、耗氧量；Ⅴ类水最差类别的指标主要为硝酸盐。

(3) 根据本次调查结果，显示研究区硝酸盐、总硬度、溶解性总固体、耗氧量、亚硝酸盐、铅等检测因子超标,存在地下水污染现象。地下水污染后,通过饮水或食物链,污染物进入人体,使人急性或慢性中毒。亚硝酸盐在人体内可将低铁红蛋白氧化成高铁红蛋白,使之失去输送氧的能力,还可与仲胺类化合物反应生成具有致癌作用的亚硝胺类物质;硝酸盐本身易被生物体吸收,长期饮用含高浓度硝酸盐的水,会使人畜中毒,引起"蓝婴儿综合征";铅通过地下水进入人体后,造成铅中毒,对人体神经系统、血液系统、新血管系统、骨骼系统等产生终生性的伤害。高硬度的水长期饮用,会引起心血管、神经、泌尿造血等系统的病变。鉴于地下水污染对人体健康的极端危害性,对于研究区采取措施防治和控制地下水污染现象加剧势在必行。因此,建议政府加强对重点工业企业的监管力度,督促污染企业出台相关改进性措施,优化企业生产工艺并严控超标因子排放量;重点工业企业建立防渗漏设施,防止污水渗入地下水;研究区在树木种植、绿化过程中,推广使用有机肥,尽量减少对氮肥的使用,降低地下水中硝酸盐、亚硝酸盐含量;研究区定期开展地下水监测与评估,对地下水的物理生化过程及溶质运移进行研究与建模,为地下水的污染控制提供依据。

参考文献

[1] 王卓,王中美,张世旭,等. 贵阳市清镇工业园区地下水水质分析与评价[J]. 贵州大学学报(自然科学版),2017,34(5):134-140.

[2] 张建伟,赵剑斐,黄涛,等. 德阳市某工业园区地下水水质综合评价[J]. 化工管理,2019(3):134-137.

[3] 饶磊,魏兴萍,刘迅. 基于 Visual Modflow 的重庆某工业园区地下水污染物运移模拟[J]. 重庆师范大学学报(自然科学版),2018,35(5):72-78.

[4] 陆雯婷. 固原市地下水污染调查评价[D]. 邯郸:河北工程大学,2016.

[5] World Health Organization (WHO). Guidelines for drinking-water quality(4th edition)[S]. Geneva: World Health Organization,2011.

[6] KUMAZAWA K. Nitrogen fertilization and nitrate pollution in groundwater in Japan: present status and measures for sustainable agriculture[J]. Nutrient Cycling in Agroecosystems,2002,63(2/3):129-137.

[7] 唐学芳,吴勇,韩莉璧,等. 成都平原典型样区浅层地下水水质调查与污染评价[J]. 水土保持通报,2019,39(6):163-169.

[8] 孟利,左锐,王金生,等. 基于 PCA-APCS-MLR 的地下水污染源定量解析研究[J]. 中国环境科学,2017,37(10):3773-3786.

[9] 姜体胜,杨忠山,黄振芳,等. 北京郊区浅层地下水总硬度变化趋势及其机理浅析[J]. 水文地质工程地质,2010,37(4):33-37.

[10] 孙长虹,陈淑峰,刁徐笑,等. 基于 GIS 的华北某市潜层地下水总硬度变化趋势分析[J]. 环境工程,2015,33(6):44-48.

[11] 郭海丹,魏加华,王光谦. 地下水硬度升高机理研究综述[J]. 人民黄河,2011,33(6):52-55.

[12] 张会杰. 典型离子对地下水总硬度变化影响研究[D]. 阜新:辽宁工程技术大学,2014.

[13] 牛贵洋,张启灿. 饮用水溶解性总固体与总硬度的相关性分析[J]. 科学与财富,2016(5).

[14] 吴吉春,张景飞. 水环境化学[M]. 北京:中国水利水电出版社,2009.

[15] 芦会杰,孙继元. ICP-MS 法测定填埋场地下水中铅含量不确定度评定[J]. 环境保护与循环经济,2020,40(9):55-59.

[16] 姜楠,王鹤立,廉新颖. 地下水铅污染修复技术应用与研究进展[J]. 环境科学与技术,2008,31(2):56-60.

[17] 侯猛,李龙辉,庄梦梦. 铅在汽车产品中的应用和未来使用趋势研究[J]. 时代汽车,2020,348(24):6-8.

河南省新安县地热资源量计算及评价

王和平[1],王　斐[1],周奇蒙[2]
(1. 黄河勘测规划设计研究院有限公司,河南 郑州　450003;
2. 河南省地质矿产勘查开发局第二地质环境调查院,河南 郑州　450053)

摘　要:新安县城地热区主要受北西向(新安断裂)控热构造及近东西向导热构造控制,地热资源范围有限,地热资源赋存条件较好。热储层主要为寒武纪、奥陶纪碳酸盐岩。计算评价该区地热储量,对新安县城开发利用地热资源具有指导意义。

关键词:地热;控热构造;开发前景;储量;资源

地热能是一种绿色低碳、能够持续利用的可再生能源。加快地热资源开发利用,大力发展新能源,可以为发展方式绿色转型作出贡献。在目前的情况下,国家大力推进低碳能源的开发和利用,“地热能”作为一种低碳能源,越来越受到国家的重视。随着地热资源的普遍开发,对地热资源量的计算及评价显得十分迫切和重要。新安县地热资源丰富,计算评价该区域的地热资源特征,为新安县对地热资源的开发利用提供科学依据。

新安县城位于洛阳市西部,为丘陵地区,是一座集工业、居住、办公、商贸为一体的新型现代化城市。

1　区域地质背景

新安县地貌类型为低山丘陵、黄土丘陵及河谷带状平原。低山丘陵位于县城南部、北部,为基岩山地,由中元古代洛峪群细粒石英砂岩、古生代寒武纪、奥陶纪、石炭纪碳酸盐岩及二叠纪砂页岩组成,山顶平缓。黄土丘陵大面积分布于山前地带。涧河、洛河河谷带状平原地势平坦,略向下游倾斜。

新安县位于华北地层区豫西分区渑池-确山小区,区域内出露地层齐全,有元古界、古生界、中生界和新生界。

评价区位于华北地台南缘华熊台缘坳陷北部,地处渑池-确山陷皱断束的西北段。自太古代以来,在不同时期、不同方向、不同型式的构造应力作用下,形成了本区东西向、北西向、北东向等构造形迹,构成了本区基本构造格局。东西向构造主要以断层为主,褶皱次之。北西向新安断裂具有规模大、切割深和多期活动等特点,为区域活动性大断裂。北东向构造在本区断裂规模小、延伸距离短。

2　地热地质条件

2.1　控热构造

新安县地热类型为断裂型,北西向新安断裂为控热构造,近东西向涧河断裂为导热构造。

作者简介:王和平,男,1962年生,河南新安人。本科,高级工程师,主要从事水文地质、工程地质研究工作。

新安断裂:该断裂规模大、切割深和活动期次多,为深切地壳达地幔的区域活动性大断裂,破碎带岩石裂隙发育,是深部热能上涌的良好通道。深部热能在上涌过程中被断裂破碎带的水和岩石吸收,形成一定宽度的地下热水储集带。

涧河断裂:该断裂为近东西向隐伏导热断裂,走向基本上是沿涧河展布,倾向北,推测倾角为80°。形成于燕山运动晚期及喜山运动期间的北东向、北东东向、近东西向断裂,都是活动性断裂,使地下热水沿这些断裂破碎带上涌,形成一定宽度的低温地热带。

2.2 热储类型及特征

2.2.1 热储类型

在断裂深循环型(对流型)地热系统中,地热流体的赋存空间受断裂构造控制,在断裂破碎带及其影响带形成地热异常带,热储类型为带状热储。带状热储一般分布面积不大,往往沿断裂带呈条带状分布,且宽度有限。在水平方向上,热储层的透水性和富水性变化较大,断裂附近、断裂交汇部位的透水性较好,远离断裂破碎带,透水性和富水性较差,含水微弱或不含水。

2.2.2 热储结构

带状热储的热储结构由控热断裂、导热断裂和盖层三要素组成。本区控热断裂为新安断裂,导热断裂主要是涧河断裂以及一系列北东向、北东东向、近东西向不明小断裂,盖层由二叠纪、三叠纪碎屑岩组成,其中隔热保温性能好的为页岩、黏土岩。热储层岩性为寒武纪、奥陶纪及石炭纪碳酸盐岩和破碎的二叠纪砂岩。暖泉沟温泉热储层顶板埋深为150 m;热储层厚度在1 000 m以上;该区热储温度为45 ℃,恒温层约在40~50 m左右,恒温层温度为14 ℃。

2.2.3 热储温度

利用收集的中深层地下水样品测试结果,进行地球化学温标计算,水样在5个井深大于175 m的供水井和1个矿坑中采集,用钾镁地热温标、二氧化硅地热温标分别计算。利用钾镁地热温标公式估算热储温度为35.61~52.86 ℃,平均值为44.2 ℃;利用二氧化硅地热温标公式估算热储温度为37.74~70.44 ℃,平均值为47.33 ℃。暖泉沟温泉井井口温度为33.5 ℃,上河温泉井井口温度为25 ℃,土古洞温泉井井口温度为36 ℃。这些计算值稍大于实测温度值。

2.2.4 热储富水性

受断裂构造的影响,热储层裂隙、岩溶发育,构成地热流体的赋存空间和运移通道,但因所处构造部位不同,裂隙、溶洞的发育程度及充填程度差异很大,富水性极不均匀。根据区内中深层地下含水岩组富水性调查结果和区域水文地质条件分析结果,单井涌水量大于1 000 m^3/d。根据本次暖泉沟地热井抽水资料,换算成15.0 m降深的单井涌水量为5 094 m^3/d。考虑热储埋藏深度较大、富水性不均一等因素,确定热储单井涌水量为3 000~5 000 m^3/d。

2.3 地热流体水化学特征

根据收集到中深层地下水样(ϵ_3岩组内,中深层水样)、浅层地下水样(浅层水样)测试结果,经对比分析可知:F^-含量,深层地下水为0.45~0.5 mg/L,浅层地下水为0.2~0.3 mg/L;Cl^-含量,深层地下水为12.41~23.04 mg/L,浅层地下水多大于30 mg/L;Na^+含量,深层地下水为15.0~28.6 mg/L,浅层地下水多小于10 mg/L。这说明工作区深部,尤其是暖泉沟、上河、涧河沿岸等地存在明显地热异常。

土古洞温泉井属重碳酸盐型水,代表沉积岩地区以碳酸盐岩为主的(温泉水)水质特征,pH值为7.97,溶解性总固体为398.36 mg/L,总硬度为305.69 mg/L左右,氟含量小于0.5 mg/L;

Na/Cl 比值为 0.91～1.22，说明地热水中化学元素主要来源与围岩淋溶。暖泉沟温泉井和上河温泉井出露于碳酸盐岩分布区，为硫酸-重碳酸盐型水，水温较低，pH 值为 7.73～8.00，总硬度为 300～400 mg/L，溶解性总固体为 500～900 mg/L，氟含量为 0.46～0.78 mg/L；Na/Cl 比值为 1.16～2.40，接近地表水(1.79)水平。

2.4 地热流体同位素特征

为了查明暖泉沟温泉的同位素特征，本次采集了暖泉沟和土古洞温泉进行了氢氧同位素测试，同时收集了河南省内 6 组温泉的同位素测试结果，见表 1 和图 1。

表 1 温泉同位素测试数据一览表

序号	采样地点	$\delta^{18}O$/‰	δD/‰	d	类型
1	陕县温水沟	−11.2	−80.2	9.41	地下水
2	汝州温泉街	−8.94	−67.3	4.26	地下水
3	洛阳煤田二队	−9.18	−66	7.45	地下水
4	嵩县汤池沟	−10.93	−77.2	10.24	地下水
5	新安暖泉沟	−9.2	−67.4	6.16	地下水
6	偃师古龙泉	−8.78	−65.3	4.96	地下水
7	洛阳凤翔温泉	−9.75	−72.4	5.61	地下水
8	新安土古洞	−9.13	−64.9	8.12	地下水

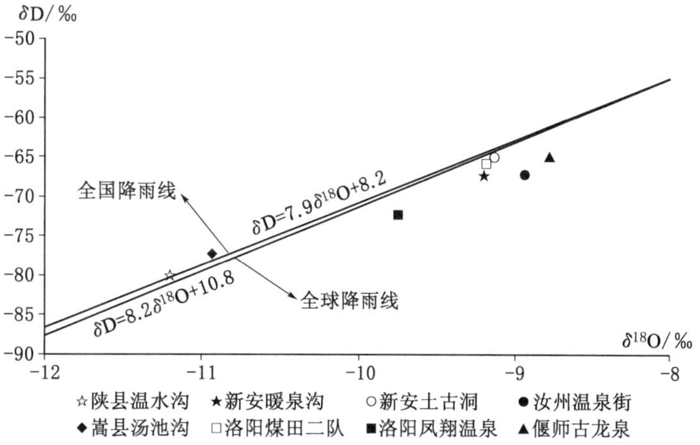

图 1 温泉 $\delta D \sim \delta^{18}O$ 关系图

由图 1 可以看出：三门峡、洛阳、平顶山一带温泉 δD 值分布在−80.2‰～−64.9‰，平均值为−70.09‰；$\delta^{18}O$ 值分布在−11.2‰～−8.78‰，平均值为−9.64‰。δD、$\delta^{18}O$ 值点均落于大气降水线附近或其下方，氘过量参数 d 位于 4.26～10.24 之间，平均值为 7.03，接近大气降水值，说明温泉水主要源自大气降水。

由于地下水径流与围岩的氧同位素交换作用，大部分温泉水点出现“^{18}O 偏移”的现象，其原因在于：热水在沿断裂运移过程中，受到深部侵入岩的加热，与围岩发生了强烈的氧同位素交换作用。如图 1 中所示，新安县有两组温泉水样分别位于土古洞村和暖泉沟村，位于地下水上游的土古洞村温泉水样点几乎落于降雨线上，显示其热水直接来源于大气降水，位于地下水下游的暖泉沟温泉水样有明显的偏移现象，且氘过量参数也有从上游至下游减小的特征，显示出地下水与围岩同位素发生了交换作用。

3 地热资源评价

地热资源计算限定为地下热水资源，以具有实际开发利用价值的热储层为对象。本文仅对水温大于 25 ℃的热水活动点进行评价。资源计算包括存储资源和可采资源两部分，计算热储为寒武纪-奥陶纪灰岩，分别计算热水量和热能量。可采资源量评价，以 100 年为开采年限。

3.1 地热资源评价方法

地热存储资源评价采用热储法；地热可采资源评价采用解析法计算地热流体可开采量。具体评价方法如下。

(1) 地热资源(存储)量

采用热储法计算，计算公式如下：

$$Q=(T_1-T_0)[C_r\rho_r(1-\varphi)V+C_w\rho_w q_w] \tag{1}$$

式中 Q——地热资源量，kJ；

C_r，C_w——热储岩石比热和水的比热，kJ/(kg·℃)；

ρ_r，ρ_w——热储岩石密度和水的密度，kg/m^3；

q_w——流体储量，包括静储量和弹性储量，m^3；

φ——热储岩石孔隙率(或裂隙率)，%；

V——热储体积，m^3；

T_1——热储温度，℃；

T_0——恒温层温度，℃。

(2) 地热流体存储量

地热流体存储量包括容积存储量与弹性存储量两部分，计算公式如下：

$$Q_{储}=\varphi V+S(h-H)A \tag{2}$$

式中 $Q_{储}$——地热流体存储量，m^3；

S——弹性释放系数；

h——平均承压水头标高(或埋深)，m；

H——平均热储顶板标高(或埋深)，m；

A——评价热储面积，m^2。

(3) 地热流体可开采量

由于工作区内 3 处地热异常区的温泉已不能自流，均为凿井开采，所以本次利用地热井抽水试验求得的水文地质参数，并结合区域已有的水文地质参数，采用泰斯公式，计算开采 100 年、允许水位降深 50 m 的单井出水量之和作为地热田的可开采量。

$$S=\frac{Q}{4\pi T}\sum_{i=1}^{n}W(u_i) \tag{3}$$

$$u_i=\frac{\mu_e r_i^2}{4Tt} \tag{4}$$

式中 S——工作区任一点开采抽水降深，m；

Q——单井出水量，m^3/d；

T——含水层的导水系数，m^2/d；

n——开采井数；

$W(u_i)$——泰斯井函数；

r_i——计算点到开采井的距离，$i=1\sim n$；

t——开采时间，d；

μ_e——含水层的弹性释水系数。

（4）地热流体可开采热量

计算公式如下：

$$Q_p = Q_{wk} C_w \rho_w (T_1 - T_0) \tag{5}$$

式中 Q_p——地热流体可开采热量，kJ/d；

Q_{wk}——地热流体可开采量，m^3/d；

C_w——地热流体的比热，kJ/(kg·℃)；

ρ_w——地热流体的密度，kg/m^3。

3.2 地热资源评价

本次计算范围包括暖泉沟、上河村和土古洞村，热储分布于7.0 km长、1.0 km宽的区域，计算面积为7.0 km^2。

3.2.1 热储水文地质参数

渗透系数依据单孔抽水试验结果取得，采用裘布依公式和恢复水位观测资料进行计算，结果见表2。收集的寒武纪-奥陶纪含水层水文地质参数见表3。

表2 抽水试验参数计算结果表

抽水试验井	计算方法	含水层厚度/m	导水系数 $T/(m^2/d)$	渗透系数 $K/(m/d)$
暖泉沟温泉井	裘布依公式	100	339	3.39
	恢复水位	100	36	0.36
上河温泉井	裘布依公式	150	1 115	7.43
	恢复水位	150	207	1.38

表3 寒武纪-奥陶纪含水层水文地质参数一览表

钻孔	含水层厚度/m	涌水量/(m^3/h)	直线图解法		水位恢复法	
			导水系数/(m^2/h)	渗透系数/(m/d)	导水系数/(m^2/h)	渗透系数/(m/d)
ZK2904	10.5	9.91	1.23	0.12	1.52	0.15
ZK3108	23.49	12.35	1.75	0.08	1.72	0.07

分析以上数据，提出该区寒武纪-奥陶纪热储地层渗透系数一般为0.36～1.75 m/d，平均值为1.24 m/d。因为没有进行非稳定流抽水试验，弹性释水系数采用该区同类岩性资料，取值为1.0×10^{-6}。

3.2.2 热物性参数

热物性参数见表4。

表4 热储层及地热流体参数表

化学温标计算热储平均温度/℃	ρ_w/(kg/m^3)	C_w/[kJ/(kg·℃)]	ρ_r/(kg/m^3)	C_r/[kJ/(kg·℃)]	φ	T_1/℃	T_0/℃
46	990.2	4	2 700	0.92	0.7	45	14

3.2.3 地热资源量

(1) 地热流体存储量

地热流体存储量包括容积存储量和弹性存储量两部分,依据式(2)计算可知,暖泉沟地热流体存储量为 4.9×10^9 m^3。

(2) 地热资源量

本次计算范围包括暖泉沟、上河、土古洞 3 处,计算面积按 7.0 km^2,深度取 1 000 m。将上述指标代入式(1)计算得出,地热资源量为 7.63×10^{14} kJ,折合标准煤 2.6×10^7 t。

(3) 地热流体可开采量

在暖泉沟、上河村、土古洞村各设一开采井,拟定单井涌水量为 1 200 m^3/d,采用式(3)进行开采降深预测,结果见表 5。

表 5 开采井水位降深预测值表

序号	1	2	3	4	5	6	7	8	9
开采时间/a	0.5	1	2	5	15	20	30	50	100
暖泉沟井降深/m	4.1	4.4	4.9	6.3	10.5	12.5	16.6	24.7	44.9
上河井降深/m	4.1	4.5	5.0	6.3	10.5	12.6	16.6	24.7	44.9
土古洞井降深/m	4.0	4.3	4.8	6.2	10.3	12.4	16.5	24.6	44.8

依据表 5 计算结果可知,3 个开采井开采 100 年水位降深均小于 50 m,满足水位降深小于 50 m 的评价原则,即暖泉沟地区地热流体可开采量为 3 600 m^3/d。

(4) 地热流体可开采热量

采用式(5)计算地热流体可开采热量,结果见表 6。

表 6 地热流体可开采热量表

Q_{wk} /(m^3/d)	C_w /[kJ/(kg·℃)]	ρ_w /(kg/m^3)	T_1 /℃	T_0 /℃	Q_p /($\times10^8$ kJ/a)	折合标准煤 /(t/a)
3 600	4.18	990.2	46	14	1 727.6	5 895

4 结论与建议

4.1 结论

(1) 评价区北西向新安断裂为控热构造,近东西向涧河断裂为导热构造。新安断裂为区域性大断裂,破碎带岩石裂隙发育,为深部热能上涌提供了良好的通道。生成于燕山运动晚期及喜山运动期的北东向、北东东向、近东西向的断裂均为活动性断裂,使地下热水沿这些断层破碎带上涌,形成一定宽度的低热异常带。在控热断裂与导热断裂交汇部位易形成温泉。

(2) 暖泉沟地热区热储盖层由二叠纪、三叠纪碎屑岩组成,其中隔热保温性能好的为页岩、黏土岩。热储层岩性为寒武纪、奥陶纪及石炭纪的碳酸盐岩和二叠纪砂岩。热储层裂隙、岩溶发育,构成地热的存储空间和运移通道。热储层所处构造部位不同,裂隙发育不同,富水性差别大。换算成 15.0 m 降深单井涌水量为 3 000～5 000 m^3/d。

(3) 新安县暖泉沟地区地热资源量(热量)为 7.63×10^{14} kJ;地热流体存储量(水量)为 4.9×

10^9 m^3；地热流体可开采量为 3 600 m^3/d；地热流体可开采热量为 1.61×10^{14} J/a，折合标准煤 5 502 t/a，可开采 100 年。

4.2 建议

新安县地热资源地质研究程度较低，制约了对地热资源的利用。鉴于本次研究成果，该区地热资源比较丰富，地热流体可开采量为 3 600 m^3/d，地热流体可开采热量为 1.61×10^{14} J/a，折合标准煤为 5 502 t/a，可开采 100 年。为了更好地利用该区域的地热资源，应该对其地热资源进行详细研究，为政府决策提供科学依据。

参考文献

[1] 王和平，谷芳莹，等.洛阳断陷盆地地热资源地质研究与开发利用前景评价成果报告[R].黄河勘测规划设计研究院有限公司，2017.

[2] 周振江.河南省武陟县地热资源合理开发利用与保护[J].西部探矿工程，2013，25(6)：151-153.

[3] 刘华平，段志刚，吴继新，等.河南省新蔡县城地热资源及其开发利用前景[M]//河南地球科学通报.郑州：河南人民出版社，2016：100-105.

[4] 吕志涛，王伟峰.河南省洛阳盆地地热资源成因类型分析[J].地下水，2006，28(1)：36-39，43.

基于水化学和同位素特征的河南省温泉理疗作用分析

杨　珍，齐玉峰，黄　烜，李　尧
(河南省地质矿产勘查开发局第二地质环境调查院/河南省郑州地质工程勘察院/
河南省地热能开发工程技术研究中心，河南 郑州　450053)

摘　要：为研究水化学环境对河南省温泉理疗作用的影响，选取 17 处大于 25℃的温泉露头进行了理疗作用分析和水化学类型分区，并对其水化学环境及同位素特征进行了研究。研究结果表明：河南省温泉主要分布在西部基岩山区，源自大气降水，受地质构造的控制，水化学类型复杂，大致可划分为重碳酸盐型、硫酸盐氯化物型、硫酸重碳酸盐型、重碳酸硫酸盐型及硫酸盐氯化物重碳酸盐型五种；温泉有较高的温度、特殊的化学成分以及少量的放射性物质等，具有缓解疲劳、提神减压的功效，对人体有明显的理疗保健作用。

关键词：温泉；水化学；理疗

引言

温泉是一种宝贵的自然资源，属地热资源的一种，是地下热水在地表的天然露头，不仅清洁无污染，而且可以再生。我国天然温泉有 3 000 多处，不仅具有疗养的功效，甚至还可以治愈一些疾病，使病人在放松舒缓的环境中逐渐康复。中华人民共和国成立以后，我国地热温泉的旅游休闲事业和矿泉医疗事业得到了迅速发展[1-2]。本文采用河南省自然资源厅实施的"河南省基岩热储勘查评价体系研究"科研项目的调查成果，对分布在河南省西部基岩山区的 17 处大于 25 ℃的温泉露头(表 1)进行了研究。此类温泉受地质构造的控制，呈东西向展布(图 1)，水温多数比较低，温度变化较大，最高温度达 83 ℃，流量大者达 16.67 L/s；集"热、矿、水"于一体，含有对人体健康有益的微量元素，有较高的理疗价值。

表 1　河南省温泉水温、水量统计表

序号	采样地点	水温/℃	流量/(L/s)	地层特征	序号	采样地点	水温/℃	流量/(L/s)	地层特征
1	济源五龙口	83.0	2.78	寒武-奥陶纪灰岩	10	栾川汤池寺	69.0	8.53	熊耳群安山玢岩
2	郑州三李村	47.0	6.94	寒武-奥陶纪灰岩	11	卢氏汤河村	54.0	2.22	元古代白云岩、大理岩
3	偃师寺沟村	29.5	8.33	三叠纪砂岩	12	鲁山上汤	63.0	14.82	燕山期花岗岩
4	新安土古洞	32.0	8.33	寒武纪灰岩	13	鲁山中汤	61.0	2.97	燕山期花岗岩
5	陕州温水沟	61.0	6.00	寒武-奥陶纪灰岩	14	鲁山下汤	61.0	8.53	燕山期花岗岩

基金项目：河南省自然资源科研项目(编号：豫财招标采购 2019-379-12)；河南省重点科技攻关计划项目(编号：142102310093)。
作者简介：杨珍，女，1988 年生。硕士研究生，工程师，主要从事地热地质相关研究工作。

表 1（续）

序号	采样地点	水温 /℃	流量 /(L/s)	地层特征	序号	采样地点	水温 /℃	流量 /(L/s)	地层特征
6	新安暖泉沟	33.5	5.56	寒武纪灰岩	15	鲁山碱场	50.0	1.28	熊耳群安山玢岩
7	洛阳龙门	43.0	5.00	寒武纪灰岩	16	南召莲花温泉	52.0	13.89	加里东期闪长岩
8	汝州温泉街	63.0	12.50	元古代白云岩、寒武纪灰岩	17	商城汤泉池	56.4	16.67	燕山期花岗岩
9	嵩县汤池沟	43.3	1.12	熊耳群安山玢岩					

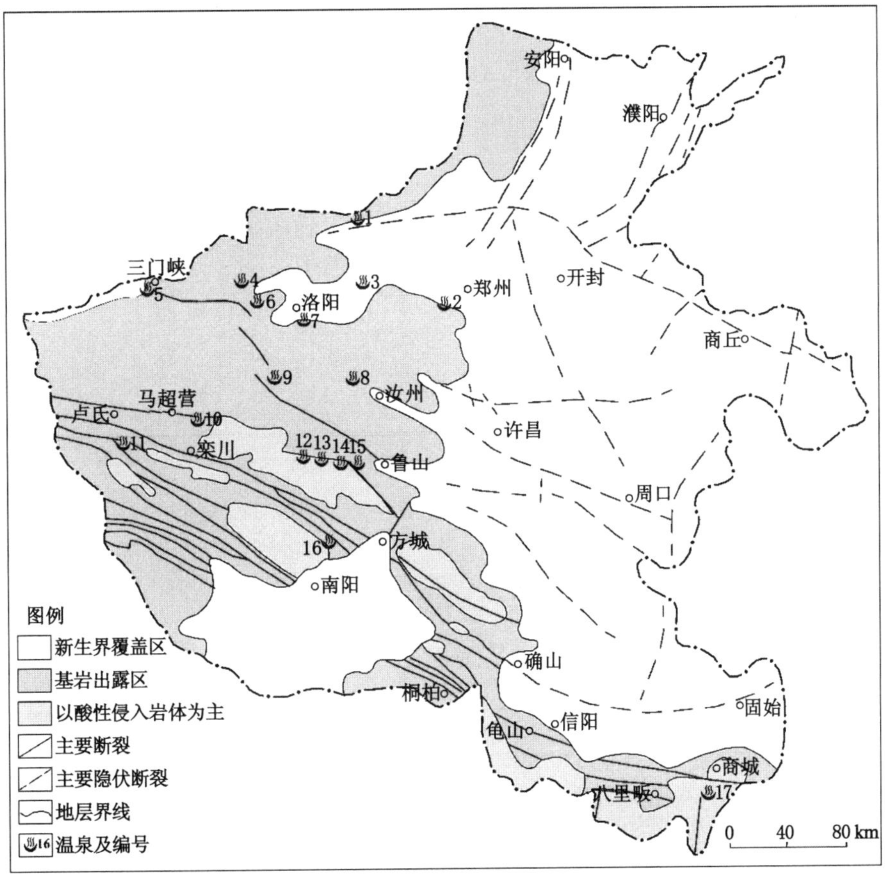

图 1 河南省温泉分布与断裂构造关系

1 河南省温泉水化学特征

河南省温泉主要出露于河谷地带或盆地边缘地带，这些地带断裂构造发育，并且多为规模较大、切割较深的活动性断裂，降水入渗补给的地下水经断裂深循环加热并溶解了围岩物质成分后，通过陡倾斜或近直立的构造破碎带或断裂裂隙带运移上升而形成温泉。

河南省温泉水样水化学组分及同位素组成见表 2。

表 2　河南省温泉水样水化学组分及同位素组成

温泉名称	水化学组分/(mg/L)										
	K^+	Na^+	Ca^{2+}	Mg^{2+}	Cl^-	SO_4^{2-}	HCO_3^-	偏硅酸	偏硼酸	氟	溴
济源五龙口	22.8	337.3	56.7	8.99	333.6	360.7	96.4	92.04	2.6	5.5	0.62
郑州三李村	10.1	17.83	146.0	31.7	11.3	286.3	280.0	83.59	0.24	1.6	<0.10
偃师寺沟村	1.44	70.89	61.29	28.43	38.64	83.09	305.71	27.30	0.31	0.52	<0.04
新安土古洞	5.23	20.63	79.16	32.93	12.05	83.09	336.83	33.75	<0.04	0.4	<0.10
陕州温水沟	15.2	98.45	71.9	21.1	74.8	178.2	244.0	59.54	1.6	1.25	<0.10
新安暖泉沟	8.05	26.5	71.7	19.55	18.95	75.65	260.45	38.48	5.66	0.78	<0.10
洛阳龙门	1.1	7.5	66.1	22.4	6.03	235.0	301.0	69.68	2.9	2.46	0.49
汝州温泉街	61.2	358.4	103.0	13.1	243.9	516.8	323.0	154.44	3.91	4.78	0.58
嵩县汤池沟	3.58	127.0	5.01	1.22	20.56	84.05	162.9	67.6	0.50	8.60	0.12
栾川汤池寺	15.5	284.5	7.82	3.04	39.0	170.5	534.0	71.5	0.20	6.00	0.12
卢氏汤河村	8.38	151.4	7.01	1.82	20.2	155.6	187.0	114.79	0.21	16.45	<0.10
鲁山上汤	2.97	125.7	6.18	1.82	24.46	104.2	148.0	75.92	0.08	16.1	<0.10
鲁山中汤	3.58	127.0	5.01	1.22	20.56	84.05	162.9	92.04	0.06	17.65	<0.10
鲁山下汤	6.33	147.3	2.0	1.22	35.5	95.1	132.0	89.96	0.6	18.4	<0.10
鲁山碱场	6.46	156.4	6.01	1.82	35.5	145.1	139.0	71.37	0.75	14.75	<0.10
南召莲花温泉	7.61	17.63	41.37	39.13	24.435	39.055	257.585	41.18	0.34	2.9	<0.10
商城汤泉池	7.2	151.6	27.1	1.22	11.34	295.4	87.3	102.57	0.11	7.25	<0.10

温泉名称	水化学组分/(mg/L)							pH 值	$\delta^{18}O$ /‰	δD /‰	d
	碘	锶	铁	锂	钡	氡 (Bq/L)	TDS				
济源五龙口	0.01	1.81	0.14	0.424	0.029	0.39	1 291.0	8.05	−9.3	−67.9	6.57
郑州三李村	0.1	2.81	1.78	0.072	0.057	0.26	823.0	7.45	−10.39	−71.5	11.66
偃师寺沟村	0.05	0.58	<0.02	0.015	0.16	0.15	640.74	7.8	−8.78	−65.3	4.96
新安土古洞	0.05	0.53	0.06	0.016	0.188	0.24	595.19	7.6	−9.13	−64.9	8.12
陕州温水沟	0.08	1.25	0.06	0.126	0.062	0.4	744.7	7.25	−11.2	−80.2	9.41
新安暖泉沟	<0.01	1.04	24.04	0.108	0.053	0.27	530.1	7.2	−9.2	−67.4	6.16
洛阳龙门	0.01	1.58	1.04	0.303	0.083	0.47	453.0	7.18	−9.18	−66.0	7.45
汝州温泉街	0.03	1.42	0.38	0.926	0.046	0.21	1 737.0	7.9	−8.94	−67.3	4.26
嵩县汤池沟	<0.05	1.30	0.15	0.50	0.06	0.20	483.4	8.1	−10.93	−77.2	10.24
栾川汤池寺	<0.01	1.21	0.13	1.60	0.04	—	1 135.0	8.15	−11.51	−80.6	11.56
卢氏汤河村	<0.01	0.45	<0.04	0.436	0.002	0.21	614.9	8.15	−11.84	−84.1	10.62
鲁山上汤	0.08	0.47	0.54	0.196	0.02	0.46	487.0	8.3	−11.03	−77.1	11.15
鲁山中汤	0.07	0.37	<0.04	0.162	0.018	0.32	483.4	8.1	−11.01	−77.6	10.51
鲁山下汤	0.03	0.29	<0.04	0.132	0.018	0.44	540.0	9.06	−10.75	−76.3	9.64
鲁山碱场	0.02	0.56	<0.04	0.232	0.014	0.29	570.2	8.3	−8.86	−67.1	3.77
南召莲花温泉	0.01	1.62	0.15	0.229	0.003	0.33	508.03	7.83	−8.33	−60.7	5.91
商城汤泉池	0.06	1.38	<0.04	0.204	0.039	0.17	672.8	7.85	−8.62	−60.2	8.75

1.1 离子组分特征

（1）主要离子

温泉热水中含量较大的离子成分有：K^+、Na^+、Ca^{2+}、Mg^{2+}、Cl^-、SO_4^{2-}、HCO_3^-，是表现温泉热水水化学特征最重要的离子成分。通过分析这些组分，可揭示地下热水赋存环境和在循环演化过程中可能发生的水-岩作用[3]。

图 2 所示为河南省温泉水样阳离子百分比图，可以看出：① Na^+ 为优势阳离子，各温泉 Na^+ 含量为 0.33～15.59 mg/L，其中 10 处温泉 Na^+ 阳离子毫克当量浓度百分数超过 55%，主要原因是热储层岩石成分主要为斜长石、石英、云母等含钠矿物，温泉水在循环演化过程中与岩石发生了水-岩作用，且物质来源充足。② Ca^{2+} 阳离子毫克当量浓度百分数在郑州三李村、偃师寺沟村、新安土古洞、陕州温水沟、新安暖泉沟、洛阳龙门 6 处温泉较高，与热储层岩性有关，地下热水在循环演化过程中与碳酸盐发生阳离子交换和溶滤作用。③ K^+、Mg^{2+} 阳离子毫克当量浓度百分数较小，主要原因是 K^+、Mg^{2+} 易被植物吸收，并且 K^+ 容易形成不溶于水的次生矿物，Mg^{2+} 在硅酸盐参与下与围岩中的矿物发生反应[4]。

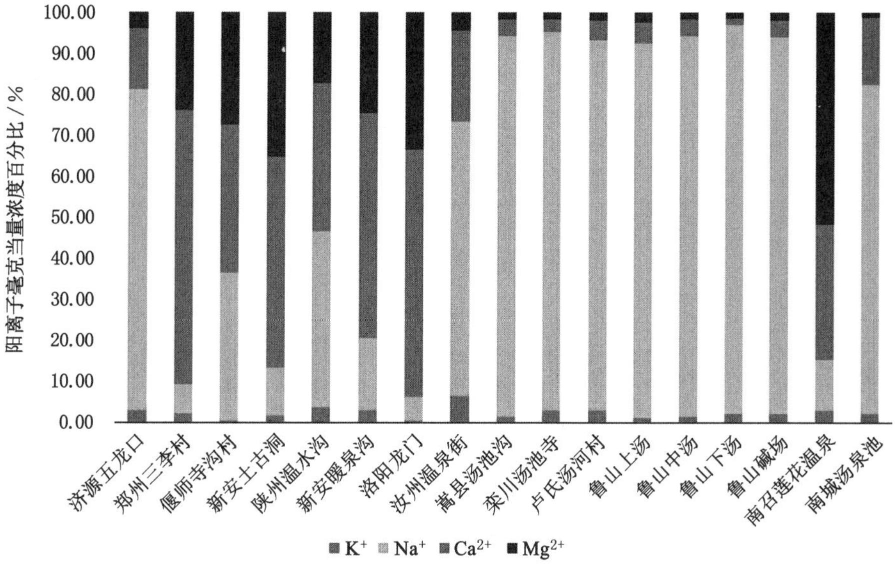

图 2 河南省温泉水样阳离子百分比图

图 3 所示为河南省温泉水样阴离百分比图，可以看出：① HCO_3^- 为优势阴离子，各温泉 HCO_3^- 含量为 87.3～336.83 mg/L，HCO_3^- 阴离子毫克当量浓度百分数为 8.54%～73.75%，其中 13 处温泉 HCO_3^- 阴离子毫克当量浓度百分数超过 40%，说明温泉水矿化度较低；其主要来源是含碳酸盐的沉积岩和变质岩，而上述温泉热储层岩性主要为灰岩和变质岩。② SO_4^{2-} 含量为 39.06～516.8 mg/L，阴离子毫克当量浓度百分数为 14.2%～77.8%，其主要来源是含硫酸盐的沉积岩溶解、硫化物氧化，说明地下热水处于氧化环境。③ 除济源五龙口、汝州温泉街 Cl^- 含量为 333.6 mg/L、243.9 mg/L，阴离子毫克当量浓度百分数分别为 50.87%、30%外，其余各温泉 Cl^- 含量为 11.3～74.8 mg/L，阴离子毫克当量浓度百分数为 1.7%～21.49%，其含量较低的原因推测为热储层中含氯矿物较少，并且 Cl^- 具有很强的迁移性。

（2）微量组分

温泉热水中的微量组分主要有氟、溴、碘、锶、铁、锂、钡、氡、偏硼酸、偏硅酸等，其化学成分不同，理疗效果不同[5]。从图 4 可以看出，各温泉水样偏硅酸含量最高，为 27.3～154.44 mg/L；氟含

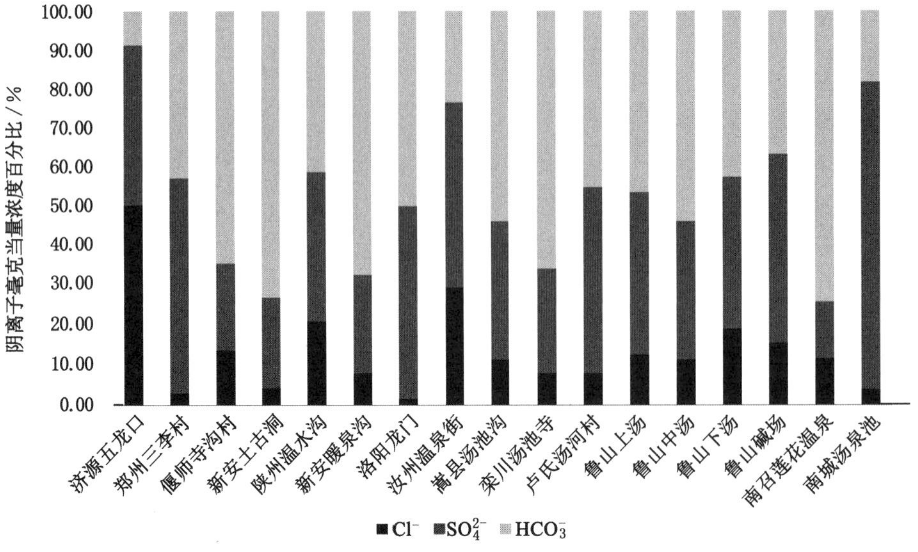

图 3　河南省温泉水样阴离子百分比图

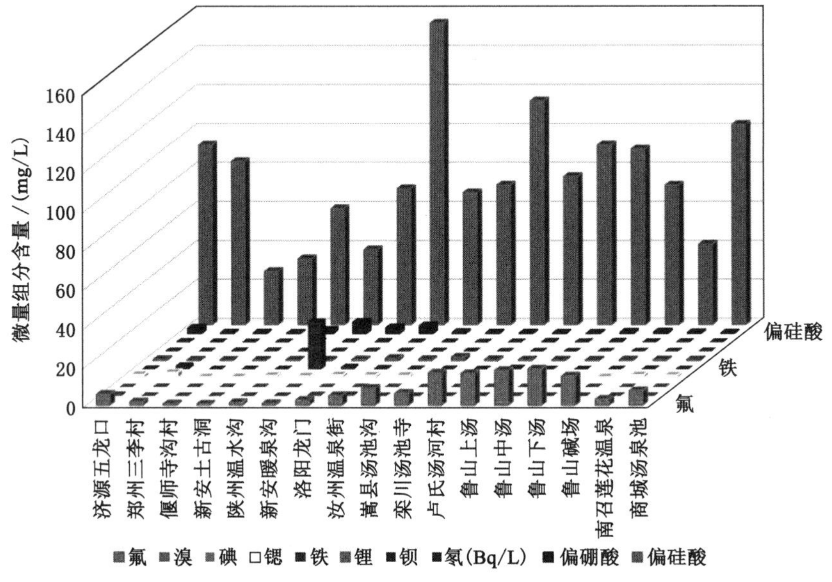

图 4　河南省温泉水样微量组分含量图

量次之，为 0.78～18.4 mg/L；偏硼酸含量为 0.04～5.66 mg/L；锶含量为 0.29～2.81 mg/L，新安暖泉沟铁含量较高，为 24.04 mg/L。从图 5 可以看出，10 种微量组分主要富集在 43～63 ℃的温泉热水中，其中偏硅酸含量和温度呈正相关，随着温度升高，偏硅酸的溶解度增大。

① 偏硅酸主要来源于围岩中长石类矿物溶解，变质岩中硅含量较高，各温泉水样偏硅酸含量基本符合这一特征。

② 含氟矿物是地热水中氟的主要来源，火成岩中含氟矿物最多，Na^+ 含量较高有利于氟在水中聚集[4]，所取温泉水样中 9 处 Na^+ 阳离子毫克当量浓度百分数超过了 55%。

③ 含锶矿物是地热水中锶的主要来源，碳酸盐岩和碎屑岩地层有利于锶的富集[4]。

④ 新安暖泉沟铁含量很高，推测地层富集含铁矿体。

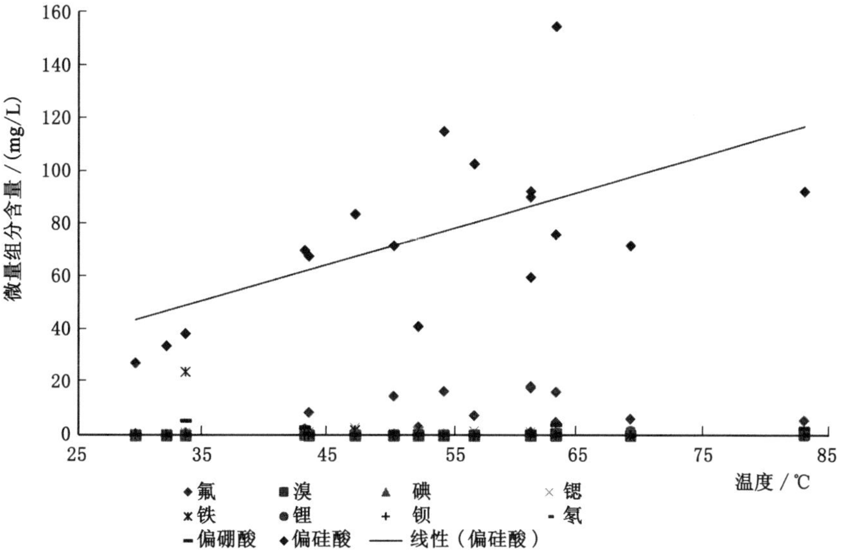

图5　河南省温泉水样微量组分含量与温度关系图

1.2　水化学类型及分布特征

温泉的形成均与导热、导水断裂构造有关，因此其水化学类型也较为复杂[6-16]，以 HCO_3 · SO_4-Na 型、SO_4 · HCO_3-Na 型、Cl · SO_4-Na 型等为主，pH 值为 7.36～8.84，为弱碱性；溶解性总固体一般<1.0 g/L，嵩县汤池沟、洛阳龙门、汝州温泉街、济源五龙口等地大于 1.0 g/L，最高达 1.49 g/L，这是因其地理位置不同而差异较大。

(1) 重碳酸盐型温泉热水

HCO_3-Na 型水分布在嵩县汤池沟和栾川汤池寺，位于华熊台缘坳陷区内，其地质背景为熊耳山的安山玢岩，这种苏打类型温泉热水的特点是：水温较高，达 43～69 ℃；pH 值为 7.73～7.78；总硬度较低，为 75.06～91.77 mg/L；溶解性总固体较高，为 934.9～1 139.3 mg/L；氟含量为 9.2～10 mg/L，HBO_2 含量为 0.57～0.96 mg/L，H_2SiO_3 含量为 78.13～106.34 mg/L；Na/Cl 比值为 6.43～6.87。

HCO_3-Ca 或 HCO_3-Ca · Mg(Na)型水分布于偃师寺沟村、新安土古洞和洛阳龙门，位于华熊台缘坳陷和嵩箕隆起的相邻部位，其地质背景为为三叠纪砂岩和寒武纪灰岩。水温较低，在 29～43℃，pH 值为 7.86～8.27，溶解性总固体为 398.36～426.93 mg/L，总硬度为 228.13～284.18 mg/L；氟含量为 0.4～0.66 mg/L，HBO_2 含量≤0.1 mg/L，H_2SiO_3 含量为 17.65～33.75 mg/L；Na/Cl 比值为 1.11～1.86，说明地热水中化学元素主要来源于围岩淋溶。

(2) 重碳酸硫酸盐型温泉热水

HCO_3 · SO_4-Na 型水分布在鲁山上汤、中汤、下汤及碱场，位于华熊台缘坳陷东部边缘，与周口凹陷毗邻，受控于车村大断裂，又受控于 NE、NW 向的次级分支断裂。车村大断裂走向近 EW，北侧主要为元古代安山玢岩，南侧主要为燕山期花岗岩，断裂带西端嵩县、鲁山两县交界处地势高，是温泉水的补给区，大气降水入渗后，在静水压力的作用下，经深循环加热后向东流，当遇到与主干断裂斜交的分支断裂时，沿断裂破碎带上涌成泉。温泉沿车村断裂南侧(上盘)自西向东依次近等距排列(间距 10.5～11.5 km)，水温为 50～63 ℃，pH 值为 8.36～8.84，总硬度为 16.26～30.92 mg/L，溶解性总固体为 451～501.2 mg/L；含氟量很高，一般在 14.75～18.4 mg/L，HBO_2 含量为 0.06～0.75 mg/L，H_2SiO_3 含量为 71.37～92.04 mg/L；热水中放射性含量较高，据前人资料，鲁山上汤、中汤温泉水的铀含量为 $1.04\times10^{-7}\sim9.75\times10^{-7}$ g/L，镭含量为 $2.46\times10^{-12}\sim8.2\times10^{-12}$ g/L，中汤温泉水的氡值在 74 Bq/L 左右，具一定的医疗价值；Na/Cl 比值为 3.90～5.17。从水质分析看，水化学类型基本相同，总溶固非常接近，Cl^-、Na^+、Ca^{2+}、Mg^{2+}、SiO_4^{2-} 含量由西向东增高，氟化物及偏硅酸均较高，说明形成条件相同。

$HCO_3\cdot SO_4$-Na(Ca)型水分布在南召莲花温泉及陕州温水沟两地，南召莲花温泉位于北秦岭褶皱带，其地质背景为二郎坪群大庙组斜长角闪片岩与燕山期花岗岩体接触带；陕州温水沟温泉位于华熊台缘坳陷内崤山-鲁山拱褶断束西部，其地质背景为寒武-奥陶纪灰岩。水温为 52～61 ℃，pH 值为 7.8～7.99，总硬度为 182.05～282.93 mg/L，溶解性总固体为 617.19～706.52 mg/L；氟含量为 1.25～2.9 mg/L，HBO_2 含量为 0.34～1.6 mg/L，H_2SiO_3 含量为 41.18～59.54 mg/L；Na/Cl 比值为 1.19～2.36。

(3) 硫酸重碳酸盐型温泉热水

$SO_4\cdot HCO_3$-Na 型水分布在卢氏汤河村和商城汤泉池，均位于秦岭褶皱带，其地质背景为燕山期花岗岩。水温为 54～56 ℃，pH 值为 8.1～8.54，总硬度为 30.37～81.11 mg/L，溶解性总固体为 558.94～618.95 mg/L；氟含量为 7.25～16.45 mg/L，HBO_2 含量为 0.11～0.21 mg/L，H_2SiO_3 含量为 102.57～114.79 mg/L；Na/Cl 比值为 6.99～8.89。

$SO_4\cdot HCO_3$-Ca(Mg)型水分布在郑州三李村和新安暖泉沟，郑州三李村温泉位于嵩箕隆起区，新安暖泉沟温泉位于华熊台缘坳陷，其地质背景均为寒武-奥陶纪灰岩。水温较低为 33～47 ℃，pH 值为 7.41～7.73，总硬度为 385.31～524.72 mg/L，溶解性总固体为 633.75～822.59 mg/L；氟含量较低为 0.58～1.6 mg/L，HBO_2 含量为 0.24～5.66 mg/L，H_2SiO_3 含量为 17.99～83.59 mg/L；Na/Cl 比值为 1.52～2.40，接近地表水(1.79)水平。由于郑州三李村温泉距郑州市区仅十余公里，且水质较好、水量较大，因此其开发用途较广，可用于洗浴、度假，经进一步勘探，可作为郑州市应急(后备)水源地。

(4) 氯化物硫酸盐型温泉热水

$Cl\cdot SO_4$-Na 型水分布在济源五龙口，位于太行隆起带与济源-开封凹陷相接部位，其地质背景为寒武-奥陶纪灰岩。水温为 83 ℃，pH 值为 8.38，总硬度为 318.9 mg/L，溶解性总固体为 1 092.9 mg/L；氟含量为 5.5 mg/L，HBO_2 含量为 2.9 mg/L，H_2SiO_3 含量为 92.04 mg/L，氡值为 112.85 Bq/L；Na/Cl 比值为 1.86，接近地表水(1.79)水平。该类温泉水具有较高的医疗价值。

(5) 硫酸盐氯化物重碳酸盐型温泉热水

$SO_4\cdot Cl\cdot HCO_3$-Na 型水分布在汝州温泉街，位于华熊台缘坳陷区，紧邻嵩箕隆起，其地质背景为寒武纪灰岩。水温为 63 ℃，pH 值为 7.47，总硬度为 314.85 mg/L，溶解性总固体为 1 487.3 mg/L；氟含量为 4.78 mg/L，HBO_2 含量为 3.91 mg/L，H_2SiO_3 含量为 154.44 mg/L；Na/Cl 比值为 1.45，接近地表水(1.79)水平。此处温泉流量大，水温高，泉水成分复杂，为国内良好的理疗矿水，能治疗多种疾病，具有良好的疗效。

2 温泉稳定同位素特征

本文根据河南省大气降水 δD-$\delta^{18}O$ 直线方程：$\delta D=7.96\delta^{18}O+9.48$，对河南省温泉的同位素样品(表 2)进行了分析，并绘制 δD-$\delta^{18}O$ 关系图(图 6)。

由此可以看出，河南省温泉的 δD 值分布在 −55.80‰～−84.13‰，平均值为 −69.96‰；$\delta^{18}O$ 值分布在 −7.89‰～−11.84‰，平均值为 −9.74‰。δD、$\delta^{18}O$ 值点均落于大气降水线附近或其下方；氘过量参数 d 位于 3.77～11.66，平均值为 7.99，接近大气降水值，说明河南省温泉主要源自大气降水。

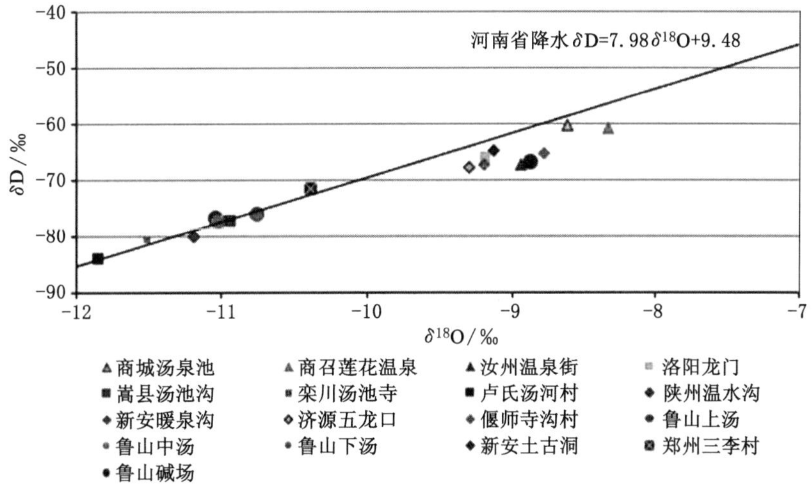

图 6 河南省温泉 δD-$\delta^{18}O$ 关系图

由于地下水径流与围岩的氧同位素交换作用，大部分温泉水点表现出“^{18}O 偏移”现象，其原因在于地下热水在沿断裂运移过程中，受到深部侵入岩的加热，与围岩发生了强烈的氧同位素交换作用。如图 6 所示，鲁山上、中、下汤至下游碱场温泉（图中 4 个圆形水样点），上汤、中汤落在降水线上，显示其热水直接来源于大气降水；下汤位于降水线下方，紧邻降水线，反映出其与围岩有短距离交换；至下游碱场，随着运移距离的延长，其偏移值明显加大，且氘过量参数也有从上游至下游减小的特征，显示出与围岩同位素交换作用的加强。

3 温泉理疗作用分析

3.1 理疗热矿水水质评价

温泉是指地下涌出的，温度高于 25 ℃，水质成分对人体无害的泉水（尽管各国对温泉在定义上有诸如温度设定、水质成分等细微差距，但温泉有益于人体健康的事实是毫无争议的）[17]。我国的温泉文化可追溯到五千年前的“神农”时代，人们发现常泡温泉可以治愈许多皮肤、风湿和筋骨方面的疾病。温泉之所以具有理疗作用，主要是因为其中含有对人体有益的多种矿物质和微量元素，且大多数矿物质的溶解度随温度的升高而增大，当这些矿物质和微量元素的含量达到医疗热矿泉水水质标准时，温泉就具有较高的理疗价值[18-19]。

河南省温泉中有多项组分的质量浓度均达到了《地热资源地质勘察规范》(GB/T 11615—2010) 附录 F“医疗热矿水水质标准”，具有较高的医疗价值（表 3）。

表 3 河南省温泉医疗热矿水水质评价表

温泉名称	评价结果	温泉名称	评价结果
济源五龙口	含偏硼酸的偏硅酸、氟地热水	栾川汤池寺	含锂的偏硅酸、氟地热水
郑州三李村	含氟的偏硅酸地热水	卢氏汤河村	偏硅酸、氟地热水
偃师寺沟村	含偏硅酸的地热水	鲁山上汤	偏硅酸、氟地热水
新安土古洞	含偏硅酸的地热水	鲁山中汤	偏硅酸、氟地热水
陕州温水沟	含偏硼酸、氟的偏硅酸水	鲁山下汤	偏硅酸、氟地热水

表 3（续）

温泉名称	评价结果	温泉名称	评价结果
新安暖泉沟	含偏硅酸、偏硼酸的铁热水	鲁山碱场	偏硅酸、氟地热水
洛阳龙门	含偏硼酸的偏硅酸、氟地热水	南召莲花温泉	含偏硅酸的氟地热水
汝州温泉街	含偏硼酸的偏硅酸、氟地热水	商城汤泉池	偏硅酸、氟地热水
嵩县汤池沟	偏硅酸、氟地热水		

3.2 理疗热矿水不同组分理疗作用分析

河南省温泉热浴不仅可使人体肌肉、关节松弛，消除疲劳，还可扩张血管，促进血液循环，加速人体新陈代谢。此外，河南省大多数温泉中含有丰富的化学物质，对骨质松脆、神经兴奋或麻痹、皮肤病，妇科病、运动系统疾病、心血管疾病、关节炎和肠胃病等多种疾病都有很好的疗效，而且能起到预防、保健和康复作用。比如，温泉中的碳酸钙对改善体质、恢复体力有相当的作用；温泉所含丰富的钙、钾、氡等成分对调整心脑血管疾病，治疗糖尿病、痛风、神经痛、关节炎等均有一定效果；而硫磺泉可软化角质，含钠元素的碳酸水有漂白软化肌肤的效果。不同微量组分理疗作用见表 4。

表 4　热矿水微量组分理疗作用分析表[4,20]

微量组分	理疗作用
氟	可用于防治龋齿、骨质疏松等病症；氟过量会引起氟骨症，甚至出现中毒症状
溴	是构成生命组织的重要物质，可抑制中枢神经系统，有镇静、止痛等作用，对神经官能症、植物神经紊乱、神经痛和高血压等疾病有较好的疗效
碘	可用于治疗甲状腺肿、克汀病等；缺碘会影响甲状腺的正常功能，导致甲状腺肿大、发育迟缓等症状；摄入过量会导致甲状腺功能亢进
锶	是人体必需的微量元素之一，能强壮骨骼，预防和治疗骨质疏松，防治心血管疾病，促进细胞发育，预防龋齿，缓解糖尿病等
铁	参与氧的运输和储存，缺铁会导致贫血、免疫功能低下、新陈代谢紊乱等症状，但铁过量会导致心脏、肝脏疾病
锂	对中枢神经有调节作用，具有镇静、安神、控制精神紊乱的作用
钡	主要用于医疗检查，如胃肠道造影；过量会出现腹痛、心律不齐、肌肉痉挛等症状
氡	可用于治疗高血压和某些心血管疾病，可调整神经功能，对神经炎、关节炎、皮肤病有良好疗效
偏硼酸	可用于杀菌、消毒，对多种细菌、霉菌有抑制作用；可用于治疗耳炎、关节炎和皮肤病等
偏硅酸	对人体主动脉硬化具有软化作用，对心脏病、高血压、动脉硬化、神经功能紊乱、胃炎及消化道溃疡具有一定的医疗保健作用；能提高皮肤的弹性，有助于骨的钙化，促进生长发育

4 结论

河南省温泉主要分布在西部基岩山区，源自大气降水，受地质构造的控制，水化学类型复杂，具有温度高、水量大、理疗价值高等特点，偏硼酸含量为 0.06～5.66 mg/L，偏硅酸含量为 17.65～154.44 mg/L，氟含量为 0.3～18.4 mg/L，锶含量为 0.29～2.81 mg/L。有部分水样达到了“矿水浓度”或“命名矿水浓度”值，如新安暖泉沟温泉铁含量达 24.04 mg/L，是唯一铁含量达到医疗价值浓度的温泉水。

河南省温泉具有“热、矿、水”三位一体特征，综合利用好“热”及不同类型的“矿”和“水”，对人体的理疗保健和农渔牧业的特色种植养殖具有不同效果。所以，真正意义上的温泉文化是根据温泉具有不同的温度、特殊的化学成分以及少量的放射性物质等，对其进行综合开发利用，打造不同矿水理疗保健和种植养殖的品牌，在温泉理疗、地热科普教育、温泉度假旅游、特色生态农业和养殖业等产业方面形成特色小镇或温泉之乡，促进生态文明建设，实现“绿水青山就是金山银山”的目的。

参 考 文 献

[1] 李阳.河南省温泉旅游资源开发与保护[J].旅游纵览(下半月)，2017(1)：161，163.
[2] 梁泽德，王树杰.基于温泉地热能利用的动力循环系统研究[J].可再生能源，2013，31(4)：81-84.
[3] 王晓翠.云南沘江沿岸温泉水化学特征和水文地球化学模拟研究[D].北京：中国地质大学(北京)，2016.
[4] 徐洪飞.云南泸水地区部分温泉水化学和同位素特征及成因分析[D].北京：中国地质大学(北京)，2020.
[5] 姜宝良，张石磊，豆敬磊，等.豫北对流型地热区热矿水的特点及理疗作用[J].华北水利水电大学学报(自然科学版)，2016，37(2)：41-46.
[6] 黄光寿，郭丽丽，黄凯.河南省十大温泉地热地质特征[J].地质与资源，2020，29(1)：91-100.
[7] 牛志刚，范云霞，孙宝山，等.河南龙门地热田温热水成因浅析[J].中州煤炭，2006(6)：17-19.
[8] 苗冬寒，张少勇.龙门地热田开发利用现状及地热成因[J].中州煤炭，2014(2)：102-104.
[9] 徐九儒.洛阳龙门地热的形成及赋存特征的分析[J].城市地质，2011，6(3)：40-42.
[10] 杨现国.洛阳龙门地下热水形成条件的研究[J].地下水，2014，36(5)：58-60.
[11] 河南省地质环境监测院.河南省地热、矿泉水资源调查评价报告[R].2008.
[12] 河南省地质局水文地质管理处.河南省温泉[R].1983.
[13] 河南省地质矿产局第一地质工程院.河南省栾川县庙子乡咸池地热资源可行性勘查报告[R].2011.
[14] 河南省驻马店地质工程勘察院.鲁山县下汤地热田地热资源普查报告[R].2003.
[15] 河南省地矿局第二地质环境调查院.河南省陕县温塘地热矿泉水详查报告[R].2016.
[16] 河南省地质调查院.河南省地热资源现状调查评价与区划[R].2014。
[17] 袁箐，陈楠.基于时空演变与满意度的综合型温泉度假区研究：以河南省为例[J].商丘师范学院学报，2016，32(9)：54-61.
[18] 杨建，邱燕燕，王心义.地热水医疗保健作用评价[J].焦作工学院学报(自然科学版)，2004，23(6)：447-450.
[19] 周申晋.谈谈温泉的医疗作用[J].科技简报，1981(2)：31-32.
[20] 李明礼.西藏典型理疗地热矿泉的成因及功效研究[D].成都：成都理工大学，2018.

新疆木扎灵地区自然景观资源特征及开发利用建议

杜保峰[1,2],程兴国[3],张荣臻[1,2],耿爱斌[1],胡红雷[1],鲁培庆[1]

(1. 河南省地质调查院,河南 郑州 450001;

2. 河南省金属矿产成矿地质过程与资源利用重点实验室,河南 郑州 450001;

3. 河南省地质科学研究所,河南 郑州 450001)

摘 要:为查清新疆木扎灵地区自然景观资源特征,对区内景观资源开展了详细调查和综合分类研究,并提出了开发利用建议。研究认为区内冰山耸峙、峡谷纵横、地质复杂、生物多彩,具有丰富且独特的自然景观资源。将区内自然景观资源分为地貌景观类、地质景观类、水域风光类、气象景观类和生物景观类等五大类,各类景观均有不同的独特性。建议政府相关职能部门科学规划和因景制宜,加强可视化宣传,同时融合当地人文特色,在保护生态环境的前提下合理有序地开发区内景观资源。

关键词:木扎灵;自然景观资源;开发利用;新疆

引言

新疆地区物产丰富,有着得天独厚的自然景观资源[1-2],虽然近些年已得到一定程度的旅游开发,但其经济发展水平仍相对滞后[3-6],尤其是南疆地区。因而将贫困地区的独特自然景观资源充分开发利用,是巩固、拓展脱贫攻坚成果和促进实现乡村振兴的重要举措[7-9]。

木扎灵地区位于新疆西南部,为古丝绸之路重要路段,行政区划属喀什地区塔什库尔干塔吉克自治县和克孜勒苏柯尔克孜自治州阿克陶县管辖。研究区主要为塔吉克族、柯尔克孜族等少数民族居住区,经济以牧业为主、农业为辅。近些年,区内交通条件得以显著改善,柏油路已贯穿区内,其他地方也多有通车沙土路,居民多以骑摩托车出行。

研究区内自然景观资源丰富,有如诗如画的高原风情、壮美妖娆的雪域风光、风姿绰约的葱岭山水,但一直受限于原来较差的自然地理条件而尚未开展系统的景观资源调查研究,后续开发也极为滞后。近几年来,笔者在开展的新疆西昆仑木札岭地区综合地质调查项目中,首次对区内自然景观资源进行了详细调查,就区内自然景观资源进行了分类阐述,并提出了开发利用建议,以供新疆当地旅游资源规划参考。

1 自然景观资源概况

研究区地处帕米尔高原东部,横跨塔里木板块南缘与西昆仑造山带,地质构造复杂[10-12]。区内经历了长期复杂的演化历史,加里东运动、华力西运动、印支运动都曾对该区地质构造产生过巨大影响,喜马拉雅造山运动至今影响着该区域,塑造了现今地理地貌特征[13-16]。

基金项目:中央返还新疆地质勘查基金项目(编号:K15-1-LQ01)。

作者简介:杜保峰,男,1985年生。硕士,高级工程师,主要从事地质矿产及景观资源调查研究工作。

研究区内出露地层为古元古界库浪那古岩群、中元古界蓟县系桑株塔格群、下-中奥陶统玛列兹肯群、下石炭统他龙群和第四系(图 1)。区内发育多期次韧性-脆性断裂及小型褶皱，总体走向北西-北北西。沿区内东侧断续出露有晚寒武-早奥陶世蛇绿岩残块，岩石类型为辉长岩、(橄榄)辉石岩等，为区域库地-柯岗蛇绿岩带在区内的古特提斯洋残片。区内岩浆活动集中在奥陶纪和三叠纪，其中三叠纪侵入岩广泛分布，属原慕士塔格复式岩体组成部分，主体岩性为二长花岗岩，次为花岗闪长岩、正长花岗岩等。区内矿产资源较为丰富，分布有铜、铁、金、钨、钼、宝玉石、温泉和饰面石材等矿产。

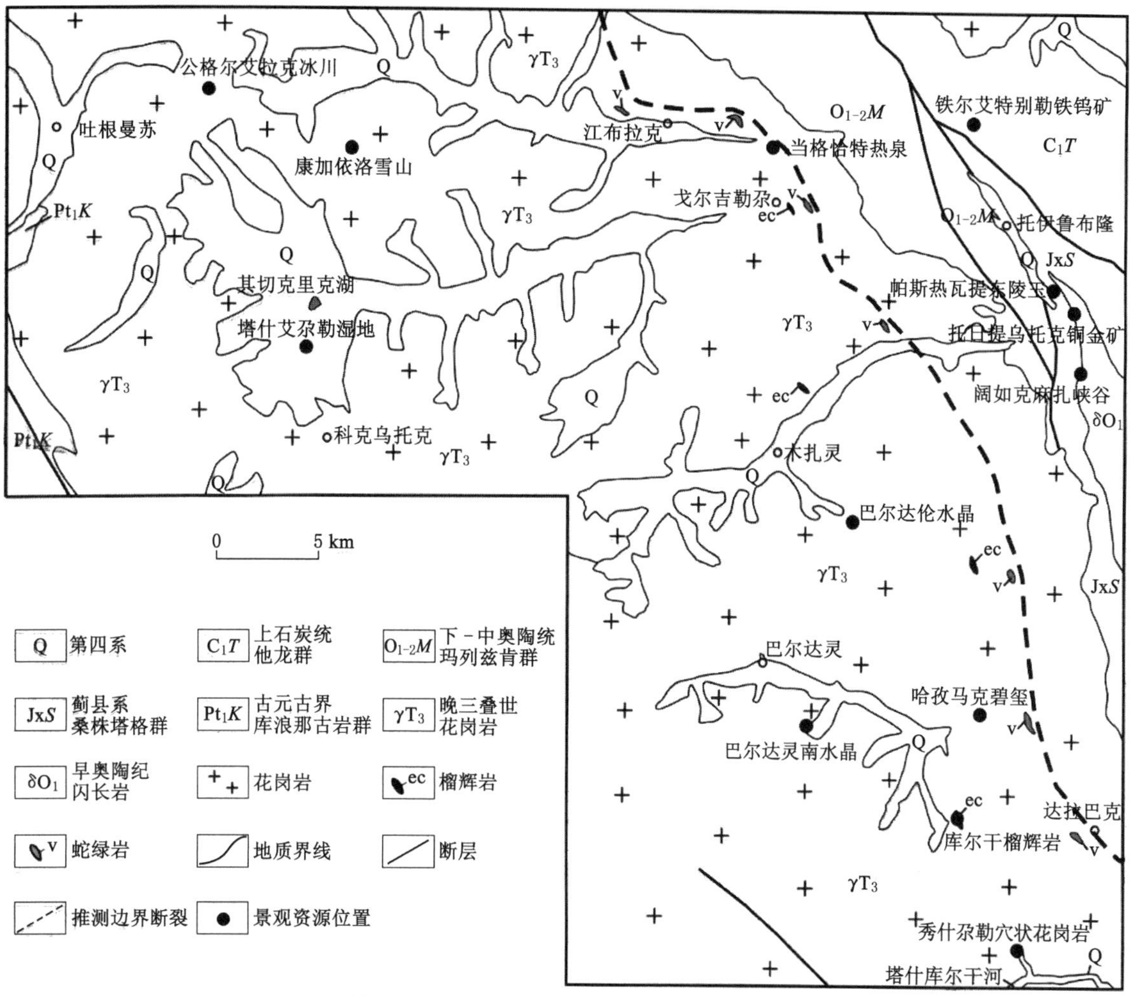

1—第四系；2—下石炭统他龙群；3—下-中奥陶统玛列兹肯群；4—中元古界蓟县系桑株塔格群；5—古元古界库浪那古岩群；6—晚三叠世花岗岩；7—早奥陶世闪长岩；8—花岗岩；9—榴辉岩；10—蛇绿岩；11—地质界线；12—断层；13—推测边界断裂；14—景观资源位置。

图 1　新疆木扎灵地区地质简图及景观资源分布图

研究区内地势总体呈西北高东南低，海拔高度一般为 3 000～5 000 m，平均为 4 000 m 左右，其中最高海拔为 5 604 m，最低海拔为 2 412 m，地形切割强烈，相对高差很大。区内属典型的大陆高寒型气候，昼夜温差大(>15 ℃)，干燥少雨，年平均气温 3.3 ℃，年平均降雨量约 68 mm；植被覆盖率较低，山体大多裸露；7～8 月冰雪融水、暴雨常形成山洪，10 月底开始降雪，11 月中旬至第二年 4 月为冰封期。这些地理气候有利于形成独特的自然景观。

研究区内冰山耸峙、峡谷纵横，北临海拔 7 546 m 的“冰山之父”慕士塔格峰，多处是冰山、冰河、冰川、冰塔；奇山怪石、奇花异草遍布山峦沟壑中，热泉、湖泊、牧场点缀雪岭，杏花村、花果乡散布于巍峨山峰间,高原动物活跃其中;此外气候分带比较明显,从东南到西北,几小时内可以领略一年四季变化,构成了区内特有的景观资源,是旅游观光理想之地。

2 自然景观分类及其特征

本次研究根据自然景观性质和特点,结合国内划分标准[17-20],将区内自然景观资源分为地貌景观类、地质景观类、水域风光类、气象景观类和生物景观类等五大类,见表1。

表1 木扎灵地区自然景观资源一览表

主类	基本类型	主要景观名称
地貌景观类	山岳冰川地貌	公格尔艾拉克、库尔干-其切克里克达坂一带冰川、冰蚀谷、冰碛湖等冰碛地貌,塔什库尔干河及其支流沿岸山体景观
	峡谷地貌	阔如克麻扎一线天峡谷、阿萨尔吉勒尕沟一线天峡谷地貌
	花岗岩地貌	塔什库尔干河沿岸秀什尕勒一带花岗岩穴状风化外貌
地质景观类	地质构造景观	江布拉克-达拉巴克一带蛇绿岩套残片,库尔干、戈尔吉勒尕沟谷以榴辉岩为代表的高压—超高压变质带、褶皱变形构造、中生代花岗岩体
	矿产资源景观	巴尔达伦水晶矿、帕斯热瓦提东陵玉、托日提乌托克铜金矿等原生露头
水域风光类	风景河湖景观	塔什库尔干河沿岸及分支河流景观:高山峡谷、急流险滩、胡杨林、沙棘林、红柳林,以及其切克里克天然湖泊
	湿地景观	塔合曼湿地、塔什艾尕勒湿地
	温泉景观	当格恰特热泉、戈尔吉勒尕热泉
气象景观类	气象景观	六月飞雪景观、星空银河景观
生物景观类	野生植物景观	胡杨、沙棘、红柳、杏树等观赏植物,雪莲、当归、党参、紫草、锁阳、黑枸杞、肉苁蓉、库鲁木提等名贵中药以及野葱、野韭菜、野茴香等野生食材
	野生动物景观	牦牛、高山寒羊、毛驴、骆驼、马、黄羊、岩羊、旱獭、狼、狐狸、野兔、高原鼠兔、鹰、裂腹鱼、高原鳅等

2.1 地貌景观类

(1) 山岳冰川地貌

研究区位于世界著名的"冰山之父"幕士塔格峰东南。冰川是区内重要的景观资源,主要分布在公格尔艾拉克、库尔干-其切克里克达坂一带现代雪山周围,与雪山一起构成研究区重要自然景观[图2(a)]。公格尔艾拉克一带,从托依鲁布隆村经江布拉克牧场骑摩托可进入该冰川,交通相

(a) 公格尔艾拉克一带雪山-冰川

(b) 昆仑山体远景

图2 冰川地貌

对便利，易于观赏、考察和研究；最高处海拔 5 543 m，夏季山顶覆盖着超过 50 m 的冰川。库尔干-其切克里克达坂一带，沿其其力克吉勒尕河谷可驱车前行，交通便利。在现代冰川的山前地段，冰蚀谷、前碛及侧碛等冰川地貌保存完好，形成大量冰碛、冰水堆积扇体，有时多个扇体连在一起构成山前冲洪积扇裙，扇体规模较大，景观比较壮观。

区内花岗岩及变质岩体构成巍峨峭拔的昆仑山体[图 2(b)]。塔什库尔干河沿岸山峰奇伟，壁立千仞，且有公路通达，是观赏巍峨昆仑山体的绝佳之处。

(2) 峡谷地貌

研究区内比较有特色的峡谷为阔如克麻扎和阿萨尔吉勒尕沟一线天峡谷地貌[图 3(a)]。阔如克麻扎近沟口两侧石英二长岩体差异风化形成的各种凹穴坑洞，形态怪异，加上沟谷狭深，颇有几分神秘气息。阿萨尔吉勒尕沟一线天峡谷，最窄处不过 2 m，上不见天日，下只闻水声，让人如入禁地秘境，是野外探险寻奇的理想之地。

(3) 花岗岩地貌

研究区内花岗岩极为发育，形成的地貌景观山体峻秀、陡崖凌空，象形石景比比皆是，造型活灵活现，令人无限遐想。在塔什库尔干河沿岸秀什尕勒一带花岗岩穴状风化[图 3(b)]，形成各种奇异的坑穴纹路，如天书、壁画，又似天然攀岩墙，是区内独有景观资源，且具有较好观赏和开发价值。

(a) 阔如克麻扎一线天峡谷　(b) 花岗岩穴状风化形成的"天书、壁画"

图 3　峡谷与花岗岩地貌

2.2 地质景观类

地质景观是指具有一定科学价值和观赏价值的各种地质遗迹，调查区各种地质现象比较发育，有多种地质遗迹保留。

(1) 地质构造景观

研究区东部各类典型褶皱变形极为发育，具有良好的研究和美学观赏价值。沿江布拉克-达拉巴克一带保留有镁铁质岩-超镁铁质岩为主的蛇绿岩套残片，以及库尔干、戈尔吉勒尕沟谷以榴辉岩和退变榴闪岩为代表的早期高压-超高压变质带残留，指示该微陆块数亿年前曾发生过深俯冲作用及后期的构造折返作用，具有很好的科考价值。同时，区内广泛分布的花岗岩体作为中生代西昆仑区域岩浆活动事件与造山-深部过程的载体,也具有重要的研究价值。

(2) 矿产资源景观

研究区位于西昆仑北部 Fe-Cu-Pb-Zn-硫铁矿-水晶-白云母-玉石-石棉成矿带,金属、非金属矿产资源丰富。比较重要的有巴尔达伦水晶矿、帕斯热瓦提沟东陵玉、托日提乌托克铜金矿、哈孜马克碧玺矿等原生露头,具有一定的科考和观赏价值。巴尔达伦水晶矿处于木扎灵四大队至阿克窝孜大沟里的山上,曾出产上吨重的单体水晶,是新疆著名的"水晶之王"产地,骑乘摩托车并爬山可至。托日提乌托克铜金矿和帕斯热瓦提沟东陵玉原生露头紧临木扎灵窝孜至托依鲁布隆村的乡间公路,交通便利,铜金矿为岩浆热液成因,东陵玉为变质成因,顶底板岩层清楚,具有科普和制作矿物标本的价值。

2.3 水域风光类

(1) 风景河湖景观

风景河湖景观主要为高山峡谷区的河流景观和天然湖泊。塔什库尔干河及其支流沿岸的高山峡谷孕育了许多急流险滩,两岸山高谷深,地形陡峭,水流湍急;河谷宽缓地段千年胡杨和沙棘、红柳成林,是观山听水的最佳之处。其切克里克湖泊处于塔什艾尕勒草地之中,为一冰雪融化后在低洼处汇集形成的天然湖泊,夏季湖内在阳光照耀下波光粼粼、清澈凉爽,透着宝石蓝的媚人光泽,并可见山体倒影[图 4(a)],高原冷水鱼在湖中徜徉游动,是感受高原天然雪融湖泊的佳处,可骑乘摩托前往。

(2) 湿地景观

研究区内比较著名的塔合曼湿地和塔什艾尕勒湿地[图 4(b)]分布于高山下宽阔地段,多与雪山相伴,旁湖泊泉水河流,属典型的湿地类型。湿地内风光旖人,可见河边青青草,牛羊满坡跑,只闻溪流声,不见有人来,一片优美恬静的草原风光,逐水草而牧、热情好客的塔吉克人,一生就漂泊在这迷人的高原风光中,是融自然风光和人文风情的理想观赏之地。

(a) 其切克里克湖光倒影

(b) 塔什艾尕勒湿地

图 4 湖泊与湿地景观

(3) 温泉景观

研究区内北部的当格恰特热泉和戈尔吉勒尕热泉均受现代活动断裂控制,泉眼出口水温超过 70 ℃,且终年不干涸,具有洗浴疗养的功效,从托依鲁布隆村可骑乘摩托车前往。

2.4 气象景观类

气象景观是指各种气象因素形成的自然景观,研究区内比较有观赏价值的气象景观有六月飞